电力工程设计手册

U0260670

国家出版基金项目
NATIONAL PUBLICATION FOUNDATION

电力工程设计手册

火力发电厂运煤设计

中国电力工程顾问集团有限公司　编著

Power
Engineering
Design Manual

中国电力出版社

内 容 提 要

本书是《电力工程设计手册》系列手册中的一个分册，是按火力发电厂运煤设计要求编写的实用性工具书。本书对火力发电厂煤粉炉的运煤设计作了较为详细的描述，同时为使设计人员全面了解火力发电厂工程的工艺系统特点，针对运煤设计的特殊性，对火力发电厂工程的其他相关工艺系统也作了简单介绍。

本书是依据国家现行的设计规范、规程编写的，充分吸纳了新型火力发电厂建设的先进理念和成熟技术，广泛收集了运煤系统设计的成熟案例，全面反映了近年来新建和扩建火力发电厂工程中使用的新技术、新设备和新工艺，充分体现了"注重科学性，体现时代性，增强针对性，突出实用性"的原则。

本书是火力发电厂运煤设计、施工和运行管理人员的工具书，可作为其他行业从事运煤专业设计人员的参考书，也可供高等院校物料输送专业的教师和学生参考使用。

图书在版编目（CIP）数据

电力工程设计手册. 火力发电厂运煤设计 / 中国电力工程顾问集团
有限公司编著. —北京：中国电力出版社，2017.5
　ISBN 978-7-5198-0593-7

　Ⅰ.①电…　Ⅱ.①中…　Ⅲ.①火电厂－附属装置－建筑设计－手册
Ⅳ.①TM7-62②TM621.7-62

　　中国版本图书馆 CIP 数据核字（2017）第 067035 号

出版发行：中国电力出版社
地　　　址：北京市东城区北京站西街 19 号（邮政编码 100005）
网　　　址：http://www.cepp.sgcc.com.cn
印　　　刷：北京盛通印刷股份有限公司
版　　　次：2017 年 5 月第一版
印　　　次：2017 年 5 月北京第一次印刷
开　　　本：787 毫米×1092 毫米　16 开本
印　　　张：19.25
字　　　数：670 千字
印　　　数：0001—1000 册
定　　　价：118.00 元

《电力工程设计手册》
编辑委员会

《电力工程设计手册》
秘书组

序言

改革开放以来，我国电力建设开启了新篇章，经过30多年的快速发展，电网规模、发电装机容量和发电量均居世界首位，电力工业技术水平跻身世界先进行列，新技术、新方法、新工艺和新材料的应用取得明显进步，信息化水平得到显著提升。广大电力工程技术人员在30多年的工程实践中，解决了许多关键性的技术难题，积累了大量成功的经验，电力工程设计能力有了质的飞跃。

党的十八大以来，中央提出了"创新、协调、绿色、开放、共享"的发展理念。习近平总书记提出了关于保障国家能源安全，推动能源生产和消费革命的重要论述。电力勘察设计领域的广大工程技术人员必须增强创新意识，大力推进科技创新，推动能源供给革命。

电力工程设计是电力工程建设的龙头，为响应国家号召，传播节能、环保和可持续发展的电力工程设计理念，推广电力工程领域技术创新成果，推动电力行业结构优化和转型升级，中国电力工程顾问集团有限公司编撰了《电力工程设计手册》系列手册。这是一项光荣的事业，也是一项重大的文化工程，对于培养优秀电力勘察设计人才，规范指导电力工程设计，进一步提高电力工程建设水平，助力电力工业又好又快发展，具有重要意义。

中国电力工程顾问集团有限公司作为中国电力工程服务行业的"排头兵"和"国家队"，在电力勘察设计技术上处于国际先进和国内领先地位。在百万千瓦级超超临界燃煤机组、核电常规岛、洁净煤发电、空冷机组、特高压交直流输变电、新能源发电等领域的勘察设计方面具有技术领先优势。中国电力工程顾问集团有限公司还在中国电力勘察设计行业的科研、标准化工作中发挥着主导作用，承担着电力新技术的研究、推广和国外先进技术的引进、消化和创新等工作。

这套设计手册获得了国家出版基金资助，是一套全面反映我国电力工程设计领域自有知识产权和重大创新成果的出版物，代表了我国电力勘察设计行业的水平和发展方向，希望这套设计手册能为我国电力工业的发展作出贡献，成为电力行业从业人员的良师益友。

汪建平

2017 年 3 月 18 日

电力工业是国民经济和社会发展的基础产业和公用事业。电力工程勘察设计是带动电力工业发展的龙头，是电力工程项目建设不可或缺的重要环节，是科学技术转化为生产力的纽带。新中国成立以来，尤其是改革开放以来，我国电力工业发展迅速，电网规模、发电装机容量和发电量已跃居世界首位，电力工程勘察设计能力和水平跻身世界先进行列。

随着科学技术的发展，电力工程勘察设计的理念、技术和手段有了全面的变化和进步，信息化和现代化水平显著提升，极大地提高了工程设计中处理复杂问题的效率和能力，特别是在特高压交直流输变电工程设计、超超临界机组设计、洁净煤发电设计等领域取得了一系列创新成果。"创新、协调、绿色、开放、共享"的发展理念和实现全面建设小康社会奋斗目标，对电力工程勘察设计工作提出了新要求。作为电力建设的龙头，电力工程勘察设计应积极践行创新和可持续发展思路，更加关注生态和环境保护问题，更加注重电力工程全寿命周期的综合效益。

作为电力工程服务行业的"排头兵"和"国家队"，中国电力工程顾问集团有限公司是我国特高压输变电工程勘察设计的主要承担者，包括世界第一个商业运行的 1000kV 特高压交流输变电工程、世界第一个 ±800kV 特高压直流输电工程等；是我国百万千瓦级超超临界燃煤机组工程建设的主力军，完成了我国 70%以上的百万千瓦级超超临界燃煤机组的勘察设计工作，创造了多项"国内第一"，包括第一台百万千瓦级超超临界燃煤机组、第一台百万千瓦级超超临界空冷燃煤机组、第一台百万千瓦级超超临界二次再热燃煤机组等。

在电力工业发展过程中，电力工程勘察设计工作者攻克了许多关键技术难题，积累了大量的先进设计理念和成熟设计经验。编撰《电力工程设计手册》系列手册可以将这些成果以文字的形式传承下来，进行全面总结、充实和完善，引导电力工程勘察设计工作规范、健康发展，推动电力工程勘察设计行业技术水平提升，助力勘察设计从业人员提高业务水平和设计能力，以适应新时期我国电力工业发展的需要。

2014年12月，中国电力工程顾问集团有限公司正式启动了《电力工程设计手册》系列手册的编撰工作。《电力工程设计手册》的编撰是一项光荣的事业，也是一项艰巨和富有挑战性的任务。为此，中国电力工程顾问集团有限公司和中国电力出版社抽调专人成立了编辑委员会和秘书组，投入专项资金，为系列手册编撰工作的顺利开展提供强有力的保障。在手册编辑委员会的统一组织和领导下，700多位电力勘察设计行业的专家学者和技术骨干，以高度的责任心和历史使命感，坚持充分讨论、深入研究、博采众长、集思广益、达成共识的原则，以内容完整实用、资料翔实准确、体例规范合理、表达简明扼要、使用方便快捷、经得起实践检验为目标，参阅大量的国内外资料，归纳和总结了勘察设计经验，经过几年的反复斟酌和锤炼，终于编撰完成《电力工程设计手册》。

《电力工程设计手册》依托大型电力工程设计实践，以国家和行业设计标准、规程规范为准绳，反映了我国在特高压交直流输变电、百万千瓦级超超临界燃煤机组、洁净煤发电、空冷机组等领域的最新设计技术和科研成果。手册分为火力发电工程、输变电工程和通用三类，共31个分册，3000多万字。其中，火力发电工程类包括19个分册，内容分别涉及火力发电厂总图运输、热机通用部分、锅炉及辅助系统、汽轮机及辅助系统、燃气-蒸汽联合循环机组及附属系统、循环流化床锅炉附属系统、电气一次、电气二次、仪表与控制、结构、建筑、运煤、除灰、水工、化学、供暖通风与空气调节、消防、节能、烟气治理等领域；输变电工程类包括4个分册，内容分别涉及变电站、架空输电线路、换流站、电缆输电线路等领域；通用类包括8个分册，内容分别涉及电力系统规划、岩土工程勘察、工程测绘、工程水文气象、集中供热、技术经济、环境保护与水土保持和职业安全与职业卫生等领域。目前新能源发电蓬勃发展，中国电力工程顾问集团有限公司将适时总结相关勘察设计经验，编撰新能源等系列设计手册。

《电力工程设计手册》全面总结了现代电力工程设计的理论和实践成果，系统介绍了近年来电力工程设计的新理念、新技术、新材料、新方法，充分反映了当前国内外电力工程设计领域的重要科研成果，汇集了相关的基础理论、专业知识、常用算法和设计方法。全套书注重科学性、体现时代性、增强针对性、突出实用性，可供从事电力工程投资、建设、设计、制造、施工、监理、调试、运行、科研等工作者使用，也可供相关教学及管理工作者参考。

《电力工程设计手册》的编撰和出版，是电力工程设计工作者集体智慧的结晶，展现了当今我国电力勘察设计行业的先进设计理念和深厚技术底蕴。《电力工程设计手册》是我国第一部全面反映电力工程勘察设计的系列手册，难免存在疏漏与不足之处，诚恳希望广大读者和专家批评指正，如有问题请向编写人员反馈，以期再版时修订完善。

在此，向所有关心、支持、参与编撰的领导、专家、学者、编辑出版人员表示衷心的感谢！

《电力工程设计手册》编辑委员会

2017 年 3 月 10 日

《火力发电厂运煤设计》是《电力工程设计手册》系列手册之一。

本书对火力发电厂煤粉炉的运煤设计作了较为详细的描述，同时为使设计人员全面了解火力发电厂工程的工艺系统特点，针对运煤设计的特殊性，对火力发电厂工程中的其他相关工艺系统也作了简单介绍。

本书的编制坚持"注重科学性，体现时代性，增强针对性，突出实用性"的原则，根据国家现行的设计规范、规程中规定的内容和要求进行编写，主要包括运煤设计系统或方案介绍、主要设备介绍、系统配置及设备选型设计、布置设计、计算及设计注意事项等内容，同时还列举了一些典型工程实例供设计人员参考使用。

本书主编单位为中国电力工程顾问集团中南电力设计院有限公司，参加编写的单位有中国电力工程顾问集团东北电力设计院有限公司、中国电力工程顾问集团华东电力设计院有限公司、中国电力工程顾问集团西北电力设计院有限公司、中国电力工程顾问集团西南电力设计院有限公司、中国电力工程顾问集团华北电力设计院有限公司。本书由章勇担任主编，负责总体策划、组织协调及校审统稿工作；舒倩担任副主编；李珍编写第一章及附录；王统、石娜、韩萍、王胜平编写第二章；舒倩、汪晓、章勇编写第三章；周曼毅编写第四章；尹华平编写第五章；王胜平编写第六章；赵秀娟、周曼毅编写第七章；汪晓、章勇编写第八章；余帆编写第九章。参加本书校核的还有范振中、张江霖、郭建、柏荣、胡火安、潘正潮等。

本书是火力发电厂运煤设计、施工和运行管理人员的工具书，可作为其他行业从事运煤专业设计人员的参考书，也可供高等院校物料输送专业的教师和学生参考使用。

《火力发电厂运煤设计》编写组

2017 年 2 月

目录

序言
总前言
前言

第一章

运煤系统设计概论

第一节　火力发电厂工艺流程及其设计程序

火力发电厂，简称火电厂，是利用煤、石油及天然气等作为燃料生产电能的工厂，它的基本生产过程是：燃料在锅炉中燃烧使水加热成为具有一定压力和温度的蒸汽，蒸汽在汽轮机中膨胀做功，将蒸汽的热能转换成机械能，最后通过发电机将机械能转换成电能。

火力发电厂按使用的燃料分类，可分为：燃煤发电厂、燃油发电厂、燃气发电厂、余热发电厂，以及以垃圾、生物质及工业废料等为燃料的发电厂。其中，燃煤发电厂锅炉按燃烧方式分类，可分为煤粉炉和循环流化床锅炉。

本手册适用的燃料类型为堆积密度 $500 \sim 2500 kg/m^3$ 的散状固体燃料（包括煤炭、沥青岩、页岩、石油焦等），不包括垃圾、秸秆等固体燃料和其他液体、气体燃料。本手册适用于煤粉炉，循环流化床锅炉相关的煤泥、细筛碎及石灰石系统设计参见《电力工程设计手册　循环流化床锅炉附属系统设计》。

一、火力发电厂主要生产过程

煤粉炉和循环流化床锅炉类型对运煤系统影响较大，以下按煤粉炉和循环流化床锅炉分别介绍。

（1）煤粉炉。煤粉炉工作过程：煤炭由运煤设备从贮煤场经过筛碎后送到原煤斗中，再由给煤机送到磨煤机中磨成煤粉。煤粉送至分离器进行分离，合格的煤粉送到煤粉仓贮存（仓贮式锅炉）。煤粉仓的煤粉由给粉机送到喷燃器，由喷燃器喷到炉膛内燃烧（直吹式锅炉将煤粉分离后直接送入炉膛）。

燃烧在炉膛内进行，燃烧过程中产生的大量高温烟气，流经过热器、再热器、省煤器、空气预热器等受热面，进入除尘器进行除尘，最后由引风机排至烟囱进入大气。

燃烧释放的热能将水冷壁内的水汽化，汽包内的

汽水分离器对汽水混合物进行分离，分离出的水经下降管送到水冷壁管继续加热，分离出的蒸汽送到过热器，加热成符合规定温度和压力的过热蒸汽，经管道送到汽轮机做功。汽轮机旋转带动发电机发电，发出的电通过发电机端部的引线经变压器升压后引出送到电网。做完功的蒸汽被凝汽器冷却成凝结水，凝结水经凝结泵送到低压加热器加热，之后送到除氧器除氧，再经给水泵送到高压加热器加热后，送到锅炉加热。

（2）循环流化床锅炉。循环流化床锅炉的工作过程：燃煤首先被加工成一定粒度范围内的宽筛分煤，然后由给料机经给煤口送入循环流化床密相区进行燃烧，其中许多细颗粒物料将进入稀相区继续燃烧，并有部分随烟气飞出炉膛。飞出炉膛的大部分细颗粒由固体物料分离器分离后经过返料器送回炉膛，再参与燃烧。炉膛内具有更高的颗粒浓度，高浓度的颗粒通过床层、炉膛、分离器和返料装置，再返回炉膛，多次循环燃烧。

炉后烟气系统和汽水系统基本与煤粉炉电厂相同，不再赘述。

对于运煤系统，循环流化床锅炉比煤粉炉增加了细筛碎和石灰石处理系统，部分循环流化床锅炉因需燃用煤泥，还需考虑煤泥处理系统的设计。

二、火力发电厂运煤相关工艺系统

典型的燃煤火力发电厂的生产工艺主要由以下五个系统组成：燃料系统、燃烧系统、汽水系统、电气系统及控制系统。其中，燃料系统即运煤系统，燃烧系统与运煤系统有较紧密的联系，包括运煤、磨煤、锅炉与燃烧、风烟系统、灰渣系统等环节。典型燃烧系统流程如图 1-1 所示。

燃煤经过筛碎后由带式输送机输送到煤仓间的原煤仓内，经过给煤机进入磨煤机磨成煤粉，然后和经空气预热器预热过的空气一起喷入炉内燃烧。烟气经除尘器除尘后由引风机抽出，最后经烟囱排入大气。锅炉排出的炉渣与除尘器下部的细灰经过除灰渣系统收集后，由除灰渣设施输送至综合利用用户或贮灰场贮存。

三、火力发电厂总平面布置及建构筑物

典型的燃煤火力发电厂总平面布置及主要建构筑物如图 1-2 所示，全厂建构筑物鸟瞰如图 1-3 所示。

四、运煤系统功能及典型方案图

运煤系统是整个火力发电厂工程的一部分，属于公用系统，其功能是将铁路、水运、公路或带式输送机等各种方式运入厂内的燃煤，通过接卸、贮存、运输、筛碎等工艺将燃煤制备成合适粒径后输送到锅炉房原煤斗供机组燃用，包括卸煤、贮煤、带式输送机及筛碎等主系统设施以及杂物清除、取样、计量及其他辅助设备和附属建筑，各个系统设施的主要功能见表 1-1。

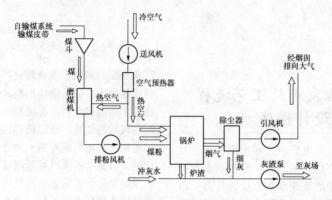

图 1-1　典型燃烧系统流程（煤粉炉）

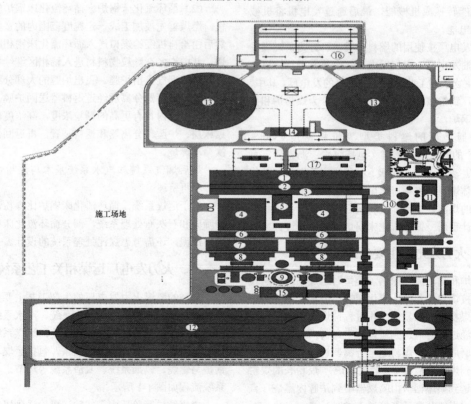

图 1-2　典型燃煤火力发电厂总平面布置及主要建构筑物

1—汽机房；2—除氧间；3—煤仓间；4—锅炉；5—集中控制楼；6—送风机室；7—除尘器；8—引风机室；9—烟囱；
10—锅炉补给水车间；11—工业废水车间；12—煤场；13—冷却塔；14—循环水泵房及供水建筑物；
15—脱硫系统建筑物；16—开关站；17—主变压器、厂用变压器及启动备用变压器

表 1-1   运煤系统各子系统设施的主要功能

系统设施	主要功能
卸煤设施	接卸以不同运输方式运进电厂的燃煤，再通过带式输送机转运到上煤系统或至贮煤场，厂外来煤的主要运输方式为铁路来煤、公路来煤、水路来煤和带式输送机来煤等
贮煤设施	通过堆料设备贮存一定量的来煤，并根据锅炉需求通过取料设备将煤送入锅炉原煤斗，保证电厂安全稳定运行，同时对厂外来煤的不均衡性和锅炉的均衡燃烧起到调节和缓冲作用，主要有条形煤场、圆形煤场和筒仓等类型，部分贮煤设施还具备混煤功能
带式输送机	由多路带式输送机组成，用于实现转载点之间物料的逐级输送，最终将煤从给煤点输送至原煤仓
筛碎设施	完成不同燃煤粒径的分离，满足要求的筛下物直接进入下一级，筛上物进入碎煤机破碎，使其满足锅炉燃烧系统或制粉系统对燃煤粒度的要求
辅助设施	在系统前端、煤场带式输送机出口处及碎煤机前后各装设一级除铁器。必要时系统一般还装设除大块器和除细木器，以防止煤中夹带的大块、铁件和木条影响随后流程中机器的正常运转。此外，系统还装设了入厂（炉）煤计量装置和入厂（炉）煤取样装置等用于燃煤的计量和采制样
程控装置	火力发电厂运煤系统采用程序控制，用以实现运煤各设备之间的自动联锁控制和工艺参数的自动调节和设备的自动保护、监视和报警，保障系统和设备在最佳状况下安全运行

图 1-3 典型燃煤火力发电厂全厂建构筑物鸟瞰图

1—翻车机室；2—脱硝氨区；3—碎煤机室；4—脱硫岛；5—烟囱；6—灰库；7—除尘器；8—锅炉；9—主厂房；10—冷却塔；
11—开关站；12—变压器；13—办公楼；14—锅炉补给水车间；15—工业废水车间；16—煤场

典型燃煤火力发电厂运煤系统流程及对应的运煤系统平面布置图如图 1-4～图 1-9 所示。

五、火力发电厂设计工作概述

1. 设计工作应遵循的主要原则

（1）要遵守国家的法律、法规，贯彻执行国家经济建设的方针、政策和基本建设程序，特别应贯彻执行提高综合经济效益和促进技术进步的方针。

（2）运用系统工程的设计应从全局出发，正确处理专业间、远期与近期、技术改造与新建、安全与经济等方面的关系。

（3）要根据国家规范、标准与有关规定，结合工程的不同性质、不同要求，从实际情况出发，积极采用适用的先进技术，合理地确定设计标准。对生产工艺、主要设备和主体工程要做到可靠、适用、先进，对非生产性的建设，应坚持适用、经济、在可能条件下注意美观的原则。

（4）要积极实行综合利用，节约能源、水源，保护环境，节约用地，要注意专业化和协作，合理使用劳动力。

2. 设计的基本程序

发电工程勘测设计的全过程可划分为初步可行性研究、可行性研究、初步设计、施工图设计、设计服务（工地服务）、竣工图设计和设计回访总结七个阶段。新建大、中型火力发电厂的设计基本程序见表 1-2，各阶段的工作步骤如图 1-10 所示。

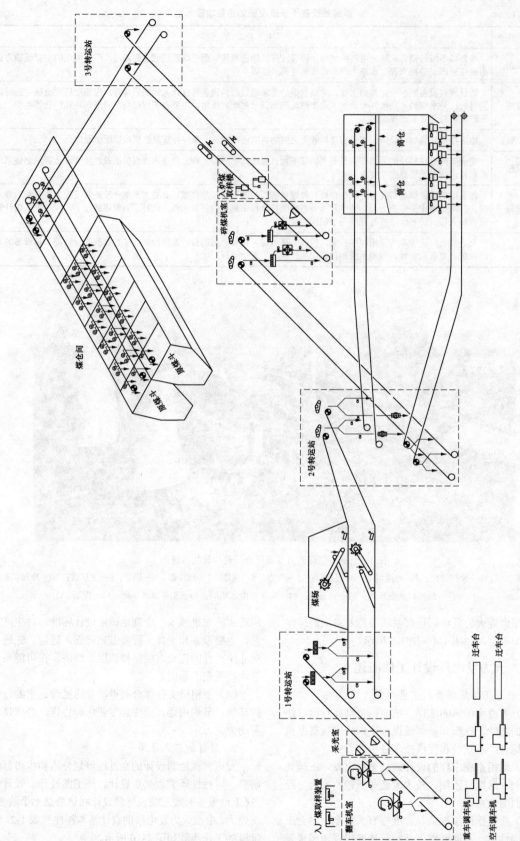

图 1-4 典型燃煤火力发电厂运煤系统流程（铁路来煤、条形煤场、筒仓）

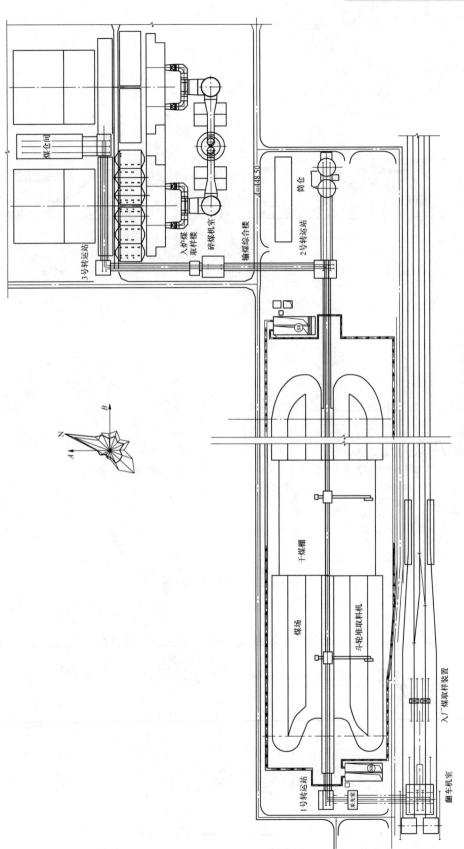

图 1-5 典型燃煤火力发电厂运煤系统平面布置（铁路来煤、条形煤场、筒仓）

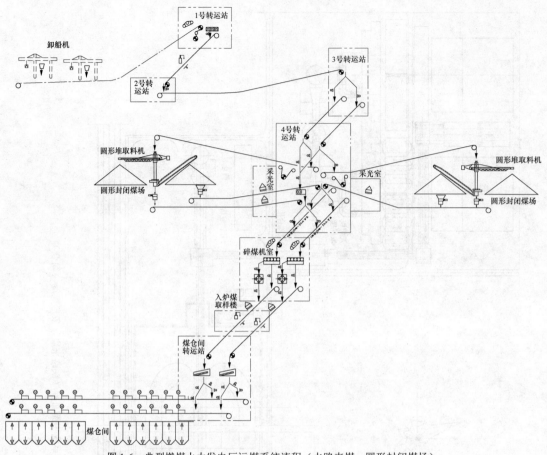

图 1-6　典型燃煤火力发电厂运煤系统流程（水路来煤、圆形封闭煤场）

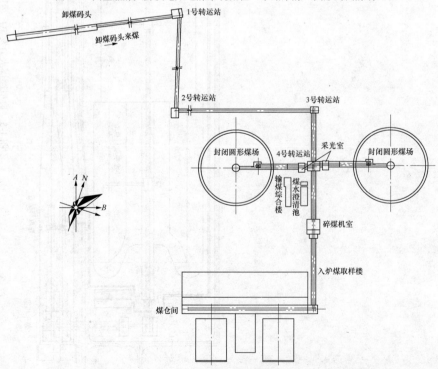

图 1-7　典型燃煤火力发电厂运煤系统平面布置（水路来煤、圆形封闭煤场）

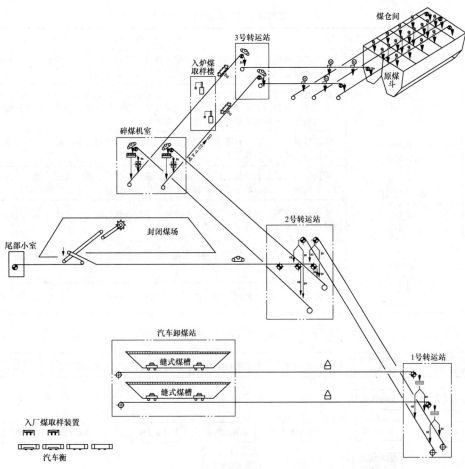

图 1-8 典型燃煤火力发电厂运煤系统流程（公路来煤、条形封闭煤场）

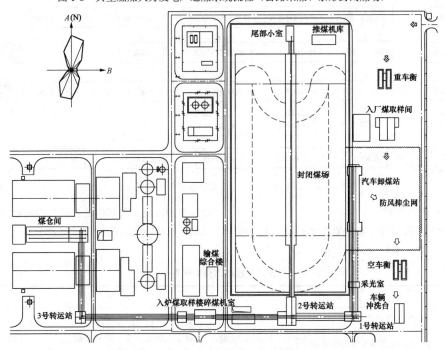

图 1-9 典型燃煤火力发电厂运煤系统平面布置（公路来煤、条形封闭煤场）

表1-2   大、中型火力发电厂的设计基本程序

设计阶段	设计基本程序	设 计 任 务
设计前期工程阶段	初步可行性研究（规划选所、线）	对建厂条件进行地区调查，比较论证，推荐可能建厂的厂址、规模和建厂顺序，为编制和审批项目建议书提供依据。扩建、改扩建项目可取消本程序
	可行性研究（工程选所、线）	落实建厂条件，确定建厂规模，提出设计原则方案，完成环境影响报告书，进行全面的综合技术经济分析论证和方案比较，提出投资估算和经济效益评价，取得外部条件的协议书，为编制和审批初步设计文件提供可靠依据
设计工作阶段	初步设计	确定建设标准、各项技术原则和总概算，以便编制投资计划，控制工程投资，组织主要设备招标订货，进行施工准备并作为施工图设计依据
	施工图设计	根据初步设计及其审批文件的要求，编制满足工程项目要求的施工图。作为设备招标订货、工程施工、运行的依据，经审定的预算作为预算包干、工程结算的依据
施工运行阶段	施工配合	交代设计意图、解释设计文件，及时解决工程管理与施工中设计方面出现的问题，参加试运转，参加竣工验收和投产
	竣工图	依据"设计变更通知单""工程联系单"及设计更改的有关文件以及现场施工图验收记录和调试记录编制竣工图文件
	设计回访总结	总结设计上的经验教训，撰写设计回访总结报告以改进设计质量和提高设计水平

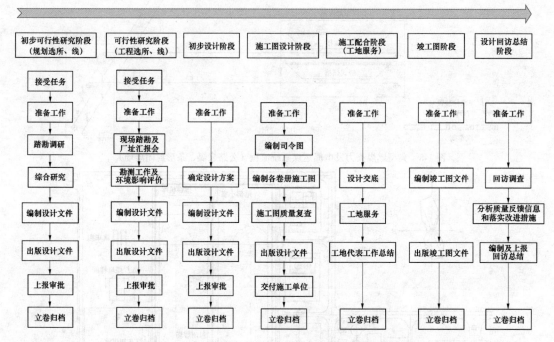

图1-10   大、中型火力发电厂设计各阶段的主要工作步骤

3. 设计人员的职责

一个专业的工程设计任务主要由主要设计人、校核人和设计人完成。设计成品最后由主任（专业）工程师和设计总工程师审核、总工程师批准。这里仅介绍设计及校核人员的职责，见表1-3。

表1-3   设计及校核人员的职责

人员	职 责 范 围	具 体 职 责
主要设计人	组织本专业的工程设计工作，并通过本专业内接口与技术要求的协调，对本专业的技术业务全面负责	组织收集鉴定本专业的原始资料、检查协议和主要数据，落实开展工作的条件。在工程负责人的统一安排下，组织本专业的调查收资工作，编制调查收资提纲并贯彻执行，虚心听取生产、施工方面的意见

续表

人员	职责范围	具体职责
主要设计人	组织本专业的工程设计工作，并通过本专业内接口与技术要求的协调，对本专业的技术业务全面负责	落实设计内容、深度和人员安排，拟定本专业的专业设计计划和工程设计综合进度，安排并协调联系配合及互提资料的计划
		负责本专业设计文件的编制工作，组织方案研究和技术经济比较，提出技术先进、经济合理的推荐意见
		负责专业间的联系配合、相互间的协调统一。保证设计文件符合审定原则，原始资料正确，内容深度适当，专业内各卷册内容协调一致。校审签署本工程及本专业的全部文件、图纸，核对专业间相互提供的资料及进行图纸会签
		参加对外业务工作，负责本专业的各项准备工作，参加必要的会议和对外联系工作
		本人或协助工地代表向生产、施工单位进行技术交底，归口处理施工、安装、运行中的专业技术问题
		做好工程各阶段的技术文件资料的立卷归档工作
校核人	对所分配校审的卷册或项目的质量全面负责	校对设计文件是否符合国家技术政策及标准规范，是否贯彻执行已审定的设计原则方案；核对原始资料及数据，设备材料的规格和数量，图纸的尺寸、坐标、计算方案、项目、条件和运算结果等是否正确无误；审核设计意图是否交代清楚
		核对系统与布置是否一致，总图与分图是否一致，与有关专业是否衔接协调、有无矛盾
		核对套用的标准设计、典型设计图纸是否符合本工程的设计条件
		将发现的问题认真地写在校审记录单上，并督促原设计人及时更正
设计人	对所分配的生产任务的质量和进度负责	认真贯彻审批意见，执行有关标准规范和各项管理制度
		认真吸取国内外施工、运行先进经验，主动与有关专业联系配合，正确采用计算方法、计算公式、计算数据，正确选择设备材料，按本工程条件正确套用标准设计、典型设计图纸
		认真做好调查研究、收集资料等外部业务工作，做好现场记录及有关资料整理工作，满足调查收资的有关规定
		根据主要设计人的委托，会签外专业与本人承担的卷册或项目有关的文件和图纸
		计算和制图完成后，认真进行自校，确保设计质量
		设计结束后，及时协助主要设计人做好本卷册或项目的立卷归档工作

第二节　运煤系统设计范围

运煤系统设计是从铁路、水路、公路、带式输送机来煤的厂内接卸设施起，至将原煤输送到煤仓间原煤斗止的整个工艺设计，主要包括原煤在厂内的卸料、贮存、输送、筛碎、取样及计量等工艺系统的设计。运煤系统的设计范围见表1-4。

表1-4　　　　　　　　　　　　运煤系统的设计范围

系统设施		设计范围
卸煤设施	铁路来煤	自运煤车辆进厂，到将煤通过卸煤装置卸至输出设备上为止的工艺系统，包括入厂煤计量、入厂煤采样、厂内调车、卸车设备及设施和给料设备。卸煤系统建构筑物外的厂内铁路专用线及轨道衡由铁路部门的相关单位设计
	公路来煤	从汽车进厂开始，到将煤通过卸煤装置卸至带式输送机上为止的工艺系统，包括入厂煤计量、入厂煤采样、卸车设备及设施和给料设备
	水路来煤	水路卸煤设施一般外委或由业主委托有资质的航运设计单位设计。厂内带式输送机系统与码头的设计分界点由设计双方协商确定，一般为陆域第一个转运站，转运站以前部分属于码头设计院设计范围，转运站及以后部分属于电厂设计院设计范围
	带式输送机来煤	从与煤矿的分界点(一般宜为入厂第一个转运站)至厂内转运站之间的输送系统，包括带式输送机设备、转运站(含分界转运站)、入厂煤取样装置、称重设备及校验装置等的设计

系统设施		设计范围
贮煤设施		从进煤场的带式输送机开始至出煤场的带式输送机结束，包含煤场内所有的建筑、设备等的布置。本系统设计内容为各类贮煤方式及其设备的工艺设计，包括煤场转运站、尾部小室（折返式斗轮机煤场）、地下煤斗、煤场喷淋系统等设施
带式输送机		运煤系统带式输送机的布置、选型、几何设计及功率设计，包括输送设备本体及相关辅助设施的布置设计
筛、碎设施		运煤系统中筛分、破碎设备的选型和碎煤机室的布置
运煤辅助设施	入厂煤取样装置	对入厂煤进行采样，以检验煤的水分、灰分、发热量等煤质特性，作为对外商业结算的依据。按厂外来煤方式不同，入厂煤取样装置主要分为火车采样、汽车采样、皮带中部采样等
	入炉煤取样装置	对进入锅炉房的燃煤进行采样，以检验煤的水分、灰分、发热量等项目，计算电厂运行的经济性及掌握设备的运行情况，主要采用皮带中部采样或头部采样
	入厂煤计量装置	用于电厂厂外来煤的计量，按厂外来煤方式不同，入厂煤计量装置主要分为轨道衡（包括翻车机衡）、汽车衡、皮带秤（包括校验装置）三种
	入炉煤计量及校验装置	用于进入锅炉房煤的计量，入炉煤的计量装置采用电子皮带秤。为保证计量装置的精确性，校验电子皮带秤可采用循环链码校验或实物校验装置
	除铁器	用于清除煤流中铁磁物质，保护破碎设备和制粉设备免遭铁器破坏，防止带式输送机系统纵向撕裂
	除杂物装置	用于除去煤流中的木块、石块、大块煤等杂物
	推煤机及推煤机库	推煤机用于煤场辅助堆取作业、煤堆平整、压实以及处理自燃煤的作业。推煤机库应设停车位、检修间、工具备品间等
	运煤综合楼	运煤综合楼的设置与否及其功能和面积应根据工程具体情况确定。运煤综合楼宜将运煤配电间、运煤程控室、运行值班室等集中布置
	运煤系统水力清扫及排污	水力清扫系统指利用水力对运煤系统各转运站、栈桥、碎煤机室等地面进行清扫的系统。排污系统用于运煤冲洗水的收集，并经排污泵送入煤泥沉淀池

第三节　设计内容及深度

按照基本建设程序，由规划部门根据动力资源状况、地区经济发展状况对电能的需要制定电网发展规划，对布点进行初步可行性研究及可行性研究。在项目核准后，由业主委托设计院进行初步设计和施工设计。

运煤系统的设计内容主要是指系统设计范围内工艺系统的拟定、系统计算、设备选型及计算、方案比较、系统图及布置图的绘制等。在各个设计阶段，设计内容有所不同。

一、初步可行性研究阶段

初步可行性研究是新建、扩建或改建工程项目中的一个重要环节，在项目立项初期进行，主要对新建电厂的多个厂址条件或扩建、改建电厂条件及其在电力系统中的地位进行论证。经审查后的初步可行性研究报告是编制近期电力发展规划、热电联产规划以及确定投资方和编制项目可行性研究报告的基础。

初步可行性研究阶段的任务是进行地区性的规划选厂，充分论证外部建厂的条件以及运煤系统的设计原则。新、改扩建工程初步可行性研究和可行性研

究涉及的外部条件有：电、热负荷，接入系统，水源，灰场，地质，交通运输，厂址，燃料供应和燃煤运输等。运煤专业主要负责燃料供应及运输章节和工程设想中运煤系统的编写、配合总图专业完成总平面布置方案等。

初步可行性研究阶段运煤系统的设计原则、要点及设计内容以及深度如下。

1. 设计原则及要点

（1）本阶段依据区域电力发展规划所确定的建厂规模及燃料种类，结合区域交通运输条件、燃料供应情况以及国家燃料发展规划，通过分析论证，初步确定燃料的来源、品质和运输方式。

（2）依据建厂规模、机组年运行小时数及燃料品质计算燃料用量。

（3）依据初步确定的燃料来源、品质和运输方式结合各厂址规划对厂内运煤系统的建设提出设想。

（4）卸煤、贮煤、筛分破碎、带式输送、辅助设施及控制等系统的选择和设计参照本手册各相关章节。

2. 设计内容及深度

初步可行性研究阶段运煤专业主要参与初步可行性研究报告中燃料供应、燃料运输章节以及工程设想

部分运煤系统方案等的编写。

初步可行性研究阶段的设计内容及深度详见DL/T 5374《火力发电厂初步可行性研究报告内容深度规定》。

二、可行性研究阶段

可行性研究是基本建设程序中为项目决策提供科学依据的一个重要设计阶段。可行性研究阶段需详细论证电厂建设的必要性、厂址在技术上的可行性和经济上的合理性，全面落实建厂条件。可行性研究报告是编写项目申请报告的基础，是项目单位投资决策的参考依据。

对运煤系统而言，可行性研究阶段要着重进行煤源、厂外来煤条件、运输方式的论证，并依据场地条件对厂内卸煤方式、贮煤场及设施，运煤系统的布置，主要设备选型做出工艺方案设想，必要时可通过多方案论证做出技术经济比较，从而提出推荐方案。

可行性研究阶段运煤系统的设计原则、要点及设计内容与深度如下。

1. 设计原则及要点

（1）本阶段依据初步可行性研究报告及审查意见，结合区域交通运输条件、燃料供应情况以及国家燃料及运输发展规划，通过分析论证确定电厂燃料的来源、品质和运输方式。

（2）依据建厂规模、机组年运行小时数及燃料品质计算燃料用量。

（3）依据确定的建厂规模、燃料来源、品质和运输方式结合各厂址规划对厂内运煤系统的建设提出进一步设想。

（4）卸煤、贮煤、筛分破碎、带式输送、辅助设施及控制等系统的选择和设计参照本手册各相关章节。

2. 设计内容及深度

可行性研究阶段运煤专业主要参与可行性研究报告中燃料供应、燃料运输章节以及工程设想部分运煤系统方案、能源利用等内容的编写，运煤系统工艺流程图的绘制，以及配合总图专业完成总平面布置图等。

可行性研究阶段的设计内容及深度详见 DL/T 5375《火力发电厂可行性研究报告内容深度规定》。

三、初步设计阶段

初步设计，有些国家（机构）称为概念设计，是在批复的可行性研究报告基础上，对电厂项目进行分系统设计的一个重要阶段。

初步设计是各专业确定主要工艺设计方案、主要技术经济指标和主辅机设备的工作阶段，是业主表达工程建设理念和项目建设愿望的重要技术方案。

开展初步设计时，三大主机设备必须确定（完成招标，或投资方行文确定主机厂）。

初步设计阶段运煤系统的设计原则、要点及设计内容与深度如下。

1. 设计原则及要点

（1）根据业主委托书，通过调查研究，制定合理的工艺系统方案，确定系统中各个环节的所有设备规范，编制计算书、说明书、设备清册，绘制工艺流程图、平剖面布置图，确定附属建筑、设施面积，编制人员定额。

（2）认真贯彻落实可行性研究及收口审查的意见，若有与可行性研究审查意见不一致的部分，应说明原因。建议修改的部分宜取得项目单位认可的设计依据。

（3）初步设计的内容及要求应按照 DL/T 5427《火力发电厂初步设计文件内容深度规定》进行设计。

（4）运煤系统的初步设计应做到：系统简单实用，设备先进可靠，自动化水平高而现实，努力创造好的劳动条件，从设计上减少运行、检修人员。

（5）依据可行性研究报告和审查意见，结合工程及厂址条件，拟定两个以上的合理方案，并通过对各方案进行技术经济论证，提出推荐方案，供审批单位审查定案。

（6）可行性研究及收口审查若提出对运煤方案作进一步优化，初步设计文件中宜说明优化的内容。

（7）设计文件表达设计意图充分，采用的建设标准适当，技术先进可靠，指标先进合理，专业间相互协调、分期建设与发展出力得当。重大设计原则应经多方案比较选择，提出推荐方案供审批选择。必要时可对卸煤、贮煤、筛分破碎等分系统分开论证。

（8）卸煤、贮煤、筛分破碎、带式输送、辅助设施及控制等系统的设计参照本手册各相关章节。

（9）积极稳定地采用成熟的新技术，设计文件中应阐明其技术优越性、经济合理性和采用的可能性。

（10）设计文件应能满足主要辅助设备采购和施工准备的要求，并作为施工图设计的依据。设计概算应准确地反映设计内容及深度，满足控制投资、计划安排及拨款的要求。

（11）设计文件内容完整、正确，文字简练，图面清晰，签署齐全。

2. 设计内容及深度

送审的初步设计文件应包括说明书、图纸和专题报告三部分，说明书、图纸应充分表达设计意图，重大设计原则应进行多方案的优化比选，提出专题报告和推荐方案供审批确定。

初步设计阶段运煤系统设计要进行以下计算：

（1）运煤系统设备选择及出力计算。

（2）运煤系统带式输送机功率计算。

（3）料场、干料棚容量及贮料天数计算。

（4）运煤系统冲洗水及料场喷水量计算。

初步设计阶段的设计内容及深度详见 DL/T 5427《火力发电厂初步设计文件内容深度规定》。

四、施工图设计阶段

初步设计经过审查批准，便可根据审查结论和主要设备落实情况，开展施工图设计。在这一阶段中，应准确无误地表达设计意图，按期提出符合质量和深度要求的设计图纸和说明书，以满足设备订货所需，并保证施工的顺利进行。

运煤系统的主要设计原则及要点和设计内容及深度如下。

1. 设计原则及要点

（1）施工图设计主要原则应遵循初步设计文件及确认（审批）文件。

（2）委托方的要求与初步设计文件及确认（审批）文件有较大出入的必须由委托方书面文件作为设计依据。

（3）施工图设计阶段应在初步设计文件的基础上，结合确定的设备资料对运煤系统建构筑物进行更进一步优化布置设计，以降低工程量和工程造价。

（4）应遵守国家及行业的现行规范、规程、规定和技术标准。

（5）图纸内容深度应符合和满足安装、制作及施工图卷册设计任务书的要求。

（6）计算书中应列出计算公式、输入输出数据、计量单位及必要说明，计算书应字迹清晰、整齐、完整，当采用软件计算时，计算书中应有软件编号和批准号。

（7）进行落煤管、支架高度及金属结构等零星计算。

（8）在条件合适时，尽量套用典型设计和选用定型、标准部件。

（9）管道、阀门、材料应尽量选用国内外通用产品。

（10）专业间联系配合资料内容必须完整、正确、表达清楚。

（11）制图应符合国家、电力工程有关制图标准，投影正确，线条清晰，图面美观。

（12）施工设计图纸的出图比例一般采用 1:2、1:5、1:10、1:20、1:50、1:100、1:200、1:500、1:1000。

2. 设计内容及深度

（1）设计输入和原始资料。在进行施工图设计前应先了解工程的设计输入和原始资料，在设计中应确定与设计有关的设计输入，并行成文件，设计输入一般应有如下内容（但不限于此）：

1）初步设计文件及确认（审批）文件。

2）有关煤源、煤质铁路及水路运输布置以及铁路、水路运营方面等协议。

3）典型工程、套用工程单元布置设计。

4）已订货或提出的设备订货清单及顾客提供的设备和基础资料。

5）与其他设计单位的设计分工协议及技术接口资料。

6）技术标准及有关的法律、法规、规范。

7）设计合同及合同评审结果。

8）新设备试制、供应协议。

9）扩建厂的设备及衔接部分的资料。

10）项目设计计划及专业设计计划。

11）厂区总平面布置图。

（2）施工图文件内容及深度。施工图阶段运煤专业主要完成总册及各个子系统的布置安装图，主要包含总册、施工图说明、各系统布置及设备安装图、运煤系统水冲洗布置安装、汽车衡、套用图纸、运煤系统附属设施等，具体内容及要求详见 DL/T 5461.4《火力发电厂施工图设计文件内容深度规定 第 4 部分：运煤》。

第四节 系统方案设计原则

根据 GB 50660《大中型火力发电厂设计规范》的规定，运煤系统各子系统应满足以下要求。

一、卸煤设施

当火力发电厂采用两种以上的来煤方式时，煤种来煤方式的接卸设施规模应根据其来煤比例确定，宜留有适当的裕度。

1. 铁路来煤

（1）铁路卸煤设施方案设计应符合表 1-5 的规定。

表 1-5　　　　铁路卸煤设施方案设计

项目	设计条件	设计原则
铁路来煤卸煤装置出力	—	应根据对应机组的铁路日最大来煤量和来车条件确定。正常情况下，从车辆进厂就位到卸煤完毕的时间不宜超过 4h，严寒地区的卸车时间可适当延长
一次进厂的车辆数	一般情况	应与进厂铁路专用线的牵引定数相匹配，大型火力发电厂宜按整列进厂设计
	当不能整列进厂时	在获得铁路部门同意的条件下，可解列进厂

续表

项目	设计条件	设计原则
铁路卸煤装置要求	一般情况	应满足接卸 60t 级和 70t 级车型的要求
	当火力发电厂燃煤运输所经路径的铁路存在 80t 级车型时	其铁路卸煤装置还应满足接卸 80t 级车型的要求
铁路卸煤装置的卸煤能力	一般情况	应按 60t 级车型计算,其输出能力应按 70t 级车型配置
	当火力发电厂燃煤运输所经路径的铁路存在 80t 级车型时	对于混编车型的列车,其输出能力应按 70t 级车型配置
		对于由 80t 级车型整编的列车,其输出能力可按 80t 级车型配置
解冻设施	—	严寒地区的火力发电厂,燃煤在冬季装车时,应避免将未冻结的高表面水分的燃煤装入车厢。厂内不宜设置解冻设施

（2）不同铁路运煤车辆类型的卸煤方案设计应符合表 1-6 的规定。

表 1-6　不同铁路运煤车辆类型的卸煤方案设计

运煤车辆	设计条件	设计原则
采用普通敞车运输时	一般情况	宜采用翻车机卸煤装置	翻车机卸煤装置的类型、布置方式和台数应根据本期建设规模、规划机组容量、铁路进厂条件、场地条件等确定。当初期只设 1 台翻车机时,翻车机及调车系统的关键部件应设置 1 套备件
	当铁路日最大来煤量不大于 6000t 时	可采用螺旋卸车机与缝式煤槽组合的卸煤装置	缝式煤槽的有效长度宜与一次进厂车辆数分组后的数字相匹配。缝式煤槽卸煤装置的调车作业宜采用自备机车;当不具备自备机车调车条件时,应设置调车机械
采用自卸式底开车运输时		应根据对应机组的铁路日最大来煤量,一次进厂的车辆数、场地条件等确定缝式煤槽卸煤装置的类型及规模

2. 水路来煤

当由水路来煤时,火力发电厂专用卸煤码头设计时,海港卸煤码头应符合 JTS 165《海港总体设计规范》,河港卸煤码头应符合 JTJ 212《河港工程总体设计规范》的有关规定。

应根据对应机组年耗煤量、航道条件、船型条件、气象条件、燃料特性、船运部门要求的在港时间等因素,确定码头泊位等级,泊位数量,卸船机械的类型、出力、台数及辅助设备,其中卸船机的配置应满足表 1-7 的规定。

表 1-7　卸船机的配置

项目		设计原则
卸船机配置	数量	宜大于或等于 2 台
	类型	大型码头的卸船机械宜采用桥式抓斗绳索牵引式卸船机
		当来煤程度较好,煤中杂物较少时,可采用链斗式连续卸船机
		当卸船机额定出力<700t/h 时宜采用门座式抓斗卸船机或桥式抓斗卸船机
		当条件许可时,可采用自卸船工艺系统

3. 公路来煤

公路来煤的卸煤设施设计应符合下列规定。

当燃煤部分或全部采用汽车运输时,运煤车型及吨位范围应根据当地社会运力与公路运输条件等确定,宜采用自卸汽车运输。

应根据汽车运输年来煤量设置适宜规模的厂内受煤站。受煤站的设置应满足表 1-8 的规定。

表 1-8　受煤站的设置

设计条件	设计原则
燃煤采用自卸汽车运输	汽车运输年来煤量小于 60×10⁴t	受煤站可采用受煤斗或缝式煤槽卸煤装置
	汽车运输年来煤量大于或等于 60×10⁴t	受煤站宜采用缝式煤槽卸煤装置
燃煤采用非自卸汽车运输	受煤站应设置汽车卸车机

二、贮煤设施

贮煤设施设计容量应综合厂外运输方式,运距,供煤矿点的数量、煤种及品质,燃煤供需关系,火力发电厂在电力系统中的作用,机组类型等因素确定。

（1）贮煤场设计容量应符合表 1-9 的规定。

表 1-9　贮煤场设计容量设计

运距 L（km）/条件		贮煤天数（d）	备注
$L≤50$		≥5	供热机组增加 5d
$50<L≤100$	汽车运输	≥7	供热机组增加 5d
	铁路运输	≥10	供热机组增加 5d
$L>100$		≥15	供热机组增加 5d
铁路和水路联运		≥20	
燃烧褐煤且无有效防自燃措施		≤10	最大不应超过 15d
存在 2 种以上来煤方式或供煤矿点较多		以上数据中取较小值	

（2）贮煤场类型和设备的设计应满足表 1-10 的规定。

表 1-10　贮煤场类型和设备的设计

项目		设 计 原 则
贮煤场类型	封闭式煤场	应根据气象条件、厂区地形条件、周边环境的要求并兼顾造价等因素设计
	半封闭式煤场	
	露天煤场配置防风抑尘网	
	露天煤场	
干煤贮存设施		对于多雨地区，采用露天煤场时，应根据煤的物理特性、制粉系统和煤场设备类型等条件，确定是否设置干煤贮存设施，当需设置时，其有效容量不应小于满足机组 3d 的耗煤量
贮煤设备出力	堆煤能力	应满足卸煤装置输出能力的要求
	取煤能力	应与进入锅炉房的运煤系统出力一致
推煤机、装载机等辅助设备		应根据辅助堆取作业，煤堆平整、压实，以及处理自燃煤的作业量等因素配置

（3）贮煤设备的配置应符合表 1-11 的规定。

表 1-11　贮 煤 设 备 的 配 置

设计条件	设计原则
煤场只设 1 台堆取料机	应有出力不小于进入锅炉房运煤系统出力的备用上煤设施
采用无缓冲能力的翻车机、卸船机等卸煤装置	悬臂式斗轮堆取料机和门式滚轮堆取料机不宜少于 2 台
采用卸煤、堆煤、取煤和混煤等多种用途的门式（装卸桥）或桥式抓煤机	总的额定出力不应小于对应机组最大连续蒸发量时总耗煤量的 250%，可不设备用。只装设 1 台抓煤机时，应有备用的上煤设施
门式（装卸桥）或桥式抓煤机和履带式抓煤机合用	总平均出力不应小于机组最大连续蒸发量时总耗煤量的 250%

三、带式输送机

带式输送机设计应符合下列规定。

（1）厂外带式输送机的建设规模宜根据火力发电厂规划容量的耗煤量和机组分期建设的原则确定。厂外带式输送机的设计应符合表 1-12 的规定。

表 1-12　厂外带式输送机的设计

设计条件	设计原则
供煤矿点集中、运距较短	厂外的燃煤运输可采用带式输送机
运距较远、情况较复杂	应通过技术经济比较确定是否采用带式输送机
电厂内设有贮煤设施，且容量不小于对应机组 5d 耗煤量	厂外带式输送机宜单路配置

续表

设计条件	设计原则
电厂内不设贮煤设施	厂外贮煤设施至电厂的带式输送机出力与厂内一致，应按一路运行、一路备用配置，并具备双路同时运行的条件

（2）厂内带式输送机的设计应符合表 1-13 规定。

表 1-13　厂内带式输送机的设计

项目	设计条件/类型	设计原则
系统出力及配置	卸煤装置至贮煤设施的卸煤系统带式输送机	出力应与卸煤装置输出能力相匹配，可根据卸煤装置的类型及数量单路或双路设置
	贮煤设施至锅炉房的上煤系统带式输送机	出力不应小于对应机组最大连续蒸发量时燃用设计煤种与校核煤种两个耗煤量较大值的 135%
	进入锅炉房的上煤单元独立设置	上煤系统带式输送机应双路设置，一路运行、一路备用，并应具备双路同时运行的条件。对于两个上煤单元，条件合适时，可共用一路备用系统
倾角	对于向上运输的带式输送机	其斜升倾角宜小于 16°，不应大于 18°
栈桥类型	封闭式	应根据当地的气象条件确定
	露天式（应设防护罩）	
	半封闭式	
	轻型封闭式	
特殊带式输送机类型的选择	管状带式输送机或平面转弯的曲线带式输送机	可用于运输距离较远、厂区布置复杂时
	垂直提升带式输送机	可用于布置条件限制等不能采用普通带式输送时

四、筛、碎设备

运煤系统中应设置筛、碎设备。对于来煤粒度能长期保证磨煤机入料粒度要求的火力发电厂，可不设置筛、碎设备。

筛、碎设备宜采用单级。经筛、碎后的燃煤粒度应符合磨煤机入料粒度要求。

五、混煤设施

混煤设施的设计应符合表 1-14 的规定。

表 1-14　混 煤 设 施 的 设 计

设计条件	设计原则
设计煤种为多种煤种，且有严格的比例要求	可设置混煤筒仓	筒仓数量不宜超过 3 座，当混煤筒仓兼做卸煤装置缓冲设施时，总容量可按对应机组 1d 的耗煤量设置。当筒仓仅作为混煤装置使用时，筒仓容量宜按对应机组燃用比例最大的

续表

设计条件	设计原则
有混煤需求，但无严格的比例要求	宜利用卸煤、贮煤设施和原煤仓所兼有的混煤功能

六、运煤辅助设施

运煤辅助设施主要包括除铁器、除大块设施、计量、取样装置、起吊、清扫和防尘等设施，其设计原则应符合表1-15的规定。

表1-15 运煤辅助设施的设计

运煤辅助设施	设 计 原 则
除铁器	在每炉运煤系统前端、煤场带式输送机出口处和碎煤机前与后，各装设一级除铁器
除大块设施	当需要且有条件时，宜在系统前端设置
计量装置	火力发电厂应装设入厂煤和入炉煤的计量装置，且应具有校验手段
取样装置	火力发电厂应装设入厂煤和入炉煤的机械取样装置
起吊设施	火力发电厂应设有必要的运煤设备起吊设施和检修场地
清扫设施	运煤系统的建构筑物应设置清扫设施
防尘措施	在地下缝式煤槽、翻车机室、转运站、碎煤机室和煤仓间带式输送机层的设计中，应采取防止煤尘飞扬的措施

第五节 设计分界及专业配合

一、厂外设计分界

电厂运煤系统与外部接口及分界见表1-16。

表1-16 电厂运煤系统与外部分界

编号	厂外运输方式	相关单位	分界线	设计分工
1	铁路来煤	铁路设计单位	卸煤系统建构筑物	铁路设计单位负责厂内铁路专用线及运煤建筑外铁路设计，电厂部分负责卸煤系统工艺设计
2	水路来煤	码头设计单位	陆域第一个转运站	进入转运站的码头带式输送机由码头设计单位负责，转运站及其后的系统由电厂部分设计
3	公路来煤	业主	厂内接卸设施	电厂部分负责厂内汽车运煤、卸煤工艺设计
4	带式输送机来煤	煤矿设计单位	煤矿工业场给煤点或厂内第一个转运站	煤矿工业场给煤点或厂内第一个转运站（不包括）以前的设备及建构筑物由煤矿设计单位负责，其后由电厂部分设计

二、专业配合

1. 运煤系统设计输入

运煤系统设计输入见表1-17。

表1-17 运 煤 系 统 设 计 输 入

序号	设计输入	内容	用 途
1	煤源	各煤矿供煤量	—
2	煤质	水分、挥发分等基本特性	确定运煤系统防尘和防堵措施、运煤系统设备选型及是否采取防止自燃措施
3	各煤矿煤源的厂外运输方式及其运量、运距	—	确定厂内卸煤及贮煤设施的规模和容量
4	铁路专用线牵引定数	—	用于计算铁路一次进厂车辆一级卸煤线的有效长度
5	运输车型及载重量	汽车和火车可能的最大车型	火车用于计算每日进厂车辆数、一次进厂车辆数以及卸煤线的有效长度。汽车用于计算每日进厂车辆数及卸煤系统结构类型
6	来煤粒度	—	确定筛碎系统级数及设备选型
7	来煤粒度配级	—	循环流化床锅炉选型设计
8	小时耗煤量	锅炉最大连续蒸发量工况下设计煤种和校核煤种较大者	计算上煤系统出力
9	机组日利用小时数	—	计算煤场贮量及每日进厂车量数
10	机组年利用小时数	—	计算年来煤量及卸煤系统规模
11	混煤比例	设计煤种及校核煤种各煤种混煤比例	确定运煤系统混煤方式及系统配置

序号	设计输入	内容	用　途
12	气象条件	平均最低及最高气温、平均年降雨量、平均风速、最大冻土深度、风向	气温决定运煤系统是否采暖及设备选型、露天设备部件材质；降雨量确定是否设置干煤棚；冻土深度确定室外埋管深度；风向决定煤场位置及防风抑尘网布置范围
13	厂区竖向	运煤建构筑物处室外标高	确定运煤系统布置
14	环评审批意见	有关运煤系统要求，特别是煤场类型意见	根据环评意见及运煤系统防尘要求确定煤场封闭类型

2. 运煤系统与各专业的关系

在进行运煤系统设计时与其相关的专业主要有：热机、电气、建筑和结构、总图、供水、暖通、技经。运煤专业与相关专业之间的关系见表1-18。

表1-18　　　　　　　　　运煤专业与相关专业之间的关系

相关专业		与运煤专业的关系	设计分界	对相关专业的要求
热机		热机专业是运煤系统处理和运送燃料的接受专业，运煤系统出力及对燃料处理的结果是根据热机专业对燃料的实际需求确定的	分界点为原煤仓上口。原煤仓上口之下归热机专业负责。煤仓间的设备布置与热机专业协调配合而定	主厂房煤仓间布置应满足运煤系统带式输送机及运煤系统相关设备布置要求
电气		电气专业在运煤系统设计中，负责运煤系统动力负荷的提供与系统运行的联锁控制及照明。运煤专业应根据系统的需求在不同的设计阶段，将负荷的大小、负荷点和联锁控制要求等资料提供给电气专业，以便电气专业根据运煤系统总负荷选择变压器、确定供电系统和控制部分，完成电缆敷设和照明布置等设计	—	（1）满足运煤系统所有设备负荷要求。（2）满足运煤系统控制、联锁、通信要求
建筑和结构		建筑和结构专业在运煤系统设计中，负责运煤系统建构筑物和设备基础的设计。运煤专业应根据系统的需求在不同的设计阶段，将建构筑物的尺寸、布置和荷载要求等资料提供给建筑和结构专业，由建筑和结构专业完成建构筑物及设备基础等的设计	—	（1）运煤系统建构筑物的封闭类型应满足当地气象条件及环保要求。（2）运煤系统地下构筑物的长度超过200m时，应加设中间安全出口；地下煤斗应设有通至地面的屋内式出口
总图	初步可行性研究和可行性研究阶段	与总图专业一起落实燃煤厂外运输方式，配合总图专业布置运煤系统的卸、贮位置，系统走向，以便总图专业完成厂区总平面布置图	厂区铁路和运煤公路以及铁路部门设置的入厂煤计量装置归总图专业，设备上的铁轨，入厂煤取样，重、空汽车衡归运煤专业	（1）厂区总平面布置应满足运煤系统布置要求。（2）推煤机库宜布置于煤场区域。（3）重车衡及汽车入厂煤采样装置应统一规划，布置于厂区运煤车辆入口处；空车衡宜布置于厂区运煤车辆出口处。（4）运煤综合楼宜布置于运煤系统中部，并宜远离煤场区域。（5）防风抑尘网的设置范围应符合环保要求。（6）与运煤建构筑物有关道路的设置应与运煤系统设计统筹考虑。（7）汽车缝式煤槽结构类型应满足最大运煤车辆参数要求
	初步设计阶段	在落实卸煤方式的基础上，确定进厂铁路、公路和长距离带式输送机运输进厂的位置以及铁路线的股道数，配合总图专业完成厂内铁路和公路布置。在落实煤种和燃煤量的基础上，确定贮煤设施占地大小和位置，根据总图和运煤系统布置的要求，确定各转运站大小和位置、廊道、栈桥走向、各点标高		
	施工图设计阶段	根据总图专业的厂区总平面布置所定各建构筑物位置和厂区布置所定运煤系统各点标高，展开运煤专业各部分安装布置设计		
供水		运煤系统中工业和生活用水的供排，整个系统的消防等与水有关的工作大多要靠供水专业来完成，在运煤系统中，供水专业也是主要的辅助专业。运煤专业应根据运煤系统的实际需要在不同的设计阶段，将冲洗水量、排污水量、加湿、煤场喷洒和喷雾抑尘的水量以及生产办公室和附属设施内的生活上下水需求资料，提供给供水工艺专业，以便供水专业确定供排系统管路和设备，完成运煤系统供排水和消防设计	—	（1）提供运煤系统建构筑物内冲洗用水，保证水量、水压及水质。（2）提供煤场喷洒用水及斗轮机上水，保证水量、水压及水质。（3）设计运煤系统必要的消防设施。（4）接收并处理运煤系统排污水

相关专业	与运煤专业的关系	设计分界	对相关专业的要求
暖通	暖通专业除负责运煤系统采暖通风外,主要负责运煤系统各点的除尘。因此,在不同阶段,运煤专业应向暖通专业提供有关运煤系统布置、卸料点及各转运点落差等有关除尘、采暖通风要求的资料,由暖通专业完成运煤系统的除尘和采暖通风设计	—	(1) 满足运煤系统通风除尘要求。 (2) 北方地区应考虑采暖
技经	运煤专业应向技经专业提供本专业有关设备材料等资料,以便技经专业完成运煤系统概算。此外与技经专业配合,完成运煤系统方案的技术经济比较	—	—

3. 专业间配合

(1) 初步可行性研究及可行性研究阶段。初步可行性研究阶段主要研究项目建设的可能性,一般可参考规模及建厂条件相同的工程概算,如无参考,各专业提出和接受资料可参照可行性研究阶段执行。

1) 运煤专业提出资料见表1-19。

2) 运煤专业接受外专业资料见表1-20。

表1-19　　　　　　　初步可行性研究及可行性研究阶段运煤专业提出资料

编号	资料名称	资料主要内容	类别	接受专业	备注
1	运煤厂用电任务书	运煤设备电负荷、运行方式	一般	电气	
2	运煤系统平面布置图	—	重要	总图、建筑、结构	
3	运煤系统用水量	—	一般	供水	
4	运煤系统建构筑物	各建构筑物平面尺寸、层高、工程量	一般	总图、建筑、结构	
5	委托设计资料	委托有关部门进行煤的运输路径研究、航运码头设计研究、煤源地、燃料的年运输量	重要	外委部门	
6	技经资料	运煤系统简况,主要设备及材料清册	重要	技经	

表1-20　　　　　　初步可行性研究及可行性研究阶段运煤专业接收外专业资料

编号	资料名称	资料主要内容	提资专业	备注
1	煤质、燃煤量、石灰石资料	—	热机	
2	主厂房布置平、剖面图	—	热机	
3	全厂总平面布置图	—	总图	
4	推荐的运输路径及运输方式	—	外委部门	
5	码头卸煤设施及设计出力运行方式	码头类型、接点坐标、平面布置尺寸、卸煤出力等	外委部门	

(2) 初步设计阶段。

1) 运煤专业提出资料见表1-21。

表1-21　　　　　　　　　初步设计阶段运煤专业提出资料

编号	资料名称	资料主要内容	类别	接受专业	备注
1	运煤厂用电任务书	运煤设备电负荷、运行方式	一般	电气	
2	运煤控制要求及工艺流程图	工艺流程图、控制方式等	一般	电气	
3	运煤系统布置平剖面图	运煤建构筑物的尺寸、定位、楼层开孔、设备的布置等	重要	总图、建筑、结构、电气、暖通、消防、热机	
4	运煤系统附属建构筑物布置	建构筑物平面尺寸、面积(如运煤综合楼、推煤机库等)	一般	总图、建筑、结构、电气、暖通、消防、供水	
5	运煤系统对暖通专业要求	空调、对大电机通风要求、落料点除尘等	一般	暖通	

编号	资料名称	资料主要内容	类别	接受专业	备注
6	运煤系统用水量及水质要求	—	一般	供水、热机	
7	运煤厂用电任务书	设备用电量、运行方式及联锁要求	一般	电气	
8	排水位置及标高、管径、压力	—	一般	供水	
9	运煤系统对通信的要求	—	一般	通信	
10	委托任务书	当有外委任务时,需提煤年运输量、建设周期、卸煤设施小时出力的要求,运煤系统平面布置图等及厂区总平面布置图	重要	外委部门	
11	运行组织设计资料	—	一般	热机	
12	干石(石灰石)系统	干石(石灰石)棚、碎石机室、输送干石(石灰石)布置等及其要求	一般	总图、建筑、结构、电气、暖通、消防、供水	循环流化床工程
13	技经资料	系统简况,设备及主要材料规格、数量	重要	技经	

2)运煤专业接受外专业资料见表1-22。

表1-22   初步设计阶段运煤专业接受外专业资料

编号	资料名称	资料主要内容	提资专业	备注
1	煤质、燃煤量、石灰石资料	煤质分析、燃煤量、石子煤量。灰渣分配比、锅炉机械未完全燃烧损失数据。对于循环流化床锅炉,还需提供石灰石耗量等;对于供热机组,需提供年利用小时数	热机	
2	主厂房平、剖面布置图	与运煤有关部分	热机	
3	厂区总平面布置图	—	总图	
4	厂区总平面竖向图	—	总图	
5	全厂总体规划图	包括电厂、区域位置	总图	
6	环保对运煤要求	噪声、室内、外排尘浓度	环保	
7	运煤设施建筑图	—	建筑	
8	运煤电气设备布置要求	—	电气	
9	主厂房内电缆通道规划	桥架、竖井及沟道的主要走向、标高、桥架层数、层高、宽度	电气	
10	暖通设备布置要求	—	暖通	
11	吸收剂用量	—	热机	脱硫工程
12	运煤系统消防设计要求	—	消防	
13	外委部分资料	码头设施平剖面布置图、码头与电厂交接位置坐标、码头与电厂交接设备控制要求	外委部门	

(3)施工图设计阶段。

1)运煤专业提出资料见表1-23。

表1-23   施工图设计阶段运煤专业提出资料

编号	资料名称	资料主要内容	类别	接受专业	备注
1	煤仓层带式输送机布置图	煤仓层带式输送机布置、进煤仓层带式输送机头部布置	重要	热机、电气、暖通、劳动安全、消防、建筑、结构	
2	运煤厂用电任务书	用电负荷额定功率、电压等级、运行方式、布置地点、控制联锁要求,设备带控制箱应在备注中注明	一般	电气	
3	运煤系统控制要求及工艺流程图	—	重要	电气	
4	运煤系统平剖面布置图	各带式输送机布置图、各建构筑物布置图以及煤仓间原煤仓平剖面布置图	重要	总图、电气、暖通、消防、供水	

续表

编号	资料名称	资料主要内容	类别	接受专业	备注
5	运煤系统附属建构筑物	推煤机库、检修间等	一般	总图、电气、建筑、暖通、消防、供水	
6	运煤土建任务书	栈桥、转运站、碎煤机室、卸煤装置、煤场、煤罐等开孔、埋铁、荷载、排水坡度等资料	一般	总图、电气、建筑、结构、暖通、消防、供水	
7	运煤系统用水量及水质要求	—	一般	供水	
8	排水位置及标高	—	一般	供水	
9	室内地下管道走向及埋管深度	—	一般	供水	
10	运煤专业的通信要求	—	一般	通信	
11	对暖通专业要求	—	一般	暖通	
12	油漆保温、防腐要求	运煤冲洗、排水管道、管径、长度、规格、数量	一般	热机	
13	外委资料	电厂燃煤年运输量、小时卸煤出力要求、电厂运煤系统平面布置图、电厂控制系统要求	重要	外委部门	

2）运煤专业接受外专业资料见表1-24。

表1-24　　　　　　　施工图设计阶段运煤专业接受外专业资料

编号	资料名称	资料主要内容	提资专业	备注
1	煤仓层布置	—	热机	
2	运煤系统主要电气设施布置要求	配电间、照明、电缆桥架布置要求等	电气	
3	全厂总体规划图、厂区总平面布置图	—	总图	
4	厂区竖向布置图	—	总图	
5	运煤部分建筑结构布置图	翻车机室、碎煤机室、转运站、推煤机库、输煤综合楼、栈桥等	建筑、结构	
6	运煤系统暖通布置及喷水除尘布置要求	—	暖通	
7	供水点接口位置及标高	—	供水	
8	煤仓间皮带层开孔（与原煤斗顶部传感器开孔）	—	电气	
9	外委任务书反馈资料	码头设施平剖面布置图、与电厂连接位置坐标及标高、码头设施及交接的控制资料（如供水、排水、通信、供电控制等）	外委部门	
10	厂用电系统资料	高、低压厂用电系统标称电压、额定频率	电气	

第六节　系统方案设计影响因素

一、影响运煤系统方案的主要因素

我国地幅辽阔，情况各异，影响运煤方案的因素很多，在运煤系统的方案设计中主要考虑以下几个方案的影响。

（1）电厂建设规模和远景规划的影响。由于运煤系统属于公用系统，它不能像主机组那样一台一台的扩建，因此，当建设一期工程时，就必须考虑到最终容量（有时甚至要顾及超最终容量的可能性）。对于分期建设的电厂，运煤系统往往采取一期时即按最终容量设计，分期施工，或土建部分一期建设，工艺部分分期安装的办法。这样做既不影响电厂初期生产的要求，又可避免土建再扩的困难，同时可以分期投资，系统简单合理，扩建工程量小，没有施工过渡问题，也可节省投资。否则会摒弃老的，扩建新的，施工过渡困难，投资浪费也很大。

此外，随着我国电力市场的飞速发展，许多电厂为适应市场需要,装机容量超过规划容量,或电厂总容量超过规划容量再扩建的情况较多,在设计中应充分了解电厂的远期规划及发展情况,为系统和设备的选择、系统的布置等留有适当扩建的条件。

(2) 充分利用地形条件和全厂总平面布置协调一致。火力发电厂运煤系统的特点是:占地面积大,"战线"长,对环境有污染,起点应便于铁路、公路(或码头和长距离带式输送机)的引进,终点是锅炉煤仓间。考虑上述特点,运煤系统的布置应满足如下要求:

1) 要有足够的面积设置贮煤场。

2) 位置既要便于铁路专用线、运煤公路、长距离带式输送机的引入(或码头栈桥的引入),又要便于将煤送到主厂房的原煤仓。

3) 贮煤场要位于全厂的下风侧,防止污染其他车间。

4) 要便于向锅炉房上煤,但又要便于卸煤,尽量缩短输送线的长度,避免往返输送,减少转运环节,从而简化系统。

5) 扩建发电厂运煤系统设计应结合老厂原有系统、布置特点,合理利用原有设施并充分考虑扩建施工对生产的影响和过渡方案。

运煤系统是电厂的一个组成部分,它不是孤立的,很多情况下不能很好地满足上述要求。因此,运煤系统必须服从全厂的总平面布置,必要时,在某个方面对其他专业做出让步,因地制宜地制定运煤系统方案。

(3) 合理的设备选型。工艺系统的设计就是把各种设备合理、有机地联系起来,使他们充分发挥功能而达到解决生产问题的目的。因此,作为运煤系统的设计人员,熟练地掌握运煤系统所涉及的各种设备,充分了解其性能、参数、特点及使用范围,是做好设计的必要条件。要做到工艺系统中设备有机高效的组合,还需要设计者进行正确的选型。在设备选型方面应注意以下两点:

1) 积极慎重地推广国内外先进技术,因地制宜地采用成熟的新技术、新工艺、新布置、新结构,努力提高运煤系统的机械化、自动化水平。

2) 应努力进行工艺设备的科技创新工作,根据生产的需要,促使工艺设备不断创新。

(4) 设备发展的影响。运煤系统设备及设施的发展与更新,使运煤系统的技术水平、自动化程度有较大的提高,采用先进的设备和设施,可大幅度地提高生产效率,改善运行条件,减少系统中煤尘对周围环境的污染。

(5) 厂外来煤运输方式的影响。无论铁路、公路、长距离带式输送机来煤,还是水路来煤的电厂,厂内运煤系统均需建设相应的卸煤设施和留有长距离带式输送机来煤接口条件。不同的厂外来煤方式直接影响厂内卸煤系统配置及方案规划。

(6) 贮煤类型的影响。目前国内火力发电厂贮煤类型有:露天条形煤场、条形封闭煤场、圆形封闭场、筒仓、球形薄壳混凝土贮煤仓。上述几种贮煤类型,宜根据厂址所处的位置、厂区面积、环评审查意见以及 GB 50660《大中型火力发电厂设计规范》等要求进行选择。

(7) 机组容量对卸煤和上煤设施设置的影响。机组容量对卸煤和上煤设施设置的影响见表 1-25。

表 1-25 机组容量对卸煤和上煤设施设置的影响

机组容量	子系统	设计条件		设 计 原 则
1000MW 机组	卸煤系统	水路来煤		一般采用卸煤专用码头,电厂卸煤专用码头应按 JTS 165《海港总体设计规范》和 JTJ 212《河港工程总体设计规范》要求进行设计
		铁路来煤	坑口电厂	卸煤采用底开门车加缝式煤槽
			非坑口电厂	采用翻车机。翻车机配置的类型,宜结合如下因素(但不限于)进行专题论证或技术经济比较确定: ①根据有关文件已明确规划拟建机组容量,本期建设的规模。 ②机组燃用设计煤种、煤质、日耗煤量。 ③运煤距离、运煤列车途径、日来煤不均衡系数。 ④运煤列车的牵引能力、采用何种类型的敞车、日最大来煤列车数。 ⑤单、双车翻车机每小时综合翻卸能力和煤翻一列车辅助作业时间。 ⑥中国铁路总公司相关规定。 ⑦卸煤设施适当留有备用量
	上煤系统	根据有关文件明确规划拟建4×1000MW 的机组		上煤系统设计宜结合机组小时总煤耗、GB 50660《大中型火力发电厂设计规范》要求,并结合目前国内大型筛碎设备制造和运行的业绩、分期建设时间等因素,经论证后确定拟建 1 套或 2 套运煤系统

续表

机组容量	子系统	设计条件		设 计 原 则
1000MW 机组	上煤系统	规划拟建 2×1000MW 的机组		根据机组小时耗煤量、GB 50660《大中型火力发电厂设计规范》要求、国内已有大型筛碎设备制造和运行的业绩等因素,运煤系统可按 1 套进行设计
600MW 级机组	卸煤系统	铁路来煤	坑口电厂	卸煤采用底开门车加缝式煤槽
			非坑口电厂	同 1000MW 机组
	上煤系统	规划拟建 4×600MW 级机组,规划容量分两期进行建设		如文件明确两期机组选型均为 600MW 级,可按 4×600MW 级机组设计 1 套上煤系统
				当建设一期工程难以确定二期工程建设时间、机组选型和其他条件,为防止二期机组选型由原 600MW 级改为 1000MW 燃煤发电机组,以及 1000MW 燃煤发电机组小时耗煤量较大、场地条件和 1000MW 机组与 600MW 机组的煤仓间标高有差异以及一二两期的煤仓间中心线不一致等因素,将造成二期工程不能充分利用一期工程运煤系统的设计余量。建议一期宜按 2×600MW 级机组设计 1 套运煤系统
				机组设计煤种燃用褐煤,上煤系统按几个单元进行设计,建议通过论证确定
300MW 机组(规划拟建 4×300MW 级机组,规划容量分两期进行建设)	卸煤系统	铁路来煤	坑口电厂	卸煤采用底开门车和缝式煤槽
			非坑口电厂	采用单车翻车机,一期工程翻车机室的土建结构按 2 套翻车机一次进行设计,翻车机先安装 1 套
		公路来煤		卸煤采用汽车缝式煤槽。缝式煤槽的卸车车位数宜根据年耗煤量、运煤汽车的载重量进行设计
	上煤系统	规划明确建设 4×300MW 级机组		规划容量分两期进行建设。上煤系统宜按 4×300MW 级机组设计 1 套运煤系统。一期工程贮煤场按 2×300MW 级机组进行设计,厂地应留有煤场扩建的条件。当贮煤场设计 1 台斗轮堆取料机,应考虑煤场斗轮堆取料机事故检修备用的上煤设施
上大压小工程		还应符合国家发展改革委等的相关规定		

二、新建项目注意事项

(1)运煤系统的设计应符合有关电厂运煤系统现行法律法规、国家标准、行业标准等的相关规定。

(2)运煤系统的设计规模应综合考虑本期容量和规划容量,并结合厂内外的边界条件,在保证实现系统功能和安全可靠的前提下,认真考虑系统的建设规模和规划容量、燃料品种、耗煤量、厂外来煤方式、机组型号、制粉系统的条件、环评要求等因素,使设计方案具有较高的经济性、灵活性和适应能力。

(3)运煤系统设计应与电厂的总平面相协调,并力求做到流程合理、布置紧凑、操作方便,保证运煤系统的可靠性、合理性、经济性。运煤系统转运设备(或部件)的选择和布置应满足煤流通畅并易于调节、落差较小、控制方便、运行可靠、便于维修等技术要求。

(4)运煤系统设计不得采用国家明令禁止和淘汰的落后工艺和设备。

(5)煤电联营电厂的厂内卸煤系统、贮煤系统、筛碎系统应与煤矿工业场的有关设施统一考虑,厂内系统可简化或取消。

(6)工程项目运煤方案若有多个方案,应对多个方案进行技术经济比较,提出推荐方案的意见。

(7)尽管 GB 50660《大中型火力发电厂设计规范》、DL/T 5187(所有部分)《火力发电厂运煤设计技术规程》等规程和规范制定比较具体技术的要求,但具体情况是复杂的,设计方案应符合实际情况、因地制宜。这就要求设计人员不仅要熟悉相关的规程和规范,而且还应具备广泛的专业知识和丰富的实践经验,全面地掌握并能灵活运用规程、规范等设计法规。在此基础上还应根据所设计工程的具体情况,深入调查研究,全面掌握第一手资料,只有这样才可能有条件制订出好的方案。

三、改扩建项目注意事项

对于老厂改扩建项目,在遵循新建项目设计注意事项的基础上,运煤系统的设计应结合老厂原有系统的能力、布置特点,在合理和充分利用原有设施的基础上充分考虑扩建施工对生产的影响以及过渡方案与原有系统是否协调。

改扩建工程的运煤方案应充分考虑利用既有运煤系统的设施。运煤方案若利用原有运煤设施进行改造的发电厂，应说明改造内容并简述施工过渡措施。即便是改扩建工程不利用现有运煤系统的设施，也宜简述现有运煤系统的概况。

运煤系统属于电厂的公用设施，一般应按规划容量规划设计、分期建设，或者土建部分一期建成，工艺部分分期安装。这样做可以达到分期投资，系统简单合理，运行维修方便，同时扩建时工程量最小。它优于一期一期地扩建，一期一期地改造。如某电厂初期即按最终容量设计，并考虑了进一步扩建的可能。卸煤装置一期缓建一半，其余部分，土建一次建成，工艺设备分期安装。该厂分三期扩建至最终容量，逐期对运煤系统进行扩建，系统完整，扩建方便，运行维修不受扩建影响。目前该厂已扩建到五期，在四、五期扩建中只适当地增加了卸煤设备和煤场斗轮堆取设备，提高了带式输送机的速度，改装了碎煤机。由于初期考虑了扩建，所以在后期的扩建中改建工程量小，且整个系统仍然完整，运行维修方便，改建投资亦省。

对于老厂改扩建项目应注意煤种和煤质变化的影响，煤种和煤质变化往往引起运煤系统的变化，如煤的发热量直接影响燃煤量的增减；燃用多种煤时，锅炉通常要求按一定比例进行混煤；来煤粒度的变化则引起筛碎设备的取舍、增减等。

第二章

卸 煤 设 施 设 计

火力发电厂卸煤设施的主要功能是接卸以不同运输方式运进电厂的燃煤,再通过带式输送机转运到上煤系统或贮煤场。厂外来煤的主要运输方式有铁路来煤、公路来煤、水路来煤和带式输送机来煤,火力发电厂卸煤设施应根据不同的来煤方式进行设置。

第一节　铁　路　来　煤

铁路来煤的卸煤设施包括翻车机、底开车缝式煤槽、敞车缝式煤槽配螺旋卸车机、装卸桥、桥式抓斗起重机等,本手册仅对翻车机、底开车缝式煤槽、敞车缝式煤槽配螺旋卸车机进行详细介绍,其他铁路来煤方式因目前在电厂中应用较少,暂不做介绍。

一、设计原则及适用条件、车型

1. 设计原则

(1)铁路来煤的火力发电厂,其卸车场线路设置应满足列车车辆卸煤以及入厂煤计量、取样、解冻等

作业的需要。

(2)铁路卸煤装置设备及建构筑物净空尺寸应符合 GB 146.1《标准轨距铁路机车车辆限界》及 GB 146.2《标准轨距铁路建筑限界》的要求。

(3)卸煤设备及相关设备的选择应满足工程项目来煤车辆卸车要求。

(4)根据电厂年耗煤量、厂内线路布置情况及厂外铁路运输组织确定厂内卸车设施。

(5)厂内卸车设施的选择应按照 GB 50660《大中型火力发电厂设计规范》相关规定执行。

2. 适用车型

铁路普通敞车车型见表 2-1。

二、翻车机卸煤设施

翻车机是大型散装物料的卸车设备。按承车台车辆中心相对于回转中心位置的不同,分为侧倾式翻车机和转子式翻车机;按转子式翻车机端环类型的不同,分为 O 形翻车机和 C 形翻车机。

表 2-1　　　　　　　　　　　铁路普通敞车主要技术规格汇总

车型	自重(t)	载重(t)	容积(m³)	车内尺寸(长×宽×高)(mm)	车辆宽度(mm)	最大高度(mm)	车辆长度(mm)	轴数	轴距(mm)	车体材质
C62	20.6	60	68.8	12488×2798×2000	3190	2993	13438	4	1750	全钢
C16	19.8	60	50	12488×2888×1400	3190	2484	13438	4	1750	全钢
C62M	21.5	60	63.1	12070×2750×1900	3100	3196	13488	4	1720	钢木混合
C62A	21.7	60	71.6	12500×2890×2000	3196	3095	13438	4	1750	全钢
C61	23	61	69.4	11000×2890×2200	3242	3293	11938	4	1750	全耐候钢
C62B	22.3	60	71.6	12500×2890×2000	3242	3095	13438	4	1750	全耐候钢
C63	22.3	61	70.7	10300×2890×2375	3184	3440	11986	4	1750	全耐候钢
C64	22.5	61	73.3	12490×2890×2050	3242	3142	13438	4	1750	全耐候钢
C63A	22.1	61	70.7	10300×2890×2375	3184	3446	11986	4	1750	全耐候钢
C16A	19.5	64.5	44	10990×2614×1400	3180	2503	11938	4	1750	全钢

车型	自重（t）	载重（t）	容积（m³）	车内尺寸（长×宽×高）（mm）	车辆宽度（mm）	最大高度（mm）	车辆长度（mm）	轴数	轴距（mm）	车体材质
C70	23.6	70	77	13000×2892×2050	3242	3143	13976	4	1830	全耐候钢
C76	24	75	81.8		3184	3592	12000	4		
C80	19.4	80	87.2		3184	3752	12000	4	1800	钢铝合金

车型	构造速度（km/h）	通过最小半径（mm）	车辆定距（mm）	地板面高（mm）	转向架型号	轮径（mm）	车钩	产地	制造时间（年）	特点
C62	100	145	8700	1082	转 8A	840	13 号	株洲	1973	
C16	100	145	8700	1079	转 8A	840	13 号	株洲	1966～1973	矿石专用
C62M	90	145	8650	1290	转 8	840	2 号	齐齐哈尔	1976～1977	
C62A	85	145	8700	1083	转 8A	840	13 号	齐齐哈尔	1979	
C61	100	145	7200	1083	转 8A（滚）	840	13 号	齐齐哈尔	1982	高邦车
C62B	100	145	8700	1082	转 8A（滚）	840	13 号	齐齐哈尔	1986	
C63	100	145	7670	1061	2D 遥控型	840	F 型	齐齐哈尔	1987	旋转车钩
C64	100	145	8700	1082	转 8A（滚）	840	13 号	齐齐哈尔	1989	
C63A	100	145	7670	1061	2D 遥控型	840	16/17	齐齐哈尔	1990	旋转车钩
C16A	100	145	7700	1093	转 8A	840		株洲	1993	低边敞车
C70	120	145	9210	1083	转 K6	840	17	株洲		
C76										
C80	100				2E 摆动型	840	16/17	株洲		

注 目前在大秦铁路线存在大量 80t 级敞车组成的万吨级重载单元列车，其车钩有固定车钩和旋转车钩之分，车型有单车、双车、三车一组之分。

侧倾式翻车机承车台车辆中心相对于回转中心距离较远，端环敞开，整体结构较重，适合重车调车机调车作业，运行时旋转偏心大，因而驱动功率较大。侧倾式翻车机因料斗布置位置高、地下结构浅，多用于沿海、沿江或地下水位较高的地区。

O 形翻车机采用全封闭式端环，整体刚性好，翻车机内车辆中心与回转中心重合。O 形翻车机是我国 20 世纪 60 年代初期产品，采用钢丝绳牵引的重车铁牛调车系统，该调车方式落后，在火力发电厂已基本被淘汰。目前 O 形翻车机多用于翻卸采用旋转车钩的 2～3 节一组的铁路不解列敞车，主要用于大秦铁路沿线的大型港口码头。

C 形转子式翻车机采用 C 形敞开式端环，结构轻巧，承车台车辆中心与回转中心偏心 300～400mm，适合重车调车机调车作业。目前燃煤火力发电厂常用的翻车机均为 C 形转子式。

翻车机按一次翻卸车辆数不同，可分为单车翻车机、双车翻车机、三车翻车机或多车翻车机。双车翻车机按支点数量不同，分为两支点和三支点翻车机。

目前单车翻车机、双车翻车机在火力发电厂中经常采用，三车翻车机或多车翻车机主要在煤炭港口使用。

本手册仅列出 C 形转子式单车翻车机和双车翻车机内容。

（一）翻车机卸煤设施主要设计原则

（1）根据电厂耗煤量、一次进厂车辆数、厂内铁路布线情况及车辆型号等提出翻车机、重车调车机、空车调车机、迁车台等设备的主要技术要求、参数及卸煤线布置形式。

（2）翻车机卸煤设施的设计应符合 GB 50660《大中型火力发电厂设计规范》、DL/T 5187《火力发电厂运煤设计技术规程》及相关的规程规范要求。

（3）一次进厂的车辆数应与进厂铁路专用线的牵引定数相匹配，大型发电厂宜按整列进厂设计。当不能整列进厂时，在获得铁路部门同意的条件下，可解列进厂。

（4）翻车机应满足本工程所有来煤敞车车辆的卸车要求，适用车型一般为 C61、C62、C63、C64、C70、C80 系列。

（5）应满足铁路部门对整列车卸车时间不超过4h的时间要求（含重、空车列检时间1h左右）。

（6）翻车机受煤斗下排空设备额定出力宜与翻车机设计卸煤能力一致。

（7）翻车机室应根据当地防雨雪要求或寒冷地区气温条件及环保要求，采用半封闭或全封闭形式，并设置检修起吊设备。

（8）当卸煤系统只设1台翻车机时，编制设备规范书时应提出翻车机及其调车系统的关键部件设置备件要求。

（9）翻车机车辆解冻设施一般投资大，能耗高，解冻效率低、时间长，与翻车机卸车时间不同步，因此不宜设置车辆解冻设施。

（二）设计范围、设计输入及注意事项

1. 设计范围

翻车机卸煤装置设计范围是自运煤敞车车辆进入翻车机，到将燃煤通过翻车机卸煤装置卸至输出带式输送机设备上为止的整个工艺系统和相关建构筑物，包括：入厂煤计量和采样设备、翻车机和调车设备、振动斜煤箅（或清算破碎机）和给料设备、检修起吊设备、翻车机室及控制室等（厂内铁路专用线及动态轨道衡由铁路相关设计部门负责，不在电厂设计范围）。

2. 设计输入

（1）依据性文件。①审定的初步设计文件或业主方提供的相关文件（以最新文件为准）；②铁路部门审定文件。

（2）原始资料及外部条件。①翻车机卸煤设施及与其相关设备的技术协议及设备资料；②厂址的气象条件、地质条件及厂外运输条件；③煤质资料；④机组日运行小时数、年运行小时数、机组小时耗煤量、日耗煤量及年耗煤量；⑤厂区总平面的建设条件及扩建条件。

3. 设计注意事项

（1）重车调车机的牵引能力应满足整列车的牵引质量要求，若卸车线有弯道还应考虑弯道阻力。

（2）空车调车机的推力应满足整列空车加两节重车的要求，若空车线有弯道还应考虑弯道阻力。

（3）迁车台驱动力应满足事故状态下（车辆满载时）最大载重量要求。

（4）选用三支点双车翻车机时，若一台驱动装置发生故障，可利用另一台驱动装置翻卸单节重车。

（5）在翻车机进车端设置夹轮器，在空车出车端设置安全止挡器或夹轮器。

（三）翻车机卸煤设备组成

本节按折返布置的C形单车翻车机描述，表2-2～表2-10中所列参数随各工程布置条件、布置要求、翻车机设备厂商不同，数值均有差别。

1. 翻车机卸煤设备组成、作业方式及程序、周期图表

（1）翻车机卸煤设备主要由翻车机本体、重车调车机及其轨道装置、空车调车机及其轨道装置、迁车台、夹轮器、安全止挡器、电气及控制系统、抑尘装置（可选择项）、翻车机衡（可选择项）组成。翻车机卸煤辅助设备和检修设备主要由振动斜煤箅或清算破碎机、给料设备、20t/5t吊钩桥式起重机组成。

（2）机车作业。

1）机车作业方式。铁路车辆到达电厂站的机车作业方式有两种：第一种先送重车、后取空车，即送重取空作业。第二种先取空车、后送重车，即取空送重作业。机车作业方式与厂内铁路配线有关，当设置机车走行线时，采用送重取空作业方式；当不设置机车走行线时（机车由空车线退出），采用取空送重作业方式。电厂站一般采用送重取空作业方式。

2）机车作业程序。

①折返式布置。送车作业：机车将整列重车牵引进厂，然后由机车走行线退出，再顶推整列车前进，使第一节重车至重车调车机极限行程范围内（个例情况：当铁路部门不同意机车进行二次顶推作业时，应要求铁路部门提供重车线机车停车位置，重车调车机极限行程应确保能够与第1节重车挂钩）。取车作业：机车由重车线（或机车走行线）退出，过厂内线路咽喉区，再进空车线与整列空车挂钩，牵引整列空车出厂。

机车将重车顶推进厂，可直接将第一节重车推送至重车调车机极限行程范围内，然后退出过厂内线路咽喉区，再进空车线与整列空车挂钩，牵引整列空车出厂。

②贯通式布置。

a. 机车通过翻车机：送车作业：机车将整列重车牵引进厂至翻车机进车端的重车调车机极限行程范围内；取车作业：机车通过翻车机与整列空车挂钩，然后牵引整列空车由机车走行线出厂。

b. 机车不通过翻车机：送车作业：与折返式布置送车作业一致；取车作业：调车机将整列空车通过翻车机牵引返回重车线，机车与空车挂钩，由机车走行线出厂。

（3）翻车机卸车作业。机车将整列重车车辆推送到重车调车机极限行程范围内，重车调车机与车辆挂钩，牵引整列车前进，使第二节重车前转向架至夹轮器处停车，人工将第一节与第二节车钩摘掉。重车调车机将第一节重车车辆牵到翻车机平台上定位，自动摘钩、抬臂并退出翻车机，同时翻车机开始翻卸。

重车调车机返回与第二节重车车辆挂钩。重车调车机将整列车牵动使其位移一个车位（第三节重车前

转向架在夹轮器位置）。人工将第二节与第三节连接的车钩解开。重车调车机将第二节重车车辆牵至翻车机平台上定位并自动摘钩，同时将卸空的空车车辆推往迁车台定位，然后重车调车机摘钩抬臂并返回。如此循环直至将整列车皮卸完。

迁车台的动作可以和翻车机联锁也可以单独操作，当翻车机一个工作循环完毕停于其上的车辆（包括事故时物料未卸出的车辆）进入迁车台上，由重车调车机推送并定位，事故状态时在液压缓冲器作用下使车辆缓冲停止。在定位装置的液压缓冲器作用下车辆缓冲停止，当车辆停稳后，涨轮器涨紧车轮，迁车台即可启动

向空车线行驶。当迁车台由重车线行驶到空车线时，地面安全止挡器杠杆受迁车台斜形压块作用，迁车台减速，使迁车台上轨道与基础轨道对准，对准后将涨轮器收回。此时，空车调车机启动（如卸车线联锁时，空车调车机必须在原始位置），将车辆推出迁车台，而后立即返回原位，当车辆后轮对离开迁车台时，走行电动机启动，迁车台返回重车线位置。当迁车台由空车线行驶到重车线时地面安全止挡器杠杆受迁车台斜形压块作用而拉松弹簧使制动靴离开轨道，使迁车台上的轨道与基础轨道对准，从而完成一个工作循环。

（4）单车翻车机卸煤设施作业周期见表 2-2。

表 2-2 单车翻车机卸煤设施作业周期表

序号	动作	速度（m/s）	运行时间（s）	行程（m）	序号	动作	速度（m/s）	运行时间（s）	行程（m）
1	重车调车机运行		总计 130		1	与重车挂钩		5	
	牵引整列重车前进	0.6	28.4	13.9		等待		5.3	
	人工摘钩		12		2	翻车机运行		总计 60	
	重车进入翻车机	0.6	13.5	7.8		正转	1.42	30	165°
	提销		3			反转	1.42	30	165°
	空车进入迁车台		13.3	6.3	3	迁车台运行		总计 27×2	
	提销		3			平移	0.8	27	11
	后退		5		4	空车调车机运行		总计 64	
	抬臂		10			推车前进	0.7	31.5	20
	返回	1.6	21.5	28		返回	0.8	32.5	20
	落臂		10						

（5）单车翻车机卸煤设施作业周期如图 2-1 所示。

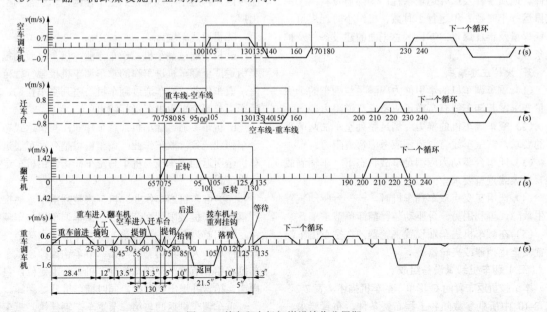

图 2-1 单车翻车机卸煤设施作业周期

2. 翻车机卸煤设施工艺流程

（1）折返布置流程如图 2-2 所示。

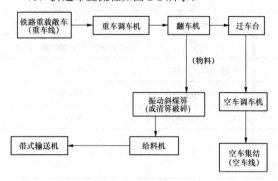

图 2-2 折返布置流程

注：本图为折返式单车翻车机和双车翻车机系统流程图，对应平面布置和卸煤线布置见后文。

（2）贯通布置流程（第一种方式）如图 2-3 所示。

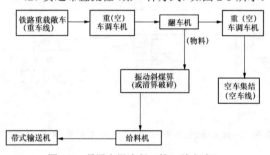

图 2-3 贯通布置流程（第一种方式）

注：1. 本图为同轨道布置 1 台重（空）车调车机的贯通式翻车机系统流程图，对应平面布置和卸煤线布置详见后文。

2. 重（空）车调车机用于整列重车牵引、单（双）节重车摘钩后牵引至翻车机以及将空车推送出翻车机并将空车与空车列挂钩，该方式调车作业周期相对较长，卸车效率低。

（3）贯通布置流程（第二种方式）如图 2-4 所示。

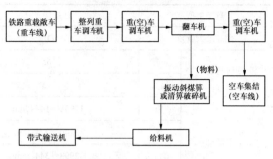

图 2-4 贯通布置流程（第二种方式）

注：1. 本图为不同轨道分别布置整列重车调车机和重（空）车调车机的贯通式翻车机系统流程图，对应卸煤线布置详见后文。

2. 整列重车调车机用于整列重车牵引，重（空）车调车机用于单（双）节重车摘钩后牵引至翻车机，将空车推送出翻车机并将空车与空车列挂钩，该方式两台调车机分别作业，可有效缩短系统卸车周期，提高卸车效率。

3. 翻车机卸煤系统设备

（1）翻车机本体。翻车机本体用于翻卸适合尺寸的铁路普通敞车。翻车机主要由 C 形回转端环、承车平台、驱动装置、液压压车机构、靠车机构、靠板振动装置、托轮、电缆支架等组成。单车翻车机本体主要机构组成如图 2-5 所示，主要规范见表 2-3。

（2）重车调车机。重车调车机是翻车机卸车作业时的配套设备，用于各种不同需要调动车辆并准确将车辆定位的场合。重车调车机由车体、调车臂、行走结构、导向轮装置、驱动装置、液压系统、电缆悬挂装置、地面驱动齿条和导向块组成，采用齿轮齿条驱动。重车调车机主要机构组成如图 2-6 所示，主要规范见表 2-4。

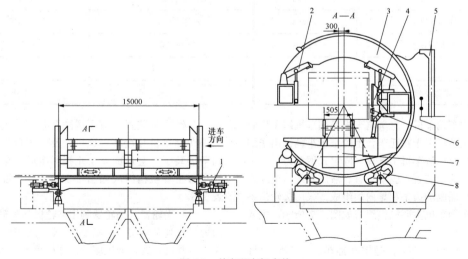

图 2-5 单车翻车机本体

1—驱动装置；2—液压压车机构；3—C 形回转端环；4—靠车机构；5—电缆支架等；6—靠板振动装置；7—承车平台；8—托轮

表 2-3 单车翻车机主要规范表

翻卸类型		C 形转子式	传动方式	齿轮大齿圈传动
翻卸最大载重		110t	车辆轨距	1435mm
回转角度	正常	165°	外形尺寸	16400mm×7560mm×9080mm
	最大	175°	最大回转速度	1.09r/min
适用车量尺寸	长	11938～14440mm	驱动功率	2×45kW
	宽	3140～3243mm	液压站电动机功率	18kW
	高	2993～3446mm 2993～3530mm（C80E） 2993～3793mm（C80专用）	总质量	107.3t

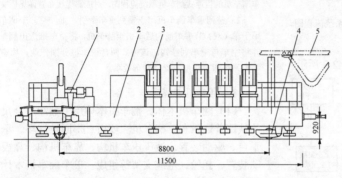
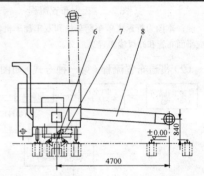

图 2-6 重车调车机

1—液压系统；2—车体；3—驱动装置；4—行走机构；5—电缆悬挂装置；6—地面驱动齿条及导向块；7—导向轮装置；8—调车臂

表 2-4 重车调车机主要规范表

额定牵引质量	6000t	走行轨中心与铁路线中心距	4700mm
后钩额定牵引力	425kN	调车臂摘钩方式	液压自动摘钩
传动方式	齿轮齿条传动	前后钩类型	13 号标准车钩
牵引速度	0.6m/s	液压系统最高工作压力	16MPa
连挂速度	0.3m/s	液压系统功率	15kW
空载返回速度	1.2m/s	电动机功率	5×55kW
走行轨距	1600mm	最大轮压	20t
行走轨型号	50kg/m	总质量	110t

（3）空车调车机。空车调车机是翻车机卸车作业时的配套设备，用于将迁车台上的空车车辆推出送到规定位置。空车调车机由车体、固定式调车臂、行走轮装置、导向轮装置、驱动装置、液压系统、电缆悬挂装置、地面驱动齿条和导向块组成，采用齿轮齿条驱动。空车调车机主要机构组成如图 2-7 所示，主要规范见表 2-5。

（4）迁车台。迁车台是用在翻车机卸车线上将车辆从重车线移至空车线的换向设备。迁车台是由行走部分、车架以及安装在车架上的牵车台涨轮

器、车辆定位装置、液压缓冲器和滚动止挡组成，另外在翻车机与迁车台连接处及迁车台与空车线之间各加装了一套地面安全止挡器组成迁车台系统。迁车台主要机构组成如图 2-8 所示，主要规范表见表 2-6。

（5）夹轮器。夹轮器利用夹轮板与车辆轮缘的摩擦力使整列车辆实现准确定位，同时防止车辆移动。采用浅基坑形式，液压驱动，结构简单，基础浅，维护方便。夹轮器主要机构组成如图 2-9 所示，主要规范表见表 2-7。

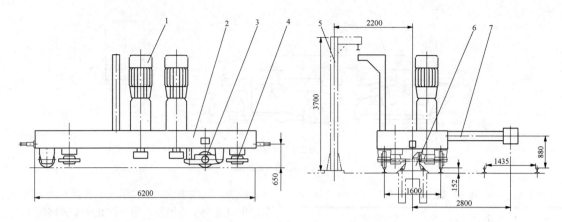

图 2-7 空车调车机

1—驱动装置；2—车体；3—行走轮装置；4—导向轮装置；5—电缆悬挂装置；6—地面驱动齿条和导向块；7—调车臂

表 2-5 空车调车机设备规范表

调车机推力	200kN	挂钩速度	0.3m/s
传动方式	齿轮齿条传动	行走轨与铁轨中心距离	2800mm
电动机功率	2×55kW	行走轨型号	50kg/m
工作速度	0.7m/s	最大轮压	12t
返回速度	1.0m/s	总质量	35t

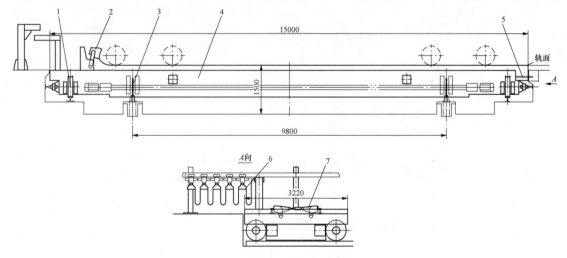

图 2-8 迁车台

1—行走装置；2—车辆定位装置；3—传动装置；4—车架；5—定位装置；6—电缆悬挂装置；7—涨轮器

表 2-6 迁车台主要规范表

载重量	正常工作：30t	外形尺寸（长×宽）	15000mm×3240mm
	事故工作（物料未卸出）：105t	传动方式	销齿传动
运行速度	0.6m/s	最大轮压	36t
对位速度	0.1m/s	行走轮轮距	13700mm
电动机功率（kW）	2×7.5	迁车行程	11 m
		总质量	35t

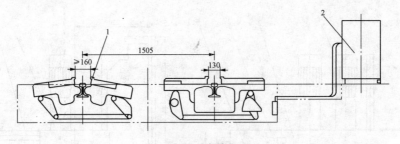

图 2-9　夹轮器

1—夹轮板；2—液压站

表 2-7　　夹 轮 器 规 范 表

序号	项目	类型或参数
1	类型	浅坑式+液压驱动+平衡装置
2	动作时间	3s
3	加紧力	600kN
4	夹轮板开口距离	≥160mm

（6）安全止挡器。安全止挡器由制动靴、弹簧及推杆等组成。第一组安全止挡器装于迁车台与翻车机的过渡地段，用于防止迁车台未复位时翻车机误动作导致掉道，造成事故。第二组安全止挡器装于迁车台车辆出口处空车线地面，用于防止空车铁路线上的空车车辆向迁车台溜车导致掉道，造成事故。

当迁车台与重车线钢轨对准时，焊于迁车台上的斜面挡铁推动杠杆、压缩弹簧，使制动靴离开轨面，翻车机上卸料后的车辆安全通过移至迁车台上，当迁车台离开重车线时地面安全止挡靠弹簧作用使制动靴复位，阻止翻车机上后续车辆通过，完成一次作业。当迁车台与空车线钢轨对准时，重复以上过程。安全止挡器主要机构组成如图 2-10 所示。

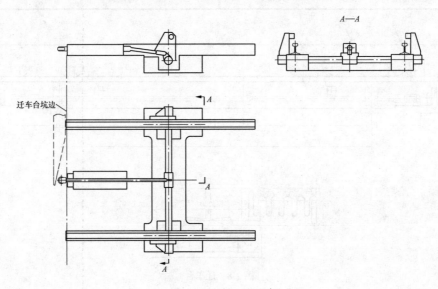

图 2-10　安全止挡器

（7）翻车机电气及控制系统。翻车机卸车系统可单机自动运行，也可就地人工操作，如需要也可调整为全线自动运行。翻车机控制系统按功能层次一般划分为两级，一级为 PLC 逻辑控制，完成系统逻辑控制；二级为 CRT 监控系统，完成过程日志、报表、过程监视等功能。整个系统接受一路 380V/220V 电源并送至系统总电源柜，然后下分至各屏、台、柜、箱及各单机设备，完成供电及控制。总装机容量约 640kW，同期工作容量约 593kW。

翻车机卸车系统的电源电压等级及作用如下：①主回路电源：3N AC 380V 50Hz 为交流电动机及变频器供电；②AV 220V 50Hz 为液压系统加热器供电；③控制电源：AC 220V，50Hz 或 DC 24V 为系统 PLC、继电器、接触器、电磁阀供电；④PLC 输入模块信号检测电源：DC 24V；⑤操作台、操作箱上声光元件电源：DC 24V；⑥翻车机系统主要检测元件：大部分极限位置检测采用限位开关，一般位置检测采用接近开关，翻车机角度检测采用主令控制器，重、空车调机走行连续位置检测采用编码器，主要电气设备见表2-8。

表2-8　　　主要电气设备表

主操作台	翻车机变频柜	空车调车机变频柜
PC 控制柜	翻车机及振动斜篾机旁操作箱	迁车台变频柜
总电源柜	重车调车机机上操作箱	夹轮器机旁操作箱
重车调车机变频柜	迁车台机旁操作箱	洒水抑尘设备机旁操作箱
重车调车机交流柜	空车调车机机上操作箱	

（8）抑尘装置（可选择项）。

1）翻车机气囊式抑尘装置。抑尘装置用于翻车机翻卸煤时抑尘，与翻车机联锁动作。该装置由水箱、水泵、囊式储水罐、喷嘴及控制阀件组成，采用囊式储能，使喷水系统保持衡压，保证雾化率，提高了抑尘效果。该设备一般由翻车机厂家配备，主要规格见表2-9。

表2-9　　气囊式抑尘装置主要规格表
（两台单车翻车机）

项目	参数	项目	参数
类型	气囊式	水箱容量	3.5m³
电动机功率	15kW	耗水量	5~7t/h

2）翻车机干雾抑尘装置。干雾抑尘装置用于翻车机翻卸煤时抑尘，与翻车机联锁动作。干雾抑尘装置是利用干雾喷雾器产生的 10μm 以下的微细水雾颗粒（直径 10μm 以下的雾称干雾）使粉尘颗粒相互黏结、聚结增大，并在自身重力作用下沉降。微米级干雾抑尘装置采用模块化设计技术。

干雾抑尘系统由水箱、加压水泵、微米级干雾机、喷雾箱、水管线、手动阀、电磁阀、单向阀、自动泄水阀、自动冲洗过滤器、压力表、液位计、电伴热系统、压缩空气管线、空压机、储气罐、除油除尘过滤器、电缆等组成。

当翻车机作业时，微米级干雾机同步或提前工作，使气、水经过微米级干雾机，进入喷雾器组件实现喷雾。该设备一般单独订货，主要参数见表2-10。

表2-10　　干雾抑尘装置主要参数表
（一台单翻车机）

项目	参数	项目	参数
类型	干物雾式	喷嘴数量	128
供水管材质	不锈钢	水雾颗粒直径	1~10μm
最大耗气量	32m³/min	抑尘效果	风速小于或等于2m/s 时，现场抑尘率达到90%以上
最大耗水量	96L/min	设备总功率	88kW

（9）翻车机衡（可选择项）。翻车机衡是安装在翻车机托轮座下的计量器具，一般由翻车机制造商负责外配套。翻车机衡使用翻车机本体作为称重平台，由小型可编程序控制器与翻车机控制系统实现自动称量，它与动态轨道衡相比具有精度高、安装方便的优势。主要规格见表2-11。

表2-11　　单车翻车机衡主要规格表

类型	最大量程	静态精度	取值方式	车辆识别系统	其他功能1	其他功能2
静态电子衡	240t（含 1 节煤车和翻车机本体质量）	中准确度Ⅲ级	具有称重显示仪、大屏幕显示	能自动识别并记录车皮号，且与翻车机之间联锁	打印、统计报表等	具有电动顶起装置

（10）摘钩平台。摘钩平台用于重车车辆之间的自动摘钩，在启动摘钩时，易损坏车钩。目前铁路部门对车辆保护要求严格，已不允许采用摘钩平台自动摘钩，宜采用人工摘钩。

（四）翻车机卸煤设施能力选择

翻车机卸车系统的配置应考虑翻车机的综合卸车能力，而不是单纯的设计卸车能力。设计卸车能力是指翻车机卸车系统正常工作情况下每小时翻卸车辆数。综合卸车能力是指从整列就位到翻卸完毕具备出厂条件的实际每小时翻卸车辆数，其中影响因素有：迎峰度夏时车辆集中到达、人为调低系统卸车效率、火车采样装置采样时间与翻车机卸车时间不同步、处理系统设备故障、清理煤算、清理车底及冻煤、列检等。一般情况下从车辆进厂就位到卸煤完毕的时间不宜超过 4h。

1. 日最大进车列数计算

线路牵引质量 5000t，有效长 1050m，每列约 52 节车（按整列 C70 车型计算）。

线路牵引质量 4000t，有效长 850m，每列约 42 节车（按整列 C70 车型计算）。

实际厂内线路长度和每列车节数，应以铁路部门设计为准。日最大进车列数计算见式（2-1）

$$Z \approx K_b \times Q_d / (Z_1 \times G) \qquad (2\text{-}1)$$

式中　Z——日最大进车列数，日进车列数应为整数，一般按 4 舍 5 入取值；

　　　K_b——铁路来煤不均衡系数，一般取值 1.2；

　　　Q_d——电厂日耗煤量，t；

　　　Z_1——每列敞车节数；

　　　G——每节敞车载重量，t。

2. 翻车机卸煤设施选择

在初步可行性研究或可行性研究阶段应根据电厂小时耗煤量（或机组容量）选择翻车机的类型及台数，翻车机的类型及台数选择见表 2-12。

表 2-12　翻车机的类型及台数选择原则

小时耗煤量（t/h）	日耗煤量（t）	年耗煤量（10⁴ t）	1 台单车翻车机卸煤设施	2 台单车翻车机卸煤设施	1 台双车翻车机卸煤设施	2 台双车翻车机卸煤设施
250～400	5000～8000	125～200	√	√（当耗煤量为上限时）	√（当耗煤量为上限时）	—
350～900	7000～18000	175～450		√	√	√（当耗煤量为上限时）
800～1500	16000～30000	400～750			—	√

注　1. 表中日耗煤量按 20h 计算，年耗煤量按 5000h 计算。

　　2. 对于有两种以上来煤方式的电厂，翻车机类型及台数选择一般应按铁路来煤量折算。

3. 翻车机卸煤设施能力

翻车机翻卸能力选择见表 2-13。

表 2-13　翻车机翻卸能力选择表

类别	翻车机布置形式	设计翻卸能力（辆/h）	综合翻卸能力（辆/h）	设计翻卸能力（t/h）
单车翻车机卸煤设施	折返式（按 C60 车型）	25	22	1500
	折返式（按 C70 车型）	25	22	1750
	折返式（按 C80 车型）	25	22	2000
双车翻车机卸煤设施	折返式（按 C60 车型）	40	36（18 个循环/h）	2400
	折返式（按 C70 车型）	40	36（18 个循环/h）	2800
	折返式（按 C80 车型）	40	36（18 个循环/h）	3200
	贯通式（按 C60 车型）	50	44（22 个循环/h）	3000
	贯通式（按 C70 车型）	50	44（22 个循环/h）	3500
	贯通式（按 C80 车型）	50	44（22 个循环/h）	4000

注　1. 表中所列数值仅供参考，实际采用数值可随各电厂工程情况调整，当来煤杂物较多或存在冻煤时，综合翻卸能力可适当下调。

　　2. 目前 C80 系列敞车仅在大秦线和朔黄线使用，国内绝大部分线路运营列车通常为 C60 和 C70 混编列车，并且 C70 车型逐渐增多。

　　3. 排空带式输送机参数应按翻车机设计翻卸能力选配。

（五）翻车机卸煤设施布置

1. 翻车机卸煤线布置形式

（1）折返式布置。折返式布置的重车线和空车线布置在翻车机室的入口方向侧，空车流向和重车流向相反，重车线和空车线通过位于翻车机室出口侧的迁车平台相连接。重车线侧布置夹轮器、重车调车机，翻车机室内布置 C 形翻车机，在翻车机室与迁车台之间的重车延伸线上布置安全止挡器，重车线和空车线之间布置迁车平台，空车线侧布置空车调车机、安全止挡器。折返式布置如图 2-11 和图 2-12 所示。

（2）贯通式布置。贯通式布置以翻车机室为界，入口侧布置重车线，出口侧布置空车线，重车流向和空车流向相同。重车线侧布置夹轮器、重空车调车机，翻车机室内布置 C 形翻车机，空车线侧布置夹轮器。贯通式布置如图 2-13 和图 2-14 所示。

（3）翻车机排空出线带式输送机。①单车翻车排空出线带式输送机相对于铁路线有两种布置形式：垂直和顺向出线。顺向出线如图 2-11 和图 2-12 所示，垂直出线如图 2-13 所示。②双车翻车机排空带式输送机出线相对于铁路线一般有一种：顺向出线，如图 2-14 所示。

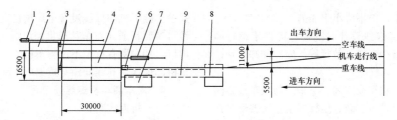

图 2-11 折返式布置（1 台单车翻车机）

1—空车调车机；2—迁车台；3—安全止挡器；4—翻车机室；5—夹轮器；6—重车调车机；

7—翻车机控制室及配电间；8—转运站；9—带式输送机地下廊道

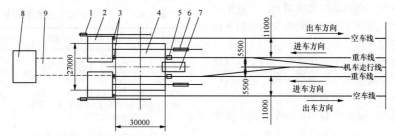

图 2-12 折返式布置（2 台单车翻车机）

1—空车调车机；2—迁车台；3—安全止挡器；4—翻车机室；5—夹轮器；6—重车调车机；

7—翻车机控制室及配电间；8—转运站；9—带式输送机地下廊道

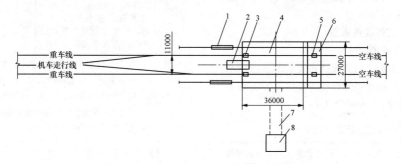

图 2-13 贯通式布置（2 台单车翻车机）

1—重（空）车调车机；2—翻车机控制室；3—重车端夹轮器；4—翻车机室；5—空车端夹轮器；

6—翻车机配电及除尘间；7—带式输送机地下廊道；8—转运站

注：1. 图中所示翻车机不过机车。

2. 空车用重（空）车调车机牵回至重车线，机车与空车挂钩，由机车走行线退出。

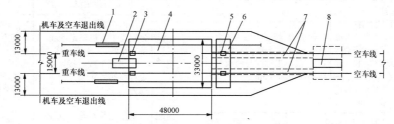

图 2-14 贯通式布置（2 台双车翻车机）

1—重（空）车调车机；2—翻车机控制室；3—重车端夹轮器；4—翻车机室；5—空车端夹轮器；

6—翻车机配电及除尘间；7—带式输送机地下廊道；8—转运站

注：图中所示翻车机过机车。

2. 翻车机卸煤线设计注意事项

（1）电厂站重车线与空车线之间的距离宜与翻车机室处的重、空车线间距一致。如果受到外部条件的限制，电厂站重车线与空车线间距可在满足铁路界限的要求下适当减小，但不应小于5m。

（2）翻车机卸煤线设计时既要考虑便于运行检修，又要尽可能减少车辆无效行程，缩短翻卸周期，节省投资。

（3）重车线与重车线之间、重车线与空车线之间的距离，既要满足设备安装、运行要求，又要满足铁路与建构筑物界限要求。

（4）电厂站的空车线靠近翻车机处宜布置直线段。

（5）对于明确提出进厂敞车有C80的电厂，由于翻车机端环幅大导致重车调车机大臂增长，布置平面图时应适当考虑加大重空车线的线间距及翻车机室两侧要留有足够的净空。

（6）应明确整列是否为电气化进厂。对于电气化牵引进厂，布置时应避免机车、带电电网、电网拉杆与入厂煤采样机和重车调车机设备干涉。

（7）对于过机车的贯通式翻车机卸车系统，要求明确机车车头型号，并写入翻车机招标文件。

（8）对于过机车的贯通式翻车机，不允许机车在翻车机内制动停车，在翻车机前要考虑足够的停车距离。

（9）不允许机车在静态轨道衡上制动停车，在静态轨道衡前要考虑足够的停车距离。

3. 单车翻车机卸煤线布置

（1）折返式布置图。

1台折返式单车翻车机卸煤线布置如图2-15所示。

2台折返式单车翻车机卸煤线布置如图2-16所示。

折返式布置铁路配线见表2-14。

表 2-14　　　　折返式布置铁路配线

项目	1台单车翻车机卸煤线	2台单车翻车机卸煤线
厂内铁路配线数量	厂内布置3条铁路线，分别为1条机车走行线、1条重车线、1条空车线。机车走行线宜布置于重、空车线之间	厂内布置5条铁路线，分别为1条机车走行线、2条重车线、2条空车线。机车走行线布置于中间，向外侧对称依次为重车线、空车线
厂内配线线间距	重、空车线距离宜为11m，机车走行线布置在重、空车线中间时，机车走行线与重车线、空车线的距离为5.5m；受场地制约、机车走行线需布置在重车线外侧时，机车走行线与重车线的距离宜大于或等于5m	两重车线的间距宜为11m，重、空车线间距约为11m，机车走行线与两重车线的间距为5.5m

注　1. 铁路来煤一般为机车牵引整列重车进厂，厂内站铁路线需设置机车走行线。
　　2. 当重车车辆为机车顶推进厂（半列或少于半列）时，可不设机车走行线。

（2）贯通式布置图。

2台贯通式单车翻车机卸煤线布置如图2-17所示。

贯通式布置铁路配线：目前机车过车机的贯通

式单车翻车机卸煤线没有电厂项目工程实例，铁路配线可参照贯通式双车翻车机卸煤线（见表2-16）。某电厂二期布置有机车不过翻车机的2台贯通式单车翻车机卸煤线，其线间距与折返单车翻车机一致。

4. 双车翻车机卸煤线布置

（1）折返式布置。

1台折返式双车翻车机卸煤线布置如图2-18所示。

2台折返式双车翻车机卸煤线布置如图2-19所示。

折返式布置铁路配线见表2-15。

表 2-15　　　　折返式布置铁路配线

项目	1台双车翻车机卸煤线	2台双车翻车机卸煤线
厂内铁路配线数量	厂内布置3条铁路线，分别为1条机车走行线、1条重车线、1条空车线。机车走行线宜布置于重、空车线之间	厂内布置5条铁路线，分别为1条机车走行线、2条重车线、2条空车线。机车走行线布置于中间，向外侧对称依次为重车线、空车线
厂内配线线间距	重、空车线距离宜为13m，机车走行线布置在重、空车线中间时，机车走行线与重车线、空车线的距离为6.5m。机车走行线需布置在重车线外侧时，机车走行线与重车线的距离宜大于或等于5m	两重车线的间距宜为13～15m，重、空车线间距约为13m，机车走行线与两重车线的间距为6.5～7.5m

注　1. 对于2台双车翻车机卸煤线，翻车机驱动装置为地面布置时，两重车线的间距取较大值，翻车机驱动装置地下布置时，两重车线的间距取较小值。
　　2. 三支点双车翻车机厂内配线线间距尺寸一般为11m。
　　3. 当重车车辆为机车顶推进厂时，不设机车走行线。

（2）贯通式布置。

1台贯通式双车翻车机卸煤线布置如图2-20所示。

2台贯通式双车翻车机卸煤线布置如图2-21所示。

贯通式布置铁路配线见表2-16。

表 2-16　　　　贯通式布置铁路配线

项目	1台双车翻车机卸煤线	2台双车翻车机卸煤线
厂内铁路配线数量	厂内布置3条铁路线，分别为1条机车走行线，1条重车线、1条空车线。重车线与空车线对接，机车走行线布置于重（空）车线旁	厂内布置6条铁路线，分别为2条机车走行线，2条重车线、2条空车线。重车线与空车线对接，机车走行线布置于重（空）车线外侧
厂内配线线间距	机车走行线与重（空）车线的距离宜为13m（翻车机室处）	机车走行线与重（空）车线的距离宜为13m（翻车机室处）。两重车线间距宜为13～15m

注　1. 对于2台双车翻车机卸煤线，翻车机驱动地面布置时，两重车线的间距取较大值，翻车机驱动地下布置时，两重车线的间距取较小值。
　　2. 当重车车辆为机车顶推进厂时，不设机车走行线。机车作业方式为取空送重。

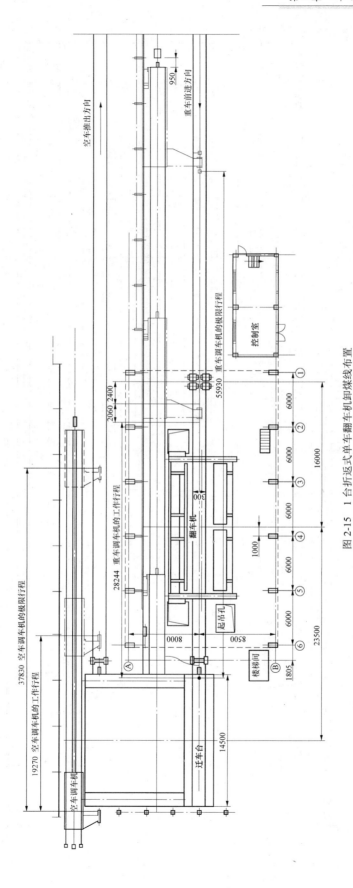

图 2-15 1 台折返式单车翻车机卸煤线布置

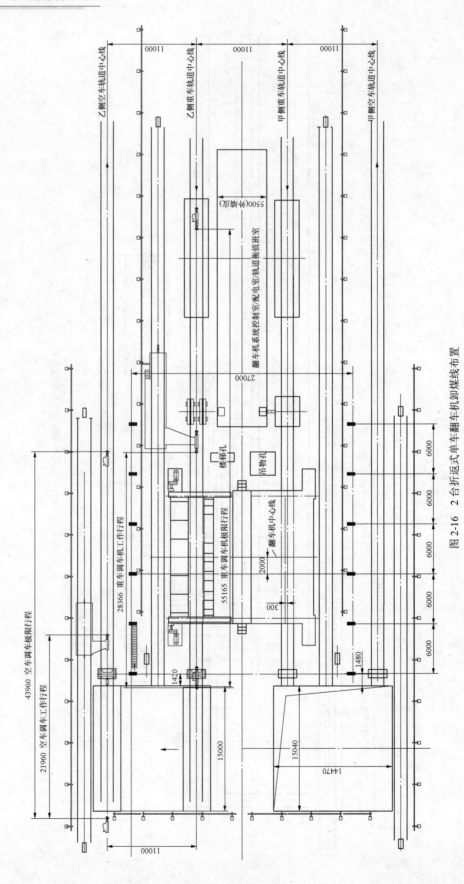

图 2-16　2 台折返式单车翻车机卸煤线布置

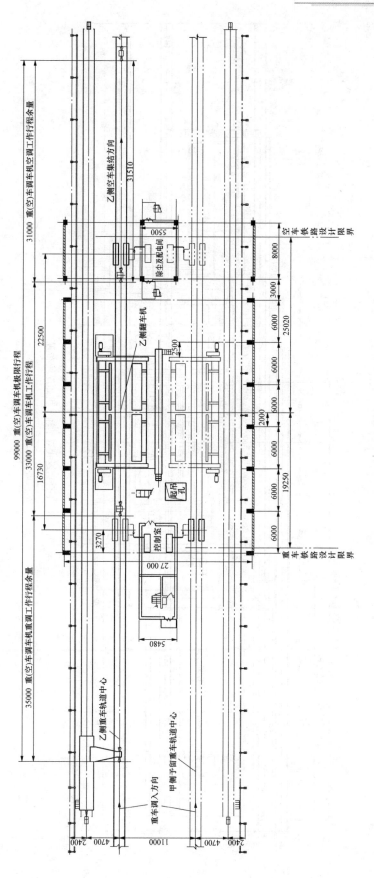

图 2-17　2 台贯通式单车翻车机卸煤线布置

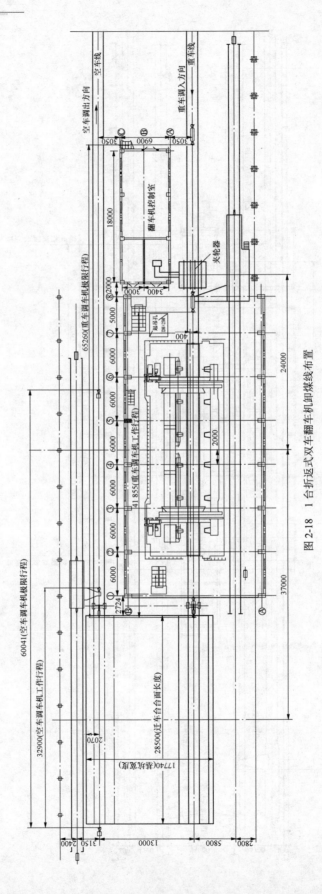

图 2-18 1 台折返式双车翻车机卸煤线线布置

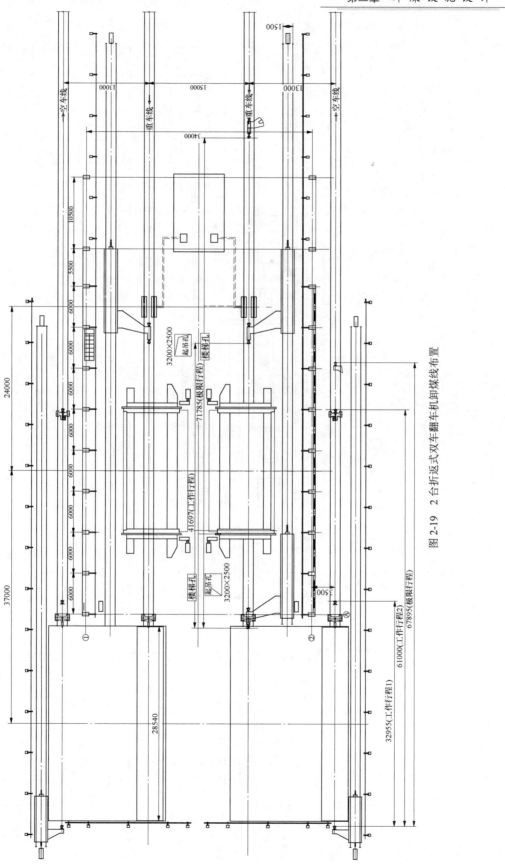

图 2-19　2 台折返式双车翻车机卸煤线布置

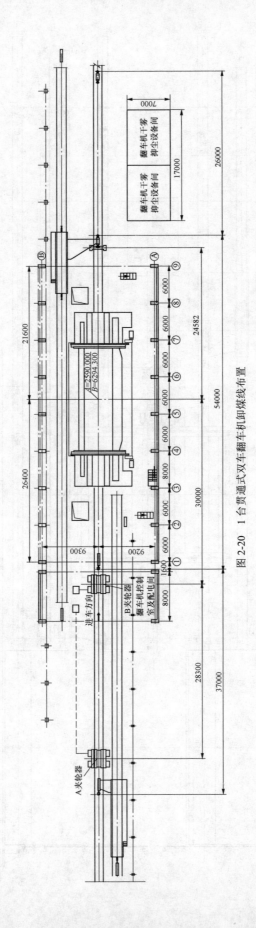

图 2-20　1 台贯通式双车翻车机卸煤线布置

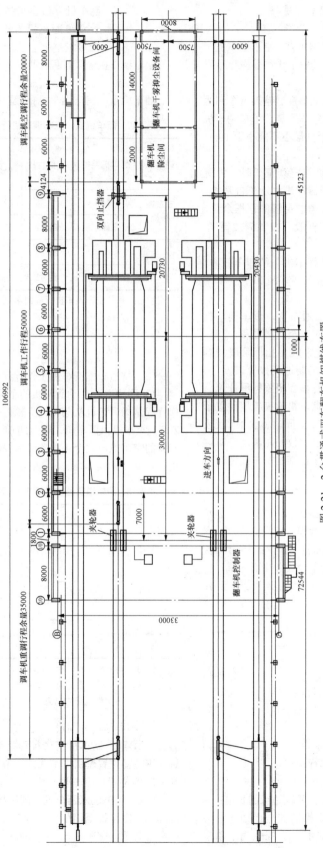

图 2-21 2 台贯通式双车翻车机卸煤线布置

5. 重、空车调车机布置及行程选择

(1) 设计注意事项。

1) 为提高系统卸车效率,缩短重、空车调车机工作行程,进车端夹轮器和出车端安全止挡器应尽量靠近翻车机或迁车台布置。

2) 对于折返布置,为保证机车推送整列重车到达重车调车机极限行程范围内的停车安全,重车调车机应考虑足够的行程余量,行程余量最小不能小于 10m,一般可按 2 节车长设计。

3) 对于折返布置,机车连挂整列空车时,为避免最后 1 节空车越过安全止挡器,进入迁车台基坑,造成掉道事故,空车调车机应考虑足够的行程余量,行程余量最小不能小于 15m,一般可按 1.5~2 节车长设计。

4) 对于贯通布置,为提高翻车机系统卸车效率,宜按不同轨道分别设置整列重车调车机和重空车调车机。

5) 对于翻车机过机车的贯通布置,重车调车机的极限行程应为机车长度与停车安全距离之和。

6) 工作行程和极限行程是在设备招标阶段与制造商确定的行程,极限行程影响制造商报价。

(2) 折返布置调车机工作行程和极限行程计算。

重车调车机工作行程是指调车机从夹轮器位置牵引 1 节(或 2 节)重车进入翻车机,同时将前 1 节(或 2 节)翻卸完的空车推入迁车台就位的距离。空车调车机工作行程是指将空车由迁车台推过空车线地面上安全止挡器的距离。

重车调车机工作行程计算

$$L_z = a + b - c - d - e/2 \qquad (2\text{-}2)$$

式中 L_z ——重车调车机工作行程;

a ——夹轮器中心至翻车机本体设备中心距离;

b ——翻车机中心至迁车台设备中心距离;

c ——车钩钩头销轴中心与夹轮器中心的距离;

d ——重车调车机的前后钩转动销轴中心线之间的距离;

e ——迁车台的设备长度。

重车调车机极限行程计算

$$L_{zj} = L_z + L_{za} \qquad (2\text{-}3)$$

式中 L_{zj} ——重车调车机极限行程;

L_{za} ——重车调车机工作行程余量。

空车调车机工作行程计算

$$L_k = f + g + h \qquad (2\text{-}4)$$

式中 L_k ——空车调车机工作行程;

f ——迁车台基坑的长度;

g ——安全止挡器中心至基坑边缘的长度;

h ——将空车车钩中心推过安全止挡器中心线的距离,一般不超过 3m(对于单车

翻车机 h 值也可按 1 节车长考虑,对于双车翻车机为提高卸车效率 h 值宜尽量小)。

空车调车机极限行程计算

$$L_{kj} = L_k + L_{ka} \qquad (2\text{-}5)$$

翻车机重、空车调车机行程取值见表 2-17。

表 2-17 翻车机重、空车调车机行程取值 (m)

调车机	翻车机类型	工作行程	工作行程余量	极限行程(工作行程+工作行程余量)
重车调车机	单车翻车机	约 28	20~28	48~56
	双车翻车机	约 42	20~30	62~72
空车调车机	单车翻车机	约 20	21	41
	双车翻车机	约 33	28	61

注 1. 重、空车调车机行程图示如图 2-15、图 2-16、图 2-18、图 2-19 所示。

2. 以上行程数值仅为参考值,应根据各工程实际情况选取。

(3) 贯通布置调车机工作行程和极限行程计算。

1) 同轨道设 1 台调车机的布置方案。①调车机工作行程是指调车机从翻车机夹轮器位置牵引 1 节(或 2 节)重车进入翻车机,同时将前 1 节(或 2 节)翻卸完的空车推出安全止挡器或夹轮器的距离。②调车机行程取值见表 2-18。

表 2-18 同轨道贯通布置调车机行程取值 (m)

翻车机类型	调车机工作行程	重调工作行程余量	空调工作行程余量	极限行程(重调工作行程余量+工作行程+空调工作行程余量)
单车翻车机	约 33	35	31	99
双车翻车机	约 50	35	22	107

注 1. 调车机行程图示详见图 2-17 和图 2-21。

2. 以上行程数值为工程实列数值,仅供参考,应根据各工程实际情况选取。

2) 不同轨道分别设 1 台重、空车调车机的布置方案。①重车调车机工作行程是指调车机从翻车机远端夹轮器位置牵引 1 节(或 2 节)重车至翻车机近端夹轮器位置。空车调车机工作行程是指牵引 1 节(或 2 节)重车进入翻车机,同时将前 1 节(或 2 节)翻卸完的空车推至翻车机出口安全止挡器或夹轮器的距离。②重、空车调车机行程取值见表 2-19。

表 2-19　不同轨道贯通布置调车机行程取值　（m）

翻车机类型		工作行程	工作行程余量	极限行程（工作行程+工作行程余量）
双车翻车机	重车调车机	约28.3	9	37
	空车调车机	54	26	80

注　1. 重、空车调车机行程图示详见图2-20。
　　2. 以上行程数值仅为工程实列数值，仅供参考，应根据各工程实际情况选取。

6. 迁车台布置设计注意事项

（1）迁车台宜尽量靠近翻车机室布置，以减少调车时间。迁车台基坑边沿距翻车机室最外侧柱中心距离一般为1.5m左右。

（2）露天布置的迁车台基坑，应设置集水井及排水泵或设置向翻车机地下结构的排水套管（在雨水较多的地区宜设置集水井及排水泵）。

（3）在不影响空车调车机作业及进出迁车台车辆通过位置的迁车台基坑边缘设护栏。

7. 夹轮器布置设计注意事项

（1）夹轮器尽量靠近翻车机布置，夹轮器中心一般距翻车机地下结构外沿2～4m。

（2）注意夹轮器基础与翻车机地下结构应脱开。

（3）夹轮器液压站一般设置于翻车机控制室一层或翻车机室内。

（4）夹轮器基坑应设置向翻车机地下结构的排水套管。

（5）在风力较大的地区，为确保车辆不因风力移动，在出车端远端（空车调车机极限行程范围内）可增设1台夹轮器。

8. 安全止挡器布置设计注意事项

（1）安全止挡器应靠近迁车台布置，其基础应与翻车机室地下结构脱开。

（2）对于过车机的贯通式布置翻车机系统，出车端可布置夹轮器，也可布置安全止挡器。

（3）当露天布置或存在积水的可能时，止挡器基础应设置通向迁车台或向翻车机地下结构的排水套管。

（六）翻车机室及控制室布置

1. 翻车机室布置

翻车机室分为地上和地下部分，地上部分有半封闭和全封闭之分。半封闭主要用于防雨雪，翻车机室设有屋顶及两侧面墙，车辆进出口敞开。全封闭主要用于寒冷地区或有环境保护要求的地区。在室外计算温度低于−10℃地区，翻车机室应全封闭，并考虑采暖。此外，翻车机在卸车过程中产生大量煤尘，是火力发电厂运煤系统中主要污染源之一，因此，可根据所在地区环境保护要求考虑翻车机室是否全封闭。

（1）半封闭范围：翻车机室。

（2）全封闭范围：翻车机室、迁车台、空车调车机在迁车台的行程范围、重车调车机进入翻车机室内部分。

2. 全封闭翻车机室设计

（1）翻车机室车辆进口的大门高度应不小于重车调车机调车臂抬起高度、大门宽度应不小于重车调车机牵引车辆运行时最大宽度，并符合铁路基本建筑限界。迁车台车辆出口大门高度应不小于铁路敞车的最大高度，宽度应不小于空车调车机推送车辆运行时最大宽度，并符合铁路基本建筑限界。

（2）在寒冷地区车辆进出大门处应设置暖风幕等防寒措施，室内考虑采暖。

（3）为了便于在翻车机室设置大门，重、空车调车机宜设置地面托链式供电方式。

（4）迁车台封闭处设置检修门及人员进出门，考虑带小门的检修大门。

（5）大门可为电动卷帘门，也可为其他形式。

3. 翻车机地上、地下布置

翻车机地上部分布置尺寸见表2-20。

表 2-20　翻车机地上部分布置尺寸　　（m）

项目	1台单车翻车机	2台单车翻车机	1台双车翻车机	2台双车翻车机
跨度	15～17	27	15～18	32～34
长度	24～30	24～30	42～48	42～48
备注	翻车机室长度尺寸按6m的倍数考虑			

翻车机地下部分布置尺寸见表2-21。

表 2-21　翻车机地下部分布置尺寸

项目	1台单车翻车机	2台单车翻车机	1台双车翻车机	2台双车翻车机
净空宽度（m）	16	19.2	14	23.6
净空长度（m）	24	24	42	42
配置煤斗数量	2	2×2	4～5	2×4，2×5
煤斗容积(t)	≥140	≥2×140	≥240	≥2×240
最深处标高（m）（以轨面为0m）	−13.0	−13.0（顺向）−17.7（垂直）	−16	−16.2

注　1. 两支点双车翻车机宜配置5个受煤斗，三支点双车翻车机宜配置4个受煤斗。
　　2. 翻车机最底层应设集水井，安装泥浆泵。地下各层应具备水冲洗条件。
　　3. 净空宽度、长度及深度仅为参考值。

（1）进出口及吊物孔设置。单车翻车机室设置 1 个进出口及吊物孔。双车翻车机室在进出车端宜分别设置 1 个进出口及吊物孔。地下各层均相应设吊物孔。吊物参考孔尺寸为 2000mm×3000mm。

（2）煤斗布置。①单车翻车机煤斗总容量不小于 140t，双车翻车机煤斗总容量不小于 280t。②煤斗壁相对于水平面交角不小于 60°，相临两壁面交线相对于水平面交角不小于 55°。③排料口尺寸按燃煤流动性考虑，尺寸一般不小于 1000mm×1000mm，宽度和长度可根据给煤设备入口尺寸适当放宽。

煤斗容积计算

$$Q_m = K_d \rho V \qquad (2-6)$$

式中　Q_m——煤斗容量，t；

K_d——煤斗充满系数，取值范围 0.8～0.9；

ρ——煤的松散密度，t/m³；

V——煤斗总体积，m³。

4. 翻车机控制室、配电室及除尘间

（1）翻车机控制室。翻车机控制室可以独立布置，也可与翻车机地上结构合并布置。

独立布置：对于 2 台翻车机，一般布置于进车端两重车线之间或跨两条重车线高架布置；对于 1 台翻车机，一般布置于进车端重车线一侧。与翻车机地上结构合并布置：一般在进车端高架布置，目前基本不采用该布置方式。控制室也可布置在出车端一侧，但该布置方式较少。

（2）电气设备间。可在控制室一层设电气设备间，也可单独设置，单独设置应尽量靠近翻车机室。

（3）翻车机除尘间。可根据各工程情况选择是否设置翻车机除尘器。翻车机除尘间一般要单独设置，或与电气设备间合并布置，但应尽量靠近翻车机室。

（4）设计注意事项。

1）控制室宜布置在二层，朝向翻车机的正面和两侧面宜设置落地窗，便于运行人员观察到重车在翻车机内就位和空车推出翻车机的情况。

2）控制室外墙面应符合铁路建筑设计限界要求，尽量避免靠近重车线的侧墙开门。

3）控制室要有足够面积，满足操作台布置，操作台前面及两侧考虑运行人员通行。控制室应密闭、防尘、设置空调。

4）控制室宜设置运行人员休息间和检修工具间。在有条件的情况下，可考虑设置上下水和厕所。

5. 翻车机室断面布置图

1 台折返式单车翻车机室断面布置如图 2-22 和图 2-23 所示。

2 台折返式单车翻车机室断面布置如图 2-24 和图 2-25 所示。

1 台贯通式双车翻车机室断面布置如图 2-26 和图 2-27 所示。

2 台折返式双车翻车机室断面布置如图 2-28 和图 2-29 所示。

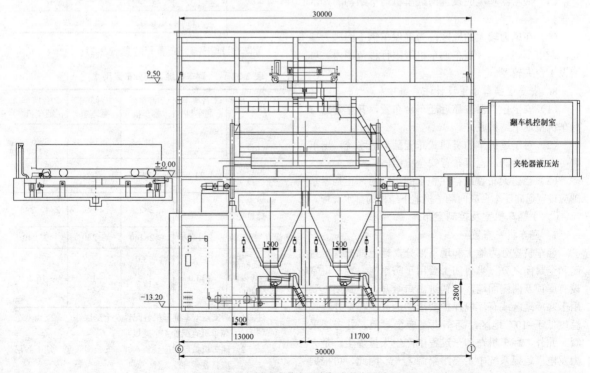

图 2-22　1 台折返式单车翻车机室纵断面布置

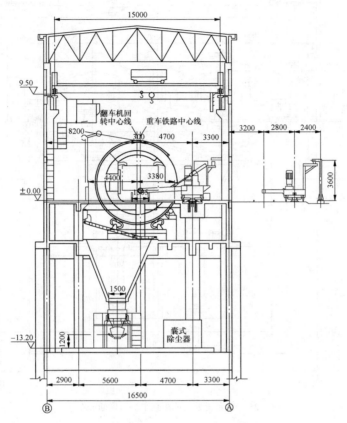

图 2-23 1 台折返式单车翻车机室横断面布置

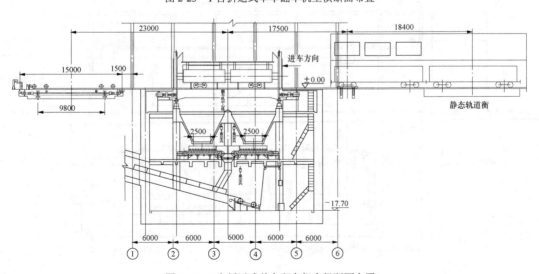

图 2-24 2 台折返式单车翻车机室纵断面布置

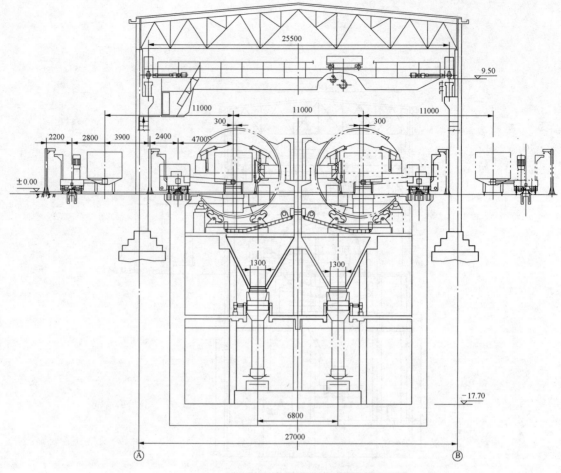

图 2-25　2 台折返式单车翻车机室横断面布置

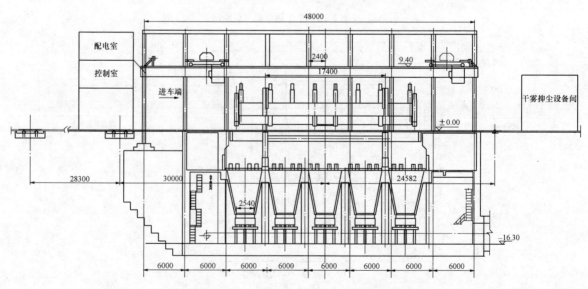

图 2-26　1 台贯通式双车翻车机室纵断面布置

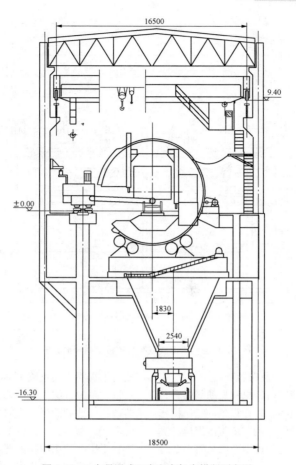

图 2-27　1 台贯通式双车翻车机室横断面布置

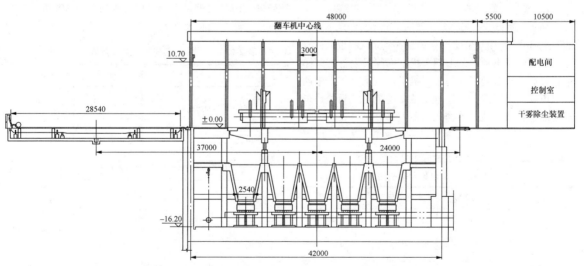

图 2-28　2 台折返式双车翻车机室纵断面布置

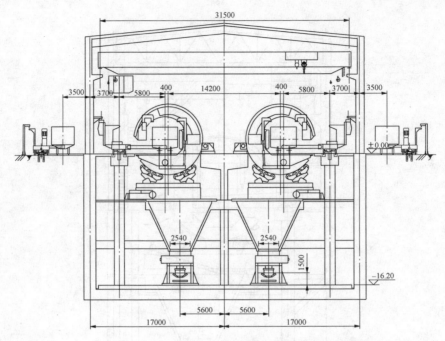

图 2-29　2 台折返式双车翻车机室横断面布置

（七）翻车机附属设备选型及布置

翻车机附属设备包括清算破碎机和振动斜煤箅、煤斗下口给料设备、计量设备、采样设备、起吊检修设备等，活化给煤机、振动给煤机、皮带给煤机、火车采样机、静态轨道衡等设备的详细介绍见第七章运煤系统辅助设施。

1. 起吊检修设备

翻车机室设置起吊设备主要用于翻车机和地下设备的检修起吊。常用起吊设备为 20/5t 吊钩桥式起重机。

设计注意事项：①上翻车机室内起吊设备的钢梯位置和高度应方便进入起吊司机室，且不得与重车调车机电缆支架干涉。②起吊设备覆盖范围应确保翻车机地面设备以及通过吊物孔设备为垂直起吊。

20/5t 吊钩桥式起重机设备主要参数见表 2-22。

表 2-22　20/5t 吊钩桥式起重机设备
主要参数表（2 台单翻车机室）

项目	参数	项目	参数
跨度	L_k=25.5m	起重机最大轮压	23t
起吊高度	主钩12m，副钩26m	推荐用大车轨道	43kg/m
起重量	20/5t	起重机最大宽度	6390m
起重机总质量	37t	轮距	5000m

2. 清算破碎机及振动卸煤箅

（1）清算破碎机。清算破碎机用于对筛箅上残留物料的破切清理。对火车进厂煤而言，它与翻车机及其煤斗配套使用，安装于翻车机之下、煤斗之上。对残留于煤箅上的不能下落的大块煤、冻煤湿煤、煤矸石以及草绳、编织袋等杂物进行破碎、剪切，使之下落，从而达到清理煤箅的目的。对大块的金属、钢筋混凝土、花岗岩，该机不具备正常的破碎能力，一般不宜采用。使用中，如遇到这些不可破碎物时，该机应自动停机并发出相应的报警信号，由人工做出相应处理。清算破碎机主要机构组成如图 2-30 所示，其设备主要参数见表 2-23。

表 2-23　清算破碎机主要参数表

项目	参数	项目	参数
被破切物料	煤、冻煤、煤矸石等	电压等级	380V
最大破切块度	1000mm× 1000mm× 800mm	电动机总功率	172kW
破切辊直径	ϕ850mm	最大轮压	10t
破碎机行程	6000mm	外形尺寸	3491mm× 5952mm× 1060mm
轨道型号	43kg/m	操作方式	中央控制+现场：控制手动/自动
破切机工作速度（r/min）	前进3~10 后退10~18 变频调速	联锁要求	与翻车机自动联锁（带解锁功能）
破切辊转速（r/min）	132	整机质量	38t
箅子孔的尺寸	300mm×300mm（上小下大）		

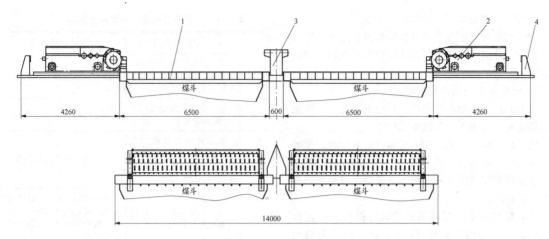

图 2-30 清算破碎机

1—煤算子；2—清算破碎机本体；3—工作端止挡；4—非工作端止挡

（2）振动卸煤算。振动卸煤算安装于翻车机之下，煤斗之上。振动卸煤算由斜算、平算、弹簧支撑座、振动电动机、铰座、底座等组成。斜算一端与平算一端铰接，另一端与弹簧支撑座铰接；平算的另一端与工字钢座铰接，弹簧支撑座固定在工字钢座与中隔墙上。底座焊接在煤斗上沿的预埋钢板上。振动电动机安装在斜算上端。斜算、平算均由纵、横钢板组焊成 320mm×320mm 方格。斜算的倾斜面上还设置了滑道，整个煤算连成为一个可活动的整体。

当翻车机中的煤落入卸煤算上，随着振动电动机的运转，振动电动机产生的激振力使斜算在弹簧支撑座上做上、下扇形运动，同时带动平算做小幅扇形运动，物料随煤算惯性作抛物线运动，小于算孔的物料迅速从算孔落入煤斗。大块件则沿导料滑道滑至平算便于人工清理，有些大块煤也能在振动的过程中松碎落下。振动卸煤算主要机构组成如图 2-31 所示，设备主要参数见表 2-24。

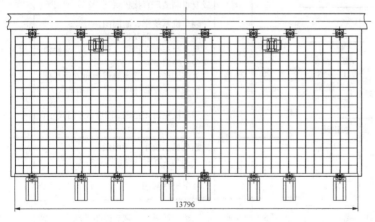

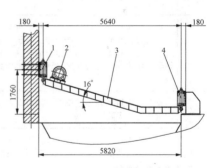

图 2-31 振动卸煤算

1—弹簧装置；2—振动电机；3—煤算子；4—弹簧装置支座

表 2-24　　振动斜煤算主要参数表

项　　目		型号及技术参数
煤算子	筛面尺寸（mm）	14100×5820
	倾斜角度（°）	16
	筛孔尺寸（水平投影尺寸 mm）	320×320
振动器	最大激振力（N）	75000

续表

项　　目		型号及技术参数
振动器	功率（kW）	5.5
	转速（r/min）	970

（八）翻车机系统设计注意事项

1. 本专业设计注意事项

（1）当翻车机室底部带式输送机采用车式拉紧

时，吊物孔应避免与车式拉紧装置干涉。

（2）翻车机室煤斗边靠近振动斜算固定处，应设活动栏杆（若翻车机带衡时煤斗口设有挡煤墙，则可不设栏杆）。

2. 与外专业协调注意事项

（1）2台双车翻车机驱动采用地下布置时，注意驱动装置不能与重车调车机基础相碰。

（2）翻车机室进车端和出车端设置圈梁时，梁底净高应高于重调运行时的抬臂高度。同时在靠近翻车机控制室观察窗范围内的一侧不宜设梁，以免影响操作人员的视线。

（3）翻车机室底层两路带式输送机中间设置煤斗支柱时，应考虑人员通道，中心柱可设置为 Π 形柱，Π 形柱中间开孔尺寸宜大于 600mm×2200mm（高）。

（4）当翻车机设置除尘时，所设风管应不影响运行人员通道或妨碍控制室人员监测视线。

（5）翻车机及驱动装置螺栓宜埋置于土建基础预留孔内，基础预留 50mm 二次浇灌层，方便安装和调整。

（九）专业间配合要求

对铁路设计部门的资料（通过总图专业）见表2-25。

表2-25　铁路设计部门资料交接表

序号	提出资料内容	接收资料内容
1	重、空车铁路设计分界线：对于重车线一般可设在夹轮器进车端一侧，对于空车线一般可设在安全止挡器出车端一侧。具体数值确定后，可与铁路设计部门协商调整	重、空车铁路线弯道布置位置，曲线半径
2	重车线靠近夹轮器进车端一侧机车停车位置轨道考虑防爬	铁路轨顶标高
3	空车线靠近安全止挡器出车端一侧 50m 内，在轨道两侧，每侧设 3m 宽硬化地面，用于空车清扫	机车牵引质量
4	当电厂仅采用 1 台单车翻车机时，并且未设置其他类型的铁路卸煤设施时，可考虑在重车线轨道两侧，沿整列重车长度，每侧设 3m 宽硬化地面，用于翻车机故障时人工卸车（应以业主单位意见为准）	翻车机中心坐标
5	当设置火车采样装置及静态轨道衡时应提出相对于翻车机的布置尺寸及位置	机车作业方式

注　以上资料应在铁路设计部门开展施工图设计之前或更早阶段通过总图专业提出或接收。

对翻车机制造厂商的资料见表2-26。

表2-26　翻车机制造厂商资料交接表

序号	提出资料内容	接收资料内容
1	重、空车铁路线弯道布置位置、曲线半径、机车牵引质量等	翻车机系统布置平面图
2	重、空车铁路线线间距（平面布置图）	各设备的总图及基础图
3	明确电缆供货范围及设计范围，注意要明确重、空车调车机、迁车台托缆由制造厂提供	电气电缆清册及接线图
4	重、空车调车机工作行程和极限行程	翻车机负荷汇总、联锁信号汇总、就地接线箱安装尺寸、翻车机控制柜质量、监控探头安装位置

设计院内部专业间配合：运煤专业提出资料见表2-27。

表2-27　运煤专业提出资料表

序号	接受专业	主要提出资料内容	备注
1	总图	翻车机系统平、断面图。翻车机室全封闭资料图。	
2	电气	翻车机系统平、断面图。地下各层平面及设备基础。控制室（含电气设备间）布置资料图。转交翻车机"电气电缆清册及接线图"或要求制造厂直接提供	
3	结构	翻车机系统平、断面图。地下各层平面及设备基础。翻车机调车机以及迁车台、夹轮器、安全止挡器基础。火车采样机、静态轨道衡布置及基础。控制室（含电气设备间、轨道衡室）布置。翻车机室封闭范围、高度、开门尺寸资料图。	
4	建筑	翻车机系统平、断面图。控制室（含电气设备间、轨道衡室）布置。翻车机室封闭范围、高度、开门尺寸资料图	
5	暖通	采暖、通风、空调、除尘要求	
6	供水	给排水资料（包括抑尘系统水压、水质要求）	

注　表中所列资料可合并提供。

运煤专业接收资料见表2-28。

表2-28　运煤专业接收资料表

序号	提出专业	接收资料主要内容	备注
1	总图	翻车机中心坐标、轨道标高、厂内线路平面图	

续表

序号	提出专业	接收资料主要内容	备注
2	电气	翻车机配电间布置、控制室布置、电气二次设备间布置、地下各层电气资料	
3	结构	翻车机室地上和地下结构资料	
4	建筑	翻车机控制室、上翻车机室起吊设备钢梯、翻车机室封闭建筑资料	
5	暖通	翻车机控制室、翻车机室封闭暖通资料	
6	供水	翻车机室地下部分、控制室供水资料	

三、底开车卸煤装置

底开车是一种新型的运煤车，在我国通过不断试验改造已基本定型，在煤炭、化工、电力等工业部门已开始普遍应用，底开车具有卸煤速度快、卸车时间短、操作简便、使用方便、卸车后剩煤少，清车工作量小等优点，适用于固定编组专列运行，定点装卸，循环使用，车皮周转快，设备利用率较高。

采用底开车来煤时，厂内卸煤设施为缝式煤槽。缝式煤槽由地上部分和地下部分组成。地上部分为卸车、采样区域；地下部分为受煤、排料区域。

1. 适用范围

火力发电厂采用底开门车应具备如下条件：

（1）煤源宜为定点供应，装车点不宜超过两处，能保证固定车底，专列运行。

（2）在寒冷地区（如东北、内蒙古、新疆等），煤的表面水分不得超过8%；

（3）来煤的块度超过300mm不应过多；

（4）运距较近，不宜超过100km；

（5）尽量避免通过国家铁路干线。

如气候条件合适且铁路局要求业主自备车皮，也可优先选用底开车。

2. 底开车主要技术性能

底开车主要技术性能见表2-29。

3. 设计范围

底开车卸煤装置的功能是接卸铁路运输采用底开车进电厂的燃煤，目前广泛采用的是分组卸煤方式。设计范围是从铁路底开车进厂开始，到将铁路车辆装载的燃煤卸载至受卸装置，再由受卸装置出口的给煤机将燃煤给至输出带式输送机上为止。底开车卸煤装置包括缝式煤槽、叶轮给煤机等主要设施，还包括入厂煤计量、入厂煤采样、检修起吊等附属设施。工艺流程如图2-32所示。

表2-29　　　　　　　底开车主要技术性能表

性能和尺寸＼型号	DK-60-4	T12	K18DG	K18AK	KM70
载重（t）	58	58	60	60	70
自重（t）	26	26.2	21	24	23.8
自重系数	0.449	0.452	0.367	0.4	0.34
容积（m³）	63	66	64	65	75
总长（两钩舌中心距，mm）	14338	14438	14738	14730	14400
底门最大开度（mm）	500~600	712+30	550~590	520	460
底门数目	4	12	4		4
传动类型	一端操作，二级传动、接力开门		单级下式2×14气缸		两级传动
开门方式	风控风动、手动	电控气动	风控风动、手动		风控风动、手动
制动装置	二级闭锁	GK型空气制动机旋转式手制动机	GK型三通阀和356×254制动缸		
端墙水平倾角	50°	50°	45°	50°	50°
漏斗板水平倾角	50°	45°	50°	50°	50°
转向架中心距（mm）	10200	10300	10500	10500	10500
车体总高 H（mm）	3511	3700	3536	3570	3780
车体总宽 B（mm）	3180	3248	3240	3240	3200

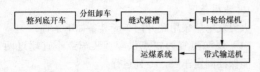

图 2-32 工艺流程

4. 设计原则

（1）底开车缝式煤槽的类型和长度应根据电厂燃煤量、来煤情况、日进厂列车数、整列车辆数、分组车辆数、厂区铁路站场长度、调车方式、系统缓冲量等条件综合考虑确定，宜按 8～12 节车辆长度考虑。

（2）缝式煤槽地上铁路轨顶标高应与铁路设计院提供接口条件一致。

（3）缝式煤槽卸煤装置的输出能力应与输煤系统出力匹配。缝式煤槽的容量按整列车卸煤量确定。

（4）缝式煤槽前、后的铁路线长度，应根据铁路牵引定数、作业方式等，预留足够长度，满足卸车要求。

（5）电力机车通过底开车缝式煤槽时不考虑预留安装螺旋卸车机的条件。

5. 底开车卸煤装置

底开车卸煤装置是大型电厂卸煤方案之一，由于采用专用车组固定循环运输，有运营效率高、卸载速度快、收受设施简单等优点，运距较近、矿点相对集中、物料粒度适应的坑口电厂，应用较为普遍。

（1）卸煤装置的功能。底开车卸煤装置具有卸载转运功能和系统缓冲功能。卸载转运功能，即在对应的卸载时间里，由卸载速度与排空速度之差产生的积存量需通过卸煤装置转运。系统缓冲功能，是在满足卸载转运功能的基础上所具有的缓冲功能。

卸煤装置总贮量包括卸载转运功能和系统缓冲功能所对应的贮量，不能把卸煤装置的总贮量视为对系统的缓冲煤量，应减去满足卸载转运功能所需贮量，余下贮量再考虑煤斗充满情况后的煤量才是对系统缓冲的有效煤量。

（2）缝式煤槽容量计算。缝式煤槽容量计算

$$Q = K\rho V \tag{2-7}$$

式中　Q ——煤斗容量，t；

　　　K ——煤斗充满系数，一般取 0.8～0.9；

　　　ρ ——煤的松散密度（t/m³ 原煤可取 0.90～1t/m³，洗中煤可取 1.20～1.30t/m³，褐煤可取 0.75～0.90t/m³）；

　　　V ——缝式煤槽斗的体积，m³，计算见式(2-8)。

缝式煤槽可近似看为四棱台，因此按四棱台计算煤槽斗体积。

$$V = H \times (2A_1 \times B_1 + A_1 \times B_2 + A_2 \times B_1 + 2A_2B_2)/6 \tag{2-8}$$

式中　A_1 ——缝式煤槽上口长度方向尺寸，m；

　　　B_1 ——缝式煤槽上口宽度方向尺寸，（单线双缝式煤槽宜取 6.5～7.0m，双线双缝式煤槽宜取 12～15m），m；

　　　A_2 ——缝式煤槽下口长度方向尺寸，m；

　　　B_2 ——缝式煤槽下口宽度方向尺寸，m，按给料设备要求确定；

　　　H ——缝式煤槽深度，m。

各参数意义如图 2-33 和图 2-34 所示。

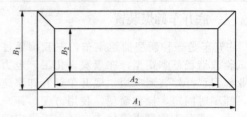

图 2-33　缝式煤槽煤斗外形平面示意

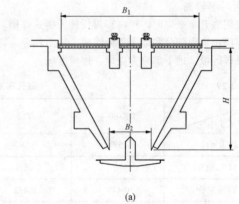

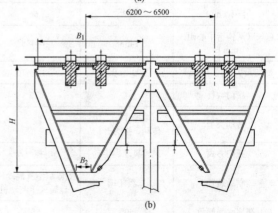

图 2-34　缝式煤槽煤斗外形断面示意

（a）单线双缝式煤槽煤斗外形断面图；

（b）双线双缝式煤槽煤斗外形断面图

（3）卸煤装置的有效长度计算。卸煤装置作为卸载转运功能的必要贮量，取决于卸煤装置的有效长

度，其有效长度与卸载速度、排空速度和单位长度的贮量有关。

1）卸载速度 U_x。单位时间内卸下的煤量，称为卸载速度，单位为 t/min。

对于分组卸来说，单位时间包括重车组的调车时间、就位时间、开门时间、卸载时间、关门时间和空车组排出时间，即"勾车"的作业时间。通常按 1min 卸 1 节车的综合时间计算。分组卸载的卸载速度范围为 40～66t/min。

对于连续卸载来说，单位时间是列车以一定的车速通过卸煤装置有效长度所用的时间。连续卸载的卸载速度通常按 60t/min 计算。

分组卸载速度计算：

$$U_x = \frac{zG}{t_x} \qquad (2-9)$$

式中 z ——一次进厂车辆数；

G ——车辆的有效载重量，t；

t_x ——每列车卸载时间，min。

2）排空速度 U_p。单位时间内由卸煤装置排出的煤量，称为排空速度，单位为 t/min。

排空速度取决于卸煤装置下方带式输送机的出力，该出力由运煤系统规模确定。如带式输送机的出力为 1200t/h，其排空速度为 20t/min。

3）卸载时间的积载量（t）。卸载与排空同时进行，在卸载时间 t_x 内的积载量 Q' 见式（2-10）

$$Q' = (U_x - U_p)t_x \qquad (2-10)$$

4）单位长贮量 $S(t)$。卸煤装置单位长贮量与卸煤装置单、双轨类型有关，应满足三次连续卸载的要求。通常单轨卸煤装置为 16～18t/m，双轨卸煤装置为 28～31t/m。

5）封口底煤。卸煤装置排料口为缝隙式料口，为了防止空斗卸载时物料由侧口逸出，因此必须留有封口底煤的容量，其系数 K_f 为单位长贮量的 6%～8%。

6）卸载错位长度。底开车车门总长度约占车辆长度的 1/3 左右，卸载时为了避免在波峰处重复卸载，下一次卸载需错位在波谷处进行。这样交替的卸载使卸煤装置纵向均衡的充满。错位的长度在工程设计上通常采用 $L_0/2$ 车辆的长度。

通过上述分析，卸煤装置的计算有效长度见式（2-11），有效长度确定后，确定的卸载车位数：

$$L_x = \frac{(U_x - U_p)t_x}{S}(1 + K_f) + \frac{L_0}{2} \qquad (2-11)$$

$$Z'' = \frac{L}{L_0} \qquad (2-12)$$

式中 L_x ——卸煤装置计算有效长度，m；

U_x ——卸载速度，t/min；

U_p ——排空速度，t/min；

K_f ——封口底煤系数，一般取 6%～8%；

S ——卸煤装置单位长贮量，t/m；

L_0 ——车辆长度，m；

t_x ——卸载时间，min；

Z'' ——卸载单位数。

按卸载车位数 Z''，根据卸煤装置柱距模数进行圆整，最后确定卸煤装置有效长度 L，与此相对应的满足转运功能的必要贮量 Q_1：

$$Q_1 = LS \qquad (2-13)$$

6. 自购底开车车辆数计算

关于购置底开车数量应由铁路设计院提供计算结果，电力设计院核实后将底开车购置费列入总的投资估算中，最终工程的实际购车数量可能与设计时提供的数量不同。

自购底开车车辆数的计算：

$$M = N_h t K_c \qquad (2-14)$$

$$N_h = K_b Q_h / G \qquad (2-15)$$

$$t = (t_n + t_{x1} + t_b + t_{x2})K_r \qquad (2-16)$$

式中 M ——底开车计算购置数量；

N_h ——电厂每小时耗煤量折合的车皮数，辆；

t ——列车从煤源到电厂的周转时间，h；

K_c ——车皮备用系数，1.10～1.15；

K_b ——运输不均衡系数，可取 1.2；

Q_h ——电厂每小时的耗煤量，t/h；

G ——每个车皮的载重量，t；

t_n ——列车在装车点停留时间，h；

t_{x1} ——列车从装车点到电厂的行走时间，h；

t_b ——列车在卸车点停留时间，h；

t_{x2} ——列车从电厂至装车点的行走时间，h；

K_r ——考虑意外停车的系数，可取 1.1～1.2。

7. 底开车缝式煤槽长度计算示例及典型布置

（1）底开车缝式煤槽有效长度的计算示例，见表 2-30。为了计算不同工况的卸煤装置有效长度，计算示例中是按下述条件编制的。①卸载方式按分组卸载方式。②一次进厂车辆：在工况设计中，常用的线路牵引定数分别为：4000、5000t。③车辆：按 K18 自卸式底开车有关数据作为基础条件。④一次卸载耗时：按 1min 卸 1 节车的综合时间计算。⑤排空速度：按工程设计中采用的 16.67、25t/min 的排空工况（即带式输送机出力为 1000、1500t/h）。

表 2-30　　底开车缝式煤槽有效长度

电厂容量　（MW）	2×600
小时耗煤量　Q_h（t/h）	616
日耗煤量	12320
日最大来煤量（不均衡系数 ψ=1.2）$Q_{d_{max}} = Q_d\psi$（t/d）	14784

续表

电厂容量 （MW）	2×600	
牵引定数 P （t）	4000	5000
车辆自重 G_0 （t）	24	
车辆载重 G （t）	60	
整列车数 $Z=P/(q_0+q)$ （节/列）	48	60
整列车载煤量 $Z×q$ （t）	2880	3600
卸煤沟单位长度贮量 S （t/m）	16.7（单线）	30（双线）
封底煤系数 K_f （一般取8%）	8%	
单节车辆长度 L_0 （mm）	14738	
每组车数 Z' （节）	10	
分组卸次数 $n=Z/Z'$	4.8	6
一次（每组）卸载耗时 t' （包括开关、卸载、调10节车）（min）	10	
每列卸载耗时 $t_x=n×t'$ （min）	48	60
卸载速度 $U_x=Z×q/t$ （min）	60	
排空速度 U_p （t/min）（带式输送机出力）	16.67	25
每列车积载量 （t）$(U_x-U_p)×t_x$	2080	1680	2100
煤沟计算有效长度 （m）$L'=(U_x-U_p)×t×(1+K)/S+L_0/2$	141.88	116.02	143.18	82.97
计算有效长度折合车位数 L'/L_0 （节）	9.63	7.87	9.71	5.63
圆整车位数 Z'' （节）	10	8	10	6
按圆整车位数计算的煤沟有效长度 $L=Z''×L_0+L_0/2$ （m）	155	125	155	96
煤沟跨数（柱距6m）$X=L/6$	25.8	20.9	25.8	16.0
按柱距调整煤沟实际设计长度 （m）	156	126	156	96
煤沟贮量 $L×S$ （t）	2605.2	2104.2	2605.2	2880

注 按本表设计的卸煤沟只满足底开车卸车的转运功能，不具备对输煤系统的缓冲功能。如要具备缓冲功能应加长煤槽长度或加大煤槽截面。

由表 2-30 可以看出，影响底开车缝式煤槽有效长度的主要因素是整列车的牵引定数、煤槽下带式输送机的排空速度和煤槽类型（单线布置、双线布置），牵引定数越大，煤槽的有效长度越长，排空速度、煤槽截面越大，煤槽的有效长度越短。

（2）典型布置。底开车缝式煤槽卸煤装置分为单线单缝、单线双缝和双线双缝三种布置形式。其中，单线单缝布置较少用。底开车配缝式煤槽方案特点见表 2-31。

表 2-31 底开车配缝式煤槽方案

名称	单线双缝方案	双线双缝方案
地上部分铁路设置	设置一条重车线，并配合设置一条机车走行线	设置两条重车线，并配合设置一股机车走行线，两股重车线中心距为6.2~6.5m
煤槽上部建筑跨度	宜取9m	宜取15m
卸煤设备	不设置	不设置
采样设备	可设置火车入厂煤采样设备，其跨距宜取7.5m	可设置火车入厂煤采样设备，其跨距宜取13.5m
煤槽斗口上口宽度尺寸	宜取6.5~7.0m	宜取12~15m
地下部分	（1）地下部分的煤槽排料口按双侧设置，对应双路带式输送机。（2）地下排料部分宜采用桥式叶轮给煤机排料。（3）缝式煤槽两端宜设置叶轮给煤机检修间。（4）叶轮给煤机检修间高度根据入厂煤采样设备检修高度确定	

1）底开车配单线双缝缝式煤槽方案，如图 2-35 和图 2-36 所示。

2）底开车配双线双缝缝式煤槽方案，如图 2-37 和图 2-38 所示。

8. 缝式煤槽附属设备选型及布置

底开车缝式煤槽附属设备包括煤槽斗下口给料设备、计量设备、采样设备、起吊检修设备等，底开车卸煤槽的检修位应设置检修起吊用的电动葫芦。煤槽下口给料设备通常采用叶轮给煤机，有关叶轮给煤机、火车采样、计量等设备的详细介绍见第七章运煤系统辅助设施。

9. 设计注意事项

（1）缝式煤槽的设计应考虑机车通过荷载。

（2）缝式煤槽的地下两端应设置通至地面的安全出口，地下室安全出口的间距不应超过60m。

（3）缝式煤槽地上部分设置火车入厂煤采样装置时，其地上部分高度应满足采样设备的运行空间要求。缝式煤槽内不设置火车入厂煤采样装置时，地上部分可按轻型结构设置，轨道中心线与道边建筑物的距离不得小于 6m，否则应采取防护措施，如设置人员禁行标志等。

（4）缝式煤槽通风设备的地上部分与铁路的间距应满足铁路限界要求。

（5）缝式煤槽地下布置应考虑叶轮给煤机电缆的拖缆小车堆放距离（叶轮给煤机采用拖缆供电时）。

（6）缝式煤槽承煤平台两端应突出卸煤沟沟体，突出部分长度宜取 1.5m。

（7）底开车采用气动开启时，需向相关专业提出气源及气量的要求。

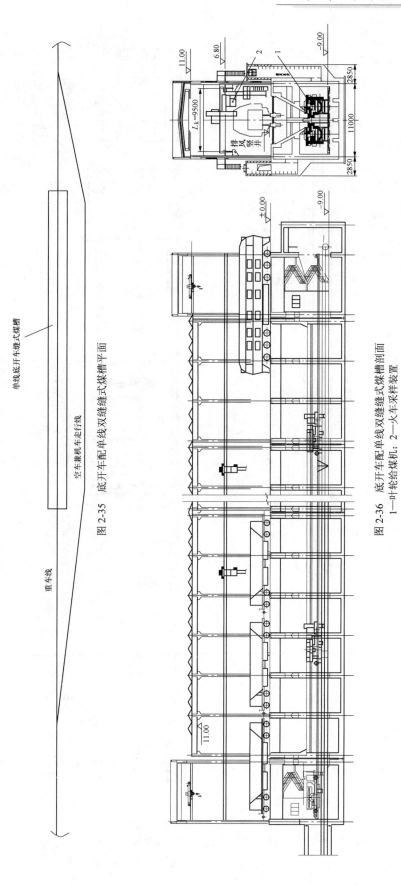

图 2-35 底开车配单线双缝缝式煤槽平面

图 2-36 底开车配单线双缝缝式煤槽剖面
1—叶轮给煤机；2—火车采样装置

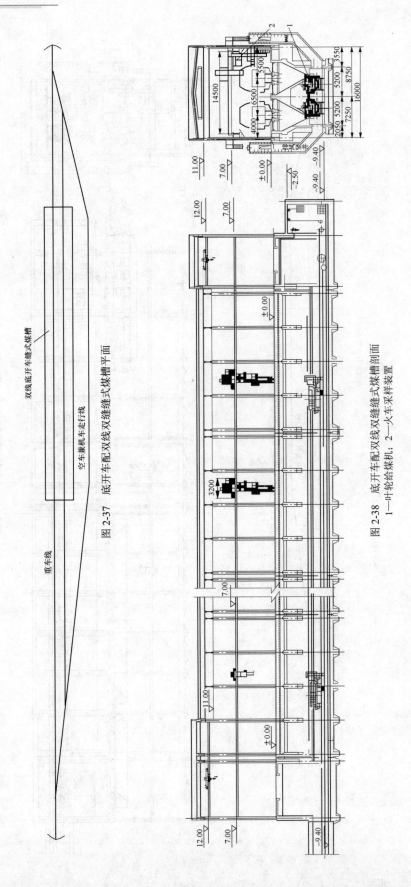

图 2-37 底开车配双线双缝缝式煤槽平面

图 2-38 底开车配双线双缝缝式煤槽剖面
1—叶轮给煤机; 2—火车采样装置

（8）在缝式煤槽两端设置的叶轮给煤机检修间处，应避免通风除尘及楼梯等妨碍叶轮给煤机的检修和起吊。

（9）缝式煤槽内的电气（照明、电缆沟、控制箱、配电箱、滑线电缆）、采暖、通风、上下水、冲洗水等应统筹协调。

四、螺旋卸车机卸煤装置

螺旋卸车机卸煤装置是以螺旋卸车机配合缝式煤槽卸普通敞车的一种卸煤方式，在国内已较广泛采用。它适用于卸不太坚硬的中等块度以下的散状物料，如煤、石灰石等，并可用于卸物料冻结厚度为100～150mm以下的车辆，但不适合卸黏性大、水分高的物料。北方地区为适应冬季煤车冻结，可采用截

齿螺旋卸车机。螺旋卸车机操作可靠，结构简单，检修维护容易。

1. 适用范围

当铁路日最大来煤量不大于6000t/d、采用普通敞车运输时，可以采用螺旋卸车机与缝式煤槽组合的卸煤装置。

2. 设计范围

螺旋卸车机卸煤装置的功能是接卸铁路运输进电厂的燃煤，其设计范围是从铁路列车进厂开始，到将铁路车辆装载的燃煤卸载至受卸装置，再由受卸装置出口的给煤机将燃煤给至输出带式输送机上为止的工艺系统。螺旋卸车机卸煤装置包括螺旋卸车机、缝式煤槽、叶轮给煤机等主要设施，还包括入厂煤计量、入厂煤采样、检修起吊等附属设施。工艺流程如图2-39所示。

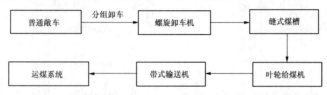

图2-39 螺旋卸车机卸煤工艺流程

3. 螺旋卸车机卸煤装置

（1）缝式煤槽。缝式煤槽由地上部分和地下部分组成。地上部分为卸车、采样区域，设置卸车设备（螺旋卸车机）；地下部分为受煤、排料区域，设计要求同底开车车缝式煤槽地下部分设计原则。

根据工程来煤量，缝式煤槽上部可同轨安装多台螺旋卸车机，并同时作业，缝式煤槽地上部分应设置检修跨度并能保证每台设备的检修需要。

缝式煤槽的类型可根据厂内铁路的布置要求选择单线缝式煤槽或双线缝式煤槽。缝式煤槽的有效长度宜与一次进厂车辆数分组后的数字相匹配。缝式煤槽卸煤装置的调车作业宜优先采用自备机车，当不具备自备机车调车条件时，可以选择设置其他调车机械。常见的缝式煤槽与螺旋卸车机的配置为单线双缝缝式煤槽配8m跨度螺旋卸车机，双线双缝缝式煤槽配13.5m跨度螺旋卸车机，双线双缝缝式煤槽配6.7m跨度螺旋卸车机三种类型。①螺旋卸车机配单线双缝缝式煤槽方案，如图2-40所示。②螺旋卸车机配双线双缝缝式煤槽方案，如图2-41所示。③双线双缝缝式煤槽配6.7m跨度螺旋卸车机方案，如图2-42所示。

（2）螺旋卸车机。

1）螺旋卸车机的结构及工作原理。螺旋卸车机由螺旋转机构、螺旋升降机构、大车行走机构及金属架等四部分组成，如跨双线铁路的螺旋卸车机，还有小车行走机构。虽然螺旋卸车机有多种类型，但它们的工作原理是相同的。它是利用左右两种相反的螺旋线，

螺旋旋转产生推力，被搅动的煤在此推力作用下沿螺旋通道由中间向左右两侧运动，煤就不断地从车箱两侧卸下。

2）螺旋卸车机的选择。螺旋卸车机的类型主要有桥式、门式和Γ形三种，可根据工程需要选择，其中每一种类型又有不同跨距和结构特点，如桥式及门式螺旋卸车机又可分为跨一条铁路及跨两条铁路的两种类型，从螺旋方向上又可分为单向螺旋（单侧卸料）和双向螺旋（两侧卸料）两种。一般多选用双向螺旋卸车机，因为它比单向螺旋卸车效率高，而且轴向力小、外部构件受力小。

桥型螺旋卸车机的特点是把所有工作机构都装在能沿高架轨道往返行走的桥架上，这种卸车结构紧凑，铁道两侧宽敞，人员行走方便。所以大多数电厂采用这种螺旋卸车机。

门型螺旋卸车机的特点是所有工作机构都装在沿地面轨道往返行走的门架上。这种卸车结构复杂、钢材消耗大，人员行走安全性差。但由于它无需高架轨道，因此可减少土建工程量、施工安装均较方便，土建投资相对较少。

Γ形螺旋卸车机是门型卸车机的派生产物。它适用于场地有限、条件特殊的工作场所，一般单侧卸煤可选用此类卸车机。

各型螺旋卸车机允许卸料粒度与螺旋直径和螺距有关。根据现场实践经验，允许卸料的最大粒度与螺旋直径及螺距关系如下。

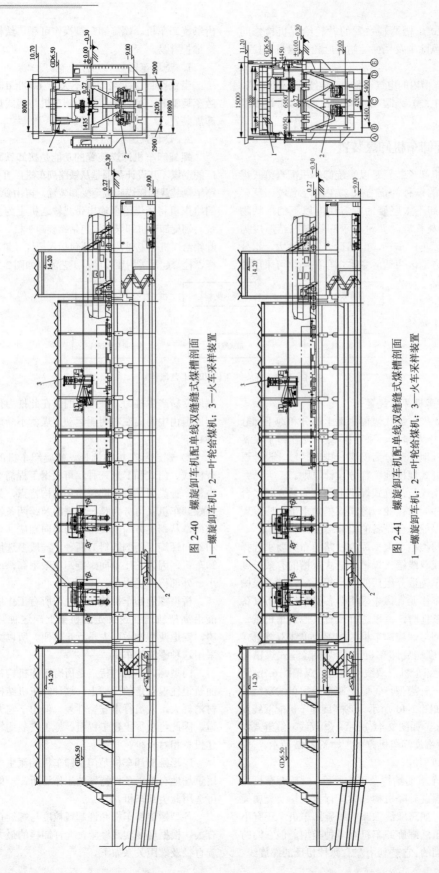

图 2-40 螺旋卸车机配单线双缝式槽剖面

1—螺旋卸车机；2—一叶轮给煤机；3—火车采样装置

图 2-41 螺旋卸车机配单线双缝式煤槽剖面

1—螺旋卸车机；2—一叶轮给煤机；3—火车采样装置

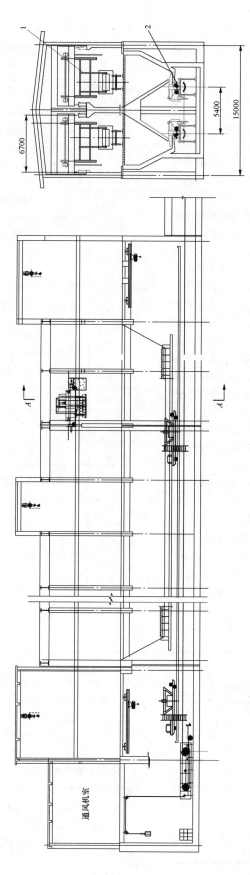

图 2-42 敞车配双线双缝式煤槽配 6.7m 跨度螺旋卸车机

1—螺旋卸车机；2—叶轮给煤机

卸原煤：

$$d_{max} < D(\text{或 } t)/1.7 \qquad (2\text{-}17)$$

卸石灰石：

$$d_{max} < D(\text{或 } t)/5 \qquad (2\text{-}18)$$

式中 d_{max}——物粒最大粒度，mm；

D——螺旋直径，mm；

t——螺距，mm。

设计中考虑允许卸料粒度，应根据所选用的螺旋卸车机设备性能和生产实例，并参照上述公式的关系来确定。

3）螺旋卸车机的布置要求。①当采用螺旋卸车机时，在对应的螺旋卸车机位置上设置缝式煤槽，以充分发挥设备的卸车能力。②在同一轨道上，螺旋卸车机不宜超过两台。③当同轨安装多台螺旋卸车机时，应设置带距离监测报警装置的防撞设施，保持卸车机之间的安全距离，防止碰撞。④螺旋卸车机设置在缝式煤槽上时，需在缝式煤槽的两端留有检修场地。⑤选用门型螺旋卸车机时，轨面标高应高出缝式煤槽300～500mm，以免物料压道。⑥螺旋卸车机的电源滑线，应布置在司机室相对的另一侧。⑦选用桥式螺旋卸车机时，卸车机轨道外侧应设置走台，其宽度一般为800mm。

4）螺旋卸车机的生产能力。螺旋卸车机的生产能力，应根据所选用的规格、性能并结合所卸物料性质及工艺布置的具体条件，参照表2-32选取。

螺旋卸车机每卸一节车皮的时间（不包括辅助作业）一般平均为4～8min，设计可取6～7min；辅助作业：开关车门一般各需2min；清扫车底余煤需4min左右（配4人进行清扫），卸一列车的综合出力则与卸车线货位数量、调车方式、车皮类型及吨位、车门数量、煤的松散性、所在地区是否冻层厚度等一系列因素有关。当不需要调车、煤的松散性较好、货位为2～12节车时，综合出力约为300～400t/h。如一列车分几次卸煤时，需要计入调车时间。煤冻结不易卸时，开门和清底时间均会延长，这些情况都会降低卸车机综合出力。

表 2-32 桥式螺旋卸车机
（H×Q13.5 型/ZL 和 L×8 型）技术参数表

卸车对象	标准的国产火车敞车箱（H×Q13.5 型/ZL）	标准的国产火车敞车箱（L×8 型）
综合出力	450t/h	400t/h
最大出力	600t/h	
大车运行速度	29m/min	
大车卸车速度	14m/min	

续表

卸车对象		标准的国产火车敞车箱（H×Q13.5 型/ZL）	标准的国产火车敞车箱（L×8 型）
每辆车卸车时间		≤6min	
电动机	大车行走	YEJ100L2-4 4×3kW	
	小车行走	YEJ90L-4 2×1.5kW	
	提升机构	YZR160M2-6 2×7.5kW	
	螺旋驱动	Y2-180M-4 18.5kW	
减速器	大车行走	FA77-YEJ100L2	
	小车行走	KAD77-YEJ90L4	
	提升机构	ZDY100-4/ZSY200-31.5	
	螺旋驱动	R107-Y180M4	
大车制动器		电动机自带	
小车制动器		电动机自带	
螺旋起升制动器		YWZ200/25	
整机供电方式		安全滑触线，AC 380 V/AC 220V，三相四线	
整机容量（kW）		78 kW	
最大轮压		12.25 t/单轮×4	
大车行走钢轨		P43 或 P50	

5）螺旋卸车机台数选择。螺旋卸车机台数选择计算：

$$n = \frac{Q}{Q_s W} \qquad (2\text{-}19)$$

式中 n——所需螺旋卸车机台数；

Q——输送系统生产能力，t/h；

Q_s——卸车机生产能力，t/（台·h）；

W——螺旋卸车机完好率，一般可取 0.74（按年工作日 270 天计算）。

采用螺旋卸车机时，由于只能通过车门向两侧或一侧卸煤，所以卸下来的煤沿卸车线分布很不均匀，相对于车皮全长来说平均不均匀系数可达 1.45。

4. 设计注意事项

（1）轨道应考虑两台螺旋卸车机在同一柱距时的轮压。

（2）螺旋卸车机的运行经验证明，它比较适用于卸小块煤，用于卸大块煤时要加大螺距，并相应地加大螺旋直径。

（3）螺旋卸车机的供电方式：桥式螺旋卸车机用滑线供电，其他类型有的用滑线，有的用软电缆供电。如采用滑线，一般布置在司机室对侧，以利安全，但司机室一侧不应设置铁路回车线。

（4）螺旋卸车机的动力电源开关应设在司机上下螺旋卸车机的附近。煤槽两端应设置从地面至平台及至司机室的梯子。

（5）铁道部门对螺旋卸车机的螺旋提升后的高度（铁路轨顶至螺旋下沿净高）及横向净空间距，要求满足铁路机车界限尺寸，否则铁路机车不能牵引煤车进入装有螺旋卸车机的受卸装置。

第二节 公 路 来 煤

公路运输设施具有投资省、建设快、施工简易、使用灵活、对地形条件适应性好等特点，但公路运输运费高，一般适应于运距不是太长的电厂。电厂燃煤采用汽车运输，可以利用已有公路网和社会现有汽车富裕运力，缓解铁路运力紧张的问题，同时也可以缓解煤矿建设与铁路建设不同步，或者滞后于电厂建设的矛盾。

由于燃煤汽车运输具有较好的机动性，近年来特别是在我国西部地区兴建的许多大、中型火力发电厂的燃煤部分或全部采用汽车运输。同时受国内煤炭市场行情不断变化的影响，也有一些原仅采用燃煤铁路运输进厂的大、中型电厂，近年来均不同程度地出现了每年数十万吨到上百万吨的燃煤采用汽车运输进厂。

一、汽车卸煤系统设计范围

汽车卸煤系统的功能是接卸汽车运输进电厂的燃煤，其设计范围是从运煤汽车进厂开始，到将运煤汽车装载的燃煤卸载至受卸装置，再由受卸装置出口的给煤机将燃煤给至输出带式输送机上为止。汽车卸煤系统包括汽车卸煤设备、受煤装置、给煤设备等主要设施，还包括入厂煤计量、入厂煤采样、检修起吊等附属设施。

二、汽车卸煤装置

通常把汽车卸煤机（自卸车不含）、受煤装置及其出口的给煤机这三部分的组合称为汽车卸煤装置。按照受煤装置结构形式的不同主要分为缝式煤槽卸煤装置和地下煤斗卸煤装置。根据汽车年来煤量及运煤车型确定汽车受煤装置的类型。根据 GB 50660《大中型火力发电厂设计规范》第 7.2.4 条规定，公路运输年来煤量在 $60×10^4$t/a 及以上时设置缝式煤槽卸煤装置；公路运输年来煤量小于 $60×10^4$t/a 时设置简易汽车卸煤装置，可采用一个受煤斗或多个受煤斗串联或浅缝式煤槽的类型。

应根据汽车运输年来煤量设置适宜规模的卸煤装置，不应采用在斗轮式或抓斗式煤场的煤堆上卸车的方式。这是因为在斗轮机煤场或抓斗式煤场的煤堆上进行卸车作业时，司机和车辆的安全难以保证，影响文明生产；对煤场和周边的环境有污染；会使煤堆被进出的车辆压实，造成斗轮和抓斗取料困难。

1. 运煤车型

运煤车型大体分为自卸车和非自卸车（俗称载重车）。按翻卸类型不同，自卸汽车又分为后翻式和侧翻式两种车型。后翻式自卸车车身较短，载重量较小，而侧翻式自卸车因其车身较长，载重量也较大。两种车辆中，目前电厂仍以后翻式车辆较多，侧翻式车辆的数量正在逐年增多，北方电厂大多存在两种车型混合进厂的情况。

根据 GB 50660《大中型火力发电厂设计规范》规定，当厂外来煤方式采用汽车运输时，应优先利用社会运力，电厂不宜自备运煤汽车。运煤车型范围应根据当地公路条件和社会运力等确定，优先采用自卸车。据调查，由汽车来煤的发电厂，有采用电厂自备汽车营运的，也有利用当地运输公司承运的，由于各厂的运输条件、运输方式、运距不同，致使各自获得的经济效益也有所不同。总的来说，电厂自备汽车营运的，其突出的问题在于运输管理很难与当地运输管理部门之间协调一致，另外自购车辆以及对自备车辆的维护和检修等都势必给电厂带来不小的成本消耗。因此，从经济效益和社会效益综合考虑，由地方运输公司承运要比电厂自备汽车营运更有优势。

当经过论证采用电厂自备运煤汽车方案时，相应的备用车辆、车库、油库及汽车维修设施等均应给予考虑。

（1）运煤汽车选型原则。运煤汽车的型号选择宜统一车型。首选采用后翻式自卸汽车。重载运煤汽车的总质量应能适应运输公路对荷载的要求，其载重量宜选用 8~17t。但近年来采用大吨位的自卸汽车运煤比较常见。

（2）计算。

1）工作时间利用系数 K_2 与汽车的技术状况及组织工作等有关，可按照表 2-33 选取。

表 2-33　　　　工作时间利用系数 K_2

每日工作班数	工作时间利用系数
一　班	0.80~0.88
二　班	0.75~0.80

2）出车率 K_3 的选取应充分考虑各地汽车检修保养条件的差别，做到因地制宜，切合实际。电厂宜采用 55%～60%。

3）汽车平均运行速度 v 与道路等级、道路实际技术状态、汽车性能及运行区间长短等因素有关。汽车在矿区和电厂至公路主干道行驶的平均速度可按照表2-34选取。

表 2-34　　　汽车平均速度　　　（km/h）

汽车载重量	行驶的平均速度
10t 及以下的汽车	45～35
10～17t 汽车	40～30

当车型小、区间长、弯道少时，速度可取上限或接近上限；反之，可取下限或接近下限。

4）汽车运输时间 t_y 可按式（2-20）计算。

$$t_y = \frac{60}{v} 2L_x \qquad (2-20)$$

式中　t_y ——汽车运输时间，min；

　　　v ——汽车平均运行速度，km/h；

　—　L_x ——平均运距，km。

5）装车时间 t_{ZC} 可根据装车设备出力和汽车有效容积或载重量来计算确定。

6）自卸汽车在装卸点调头时间与装车设备及卸载平台的布置形式、尺寸有关，调头时间 t_d 可取 2～4min。

7）正常情况下，自卸汽车装载时间 t_x 可取 0.50～1.00min。

8）自卸汽车台班的运输能力可按式（2-21）和式（2-22）计算：

$$A = \frac{60 G_q t_1}{t_{z2}} K_2 \qquad (2-21)$$

$$t_{z2} = t_{ZC} + t_y + t_x + t_d \qquad (2-22)$$

式中　A ——自卸汽车台班的运输能力，t/台·班；

　　　G_q ——自卸汽车实际载重量，t/台；

　　　t_1 ——自卸汽车每班实际运行时间，h/班，按每日两班运行设计，每班实际运行时间可取 6h；

　　　t_{z2} ——自卸汽车周转一次所需时间，min；

　　　K_2 ——自卸汽车工作时间利用系数。

9）汽车数量计算可按式（2-23）计算：

$$N_q = \frac{Q_b}{A K_3} \qquad (2-23)$$

式中　N_q ——汽车数量，台；

　　　Q_b ——自卸汽车每班运煤量，t/班，按公路运输日计算受煤量 M_d 及每日两班运行计算确定；

　　　K_3 ——出车率，可在 55%～60% 间选取。

（3）运煤车辆现状。随着近年我国经济的发展和公路条件的改善，全国各地汽车运输的车型均向大型化发展，但地区差别依然很大。据调查：目前电厂以自卸车运煤为主，非自卸车型运煤的情况已大幅减少。山西、河北、内蒙古、新疆等北方地区主流自卸车车型实际载重量在 50～80t，内蒙古、新疆已出现实际载重量在 120～150t 的车型；重庆、四川、贵州、云南等西南地区的主流自卸车车型实际载重量也在 30～50t 之间。而非自卸车型已逐渐减少，基本上以 17t 以下车型为主。

所以本手册适用的运煤汽车车型为 17t 及以下的非自卸车汽车、120t 及以下的自卸汽车。后翻式自卸车参数见表 2-35，侧翻式自卸汽车参数见表 2-36。

表 2-35　　　　　　　　　　　后翻式自卸车参数

汽车类型	斯太尔王 8×4（前四后八型）	斯太尔王	欧曼自卸车	东风自卸车	东风康明斯	东风双桥自卸车
汽车型号	ZZ3313N4661D1	ZZ1316M4669F	BJ3319DMPKJ-1	DFL3318A7	EQ3250GF8	EQ3250GD3GN
驱动类型	后轮驱动	8×4	—	—	后轮驱动	6×4
外围尺寸（长×宽×高）（mm×mm×mm）	11995×2496×3645	11984×2496×3228	12000×2495×3400	9450×2500×3450	8600×2480×3200	9000×2489×3120
货箱内部尺寸（长×宽×高）（mm×mm×mm）	9500×2300×2000	9450×2326×600	9450×2300×800	6600×2300×1250	6000×2300×1130	6100×2300×1100
轴距（mm）	1800+4600+1350	1800+4600+1350	1800+4700+1350	1850+3400+1350	3500+1300	4350+1300
轴数×每轴轮数	4×（2/2/4/4）	4×（2/2/4/4）	4×（2/2/4/4）	4×（2/2/4/4）	3×（2/4/4）	3×（2/4/4）
轮距（mm）	前轮：2022/2041 后轮：1830/1830	前轮：1939/1939 后轮：1800/1800	前轮：2022/2022 后轮：1880/1880	前轮：2040/2040 后轮：1850/1850	前轮：1940 后轮：1860/1860	前轮：1940 后轮：1860/1860

续表

汽车类型	斯太尔王 8×4（前四后八型）	斯太尔王	欧曼自卸车	东风自卸车	东风康明斯	东风双桥自卸车
轴荷载（kg）	6500/7000/17500（并装双轴）	6500/7000/17500（并装双轴）	6500/6500/18000（并装双轴）	6500/6500/18000（并装双轴）	7000/17900（并装双轴）	6900/18000（并装双轴）
自卸车翻起高度（mm）	后倾：10000～11000 侧倾：4500～6000	—	—	5000	7000～8000	6000
汽车自重（t）	18	13.32	15.495	14.88	11.9	11.9
铭牌载重（t）	15.4	17.55	15.375	15.99	12.8	12.8
实际载煤质量（t）	70	70	50	70	50	50

注　表中参数均按汽车额定载重时的数据，若按实际载煤重量时表中轴荷载和货箱内部尺寸等参数需按实际情况考虑。

表 2-36　　　　　　　　　　　　　　　　　侧翻式自卸汽车参数

汽车类型	欧曼系列	解放奥威（J5P）重卡
汽车型号	BJ4259SNFKB-XB	CA331 CA3312P2K2L2T4E2P2K2L2T4E
驱动类型	6×4（牵引车）	8×4
外围尺寸（长×宽×高）（mm×mm×mm）	19500（20000）×2495×3410	11100×2490×3250
货箱内部尺寸（长×宽×高）（mm×mm×mm）	14000×2475×2400	8000×2300×2400
轴距（mm）	3300+1350+6800+1310+1310	2000+4300+1350，2000+4700+1350
轴数×每轴轮数	6×（2/4/4/4/4）	4×（2/2/4/4）
轮距（mm）	牵引车为前轮 2015 后轮 1800/1800，前悬/后悬为 1555/825	前轮：2020/2020 后轮：1830/1830
自卸车翻起高度（mm）	6400	—
汽车自重（t）	牵引车 8.8，半挂车 16.2，共 25	15.5
铭牌载重（t）	40	15.4
实际载煤质量（t）	109.5	100

据调查，近年来受经济利益驱使，运煤汽车普遍超载严重。实际载重量远大于汽车的铭牌载重量。在进行系统出力计算（主要包括道路的通过能力核算、卸煤装置车位数量计算等）以及土建结构和安装荷载的设计时，则应以建设单位提供的当地主流运输汽车的实际载重量作为设计依据。

2. 年来煤量和日来煤量

当电厂燃煤全部或部分采用汽车运输时，应以批准的可行性研究报告中明确的汽车运输年来煤作为设计依据。工程设计中，汽车运输日来煤量是计算卸车装置日运行时间的依据。如果是非自卸车运输，日来煤量也是计算卸车机台数的依据。计算日来煤量可根据实际条件按式（2-24）和式（2-25）计算：

$$Q_d = \frac{K_b Q_a H_d}{H_a} \qquad (2-24)$$

$$M_d = \frac{K_b Q_a}{D} \qquad (2-25)$$

式中　Q_d——日计算来煤量，t/d；
　　　K_b——日来煤不均衡系数，宜取 1.1～1.3；
　　　Q_a——汽车运输年来煤量，t/a；
　　　H_d——日利用小时数，h；
　　　H_a——年利用小时数，h；
　　　D——全年来煤天数，d（应根据当地气候条件、公路交通条件、煤矿和承运企业的工作制度等因素确定，当无可靠的统计数据时，可取 300d）。

汽车卸煤系统宜按每日两班运行设计。日运行小时数宜取 10～12h。

3. 汽车卸车机

为简化汽车卸煤装置并且提高卸车效率，一般优先选用自卸车运煤。采用自卸车时，卸煤装置不需要设置汽车卸车机；只有采用非自卸车时，卸煤装置才需要设置汽车卸车机。

（1）汽车卸车机出力。汽车卸车机的设计出力是制造厂按照理想工况确定的，与工程实际工况有一定差距。实际卸煤出力受诸多因素影响，比如运行时进出车受阻、清车底余煤、清理煤算子、卸车机或汽车临时故障等都是制约汽车卸车机实际卸煤出力的不利因素。此外卸车机出力还与煤的湿黏性、车型、汽车的实际载重量、汽车卸煤装置的类型及车位数等因素有关。因此，汽车卸车机自身的设计出力不能代表实际出力。所以在充分考虑了各种因素后，根据工程经验归纳总结出汽车卸车机的综合卸煤出力，以此作为工程设计中汽车卸车机选型计算的依据。汽车卸车机的综合卸煤出力可按表 2-37 选取。

表 2-37　汽车卸车机的综合卸煤出力

汽车车型	综合卸煤出力（t/h）
10t 以下普通载重汽车	150～200
10～17t 普通载重汽车	200～300
8t 普通载重汽车带 6t 及以下挂车	200～250

（2）计算总台数。当采用汽车卸车机卸煤时，其总台数应按当一台检修时，其余卸车机能满足日计算来煤量的卸车要求配置，为此，汽车卸车机的总台数可按式（2-26）计算。

$$N_C = 1 + \frac{M_d}{Q_q H_{d1}} \tag{2-26}$$

式中　N_C——汽车卸车机的总计算台数（台）；

　　　M_d——日计算来煤量（t/d）；

　　　Q_q——汽车卸车机的综合卸煤出力（t/h），可按表 2-37 选取。

　　　H_{d1}——汽车卸车机日工作小时数，不宜大于 12h。

（3）汽车卸车机工作级别。因目前国内对汽车卸车机工作级别尚无标准，根据国内电厂已投运的汽车卸车机工作状况，汽车卸车机工作级别一般为不经常繁忙地使用和繁忙地使用两种。

三、缝式煤槽卸煤装置

1. 卸煤工艺简介

汽车缝式煤槽（俗称汽车卸煤沟）由若干个汽车卸车车位、检修车位串联排列布置，它由地上结构和地下结构两部分组成。地上为卸车区域，地下为受煤、排料区域。当来煤采用自卸汽车运输时，不必设置汽车卸车机，而当采用非自卸汽车运输时，缝式煤槽地上卸车区域需要设置汽车卸车机。汽车煤被卸入缝式煤槽后，通过煤槽下部设置的桥式叶轮给煤机给煤至带式输送机系统。工艺流程如图 2-43 所示。

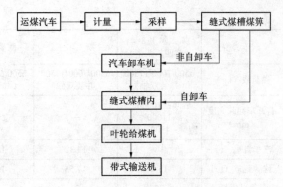

图 2-43　卸煤工艺流程

缝式煤槽的特点是容积大，可以容纳足够的缓冲量，从而减轻了煤场的作业量。按照煤槽的深度不同又分为常规深度缝式煤槽和浅缝式煤槽两种类型，前者在工程中采用较为普遍，而后者不太常用。两者的适用条件及特征比较见表 2-38。

表 2-38　缝式煤槽和浅缝式煤槽比较表

类别	缝式煤槽	浅缝式煤槽
适用年来煤量	$60×10^4$t/a 及以上	$60×10^4$t/a 以下
适用车型	17t 及以下的非自卸汽车	同缝式煤槽
	50t 及以下后翻式自卸车	
	50t 以上后翻式自卸车	
	120t 及以下侧翻式自卸车	
煤槽下部出口类型及给煤方式	双缝式出口，桥式叶轮给煤机给煤	单缝式出口，桥式叶轮给煤机给煤
输出带式输送机布置	双路布置	单路布置

2. 卸煤能力

缝式煤槽卸煤装置的年卸煤能力必须满足汽车运输年来煤量要求。

缝式煤槽卸煤装置的卸煤能力与车型及卸煤方式有关。对于每个车位的卸煤能力而言，车型载重量越大，其卸煤能力也相应越大，另外自卸车比非自卸车的卸车时间短，则与非自卸车相比，自卸车的年卸煤能力更大。

应根据汽车年来煤量确定是否需要设置缝式煤槽卸煤装置。首先应根据收集到的车型资料计算每个车位的年接卸能力 P_Q，再根据汽车年来煤量计算卸煤车位的数量 N，计算公式：

$$P_Q = \frac{G_q K_\eta D_a (t_{d2} - t_b - t_x)}{\frac{t_2}{60} + \frac{t_f}{60}} \tag{2-27}$$

$$t_2 = \frac{60 G_q}{Q_q} \tag{2-28}$$

$$N = \frac{Q_{a2}}{P_Q} \qquad (2-29)$$

式中　P_Q——每车位年接卸能力（t）；

　　　G_q——设计车型的实际平均载重量（t）；

　　　K_η——卸车装置利用率，可取 0.5～0.7；

　　　D_a——卸车装置年运行天数，可取 300～330d；

　　　t_{d2}——卸车装置日工作时间，可取 10～12h；

　　　t_b——准备作业时间，包括清算、腾空货位时间，可取 1h；

　　　t_x——非生产时间，包括休息、用餐及交接班时间，可取 1.5h；

　　　t_f——辅助作业时间，包括相邻车辆顺序卸车的安全等待时间，停车、起动时间，车厢余煤清扫时间等，普通载重汽车还包括开、关车厢时间等，可按表 2-39 选取；

　　　t_2——卸一辆设计载重量车型所需时间（min），自卸汽车可取 3～5min，车型较小时取小值，车型较大时取大值，非自卸汽车采用汽车卸车机卸煤时，可按式（2-28）计算；

　　　Q_q——汽车卸车机设计综合卸煤出力（t/h），可按表 2-37 选取；

　　　N——缝式煤槽卸煤装置的车位数；

　　　Q_{a2}——汽车运输年来煤量，t/a。

表 2-39　　辅助作业时间

车型	起停（min）	余煤清扫（min）	开关车厢（min）
自卸车	2～3	2～5	0～1
非自卸车	2～3	5～10	1～2

3. 缝式煤槽卸煤装置布置

缝式煤槽卸煤装置布置与电厂年来煤量有关。公路运输年来煤量在 $60×10^4$t/a 及以上时设置缝式煤槽卸煤装置，公路运输年来煤量在 $60×10^4$t/a 以下时设置浅缝式煤槽或多个受煤斗串联的卸煤装置会比较经济。

缝式煤槽下部出口通常为双缝式结构，布置双路带式输送机；浅缝式煤槽下部出口通常为单缝式结构，布置单路带式输送机。典型布置如图 2-36～图 2-40 所示。当考虑运煤汽车上煤算作业时，受煤斗或煤槽上口金属煤算车道处可将算孔减小，不宜设无孔的车道。金属煤算应考虑承受重载汽车的荷载。煤槽上口设置可拆卸的金属算子，算孔尺寸不大于 200mm×200mm。

运煤汽车利用缝式煤槽卸煤装置卸煤，一般采取横向贯通式、折返式及纵向旁站侧翻式三种卸车模式。

根据不同车型，所采取的卸煤方式不同，各种车型采取的卸车模式见表 2-40。

表 2-40　　各种车型采取的卸车模式列表

车型分类	卸车模式名称	汽车卸煤机	卸车流程
17t 及以下非自卸车	横向贯通式	设置	煤车沿缝式煤槽纵向的垂直方向正向驶上煤槽，通过汽车卸煤机将煤卸入煤槽，空车穿过煤槽离开
50t 及以下后翻式自卸车	横向贯通式	不设置	煤车沿缝式煤槽纵向的垂直方向正向驶上煤槽，煤车在煤算上后翻自卸，空车穿过煤槽离开
50t 以上后翻式自卸车	折返式	不设置	煤车沿缝式煤槽纵向的垂直方向倒向行驶靠近煤槽，煤车在煤算外卸车，采用装载机或推煤机等清理货位
120t 及以下侧翻式自卸车	—	不设置	

（1）煤槽长度。煤槽总长度的确定取决于车位数量、（卸车机及叶轮给煤机）检修位数量及土建结构伸缩缝长度等因素。当来煤采用非自卸汽车运输时，缝式煤槽地上部分卸车区域应设置汽车卸车机。缝式煤槽地上部分两端，必要时包括煤槽中部，应设置螺旋卸车机检修跨。煤槽两端检修跨高度应同时满足煤槽排料设备（叶轮给煤机）和螺旋卸车机的检修起吊高度要求。

煤槽总长度可按照式（2-30）计算：

$$L_Z = L_1 + L_2 + L_3 \qquad (2-30)$$
$$L_1 = N_c L_a \qquad (2-31)$$
$$L_2 = N_2 L_j \qquad (2-32)$$
$$L_3 = N_3 L_f \qquad (2-33)$$

式中　L_Z——煤槽总长度，m；

　　　L_1——车位总长度，m；

　　　L_2——（卸车机及叶轮给煤机）检修位总长度，m；

　　　L_3——土建结构伸缩缝总长度，m；

　　　N_c——车位数量，个；

　　　L_a——每个车位宽度，m；

　　　N_2——（卸车机及叶轮给煤机）检修位数量，个；

　　　L_j——每个（卸车机及叶轮给煤机）检修位宽度，m；

　　　N_3——土建结构伸缩缝数量，个；

　　　L_f——每个土建结构伸缩缝长度，m。

（2）煤槽上口宽度。煤槽上口的宽度主要取决于运输汽车车厢的长度，与卸车方式也有关系。对横向贯通式卸煤方式而言，煤车垂直于煤槽纵向行驶，横向穿过煤槽。为保证被卸物料能有效卸入煤槽内,尽量减少煤的二次倒运,煤槽上口的宽度应大于运输汽车车厢的长度。为了防止堵煤,设计应按照煤槽内壁与水平夹角不小于 60°考虑,则煤槽上口宽度越大,地下深度就越深,土建工程量越大,投资也越高。为了尽量节省煤槽地下部分的投资,对于车身较长的车辆如带挂汽车横向贯通卸车时可分两次对中货位进行卸煤作业,从而尽量减小煤槽上口的宽度。常规深度煤槽和浅缝式煤槽上口的宽度按照表 2-41 选取。

表 2-41   煤槽和浅缝式煤槽上口的宽度

运煤车型分类	卸车方式	缝式煤槽上口的宽度(m)	浅缝式煤槽上口的宽度(m)
10t 以下非自卸车	横向贯通	8	5
10~17t 非自卸车	横向贯通	9	5
50t 及以下后翻式自卸车	横向贯通	8~9	5
50t 以上后翻式自卸车	折返式	7	5
120t 及以下侧翻式自卸车	纵向贯通	7	5

为了使汽车卸煤装置与运煤主系统匹配,避免汽车卸煤装置卸卸停停或主系统频繁起停,煤槽应考虑有一定的缓冲容量。当电厂全部采用汽车运输时,煤槽容量按照不小于煤槽下部带式输送机 2h 的输送量核算;当部分采用汽车运输时,煤槽容量按照不小于煤槽下部带式输送机 1h 的输送量核算。

(3)煤槽上部建筑柱距、跨度。煤槽上部建筑通常是指在煤槽地上部分设置的遮挡雨雪的顶棚,顶棚由两排柱子支撑。煤槽上部建筑车位宽度、顶棚支撑柱的柱距、横向跨度以及煤槽上口的宽度尺寸均与待卸汽车及挂车的总长度及卸车方式密切相关。调查统计表明,采用横向贯通卸车的缝式煤槽上部建筑跨度一般在 15m 以内。侧翻式自卸汽车采用纵向贯通式卸车,若在上部建筑内设计卸车占位和行车道宽度,会使上部建筑的跨度增加,投资也会随之增加。所以为节省工程造价,对于侧翻式自卸汽车,可以设计成在煤槽上部建筑外边纵向排列停靠卸车,然后采用装载机和推煤机等清理货位。侧翻式自卸汽车上部建筑跨度应根据煤槽上口宽度并考虑飘雨面积确定。

对于上部建筑纵向柱距的确定,与运煤车型、车位宽度及卸车方式相关。当运煤汽车为非自卸车时,需要设置汽车卸车机,汽车卸车机大车行走轨道设置在煤槽上部建筑的两排柱子上,柱子间距主要取决于汽车卸车机大车的宽度及待卸汽车的宽度,通常煤槽上部建筑按照每个卸车车位设置一个柱距。当运煤汽车为自卸车时,不需要设置汽车卸车机,煤槽上部建

筑可以采用轻型结构,其柱距可以适当加大,采用横向贯通式卸车时,煤槽上部柱距可以放大到两个车位宽度,其目的是增大汽车进出卸煤装置的空间,避免运煤汽车与土建立柱发生刮碰。煤槽上部建筑车位宽度及柱距可以按照表 2-42 选取。

表 2-42   缝式(浅缝式)煤槽上部建筑车位宽度及柱距   (m)

运煤汽车车型分类	卸煤方式	上口的宽度	上部建筑车位宽度	上部建筑纵向柱距	上部建筑横向跨度
10t 以下非自卸车	横向贯通式,汽车卸车机卸煤	8 (5)	6 (6)	6 (6)	15 (12)
10~17t 非自卸汽车	横向贯通式,汽车卸车机卸煤	9 (5)	6 (6)	6 (6)	15 (12)
50t 及以下后翻式自卸汽车	横向贯通式	8~9 (5)	6 (6)	12 (12)	15 (12)
50t 以上后翻式自卸汽车	折返式	7 (5)	7 (7)	7 (7)	15 (12)
120t 及以下侧翻式自卸汽车	纵向贯通式	7 (5)	7 (7)	12 (12)	15 (12)

(4)典型方案布置图。

1)非自卸汽车配单缝浅缝式煤槽方案,如图 2-44 所示。

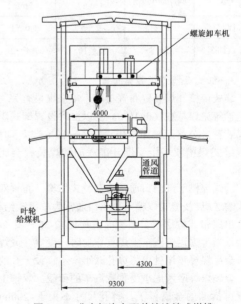

图 2-44   非自卸汽车配单缝浅缝式煤槽

2)非自卸汽车配双缝式煤槽方案,如图 2-45 所示。

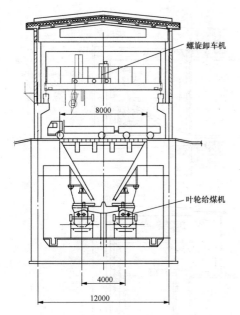

图 2-45　非自卸汽车配双缝式煤槽

3）后翻式自卸汽车配单缝浅缝式煤槽方案，如图 2-46 所示。

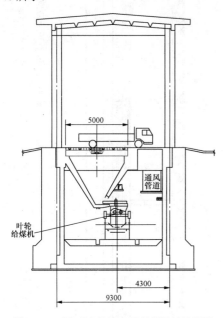

图 2-46　后翻式自卸汽车配单缝浅缝式煤槽

4）后翻式自卸汽车配双缝式煤槽方案，如图 2-47 所示。

5）侧倾式自卸汽车配双缝式煤槽方案，如图 2-48 所示。

4. 叶轮给煤机

详见第七章运煤辅助设施相关内容。

5. 防尘抑尘设施

（1）为防止卸煤时煤尘飞扬，可在缝式煤槽上部

设置喷水抑尘装置或微雾抑尘装置。

（2）地下部分的采暖通风要求同底开车缝式煤槽。

（3）缝式煤槽排料口应设置活动密封挡板，叶轮给煤机应带有喷水抑尘装置，详细介绍见第七章。

6. 专业间配合要求

（1）提出资料内容见表 2-43。

表 2-43　提 出 内 部 资 料 内 容

序号	提出资料名称	接收专业
1	缝式煤槽平断面布置、重载运煤汽车荷重	总图、结构
2	各设备基础埋件布置及荷载、孔洞、集水井及排水沟位置、喷雾抑尘及水冲洗接口位置等	结构、建筑、电气、水工、暖通
3	各设备电气负荷、接线盒位置等	电气一次、二次

（2）接收资料内容见表 2-44。

表 2-44　接 收 内 部 资 料 内 容

序号	接收资料名称及内容	提出资料专业
1	全厂总平面布置图	总图
2	厂区竖向布置图	总图
3	缝式煤槽结构布置资料	结构
4	暖通除尘器布置、通风口位置资料	暖通

7. 设计注意事项

（1）提土建资料注意事项。

1）汽车的设计载重量应采用本工程收集到的车型的实际载重量。

2）自卸汽车缝式煤槽上部结构立柱间距按多车位设计时，每个车位应设置车位标识。

3）煤槽上口应设置振动平煤箅或可拆卸的固定煤箅。箅孔尺寸既要符合受煤斗下部给煤机的工作要求及带式输送机的带宽要求，又要保证人身安全和设备使用寿命。煤箅的箅孔尺寸通常设计为 200mm×200mm。

4）当煤槽上需要设置清箅设备时，金属煤箅应考虑清箅机设备的荷重。

5）根据已投运的电厂经验，车道处如设无孔车道不仅积煤，而且影响汽车车辆进出和卸煤效率，但车道处设过大的孔易啃坏汽车轮胎。载重汽车、清箅机或其他移动机械有可能在受煤斗或煤槽的煤箅上通过和作业，当采用横向贯通式卸车时，煤箅上应考虑移动机械的荷载，煤槽上口金属箅车道处，可将箅孔尺寸减小，不宜设无孔的车道。煤箅应考虑承受重载汽车的荷载。

6）汽车卸车机轨道敷设长度及止挡的位置，应满足卸车机在卸煤装置两端头货位卸车。汽车卸车机轨道外侧应设置检修通道。

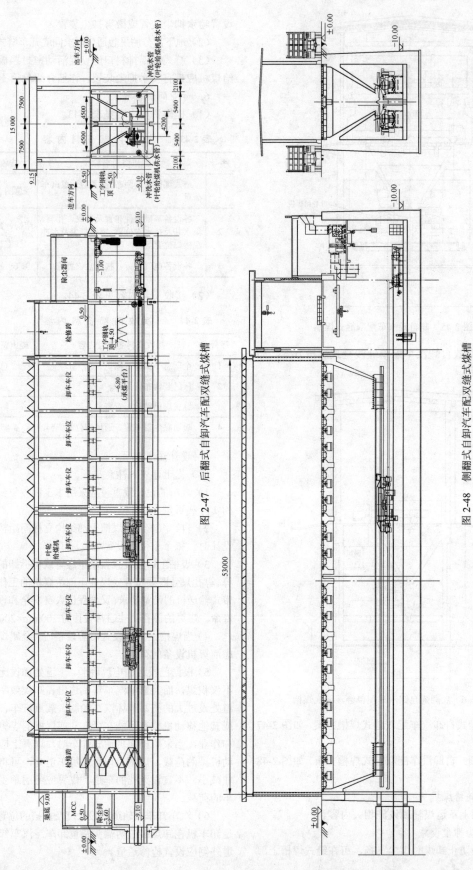

图 2-47　后翻式自卸汽车配双缝式煤槽

图 2-48　侧翻式自卸汽车配双缝式煤槽

7）汽车卸车机轨道 T 形梁下净空应满足非自卸汽车最大车型高度要求。

8）因为目前汽车普遍超载严重，其车厢上煤堆顶部的高度往往会超出标志杆的高度，加之进出卸煤装置的地面上有一定厚度的积煤，所以汽车卸车机大车运行轨道梁的底部至来煤最大车型汽车车厢最高点之间的净空高度不宜小于 0.50m，以满足超载重汽车和车栩加高的车辆进出要求。

9）当非自卸车采用缝式煤槽横向贯通式卸煤时，如果卸车机司机室的位置布置在汽车卸车机的侧面，将会影响司机准确观察卸煤状况。所以考虑司机室的位置时，应同时兼顾满足司机准确观察卸煤状况并且不影响汽车安全通过的要求。

10）自卸汽车缝式煤槽地上部分建构筑物高度，需根据自卸汽车卸煤时车厢抬升最高高度确定。

11）缝式煤槽承煤平台两端应突出卸煤沟沟体，突出部分长度宜取 1.5m。

12）叶轮给煤机进、出检修间处土建梁下净高应满足叶轮给煤机进出要求。

13）在缝式煤槽两端设置的叶轮给煤机检修间处，应避免通风除尘装置及楼梯等妨碍叶轮给煤机的检修和起吊。

（2）提水工资料注意事项。

1）缝式煤槽叶轮给煤机拨煤作业时，为了抑制扬尘通常采用喷水抑尘设施。叶轮给煤机设备自带水厢和喷嘴，在给水工专业提用水要求时，要求供水母管沿叶轮给煤机行走轨道纵向每隔20～30m预留接口及快速接头，以满足叶轮给煤机行走到任意位置都能满足给水箱上水的要求。

2）缝式煤槽底层应设置排水沟和集水井。排水沟宜布置在两侧墙边并覆盖格栅板，集水井应安装泥浆泵并设置安全护栅。

（3）与总平面配合注意事项。

1）缝式煤槽与汽车采样装置的平面布置距离，应考虑足够的汽车转弯半径，使车辆易于停靠至缝式煤槽。

2）在便于同路网连接的位置，应设置运煤汽车专用的出入口，并应使人流、车流分离。当有两个及以上方向来煤时，宜在厂区外交汇，以减少厂区出入口数量。

3）煤槽两侧应有足够广场区域，满足车辆调度转弯要求。

4）缝式煤槽卸车作业区应当具备足够的场地条件，尽量设计为重车、空车分流单行，避免重车、空车交叉行驶。侧翻式卸车时需注意车流方向和侧卸方向统一。

四、地下煤斗卸煤装置

1. 卸煤工艺简介

根据汽车年来煤量可以确定采用一个受煤斗或多

个受煤斗串联的形式用于接卸运煤汽车。根据规程规定，年来煤量在 $60×10^4$t 以下可采用地下煤斗作为汽车卸煤装置，年来煤量在 $60×10^4$t 及以上应采用缝式煤槽卸煤装置。但是近年来遇到一些工程，运煤汽车为载重量 100～120t 的大型自卸车或非自卸车车型，也采用了地下煤斗卸煤装置，主要是采用多个受煤斗串联的形式。

地下煤斗可以接卸自卸车和非自卸车。自卸车停靠于煤斗一侧（或两侧）卸煤，空车离开后，由推煤机和装载机清理货位。对于非自卸车，停靠于煤斗一侧（或两侧），由人工打开车帮门，再由装载机推卸，然后由推煤机和装载机清理货位。地下煤斗出口设置有给煤设备，可以将煤斗中的煤给至带式输送机上，进入上煤系统输送至主厂房煤仓间。目前电力工程中较为常见的地下煤斗给煤设备有活化给煤机和电动机振动给煤机。地下煤斗卸煤工艺流程如图 2-49 所示。

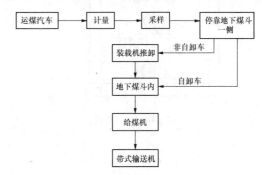

图 2-49 地下煤斗卸煤工艺流程

2. 卸煤能力

地下煤斗容积较小，不具备缓冲容量。当运煤汽车完成卸车后，由推煤机和装载机清理作业，同时要求输出带式输送机及时输送，排空煤斗以接受下一辆运煤汽车。所以地下煤斗的卸车能力取决于推煤机集体作业（多台同时作业）效率和输出带式输送机的出力。

单台推煤机作业效率计算详见第三章第五节相关内容。推煤机集体的作业效率与推煤机选型、配置台数和推煤距离有关。推煤机集体作业效率应与输出带式输送机的出力相匹配，输出带式输送机的出力一般与上煤系统出力相匹配。

3. 地下煤斗的布置

通常考虑将地下煤斗与煤场毗邻布置以方便运行。可将煤场旁某一个或几个区域作为卸煤区，采用装载机或推煤机等清理货位。

煤斗上口尺寸与推煤机的推铲宽度相适应，一般不小于 4000mm×4000mm。煤斗内壁与水平夹角不小于 60°。煤斗下部排料口尺寸应结合给煤机的给料槽接口尺寸确定，同时满足不小于燃煤最大粒度的 2.5 倍。煤斗上口设置有可拆卸的金属算子，算孔尺寸不宜大于 200mm×200mm。

煤斗下部输出带式输送机通常设计为单路布置，也可以双路布置。

（1）地下煤斗类型。

1）单斗单路方案如图 2-50 所示。

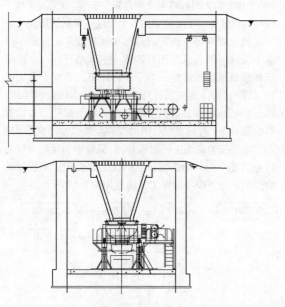

图 2-50　单斗单路

2）双斗双路方案如图 2-51 所示。

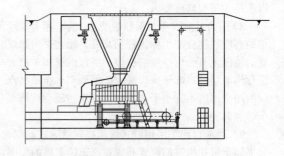

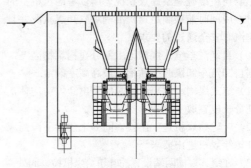

图 2-51　双斗双路

（2）地下煤斗常规布置如图 2-52～图 2-55 所示。

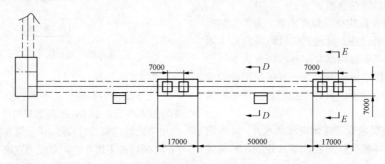

图 2-52　地下煤斗平面布置

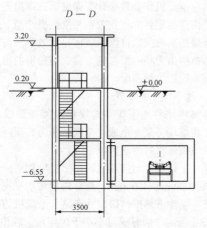

图 2-53　安全出口示意

（3）对于较大载重量如 100t 及以上的运煤汽车，

因为其车身比较长，也可以采用多个煤斗串联布置，地上可设置轻型结构挡雨棚，如图 2-56 所示。

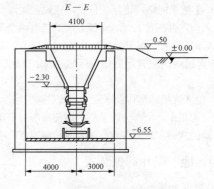

图 2-54　煤斗断面

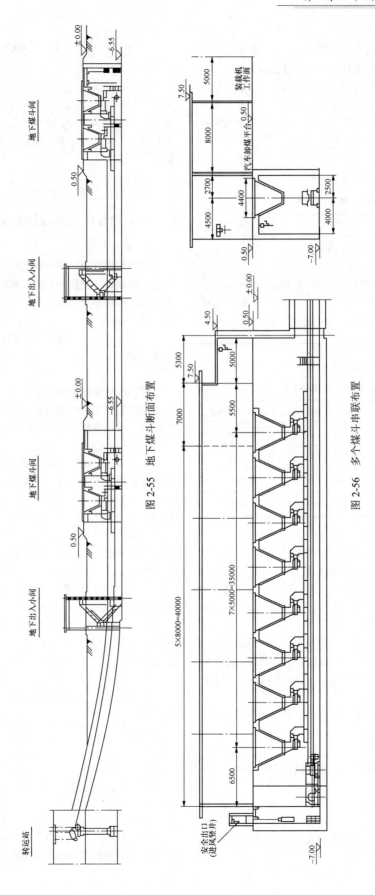

图 2-55 地下煤斗断面布置

图 2-56 多个煤斗串联布置

4. 给料设备选型

地下煤斗出口给煤机可采用活化给煤机或电动机振动给煤机。详见第七章运煤辅助设施相关内容。

5. 地下煤斗输出带式输送机出力

因为地下煤斗容量很小，所以它作为汽车卸煤设施时，输出带式输送机的出力将直接影响卸车效率，通常与上煤系统出力相匹配。

6. 专业间配合要求

（1）提出资料内容见表 2-45。

表 2-45　　提出内部资料内容

序号	提出资料名称	接收专业
1	地下煤斗平断面布置、重载运煤汽车荷重	总图、结构
2	各设备基础埋件布置及荷载、孔洞、集水井及排水沟位置、喷雾抑尘及水冲洗接口位置等	结构、建筑、电气、水工、暖通
3	各设备电气负荷、接线盒位置等	电气一次、二次

（2）接收资料内容见表 2-46。

表 2-46　　接收内部资料内容

序号	接收资料名称及内容	提出资料专业
1	全厂总平面布置图	总图
2	厂区竖向布置图	总图
3	地下煤斗结构布置资料	结构
4	暖通除尘器布置、通风口位置资料	暖通

7. 设计注意事项

（1）提土建资料时应注意内容。

1）为了防止雨水倒灌进入地下煤斗，地下煤斗顶面应高于周围地坪 0.50m 及以上，煤斗地下通廊端部应设有通至地面的屋内式出口。地下煤斗上口四周 5m 范围内宜设计为混凝土地坪。

2）地下煤斗周围需要有推煤机、装载机或载重汽车等在其上部进行作业，所以地下煤斗四周地面和煤斗地下通廊顶部应考虑推煤机、装载机或载重汽车及其他移动机械的荷载。

（2）对总平面布置的要求。参见缝式煤槽部分。

五、辅助设施

（1）汽车入厂煤计量、采样装置见第七章第三节相关内容。

（2）汽车卸煤槽的检修位应设置检修起吊用的电动葫芦。地下煤斗适当位置应设置有便于振动给煤机或活化给煤机检修起吊用的电动葫芦或手拉葫芦。

第三节　水　路　来　煤

水路运输具有运量大、运费低等优点，是大型火力发电厂燃料运输的主要方式之一。与陆路运输相比，水路来煤电厂的厂址选择受地理条件的限制较大。另外，水路来煤还受到航道水位变化的影响。

就运输条件而言，如果厂址具备水路运输的条件，应优先将水路作为燃煤主要运输方式。

一、设计原则及设计范围

1. 设计原则

水路来煤发电厂应根据电厂总体规划、码头年卸煤量，在满足加快船舶周转、降低营运成本、安全可靠地完成卸煤作业的条件下，结合具体情况确定其卸煤工艺方案。

码头年卸煤量应按机组年耗煤量确定。当泊位还承接燃煤的中转接卸作业时，应计列中转部分的煤量。

卸船机械的选型应根据船型、运量、水位、物料特性、码头类型等因素确定。当采用大型移动式装卸机械时，应设置检修和防风抗台装置。

2. 设计范围

燃煤火力发电厂专用卸煤码头一般建设在水域，其功能是接卸水路来煤。如果建设在水域的电厂码头距离后方的陆域有一定的距离，为方便车辆通行，电厂还建设有连接码头与陆域的桥式建构筑物——引桥。自码头至陆域第一个转运站的运煤栈桥一般与引桥统筹规划建设，其对应的带式输送机一般被称为引桥带式输送机。

一般的，电厂专用码头的设计范围从码头开始（含码头），至码头后方陆域的第一个转运站为止。在码头设计范围内的运煤设施一般包括卸船机、码头带式输送机、引桥带式输送机以及辅助作业设施，如清舱机、地面冲洗设施、除尘设施等。

3. 卸煤工艺流程

水运来煤卸煤工艺流程如图 2-57 所示。

图 2-57　水运来煤卸煤工艺流程

二、电厂码头

火力发电厂专用卸煤码头一般设置有至少一个卸煤泊位，有的电厂专用码头设置有多个卸煤泊位。

由于河港和海港在水文特征、潮汐影响等方面性质不同，电厂专用卸煤码头的计算需按照河港和海港分别考虑。

1. 河港泊位数量及通过能力

（1）泊位数量。卸煤泊位数量应根据码头年作业量和船型确定，可按照式（2-34）计算：

$$N = \frac{Q}{P_t} \qquad (2\text{-}34)$$

式中　N——泊位数；

　　　Q——码头年作业量（包括电厂燃煤需求量、中转量等），t；

　　　P_t——单个泊位的设计通过能力，t/a。

（2）泊位通过能力。单个泊位的设计通过能力应根据运煤船型等计算：

$$P_t = \frac{D\rho}{\dfrac{t_z}{t_d - \sum t} + \dfrac{t_f}{t_d}} G \qquad (2\text{-}35)$$

$$t_z = \frac{G}{p} \qquad (2\text{-}36)$$

式中　P_t——单个泊位的设计通过能力，t/a；

　　　D——年日历天数，d，可取 365d；

　　　ρ——泊位利用率，%；

　　　G——船舶实际装载量，t；

　　　t_z——装卸一艘船所需时间，h；

　　　t_d——昼夜小时数，h，可取 24h；

　　　$\sum t$——昼夜非生产时间和，h（包括休息、用餐、交接班等，可取 2～4h）；

　　　t_f——装卸船辅助作业、技术作业时间，船舶停靠、离泊时间等，缺乏资料时，可按照下面的单项作业时间表 2-47 选取；

　　　p——设计船时效率，t/h。

表 2-47　　部分专项作业时间表　　（h）

项目	靠泊	离泊	准备	结束	公估	联检
时间	0.50～2.00	0.50～1.00	0.20～1.00	0.20～1.00	1.50～2.00	1.00～2.00

注　装卸效率高、泊位数量多时可取较高值，反之取较低值。

2. 海港泊位数量及通过能力

（1）泊位数量。卸煤泊位数量应根据码头年作业量和船型确定，可按式（2-37）计算：

$$N = \frac{Q}{P_t} \qquad (2\text{-}37)$$

式中　N——泊位数；

　　　Q——码头年作业量（包括电厂燃煤需求量、中转量等），t；

　　　P_t——单个泊位的设计通过能力，t/a。

（2）泊位通过能力。

单个泊位的设计通过能力应根据运煤船型等

计算：

$$P_t = \frac{D_y\rho}{\dfrac{t_z}{t_d - \sum t} + \dfrac{t_f}{t_d}} G \qquad (2\text{-}38)$$

其中，

$$t_z = \frac{G}{p} \qquad (2\text{-}39)$$

式中　P_t——单个泊位的设计通过能力，t/a；

　　　D_y——年运营天数，d；

　　　ρ——泊位利用率，%；见表 2-48；

　　　G——船舶实际装载量，t；

　　　t_z——装卸一艘船所需时间，h；

　　　t_d——昼夜小时数，h，可取 24h；

　　　$\sum t$——昼夜非生产时间和，h（一班制取 1～1.5h，两班制取 2.5～3h，三班制取 4.5～6h）；

　　　t_f——装卸船辅助作业、技术作业时间，船舶停靠、离泊时间等，缺乏资料时，可按照下面的单项作业时间表选取；

　　　p——设计船时效率，t/h。

表 2-48　　泊 位 利 用 率 表

泊位数	1	2～3	≥4
时间（h）	0.60～0.65	0.62～0.70	0.65～0.75

确定泊位利用率或者泊位有效率等有困难时，泊位的设计通过能力可按式（2-40）计算：

$$P_t = \frac{D_y}{\dfrac{t_z}{t_d - \sum t} + \dfrac{t_f}{t_d}} \frac{G}{K_B} \qquad (2\text{-}40)$$

式中　D_y——年可运营天数，d；

　　　K_B——生产不均衡系数。

当资料不足或者粗略估算时，泊位的设计通过能力可按式（2-41）估算：

$$P_t = T p t_g \rho \qquad (2\text{-}41)$$

式中　t_g——昼夜装卸作业小时数，h，可取 20～22h。

3. 泊位长度

码头上每个泊位的长度应满足船舶安全靠离作业和系缆的要求。对于有掩护港口的通用码头，单个泊位的长度计算见式（2-42）和图 2-58。

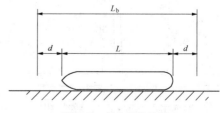

图 2-58　单个泊位长度

$$L_b = L + 2d \qquad (2\text{-}42)$$

式中 L_b ——码头泊位长度，m；

L ——设计船长，m；

d ——富裕长度，m，推荐取值见表 2-49。

表 2-49		富 裕 长 度 取 值			(m)
L（m）	<40	41～85	86～150	151～200	201～230	>230
d（m）	5	8～10	12～15	18～20	22～25	30

注 卸煤泊位长度，除满足本表外，还需满足卸船机等的作业需求。

当同一码头线上设置连续泊位时，码头的总长度计算见式（2-43）、式（2-44）和图 2-59。

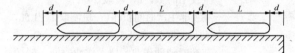

图 2-59 连续多个泊位长度

端部泊位：

$$L_b = L + 1.5d \qquad (2\text{-}43)$$

中间泊位：

$$L_b = L + d \qquad (2\text{-}44)$$

上述公式一般用于计算卸煤泊位长度，不适宜计算油品及危险品码头的长度。在设计时，端部泊位还需考虑带缆操作的安全要求。当相邻两个泊位船型不同时，应按照较大船型选取 d 值。

4. 码头平面布置

按照码头与引桥的平面位置关系，码头可分为 L 形和 T 形布置方式等。

（1）L 形布置如图 2-60 所示。

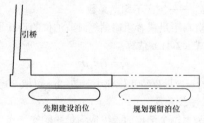

图 2-60 L 形布置

（2）T 形布置如图 2-61 所示。

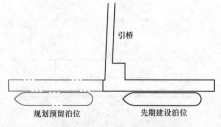

图 2-61 T 形布置

5. 带式输送机布置

按照在码头上的布置位置分类，码头上的带式输送机可分为前置布置和后置布置两类。按照安装位置的高低分类，码头上的带式输送机可分为高位布置和低位布置两类。

（1）前置布置和后置布置。卸船机机上煤斗及码头带式输送机廊道紧靠卸船机前侧门框布置方式可称为前置布置方式。卸船机机上煤斗及码头带式输送机廊道布置在卸船机轨道后方的码头面上，这种布置方式称为后沿布置方式。图 2-62 和图 2-63 为带式输送机前置布置和后置布置的示意。前置布置方式在电厂中的应用较多。

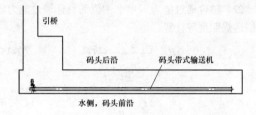

图 2-62 前置布置示意

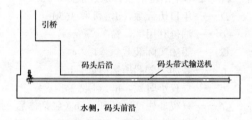

图 2-63 后置布置示意

（2）低位布置和高位布置。码头带式输送机直接安装在码头面上的布置方式为低位布置方式。在码头上建设高于码头面的运煤栈桥，并把带式输送机安装在该栈桥上的方式为高位布置方式。图 2-64 左侧为带式输送机高位布置的示意，右侧为低位布置的示意。高位布置方式在电厂中的应用较多。

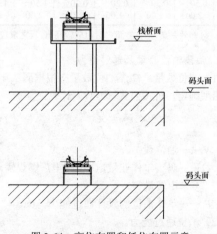

图 2-64 高位布置和低位布置示意

三、常用船型

火力发电厂常用运煤船型以散货船为主，主要设计船型见表2-50。

表2-50　　常用散货船型尺寸表　　（m）

船舶吨级 DWT（t）	总长 L	型宽 B	型深 H	满载吃水 T	备注
100000（85001～105000）	250	43.0	20.3	14.5	
70000（65001～85000）	228	32.3	19.6	14.2	
50000（45001～65000）	223	32.3	17.9	12.8	
35000（22501～45000）	190	30.4	15.8	11.2	
20000（17501～22500）	164	25.0	13.5	9.8	
15000（12501～17500）	150	23.0	12.5	9.1	
10000（7501～12500）	135	20.5	11.4	8.5	

有些火力发电厂的燃煤运输以内河航道为主。在内河航行的燃煤运输船主要是普通散货船和驳船。其中，驳船分为自航能力的机动驳船和无自航能力的普通驳船两种。无自航能力的驳船一般编组成船队，通过拖船拖动或者通过顶推船顶推。火力发电厂常用的船型见表2-51。

表2-51　　常用驳船、成品油船型尺寸表　　（m）

船舶吨级 DWT（t）	总长 L	型宽 B	满载吃水 T	备注
10000t级普通货船	153	20	8.8	
5000t级普通货船	112	17	7	
3000t级普通货船	110	17.2	4	
2000t级普通货船	90	16.2	3.6	
1000t级普通货船	85	10.8	2.6	
500t级普通货船	67.5	10.8	1.9	
300t级普通货船	55	7.3	1.6	
100t级普通货船	45	5.5	1.2	
50t级普通货船	32.5	5.5	0.9	
5000t级驳船	81	20	4	
3000t级驳船	79	16	3.5	
500t级驳船	47	10.5	1.8	

表2-51和表2-52中所列船型数据仅供参考，各个造船厂的船型数据不尽相同。在缺乏更加深入的设计资料时，可用上述两个表格的数据估算。

在实际运行的过程中，到达电厂码头的燃煤运输船舶往往规格不尽一致。针对多种船型的情况，宜统计所有可能停靠在电厂码头上的船舶，并把其中占有比重最大的某种类型、吨位、尺度的船型作为主力船型用于设计码头，把其他船型作为兼顾船型。

需要特别说明的是，按照河流所能通行的船只的吨级大小，内河航道分为7级。各等级内河航道所能通行的船只吨级分别为：Ⅰ级可通行3000t级、Ⅱ级可通行2000t级、Ⅲ级可通行1000t级、Ⅳ级可通行500t级、Ⅴ级可通行300t级、Ⅵ级可通行100t级、Ⅶ级可通行50t级。通航3000t级以上船舶的航道列入Ⅰ级航道。

四、卸船机

根据整套设备的机动性区分，卸船机主要分为固定式、移动式、机动式三种。固定式下塔身相对于地面静止，仅依靠上塔身的旋转、水平臂与垂直臂的俯仰和伸展来调整，是内陆、小型码头常用的结构形式。移动式下塔身安装在龙门架上，龙门架配有动力装置的驱动轮，整套设备置于钢轨上。设备可以沿钢轨进行移动，与货舱的适应性不仅可以依靠上塔身的旋转、水平臂与垂直臂的俯仰和伸展来调整，还可以通过移动来适应。机动式整套设备置于车辆、驳船、浮桥等其他设备上，设备具有大范围转移的机动性，但这类设备的出力一般比较小。

根据工作性质区分，卸船设备可分为周期性动作和连续性作业两种类型。周期性作业卸船机的工作特点是周期性的循环作业，各种类型的抓斗起重机，如门座式、固定旋转式、轮胎式、履带式、浮船式等，都属于这种类型。连续性作业的工作特点是向一个方向不间断地连续动作，链斗式卸船机、螺旋式卸船机、气力卸船机、刮板式卸船机等属于这种类型。

目前我国的大型火力发电厂中，最常用的是桥式抓斗卸船机。随着我国电力燃煤的商品化程度越来越高，连续性卸船机在我国的应用日渐增多。

1. 连续式卸船机

连续式卸船的取料装置可连续取料，并通过连续输送设备将煤等散状物料连续不断地提升输送出船舱，然后输送至岸边的带式输送机等设备，再输送至码头后方的陆域。连续式卸船机主要有螺旋式、链斗式、斗轮式等类型，其中目前螺旋式和链斗式较为常用，斗轮式鲜有应用。

（1）螺旋式卸船机。螺旋卸船机的取煤部件为螺旋，螺旋一般垂直安装，也有水平安装的。

当取煤螺旋垂直安装时，取煤螺旋与提升螺旋为同轴安装，也可认为取煤和提升实际上为同一螺旋的两段。取煤作业时，下部的取煤螺旋伸入燃煤中，随着旋转，下部螺旋取的煤通过上部螺旋垂直提升至卸船机上部，再通过水平输送。

水平安装的取煤螺旋一般为同轴的两段反向螺旋，取煤时两段螺旋同时向中部输送物料。然后，中部聚集的物料通过垂直布置的螺旋提升机提升至卸船机的悬臂上部，之后的流程同取煤螺旋垂直安装。

（2）链斗式卸船机。链斗式卸船机的取煤部件为链斗，同时链斗一般还作为提升设备。即链斗从船舱内将物料挖掘出来，再通过提升卸入卸船机悬臂带式输送机或者其他输送设备，最后经转运将物料卸至陆域。

（3）斗轮式卸船机。斗轮式卸船机以斗轮为取料部件，一般以波纹挡边带式输送机作为提升设备。

2. 抓斗式卸船机

从直观上区分，与各种类型的连续卸船机相比，抓斗式卸船机的取煤部件是抓斗，并通过抓斗周期性运动实现卸船作业。抓斗式卸船机的一个工作周期可细化为：抓斗横向运动至卸煤位置，抓斗下降、打开、抓煤、闭合、上升，抓斗横向运动至卸煤位置、抓斗打开卸煤，之后抓斗再横向运动至抓煤位置开始下一个周期。

按照整体结构形式区分，抓斗卸船机可分为门式和桥式等类型。大型火力发电厂中桥式抓斗起重机的应用最为广泛。抓斗小车是桥式抓斗起重机的核心部分。按照抓斗小车的形式区分，桥式抓斗起重机可分为自行小车式和牵引小车式两种。其中，牵引小车式桥式抓斗卸船机又可分为带平衡小车的牵引式和差动四卷筒牵引式两种；四卷筒的差动驱动又可分为机械差动和电差动两种。由于电差动四卷筒具有质量轻、钢丝缠绕简单、卷筒及钢丝维护方便、四台卷扬机完全相同等特点，因此在新建工程中应用较多。

桥式抓斗卸船机是大型火力发电厂中应用最为广泛的一种卸船机类型。图 2-65 为桥式抓斗卸船机简图，表 2-52 为此类卸船机的典型特征参数表。

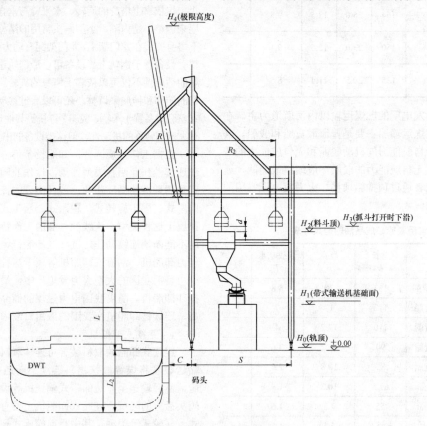

图 2-65 桥式抓斗卸船机简图

表 2-52 桥式抓斗卸船机典型特征数据表

卸船能力 (t/h)	设计船型 DWT (×10⁴t)	单次抓取煤量 (t)	前沿与码头边距离 C (m)	轨距 S (m)	外伸距 R₁ (m)	起升高度			速度			俯仰
						L (m)	L₁ (m)	L₂ (m)	起升/下降	小车行走	大车行走	
									(m/min)			
400	2	5	2	12	26	28	16.5	11.5	100/100	160	20	5

续表

卸船能力 (t/h)	设计船型 DWT (×10⁴t)	单次抓取煤量（t）	前沿与码头边距离 C (m)	轨距 S (m)	外伸距 R₁ (m)	起升高度			速度			
						L (m)	L_1 (m)	L_2 (m)	起升/下降	小车行走	大车行走	俯仰
										(m/min)		
600	6	8	2	15	27.5	33	19.5	13.5	120/130	160	20	5
800	8	10.5	2	18	31.5	33	19.5	13.5				
1000	10	13	2.5	20	33.5	36	19.5	16.5		170	21.2	
1250	12.5	16	3.0	22	36	38	21	17				
1500	16	20.5	3.5	25	38	40	22	18	130/160	180	22.4	
1800	16	25	3.5	25	38	40	22	18			23.6	
2000	20	29	3.5	28	40	42	23	19			25	

注 1. 此表仅供参考，当缺乏资料可利用本表暂时估算，各种卸船机的制造数据应以卸船机制造商提供的数据为准。
　　2. 此表中的起升高度、外伸距等数据，设计时应依据船型确定，本表所列数据仅为示例。

3. 适用范围

目前，我国以水运来煤为主的大型火力发电厂中，抓斗式卸船机的应用实例占大多数。近些年来，连续式卸船机的应用也越来越多。

与抓斗式卸船机相比，连续式卸船机具有环保性好、清舱作业少等优点。但是，抓斗式卸船机具有更好的煤种适应性，特别在来煤粒度不均、含有较大粒度时，优势更加明显。在潮汐变化较为显著的区域，抓斗卸船机比连续卸船机的适应性高。

五、系统机械配置

1. 卸船机配置

卸船机的配置应根据船型、燃煤运量、水文条件等因素综合确定。卸船机的主要参数应依据设计船型、水位、（水运部门、电厂等要求的）效率等因素确定。当采用移动式卸船机时，其轨道长度和外伸距应能保证其作业范围覆盖运煤船舶的整个燃煤装载区域。

电厂专用卸煤码头的卸船机宜按照单机效率高、台数尽量少的原则配置。当燃煤运输采用自卸船时，可不设卸船机。

同一码头上的卸船机宜采用一种形式。如果电厂码头仅建设单个泊位，则卸船机数量宜多于1台。

2. 带式输送机配置

带式输送机的输送能力应与装卸工艺系统设备的最大能力相匹配。

仅设置一个泊位时，卸煤系统宜配置单路带式输送机，带式输送机的出力需满足泊位上同时作业的所有卸船机。国内大部分电厂采用此种配置方式。如果单个泊位上设置两台卸船机，不考虑扩建，且引桥距离较短，也可为每台卸船机配置一路出力与之匹配带式输送机。

当同一码头泊位数量多于两个、且每个泊位配置卸船超过1台时，宜配置双路带式输送机，每路的出力不小于所有卸船机最大出力的一半。

3. 辅助机械

水路来煤的计量方式有水尺计量和皮带秤计量等方式。水尺计量工具为运煤船舶本身。大型散货船上一般都涂有水尺标识，并配有与之匹配的静水力参数表。通过观测船舶满载和空载时的吃水线，再利用船舶水尺标识和静水力参数表可计算得出船舱内货物的装载量（质量）。采用水尺计量的方式较为快捷，同时还可避免装卸损耗误差。影响水尺计量精度的因素主要有：风浪、船舱变形、港水密度变化、船舶纵横倾斜等。另外水运来煤也可通过设置在卸煤带式输送机中部的皮带秤计量。采用皮带秤计量具有自动化程度高、人工干预少等特点，其特点详见第七章。

为便于清舱作业，卸煤码头应配置清舱机。当码头年通过能力小于450×10⁴t时，宜配备4台清舱机；当码头年通过能力为450×10⁴t～1000×10⁴t时，宜配备6台清舱机；当码头年通过能力大于1000×10⁴t时，宜配备10台清舱机。清舱机的单机功率可取75～105kW。码头上应考虑清舱机的停放位置。

4. 辅助设施

根据生产需要，码头作业区应设置生产辅助建构筑物。码头区域生产辅助建构筑物宜包括：调度及生产办公室、休息室、检修间、工具间、材料库、流动机械库等。另外，码头供电、配电、通信、消防等设施应统筹规划设置。

六、设备典型图

1. 螺旋式卸船机

图2-66为螺旋式卸船机的典型图。

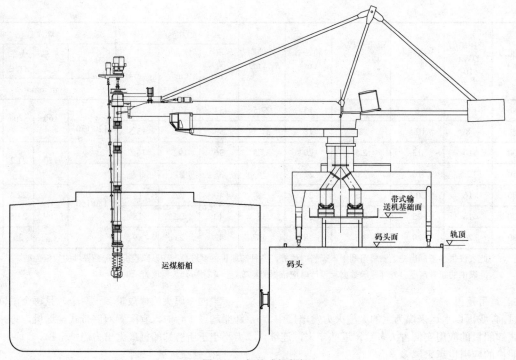

图 2-66 螺旋式卸船机

2. 链斗式卸船机

图 2-67 为链斗式卸船机的典型图。

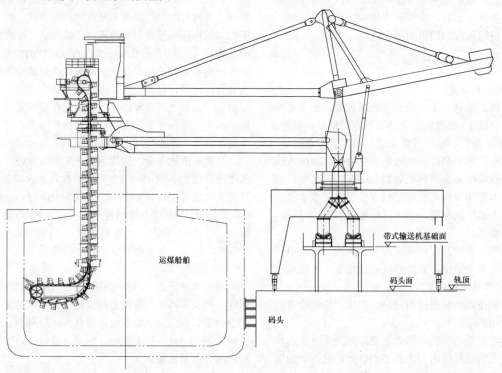

图 2-67 链斗式卸船机

3. 桥式抓斗卸船机

图 2-68 为桥式抓斗卸船机的典型图。

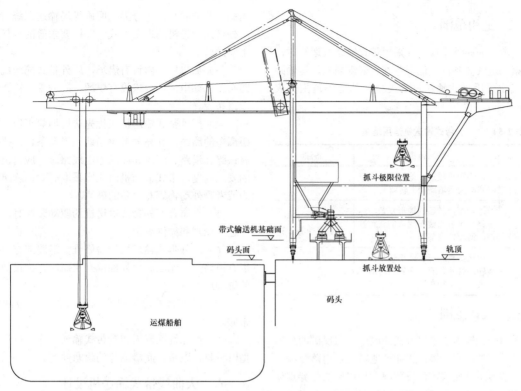

图 2-68　桥式抓斗卸船机

第四节　带式输送机来煤

随着煤电一体化、煤电联营的工程越来越多，其厂外来煤方式不仅局限于铁路运输或公路运输，全部或部分采用带式输送机来煤的火力发电厂越来越多，当供煤矿点集中、煤源单一、地形复杂、运距 5km 以内时宜采用带式输送机来煤运送方式。

一、带式输送机类型

厂外带式输送机通常有三种类型：通用带式输送机、圆管带式输送机、大曲线带式输送机，各技术特点见表 2-53。

表 2-53　　　　　带式输送机技术特点

设备名称	技术特点		备注
通用带式输送机		应用广泛，在冶金、煤炭、交通、电力、化工、港口、轻工等行业使用较多	
圆管带式输送机	（1）输送物料连续、均匀，效率高，可运送的物料种类广泛。 （2）运行平稳可靠，检修维护方便、易于自动化远方控制	（1）可以高速度地输送轻物料和飞扬后对环境污染的物料。 （2）密闭输送物料，满足环境保护要求，避免外界环境（如刮风、下雨）对物料的影响。 （3）物料不易黏附在输送带上，输送带容易清扫。 （4）能以较小的曲率半径实现空间转弯运行，输送线可沿空间曲线灵活布置。 （5）输送倾角大，复杂地形条件下单机运距离长可以实现大倾角输送。 （6）可利用输送带的往复运行实现双向输送物料。 （7）节省占地空间	栈桥为敞开式布置，栈桥本身不需水力清扫
大曲线带式输送机		（1）利用普通带式输送机部件实现自由平面转弯。 （2）运行线路可以绕开障碍物或不利地段，实现少设或不设中间转载站，减少设备数量。减少一次性投资，减少系统运行能耗和维护费用。 （3）对物料的适应性较强，有在严寒地区冬季投运的成熟经验	

二、适用范围

当电厂的厂外来煤方式采用带式输送机运输时，应根据当地气候条件、地形条件、来煤煤质、运输距离等确定采用带式输送机的类型，其适用范围见表2-54。

表 2-54　　带式输送机适用范围

设备名称	适用范围	备注
通用带式输送机	运输距离较近、地形平坦、气候寒冷及运输路径无转弯	
圆管带式输送机	运输距离较远、地形复杂、运输路径不能直线布置或需要跨铁路、河流、沟壑等	来煤粒径不应大于管径的1/3
大曲线带式输送机	运输距离较远、地形较平坦、运输路径不能直线布置但可通过较大转弯半径布置	

三、设计范围

采用带式输送机来煤方式的电厂，与煤矿的分界点如设在厂外，宜为煤矿工业场地转载点内落煤漏斗下口，该转运站属煤矿建设范围，与煤矿的分界点如设在厂内，宜为入厂第一个转运站落煤漏斗下口，该转运站属电厂建设范围。

带式输送机厂外来煤设计内容为从煤矿转运站至厂内转运站之间的输送系统，包括带式输送机设备、转运站、入厂煤取样装置、称重设备及校验装置等的设计。

四、设计计算

带式输送机的设计和计算应按照 GB 50431《带式输送机工程设计规范》、GB/T 17119《连续搬运设备带承载托辊的带式输送机运行功率和张力的计算》、（Q/DG1-M001—2010）《管状带式输送机设计技术导则》和 GB 14784《带式输送机安全规范》的规定执行。详细计算见第四章。

五、设计注意事项

（1）厂外带式输送机系统属于火力发电厂的公用设施，不能像主机一样逐台扩建，因此，在初期方案规划时就应该根据电厂本期的建设容量和电厂的最终容量，并结合厂内外的边界条件，在保证实现系统功能和安全可靠的前提下认真考虑系统的建设规模，使设计方案具有较高的经济性、灵活性和适应能力。

（2）应与煤矿设计院配合好分界点的位置，分别

明确工艺分界和土建分界，明确煤场输送系统与电厂厂外带式输送机的供电方式、联锁要求等的责任及分工问题。

（3）如电厂厂内设有煤场，厂外带式输送机可单路布置；如电厂厂内未设有煤场，厂外带式输送机应双路布置。

（4）厂外带式输送机应优先选用地势平坦、运输距离短的路线，并充分考虑当地地形及条件，跨越既有铁路、道路、河流和高压输电线路时，应留出足够的安全高度，带式输送机沿线应采取有效措施防止人为或者野外动物等对设备的破坏。

（5）在布置厂外带式输送机的驱动装置时，应便于运行管理和检修维护。

（6）厂外带式输送机的检修维护道路应充分利用现有道路，当无法利用外部现有道路时，应设置简易的维护道路。

（7）厂外带式输送机宜露天布置，不设冲洗和采暖。

（8）严寒地区露天布置带式输送机应注意设备选型时钢材、胶带、润滑油等的耐寒问题。

六、大曲线带式输送机设计

1. 大曲线带式输送机的设计原则

大曲线带式输送机除水平转弯段的中间架和托辊架的结构形式、安装形式与通用带式输送机的不同外，其基本元件（如：胶带、滚筒、托辊、驱动装置、张紧装置、清扫设备、保护装置等）完全相同。

（1）输送机的线路设计应根据设备布置的地形条件初步计算输送机曲线段的曲率半径。

（2）初步选定转弯措施以及相应的托辊组参数，托辊组的槽角应取 25°～55°，内曲线抬高角的取值应小于 5°，托辊的倾斜角度为 1°～2°。托辊的倾斜角度应该设计成两个侧托辊前倾布置，以利于输送带的防跑偏。

（3）计算各点张力。

（4）验算弯曲段的转弯限制条件。

（5）平面转弯带式输送机一般用于长距离输送物料，需要对其进行详细的动力学分析，并用此结果进一步验算转弯限制条件。

（6）增设保护措施以确保输送机的转弯运行。

2. 大曲线带式输送机输送能力及曲线转弯半径

大曲线带式输送机输送能力可参考表2-55选取，曲线转弯半径可参考表2-56选取。表2-56中所列半径是理论值，具体尺寸应根据带式输送机的实际布置情况进行详细计算。

表 2-55　　　　　　　　　　　　　大曲线带式输送机水平输送能力　　　　　　　　　　　　　（m³）

带速（m/s） \ 带宽	800mm	1000mm	1200mm	1400mm	1600mm	1800mm	2000mm	2200mm	2400mm
1.6	397	649	951	1321	1748	2236	2776	3475	4209
2.0	496	811	1188	1652	2186	2975	3470	4344	5262
2.5	620	1014	1486	2065	2733	3494	4328	5430	6578
3.15	781	1278	1872	2602	3444	4403	5466	6843	8289
3.6	982	1459	2139	2973	3935	5031	6246	7821	9473
4.0		1622	2377	3304	4373	5591	6941	8690	10526
4.5		1824	2674	3718	4920	6291	7808	9776	11842
4.8			2852	3964	5247	6709	8328	10428	12631
5.0			2971	4130	5466	6989	8676	10863	13158
5.6					6122	7829	9717	12166	14737
6.5						9083	11277	14120	17104

表 2-56　　　　　　　　　　　大曲线带式输送机水平转弯最小半径推荐值　　　　　　　　　　（m）

槽角 \ 带宽	800mm	1000mm	1200mm	1400mm	1600mm	1800mm	2000mm	2200mm	2400mm
35°	1200	1500	1800	2100	2400	2700	3000	3300	3600
45°	800	1000	1200	1400	1600	1800	2000	2200	2400
60°	640	800	960	1120	1280	1440	1600	1760	1920

注　水平转弯半径的设计与计算主要取决于输送带的张力、托辊的槽角以及内曲线抬高角。张力愈小转弯半径就愈小，槽角及内曲线抬高角愈大转弯半径就愈小。

第三章

贮 煤 设 施 设 计

贮煤设施的功能是通过堆料设备贮存一定量的来煤,并根据锅炉需求通过取料设备将煤送入锅炉原煤斗,保证电厂安全稳定运行,对厂外来煤的不均衡性和锅炉的均衡燃烧起到调节和缓冲作用,部分贮煤设施还具备混煤功能。

火力发电厂所采用的贮煤设施类型较多,本手册仅包含以下三种常见的贮煤设施类型:条形煤场、圆形封闭煤场和筒仓。其他贮煤设施如方形煤场、方仓等目前在电厂中应用较少,本手册不做介绍。

条形煤场一般指露天、带干煤棚或封闭的长方形煤场,其煤场机械主要由悬臂式斗轮堆取料机或门式斗轮堆取料机及其他相关辅助设施构成,应用较为广泛。

圆形封闭煤场是指圆形挡煤墙加双层球面网壳结构屋面的煤场,其煤场机械为回转堆取料设备,是近年来环保要求较高的大型燃煤电厂应用较多的煤场类型。

筒仓是指混凝土封闭式筒式煤仓。贮煤筒仓具有贮煤、缓冲、混煤的功能,造价较高,适用于场地狭窄、环保要求高的场合。

贮煤设施的类型、贮煤时间应根据气象条件、厂区地形条件、周边环境的要求并兼顾造价等因素进行选择。

根据《中华人民共和国大气污染防治法》中第七十二条规定,贮存煤炭、煤矸石、煤渣、煤灰、水泥、石灰、石膏、砂土等易产生扬尘的物料应当密闭;不能密闭,应当设置不低于堆放物高度的严密围挡,并采取有效覆盖措施防治扬尘污染。因此,国内电厂的煤场需按封闭煤场设计,国外电厂根据当地要求可按封闭煤场或露天煤场设计。

第一节 条 形 煤 场

一、设计原则及范围

1. 适用条件

条形煤场在国内大型燃煤发电厂应用较为普遍,适用于造价较低的燃煤电厂。条形露天场适用于场地较大或对环保要求不高的燃煤电厂;以及贮存易自燃煤的电厂;条形封闭煤场适用于场地较大或环评对煤场有封闭要求的燃煤电厂。

2. 设计原则

条形煤场的类型根据气象条件、厂区地形条件、周边环境的要求,并兼顾造价等因素,可采用封闭条形煤场、半封闭条形煤场、露天条形煤场配备挡风抑尘网或露天条形煤场等,应根据煤种、每种煤种的贮煤量、设备、场地条件和煤场防火要求确定煤场高度、总长度、宽度。对于易自燃的煤种,不同煤种分堆贮存时,相邻煤堆底边之间的距离不小于5m。

悬臂式斗轮堆取料机的堆料能力应满足卸煤装置输出能力的要求,取料能力应与进入锅炉房的运煤系统出力一致。当采用1台堆取料机作为大型煤场设备时,应有出力不小于进入锅炉房的运煤系统出力的备用上煤设备。当火力发电厂采用无缓冲能力的翻车机、卸船机等卸煤装置时,厂内斗轮堆取料机的数量不宜少于两台。当卸煤装置具有缓冲能力或系统中设置有其他有效缓冲设施时,可设置1台堆取料机。

悬臂式斗轮堆取料机的臂长和门式斗轮堆取料机的跨度应根据贮煤量的大小、场地条件确定。2×300MW以下机组宜采用30m及以下悬臂长度,2×600MW以上机组宜采用30m以上悬臂长度。

对于多雨地区,应根据煤的物理特性、制粉系统和煤场设备类型等条件,确定是否设置干煤贮存设施。当需设置时,其有效容量不应小于对应机组3天的耗煤量。

3. 设计范围

条形煤场的设计范围为从进煤场的带式输送机开始至出煤场的带式输送机结束,包含煤堆设计、进出条形煤场的带式输送机、条形煤场机械及相关设施的安装布置设计。条形煤场应设计有适当的抑尘及消防措施。

条形煤场又分为露天条形煤场和封闭条形煤场,其中露天条形煤场还包括干煤棚的布置设计。

煤场辅助机械应满足翻烧、平整、压实和处理自燃煤等作业的需要,应根据煤场辅助堆取作业、煤堆平整、压实以及处理自燃煤的作业量等因素，配置一定数量的推煤机和装载机等辅助设备。

二、悬臂式斗轮堆取料机煤场

1. 主要设备

最常见的设备是悬臂式斗轮堆取料机，另外根据系统要求及场地、投资等原因，也有将悬臂式斗轮堆料机、斗轮取料机、悬臂堆料机等组合布置的方式。本节对这几种设备分别介绍如下。

（1）悬臂式斗轮堆取料机。悬臂式斗轮堆取料机是一种大型、连续、高效、可对散状物料进行连续堆取作业的贮煤场设备，由斗轮机构、悬臂胶带机、俯仰机构、回转机构、机架、尾车、供电装置、电气室、司机室、除尘系统等组成。悬臂式斗轮堆取料机的供电方式一般有电缆卷筒供电、滑线供电和拖链供电等方式，供水方式一般采用地面快速接头定点上水。悬臂式斗轮堆取料机部件如图 3-1 所示。悬臂式斗轮堆取料机外形如图 3-2 所示。

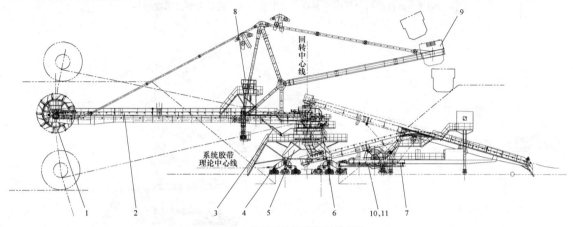

图 3-1 悬臂式斗轮堆取料机部件

1—斗轮机构；2—悬臂胶带机；3—俯仰装置及系统；4—行走机构；5—门座；6—回转机构；

7—尾车；8—司机室及支架；9—配重组；10—动力电缆卷筒装置；11—控制电缆卷筒装置

图 3-2 悬臂式斗轮堆取料机外形

（主要用于堆取结合的条形煤场）

（2）悬臂堆料机。悬臂堆料机可分为固定式和回转式。固定式悬臂堆料机可实现连续人字形往复堆料将物料堆积成长形料堆，回转式悬臂堆料机还可对设备两侧贮煤场进行多个料堆的堆料。一台回转式悬臂堆料机可以配合多台取料机使用。悬臂堆料机部件如图 3-3 所示，悬臂堆料机外形如图 3-4 所示。

（3）斗轮取料机。斗轮取料机一般由行走机构、俯仰机构、回转机构、悬臂皮带、供电装置、电气室、司机室、除尘系统等组成。斗轮取料机部件如图 3-5 所示，斗轮取料机外形如图 3-6 所示。

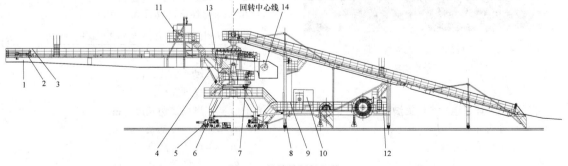

图 3-3 悬臂堆料机部件

1—悬臂梁；2—悬臂胶带机；3—主机梯子平台；4—俯仰机构；5—行走机构；6—门座；7—回转机构；8—尾车；

9—尾车梯子平台；10—电气系统；11—司机室及吊架；12—洒水装置；13—转盘；14—配重块

图 3-4　悬臂堆料机外形（主要用于堆取作业频繁的大型条形煤场）

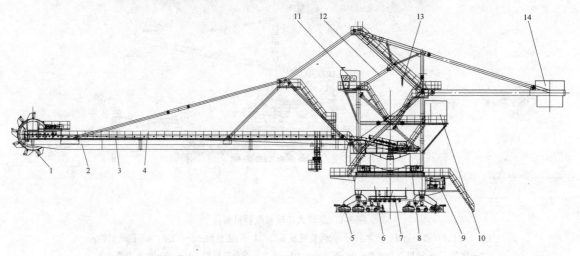

图 3-5　斗轮取料机部件

1—斗轮机构；2—上部金属结构；3—悬臂胶带机；4—主机梯子平台；5—行走机构；6—门座；7—落料系统；8—回转机构；
9—洒水装置；10—电气室；11—司机室；12—俯仰机构；13—起重装置；14—配重块

图 3-6　斗轮取料机外形（主要用于堆取作业
频繁的大型条形煤场）

2. 计算及选型

煤场的相关计算包括全厂锅炉日耗煤量、煤场体积及贮煤量等的计算。

（1）全厂锅炉日耗煤量。

全厂锅炉日耗煤量计算见式（3-1）

$$Q_d = n \times q_d \qquad (3-1)$$

式中　Q_d——全厂锅炉日耗煤量，t/d；

　　　n——锅炉数量，台；

　　　q_d——单台锅炉日耗煤量，t/d。

（2）煤场体积及贮煤量。

1）煤场体积。悬臂式斗轮堆取料机煤场的煤堆形状可近似为四棱台体，煤堆按四棱台进行体积计算，贮煤场煤堆高度、总长度、宽度应根据煤质、设备和场地条件确定。

单个煤场容量计算见式（3-2）

$$V = \frac{H \times [(2 \times A + A_1) \times B + (2 \times A_1 + A) \times B_1]}{6} \qquad (3-2)$$

式中　V——煤堆体积，m³；

　　　H——煤堆高度，m；

　　　A——煤场底边长度，m；

　　　A_1——煤场顶部长度，m；

　　　B——煤场底边宽度，m；

　　　B_1——煤场顶部宽度，m。

参数在几何图中的位置如图 3-7 所示。

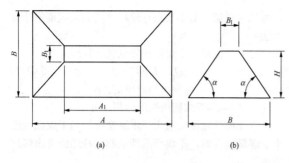

图 3-7　条形煤堆体积计算示意

（a）条形煤堆平面示意；（b）条形煤堆断面示意

图 3-7 中 α 为煤堆堆积角，根据煤质的不同可在 38°～40°之间取值，参照表 3-1 选取。煤堆边坡倾斜角一般取 40°，在有推煤机上下运行的地方取 20°。

表 3-1　　不同煤质的煤堆堆积角

物料名称	堆积角（°）
褐煤块	35～45
粉煤、精煤、中煤、尾煤	45
石灰石（粒度均匀）	35
破碎的石灰	38

悬臂式斗轮堆取料机悬臂长度不同，煤场高度有所不同，可参考表 3-2 选取。

表 3-2　　条形煤场高度和宽度列表

悬臂长度（m）		25	30	35	40	45
煤场高度 H	轨上（m）	8～10	9～11	10～13	11～13	12～14
	轨下（m）	1	1～1.5	1～1.5	1.5～2	1.5～2
煤场宽度 B（m）		31～33	37～40	43～47	50～53	56～60

注　1. 该表悬臂式斗轮堆取料机基础平台宽度按 10m 计算（未考虑运行通道），若基础平台宽度增或减 w'，则煤堆宽度相应减或增 $w'/2$。

　　2. 堆积角按 40°计算。

2）贮煤量。贮煤量计算（仅考虑常用性煤堆，未考虑储备性煤堆）见式（3-3）

$$Q = K \times V \times \rho \qquad (3-3)$$

式中　Q——煤场贮煤量，t；

　　　K——堆积系数（0.8～0.9，一般取 0.85）；

　　　V——煤场体积，m^3；

　　　ρ——燃煤堆积密度（无烟煤和烟煤的堆积密度可取 0.9t/m^3；褐煤的堆积密度可取 0.8t/m^3；煤矸石的堆积密度可取 1.1～

1.2 t/m^3）。

3）贮煤天数。贮煤天数计算见式（3-4）

$$D = \frac{Q}{Q_d} \qquad (3-4)$$

式中　D——贮煤天数，天；

　　　Q——煤场贮煤量，t；

　　　Q_d——对应锅炉日耗煤量，t/d。

4）悬臂式斗轮堆取料机胶带缠绕长度。在计算悬臂式斗轮堆取料机煤场地面带式输送机胶带长度时，应考虑悬臂式斗轮堆取料机胶带缠绕长度。由悬臂式斗轮堆取料机制造厂提供该长度，可参考式（3-5）计算。

$$L = L_1 + L_2 + L_3 + L_4 + S - L_5 \qquad (3-5)$$

式中　L_1、L_2、L_3、L_4、L_5——尾车上各段胶带长度；

　　　S——尾车上滚筒周长，各参数（单位均为 m）如图 3-8 所示。

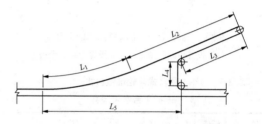

图 3-8　悬臂式斗轮堆取料机尾车上胶带缠绕示意

5）拉紧补偿行程。计算悬臂式斗轮堆取料机煤场地面带式输送机拉紧行程时，固定尾车类型的悬臂式斗轮堆取料机不计拉紧补偿行程，变幅尾车类型的悬臂式斗轮堆取料机应计入尾车变幅作业时产生的拉紧补偿行程。该数据一般由悬臂式斗轮堆取料机制造厂提供。

6）两台悬臂式斗轮堆取料机分轨布置时煤场间距。悬臂式斗轮堆取料机基础之间的间距应大于两台悬臂式斗轮堆取料机悬臂长、1 个斗轮直径及安全距离（0.5m）之和，其计算详见式（3-6）（此计算公式未考虑两台悬臂式斗轮堆取料机偏心布置的情况）。

$$W \geq 2 \times L_x + D + 0.5 \qquad (3-6)$$

式中　W——煤场间距，m；

　　　L_x——斗轮堆取料机悬臂长度，m；

　　　D——斗轮直径，m。

7）根据运煤系统的整体配置，悬臂式斗轮堆取料机煤场可设置单路或双路带式输送机，悬臂式斗轮堆取料机基础平台的尺寸可参考图 3-9 和表 3-3 取值。

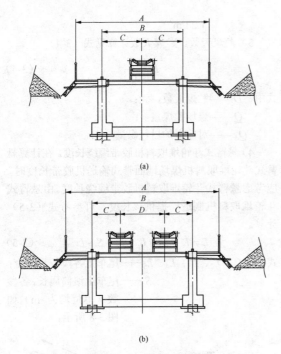

(a)

(b)

图 3-9　悬臂式斗轮堆取料机基础平台示意
（a）设置单路胶带机；（b）设置双路胶带机

表 3-3　　　　悬臂式斗轮堆取料机
基础平台参考尺寸　　　　（m）

悬臂式斗轮堆取料机悬臂臂长	单路			双路				带宽
	A	B	C	A	B	C	D	
25	9	5	2.5	9.6	6	1.7	2.6	1000
30	9.6	6	3	11	7	1.9	3.2	1200
35，38，40，45	11	7	3.5	12	8	2.25	3.5	1400
35，38，40，45	11	7	3.5	12	8	2.15	3.7	1600
38，40，45	12	8	4	12	8	2.05	3.9	1800
38，40，45	12	8	4	12	8	2.45	4.1	2000

注　该表中双路带布置未考虑布置头部伸缩装置宽度，如布置头部伸缩装置，则应相应增加宽出部分宽度。

8）斗轮机极限位置至建筑物之间的距离要求。悬臂式斗轮堆取料机尾车方向极限位置至建筑物之间的距离应满足尾车长度及设置除铁器、中部车式拉紧装置（如有）、刮水器、跨越梯等设备的要求。悬臂式斗轮堆取料机悬臂方向极限位置至建筑物之间的距离一般应大于悬臂式斗轮堆取料机悬臂臂长、斗轮半径及安全距离（宜按不小于 2m 考虑）之和。

当煤场中设有干煤棚时，干煤棚的相关计算如下：

（1）干煤棚内煤堆体积。干煤棚内煤堆计算方法可参照本章第一节中条形斗轮机煤场露天煤堆的计算方法。

（2）干煤量。干煤量计算见式（3-7）

$$Q_g = K \times V_g \times \rho \qquad (3-7)$$

式中　Q_g——干煤棚内的贮煤量，t；

　　　V_g——干煤棚内煤堆体积，m^3。

干煤棚的宽度一般大于煤场宽度。当干煤棚宽度小于煤场宽度时，干煤棚的挡墙和立柱还应考虑煤堆的侧压力。

在计算干煤棚长度时，干煤棚的有效容量是考虑单侧飘雨因素后干煤棚内的有效贮量。在工程中一般采用将干煤棚总长度加大 20～30m 的措施（也可根据气候条件计算确定）。

根据堆煤特性及悬臂式斗轮堆取料机的作业特点可知，干煤棚的有效使用空间的截面形状是梯形，作业空间的包络线接近弧形。干煤棚外形尺寸应根据悬臂式斗轮堆取料机的包络线确定，一般间距不小于 2m，参见条形封闭煤场断面布置。

悬臂式斗轮堆取料机的选型应符合工艺系统的功能要求，并应与贮煤量、煤场布置和工程具体条件相适应。当悬臂式斗轮堆取料机为通过式布置且要求堆料能力大于取料能力时，可采用机上分流的方式。

悬臂式斗轮堆取料机尾车的作用是在堆料时将地面胶带输送机上的物料送到斗轮堆取料机的悬臂胶带机，通过悬臂胶带机将物料堆送到贮煤场。在取料时将斗轮从贮煤场取来的物料折返运回系统胶带机的机构。

尾车分为通过式尾车、折返式尾车及全功能尾车，通过式尾车又分为固定尾车、头部分流尾车、尾部分流尾车等，折返式尾车又分为全趴折返尾车、半趴折返尾车、交叉折返尾车等。在实际工程中，可根据煤场的布置类型及工艺流程要求来选择相应功能的尾车。

（1）固定尾车。固定尾车由主梁、底梁、前支腿、后支腿、头部落料斗、车轮组及连杆组成，能实现同向堆料、取料，适合于通过式布置贮煤场。

当物料从地面上升到地面胶带输送机的尾车上后，经过前部的漏斗流到主机的悬臂胶带机上。固定单尾车上无任何机构，仅由主机牵引在轨道上行走，其功能仅为堆料。固定尾车示意如图 3-10 所示。

（2）头部分流尾车。头部分流尾车由主梁、底梁、前支腿、后支腿、头部分流落料斗、车轮组及连杆组成，能实现同向堆料、取料，适合于通过、分流式布置贮煤场。头部分流尾车示意如图 3-11 所示。

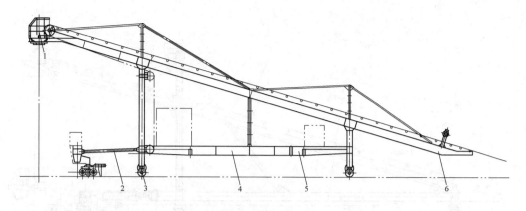

图 3-10 固定尾车示意

1—头部落料斗；2—前支腿；3—单轮从动台车组；4—底梁；5—后支腿；6—主梁

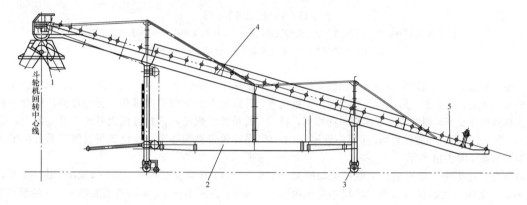

图 3-11 头部分流尾车示意

1—头部落料斗；2—尾车金属结构；3—单轮从动台车组；4—托辊组；5—防飘轮

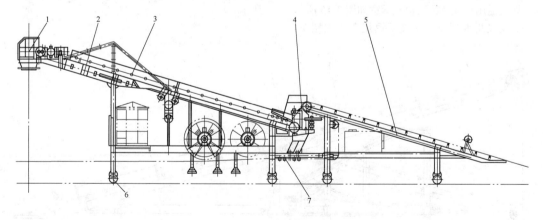

图 3-12 尾部分流尾车示意

1—头部落料斗；2—主尾车金属结构；3—主尾车胶带机；4—分流装置；5—副尾车；6—单轮从动台车组；7—分流缓冲装置

（3）尾部分流尾车。尾部分流尾车由主尾车、副尾车、头部落料斗、分流装置、车轮组及连杆等组成，能实现同向堆料、取料、通过，适合于通过、分流布置贮煤场。尾部分流尾车示意如图 3-12 所示。

（4）全趴折返尾车。全趴折返尾车由主梁、底梁、支腿、卷扬装置、头部落料斗、车轮组及挂钩装置组成，能实现单向堆料、折返取料，适合于折返式布置贮煤场。全趴折返尾车示意如图 3-13 所示。

（5）半趴折返尾车。半趴折返尾车分为液压变幅和机械变幅两种。

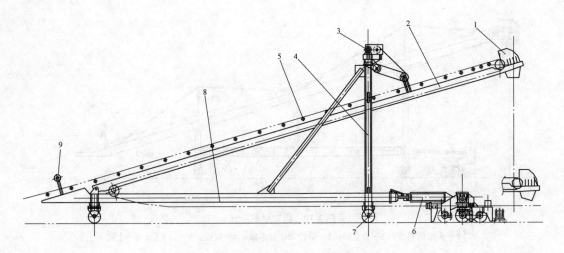

图 3-13　全趴折返尾车示意

1—头部落料斗；2—主梁；3—尾车俯仰机构；4—俯仰机构支架；5—尾车胶带机托辊；

6—尾车挂钩装置；7—行走车轮；8—底梁；9—防飘轮

机械变幅尾车（即双轨变换尾车）由固定机架、变幅机架、底梁、前支腿、后支腿、变换腿、变换机构、头部落料斗及车轮组组成，能实现单向堆料、折返取料，适合于折返式布置贮煤场。半趴折返尾车（机械变幅）示意如图 3-14 所示。

液压变幅尾车由固定机架、变幅机架、底梁、前支腿、后支腿、变幅机构、头部落料斗及车轮组组成，能实现单向堆料、折返取料，适合于折返式布置贮煤场。

半趴折返尾车（液压变幅）示意如图 3-15 所示。

（6）交叉折返尾车。交叉折返尾车由主尾车、副尾车、头部落料斗、尾部落料斗、车轮组及连杆等组成，能实现单向堆料、折返取料，适合于折返式布置贮煤场，来料方向为斗轮机臂架方向，并且系统胶带机偏心布置。交叉折返尾车示意如图 3-16 所示。

（7）全功能双尾车。全功能双尾车由主尾车、副尾车、头部落料斗、副尾车变幅机构、车轮组及连杆等组成，能实现单向堆料、双向取料、双向通过，适合于双向取料布置贮煤场。全功能尾车示意如图 3-17 所示。

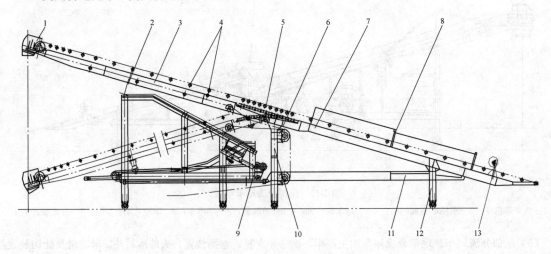

图 3-14　半趴折返尾车示意（机械变幅）

1—头部落料斗；2—变换腿；3—变幅机架；4—托辊；5—变槽角托辊组；6—圆弧段铰链；7—固定机架；8—胶带机保护装置；

9—尾车变换机构；10—前支腿；11—底梁；12—后支腿；13—压轮装置

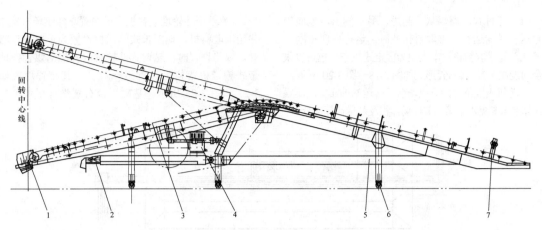

图 3-15 半趴折返尾车示意（液压变幅）

1—头部落料斗；2—尾车挂钩系统；3—尾车胶带机；4—尾车变幅装置；5—主尾车金属结构；6—单轮从动台车组；7—防飘轮

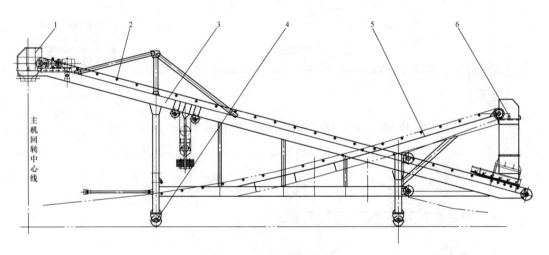

图 3-16 交叉折返尾车示意

1—头部落料斗；2—主尾车胶带机；3—主尾车金属结构；4—单轮从动台车组；5—副尾车；6—副尾车转运料斗

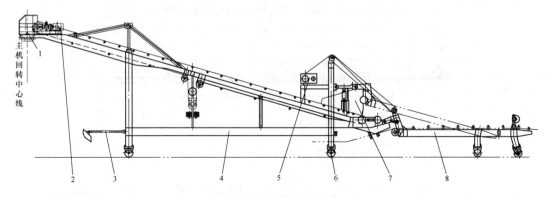

图 3-17 全功能双尾车示意

1—头部落料斗；2—尾车胶带机；3—连杆装配；4—主尾车金属结构；5—尾车变幅机构；

6—单轮从动台车组；7—中部转运料斗；8—副尾车

3. 煤场布置设计

按照煤场设备堆取料方向，煤场布置形式可分为折返式和通过式布置；按照多台悬臂式斗轮堆取料机的布置方式，煤场布置形式可分为同轨和分轨布置。

（1）通过式。燃煤从一侧进、另一侧出，地面带式输送机单向运行，堆取料作业时，运行方向相同。悬臂式斗轮堆取料机尾车类型为固定式尾车（也可以采用全功能尾车），其布置形式如图3-18～图3-20所示。

斗轮机极限位置距离煤场前后转运站的布置间距设计计算要求参见本章第一节煤场体积及贮量计算部分。

1）单个斗轮堆取料机煤场布置。即煤场布置单台斗轮堆取料机，地面带式输送机设置为单路或双路布置。双路设置时，悬臂式斗轮堆取料机落煤管向地面带式输送机落料可设置为一对二，其布置形式如图3-21和图3-22所示。基础平台布置设计要求可参见表3-3。

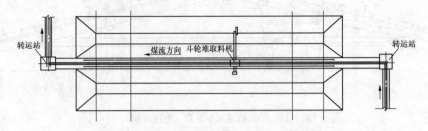

图 3-18　通过式布置悬臂式斗轮堆取料机煤场示意

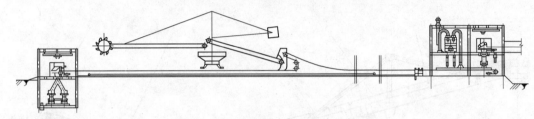

图 3-19　通过式布置悬臂式斗轮堆取料机煤场纵剖面示意

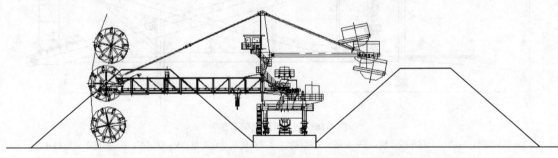

图 3-20　通过式布置悬臂式斗轮堆取料机煤场横剖面示意

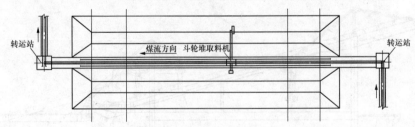

图 3-21　单个斗轮堆取料机煤场平面示意

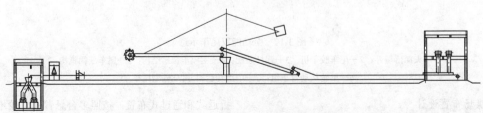

图 3-22　单个斗轮堆取料机煤场纵断面示意

2）两台斗轮堆取料机煤场分轨并列布置。即两台悬臂式斗轮堆取料机分别在不同轨道上运行。地面带式输送机设置为单路。悬臂式斗轮堆取料机尾车类型可根据煤场类型设置为固定式尾车（也可以采用全功能尾车）。煤场区域较宽时，可采用分轨布置，其布置形式如图3-23和图3-24所示。两台悬臂式斗轮堆取料机分轨布置时煤场间距计算见式（3-6）。

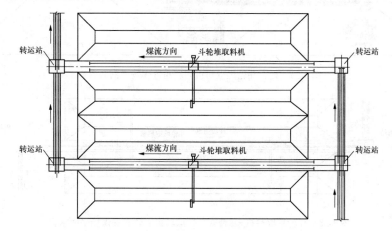

图 3-23 分轨布置悬臂式斗轮堆取料机煤场平面示意

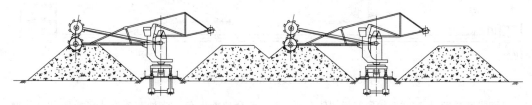

图 3-24 分轨布置悬臂式斗轮堆取料机煤场横剖面示意

3）两台斗轮堆取料机同轨布置。两台悬臂式斗轮堆取料机在同一轨道上运行。地面带式输送机设置为双路布置。悬臂式斗轮堆取料机尾车形式可根据煤场形式设置为通过式或全功能尾车。煤场区域较为狭长时，可采用同轨式布置，其布置形式如图3-25～图3-27所示。基础平台布置设计要求可见表3-3。

4）斗轮堆取料机+悬臂式斗轮取料机同轨布置。

单台悬臂式斗轮堆取料机和单台悬臂式斗轮取料机在同一轨道上运行。地面带式输送机设置为双路，悬臂式斗轮堆取料机及取料机落煤管向地面带式输送机落料可设置为一对二。悬臂式斗轮堆取料机及取料机尾车形式可根据煤场形式设置为通过式或全功能尾车。这种布置方式可堆取联合作业，减少斗轮堆取料机的备用率，其布置形式如图3-28和图3-29所示。

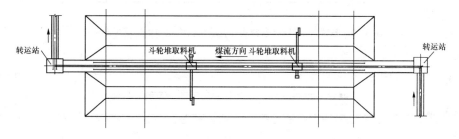

图 3-25 两台斗轮堆取料机同轨布置煤场平面示意

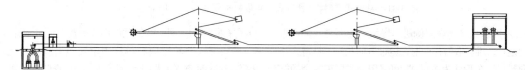

图 3-26 两台斗轮堆取料机同轨布置煤场纵剖面示意

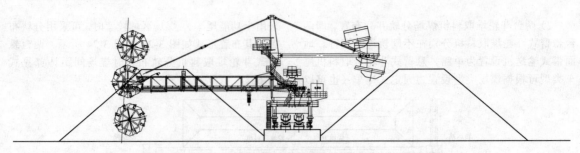

图 3-27　两台斗轮堆取料机同轨布置煤场横剖面示意

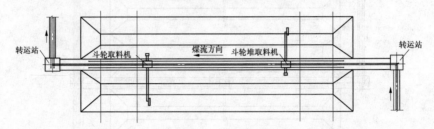

图 3-28　斗轮堆取料机+悬臂式斗轮取料机同轨布置煤场平面示意

图 3-29　斗轮堆取料机+悬臂式斗轮取料机同轨布置煤场剖面示意

5) 悬臂式堆料机+悬臂式斗轮取料机同轨布置。单台悬臂式堆料机和悬臂式斗轮取料机在同一轨道上运行。地面带式输送机设置为双路。悬臂式斗轮堆取料机及取料机尾车形式可根据煤场形式设置为通过式或全功能尾车。这种布置方式可堆取联合作业,但煤场有效利用率较低,推煤机作业量较大,适用于煤场较为狭长的区域,其布置形式如图 3-30 和图 3-31 所示。

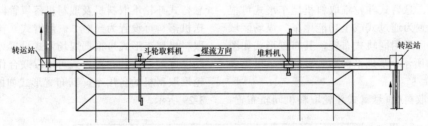

图 3-30　悬臂式堆料机+悬臂式斗轮取料机同轨布置煤场平面示意

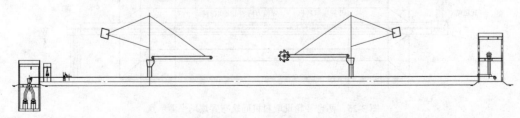

图 3-31　悬臂式堆料机+悬臂式斗轮取料机同轨布置煤场剖面示意

（2）折返式。燃煤同侧进出煤场,地面带式输送机可双向运行,堆、取料作业时,运行方向相反。悬臂斗轮堆取料机尾车形式为折返式(可采用交叉尾车或全功能尾车),其布置形式如图 3-32～图 3-34 所示(图 3-22 中示意有防风抑尘网,其他贮煤设施形式中不再示意)。

悬臂式斗轮堆取料机极限位置距离煤场转运站和尾部小室的布置间距设计计算要求可参见本章第一节相关部分内容。

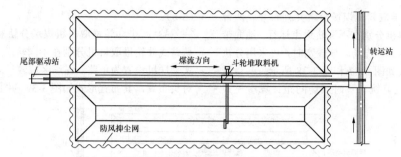

图 3-32　折返式布置悬臂式斗轮堆取料机煤场平面示意

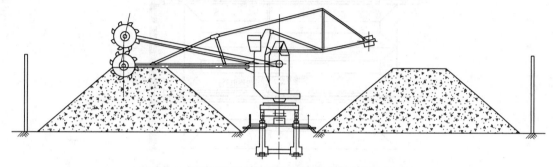

图 3-33　折返式布置悬臂式斗轮堆取料机煤场横剖面示意

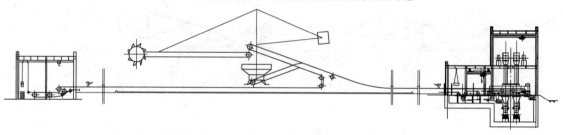

图 3-34　折返式布置悬臂式斗轮堆取料机煤场纵剖面示意

1）单个斗轮堆取料机煤场布置。煤场布置单台悬臂式斗轮堆取料机，地面带式输送机设置为单路或双路布置，双路设置时，悬臂式斗轮堆取料机落煤管向地面带式输送机落料可设置为一对二，其布置形式如图 3-35 和图 3-36 所示。基础平台布置设计要求可参见表 3-3。

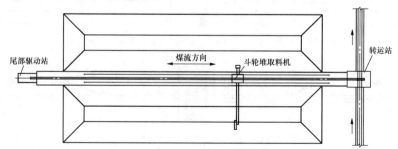

图 3-35　单个斗轮堆取料机煤场平面示意

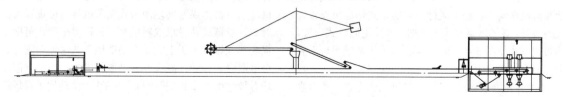

图 3-36　单个斗轮堆取料机煤场剖面示意

2）两个斗轮堆取料机煤场分轨并列布置。两台悬臂式斗轮堆取料机分别在不同轨道上运行。地面带式输送机设置为单路。煤场区域较宽时，可采用分轨布置，其布置形式如图 3-37 和图 3-38 所示。两台悬臂式斗轮堆取料机分轨布置时煤场间距计算参见式（3-6）。

3）两个斗轮堆取料机煤场分轨对头布置。两台悬臂式斗轮堆取料机分别在不同轨道上运行。地面带式输送机设置为单路。煤场区域较长时，可采用分轨对头布置，其布置形式如图 3-39 和图 3-40 所示。

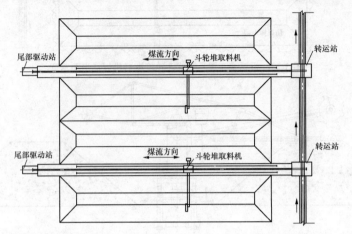

图 3-37　两个斗轮堆取料机煤场分轨并列布置煤场平面示意

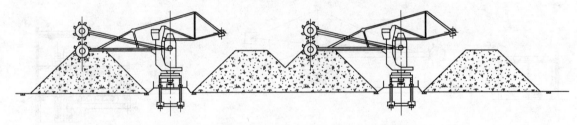

图 3-38　两个斗轮堆取料机煤场分轨并列布置煤场剖面示意

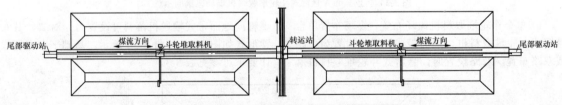

图 3-39　两个斗轮堆取料机煤场分轨对头布置煤场平面示意

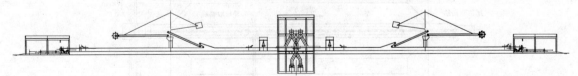

图 3-40　两个斗轮堆取料机煤场分轨对头布置煤场剖面示意

4）两台斗轮堆取料机同轨布置。两台悬臂式斗轮堆取料机在同一轨道上运行。地面带式输送机设置为双路布置。煤场区域较为狭长时，可采用同轨式布置，其布置形式如图 3-41 和图 3-42 所示。基础平台布置设计要求可参见表 3-3。

5）斗轮堆取料机+斗轮取料机同轨布置。单台悬臂式斗轮堆取料机和单台斗轮取料机在同一轨道上运行。地面带式输送机设置为双路，悬臂式斗轮堆取料机及取料机落煤管向地面带式输送机落料可设置为一对二。悬臂式斗轮堆取料机及取料机尾车形式可根据煤场形式设置为折返式或全功能尾车。这种布置方式可堆取联合作业，减少斗轮堆取料机的备用率，但煤场有效利用率较低，推煤机作业量较大，适用于煤场较为狭长的区域，其布置形式如图 3-43 和图 3-44 所示。

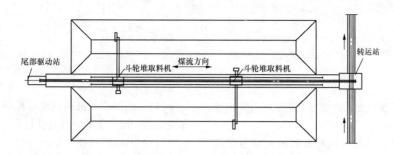

图 3-41 同轨布置悬臂式斗轮堆取料机煤场平面示意

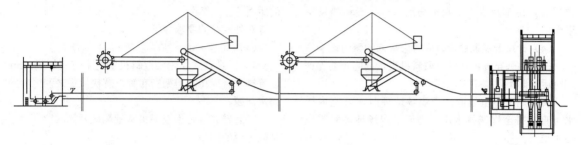

图 3-42 同轨布置悬臂式斗轮堆取料机煤场剖面示意

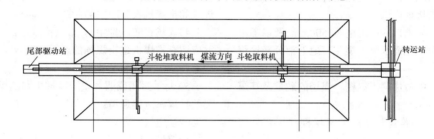

图 3-43 斗轮堆取料机+斗轮取料机同轨布置煤场平面示意

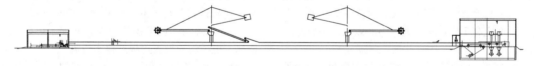

图 3-44 斗轮堆取料机+斗轮取料机同轨布置煤场剖面示意

6）悬臂式堆料机+斗轮取料机同轨布置。单台悬臂式堆料机和斗轮取料机在同一轨道上运行。地面带式输送机设置为双路，悬臂式堆取料机及斗轮取料机落煤管向地面带式输送机落料可设置为一对二。悬臂斗轮堆取料机及斗轮取料机尾车形式可根据煤场形式设置为折返式或全功能尾车。这种布置方式可堆取联合作业，但煤场有效利用率较低，推煤机作业量较大，适用于煤场较为狭长的区域，其布置形式如图 3-45 和图 3-46 所示。

4. 设计注意事项

在煤场布置设计中应注意的事项如下：

（1）煤场平剖面布置图方位应与运煤系统总平面布置图一致。

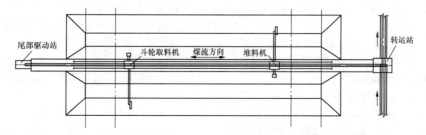

图 3-45 悬臂式堆料机+斗轮取料机同轨布置煤场平面示意

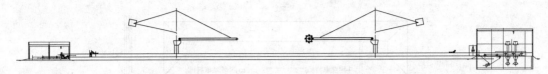

图 3-46　悬臂式堆料机+斗轮取料机同轨布置煤场剖面示意

（2）扩建工程应绘出并说明与本期工程有关的老厂部分内容。

（3）布置悬臂式斗轮堆取料机时应充分考虑其尾车类型及长度，保证悬臂式斗轮堆取料机在极限位置时，尾车及皮带抬起不与刮水器、导料槽发生干涉。

（4）计算干煤棚贮量时应考虑端部的飘雨影响。

（5）并列布置的斗轮堆取料机煤场其间距要保证同时运行时不发生干涉。

（6）尾部小室地面高于煤场地坪时，其室内排水可直接排至煤场排水沟，当低于煤场地坪时需设污水坑。

（7）当采用地下煤斗布置方案时，地下煤斗上方应考虑推煤机的接地比压。

（8）地下煤斗上口应高出地面 500mm 及以上，四周设斜坡，防止地面水流入煤斗，地下部分应设积水井和排污泵。

（9）布置图中应注明干煤棚、煤场的贮量及其煤堆高度。

（10）对于采用推煤机作业的干煤棚柱子宜外包钢板。

（11）轨面至煤场地坪的高差，与悬臂式斗轮堆取料机的悬臂长度有关，可根据设备供应商提供的数据确定，轨面应高于煤场平均地坪 1m 以上，不宜超过 2.5m。

（12）折返式布置的悬臂式斗轮堆取料机，地面带式输送机宜采用头尾双驱动。通过式布置的悬臂式斗轮堆取料机，地面带式输送机可采用头尾双驱动、头部双驱动或头部单驱动。

（13）两台悬臂式斗轮堆取料机同轨布置时，每台设备上均应设置距离监测报警装置的防撞设施，保持斗轮堆取料机之间的安全距离，防止碰撞。

（14）汽车卸煤设施或者地下煤斗作为单台悬臂式斗轮堆取料机备用上煤手段时，应留有其与煤场之间推煤机的工作区域。

（15）煤场四周及悬臂式斗轮堆取料机基础侧应设置喷水抑尘，悬臂式斗轮堆取料机基础侧应设置悬臂式斗轮堆取料机上水设施。

（16）如果煤场局部设有干煤棚，干煤棚应布置于靠近上煤方向侧。并列布置的双斗轮堆取料机煤场的干煤棚布置形式，宜设置单煤场干煤棚，也可设置跨双煤场干煤棚。

（17）地面胶带机的拉紧行程应考虑堆取料机尾车变幅作业时产生的拉紧补偿行程。

（18）贮煤场内煤堆底部与靠近煤堆的铁轨、非承重挡风墙、干煤棚、立柱支架等之间至少应有 1.5m 的距离。

对外专业的要求如下：

（1）土建专业。

1）在悬臂式斗轮堆取料机轨道下方宜每隔 25m 设置排水管或将轨道架空布置，解决轨道之间区域的排水问题。

2）悬臂式斗轮堆取料机基础端部两侧应留有上下基础平台的踏步。

3）煤场区域设置有地下煤斗等建筑物时，应考虑煤堆和推煤机设备产生的荷载。

4）煤场设防风抑尘网时，其高度应满足环保要求，并应留有推煤机进出煤场的通道；防风抑尘网的选型应兼顾防尘环保和节省投资。

5）对于封闭或四周设防风抑尘网的煤场，应设必要的推煤机进出通道。

（2）电气专业。

1）悬臂式斗轮堆取料机设备地面接线箱宜布置于其行程中部位置。如煤场留有扩建，则应布置于预留扩建悬臂式斗轮堆取料机基础全长的中部。

2）电缆沟和电缆桥架的设置应便于电缆铺设及检修，电缆沟应设置盖板及排水设施。

3）电缆桥架的布置应留出足够的运行维护和检修空间。

4）悬臂式斗轮堆取料机应与煤场带式输送机设有联锁，司机室与主系统集中控制室之间应有通信和信号联系。

（3）供水专业。

1）悬臂式斗轮堆取料机基础平台侧应设有悬臂式斗轮堆取料机上水点，其供水母管管线位置宜布置于悬臂式斗轮堆取料机基础边沿，上水点位置应满足悬臂式斗轮堆取料机设备资料要求；若条件允许，悬臂式斗轮堆取料机上水点供水母管可与煤场喷淋系统供水母管合并布置。

2）封闭煤场应设置必要的消防设施。

（4）总图专业。

1）煤场外侧宜设置挡煤墙。

2）贮煤设施的地面应根据煤场地质条件做适当处理，并考虑排水措施。

3）煤场四周排水沟至煤堆边缘的距离宜为 3～5m。煤场地面应高于当地的地下水位 0.50m 以上。

布置及安装注意事项如下：

（1）煤场转运站与悬臂式斗轮堆取料机基础接口处楼板高出室外地坪标高 1～2m 时，在转运站外部应设便于设备进入的平台。

（2）当地面带式输送机头尾均布置有转运站时，拉紧装置可采用液压拉紧形式；当地面带式输送机头部布置有转运站，尾部为驱动站时，拉紧装置可采用车式拉紧（含塔架拉紧）或液压拉紧形式。

（3）煤场喷洒水装置的喷头不得与悬臂式斗轮堆取料机设备干涉。

（4）煤场带式输送机采用液压拉紧装置时，拉紧装置宜靠近转运站布置。液压拉紧坑内可采取设置集水井或在侧壁预理排水管等措施解决积水问题。

（5）煤场布置有干煤棚时，其形状尺寸应满足斗轮堆取料机限界轮廓尺寸的要求；如果煤场局部设有干煤棚，干煤棚应布置于靠近上煤方向侧；有推煤机通过的位置，干煤棚柱间净空距离宜大于 7m。

（6）地下斗轮宜布置于靠近主厂房侧，当需兼顾汽车卸煤时，宜布置于远离主厂房侧。

（7）严寒地区露天布置的悬臂式斗轮堆取料机、煤场带式输送机的钢结构及胶带应采用耐寒型。

（8）应向悬臂式斗轮堆取料机制造厂提供煤场带式输送机的张力及相关参数，核算有关滚筒的许用合张力。

（9）悬臂式斗轮堆取料机供电方式采用电缆卷筒或拖链供电方式时，宜设置电缆托架。

（10）悬臂式斗轮堆取料机停止工作时，必须将轮斗放置在有可靠支点的位置固定并切断电源，上好轨道夹。

（11）有网架封闭的条形煤场应要求设备厂家提供悬臂式斗轮堆取料机的运行包络线。

三、门式斗轮堆取料机煤场

1．门式斗轮堆取料机

门式斗轮堆取料机主要由活动梁、固定梁、柔性腿、刚性腿、滚轮机构、胶带机、起升机构、堆取变换机构、行走机构、平台、电气室、司机室、除尘装置、润滑系统、供电装置及电气系统等组成。斗轮机构套装在活动梁上并可沿活动梁行走，通过活动梁升降及梁内胶带机的配合运行而进行堆取料作业的设备。门式斗轮堆取料机外形如图 3-47 所示。

门式斗轮堆取料机在堆料时，物料由地面带式输送机经尾车输送至活动梁头部的堆料落煤斗中，经堆取料带式输送机输送至活动梁中间落煤斗，并落入下

图 3-47　门式斗轮堆取料机外形

部移动带式输送机进行堆料，可通过活动梁升降或大车行走机构的配合满足不同的堆料要求。

门式斗轮堆取料机在取料时，经套装在活动梁上的滚轮机构挖取物料，经斗轮落斗落入活动梁上的堆取料胶带机及取料胶带机上，然后经尾车料斗落入尾车胶带机上，再将系统胶带机将物料输送出去。取料深度及进给可通过活动梁升降或大车行走机构的配合满足不同的取料要求。门式斗轮堆取料机部件如图 3-48 所示。

2．计算及选型

门式斗轮堆取料机煤场为条形煤场，其煤场相关计算方法可参见第三章第一节悬臂式斗轮堆取料机煤场。

当门式斗轮堆取料机煤场内设有干煤棚时，干煤棚的宽度应根据门式斗轮堆取料机宽度确定，干煤棚的跨度应大于门式斗轮堆取料机设备外形尺寸 2～3m。

干煤棚长度的计算方法可参见第三章第一节悬臂式斗轮堆取料机煤场相关内容。与悬臂式斗轮堆取料机煤场不同的是，干煤棚的外形需根据门式斗轮堆取料机的外形确定。

目前门式斗轮堆取料机的轨道跨度范围为 20～60m，取料能力范围为 150～2000t/h，堆料能力范围为 300～3000t/h。门式斗轮堆取料机煤场的堆煤高度与轨道跨度有关，堆煤高度一般不超过 14m。门式斗轮堆取料机的尾车分类与悬臂式斗轮堆取料机相同，可参见第三章第一节悬臂式斗轮堆取料机相关内容。

3．布置设计

按照煤场设备堆取料方向，煤场布置形式分为折返式和通过式布置；按照多台门式斗轮堆取料机的布置方式，煤场布置形式分为同轨和分轨布置。

（1）单台通过式。燃煤从一侧进，另一侧出，地面带式输送机单向运行，堆取料作业时，运行方向相同。门式斗轮堆取料机尾车形式为通过式或全功能尾车，其布置形式如图 3-49～图 3-51 所示（图中示意有局部设置干煤棚，其他贮煤设施形式中不再示意）。

（2）单台折返式。地面带式输送机双向运行，堆取料作业时，运行方向相反。厂外来煤接口与主厂房上煤位置在煤场同侧时，可采用折返式布置，其平剖面布置形式如图 3-52～图 3-54 所示。

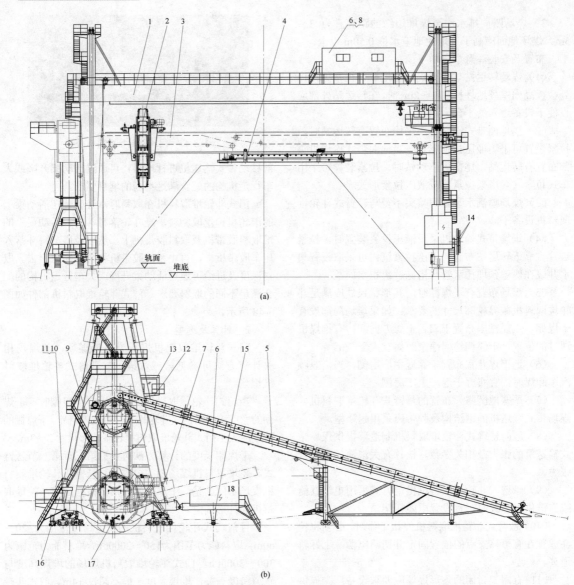

(a)

(b)

图 3-48 门式斗轮机部件

（a）正视图；（b）侧视图

1—门架；2—斗轮机构；3—活动梁；4—机上皮带机；5—尾车；6—电气系统；7—活动梁升降机构；8—电气室；
9—门架梯子平台栏杆；10—刚性端驱动台车组；11—柔性端驱动台车组；12—司机室；13—电气布线；
14—电缆卷筒；15—拖车；16—除尘系统；17—锚定装置；18—高压室

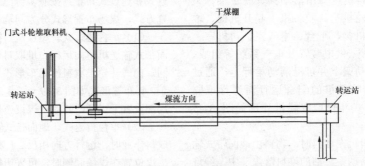

图 3-49 通过式布置门式斗轮堆取料机煤场平面示意

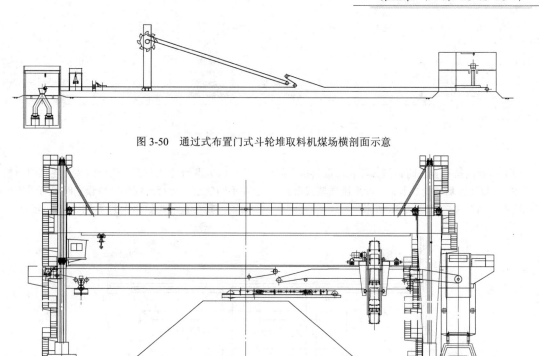

图 3-50 通过式布置门式斗轮堆取料机煤场横剖面示意

图 3-51 通过式布置门式斗轮堆取料机煤场纵剖面示意

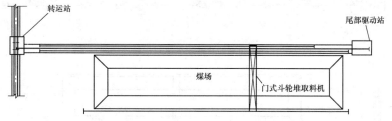

图 3-52 折返式布置门式斗轮堆取料机煤场平面示意

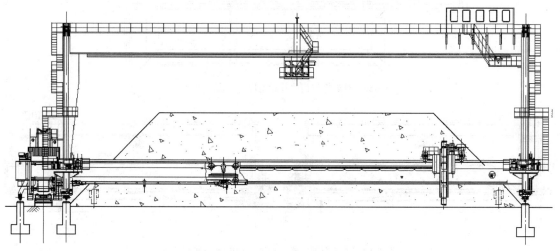

图 3-53 门式斗轮堆取料机煤场横剖面示意

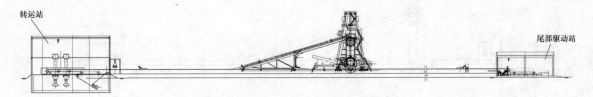

图 3-54　门式斗轮堆取料机煤场纵剖面示意

（3）两台同轨布置。两台门式斗轮堆取料机在同一轨道上。煤场区域较为狭长时，可采用同轨式布置，其布置形式如图 3-55 和图 3-56 所示。

（4）两台分轨布置。两台门式斗轮堆取料机分别在不同轨道上运行。煤场区域较宽时，可采用分轨式布置，其布置形式如图 3-57 和图 3-58 所示。

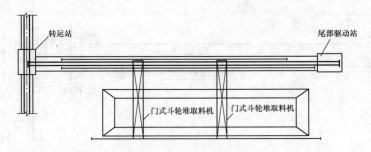

图 3-55　同轨布置门式斗轮堆取料机煤场平面示意

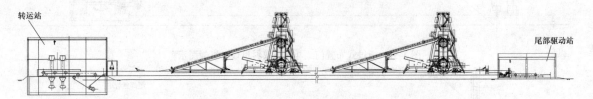

图 3-56　同轨布置门式斗轮堆取料机煤场剖面示意

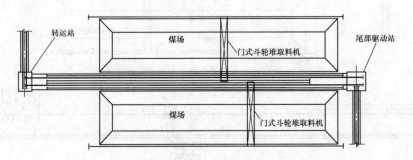

图 3-57　分轨布置门式斗轮堆取料机煤场平面示意

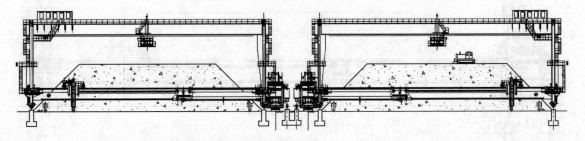

图 3-58　分轨布置门式斗轮堆取料机煤场剖面示意

4. 设计注意事项

门式斗轮堆取料机的轨道端面应高于煤场地坪0.50m。煤场区域不是同一标高的，应根据平均标高来确定轨面标高。

因门式斗轮堆取料机煤场与悬臂式斗轮堆取料机煤场均为条形煤场，其特性基本一致，设计注意事项及对外专业的要求可参考第三章第一节悬臂式斗轮堆取料机煤场相关内容。

布置及安装注意事项如下：

（1）分轨布置门式斗轮堆取料机煤场时，两台设备的轨道基础之间的间距应满足运行检修要求，可按不小于1.2m选取。

（2）如果煤场局部设有干煤棚，干煤棚应布置于靠近上煤方向一侧，且干煤棚的内部净空尺寸应大于门式斗轮堆取料机设备外形尺寸2～3m。

（3）因门式斗轮堆取料机煤场与悬臂式斗轮堆取料机煤场均为条形煤场，其特性基本一致，可参考悬臂式斗轮堆取料机煤场。

四、煤场环保措施

条形斗轮机煤场是火力发电厂最常用的一种贮煤设施，露天条形煤场会对周边环境造成一定的影响。近年来随着我国对环境保护越来越重视，露天条形煤场已逐渐不能满足环保要求，需要采取一定的措施来减少这种影响。

1. 防风抑尘网

防风抑尘网是利用空气动力学原理，按照实施现场环境风洞实验结果加工成一定几何形状、开孔率和不同孔形组合防风抑尘网，使流通的空气（强风）从外通过防风抑尘网时，在防风抑尘网内侧形成上、下干扰的气流以达到外侧强风、内侧弱风、外侧小风、内侧无风的效果，从而防止粉尘的飞扬。

防风抑尘网的设置一般根据煤场方位、煤堆高度、防风抑尘网的类型及风向等因素确定，需比煤堆高度高，并应满足环保的要求。

2. 封闭煤场

条形封闭煤场延续原来条形露天煤场的布置形式，设备采用悬臂式斗轮堆取料机进行堆料或取料操作，在煤场四周增加网壳对煤场及设备进行封闭。

普通的干煤棚以前仅为存储干煤，因此多设计为两端开敞的柱面网壳结构。封闭的干煤棚基本要求全封闭，即在原来柱面网壳结构的两端要设置山墙与主体结构连接。山墙的结构形式有抗风柱（抗风桁架）结构及平板桁架结构两种，两端的山墙还需考虑推煤机进出通道。

当燃煤为褐煤或挥发分比较高的煤时，煤堆容易自燃，封闭条形煤场应具备处理自燃煤的条件。封闭条形斗轮机煤场断面布置如图3-59所示。

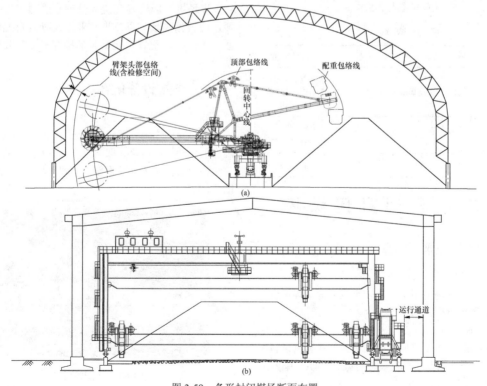

图3-59 条形封闭煤场断面布置
（a）悬臂式斗轮堆取料机煤场；（b）门式斗轮堆取料机煤场

五、专业间配合要求

1. 设计界限

（1）煤场防风抑尘网、封闭网架基础由结构专业设计。

（2）煤场及干煤棚照明由电气专业设计。

（3）煤场排水由总图专业设计。

（4）雨水及污水处理由供水专业设计。

2. 技术接口

（1）接收资料内容见表3-4。

表3-4　　　接收资料内容

序号	接收资料名称及内容	提出资料专业
1	全厂总平面布置图	总图
2	厂区竖向布置图	总图
3	尾部小室建筑布置资料	建筑
4	尾部小室结构布置资料	结构
5	煤场机械（斗轮堆取料机）基础资料	结构
6	煤场主要电气设施布置要求（包括照明、电缆敷设等）	电气
7	煤场喷水除尘布置要求	暖通
8	消防水接口资料	消防

（2）提出资料内容见表3-5。

表3-5　　　提出资料内容

序号	提出资料名称	接收专业
1	煤场机械布置及基础资料	电气、总图、结构、建筑、暖通
2	尾部小室布置及埋铁资料	电气、总图、结构、建筑
3	干煤棚剖面布置资料	结构、建筑

第二节　圆形封闭煤场

一、设计原则及内容

1. 适用条件

圆形封闭煤场适用于场地较小或环评对煤场有封闭要求的燃煤电厂。

2. 设计原则

（1）堆料机有不可俯仰式和可俯仰式悬臂堆料机两种类型，由于悬臂堆料机长度有限、俯仰范围较小，一般采用不可俯仰式。

（2）取料机有悬臂式和门架式耙料机两种类型，

直径小于100m的圆形封闭煤场宜采用悬臂式，直径大于120m的圆形封闭煤场可采用门架式。

（3）煤场底部斗的给料设备有活化振动给煤机或电动机振动给煤机等类型，可根据工程情况进行选择。

（4）堆料机的堆料能力与卸煤系统的出力一致，取料能力与上煤系统的出力一致。

（5）圆形封闭煤场应设有车辆进出的通道，大门宜布置在正对地下煤斗的位置。

（6）圆形封闭煤场应设置消防、喷雾抑尘设施。

（7）环形挡墙内侧底部可设置环形盲沟及多根向外的排水管，排水管的布置应考虑与外界空气隔绝措施。

（8）圆形封闭煤场贮煤量不应按分堆进行计算。

（9）系统中仅采用单座圆形封闭煤场时，出煤场带式输送机应双路布置。

（10）圆形封闭煤场地下隧道应设有可通过中心柱至地面的逃生通道。

3. 设计范围

圆形封闭煤场的设计范围为从进煤场的带式输送机开始至出煤场的带式输送机结束，包含煤场设计、进出煤场的带式输送机、煤场内部机械及相关设施的安装布置设计。圆形封闭煤场应设计有适当的抑尘及消防措施。

煤场机械应满足翻烧和处理自燃煤等作业的需要，应根据煤场辅助堆取作业以及处理自燃煤的作业量等因素，配置一定数量的推煤机和装载机等辅助设备。

二、主要设备介绍

1. 圆形封闭煤场的主要构成

圆形封闭煤场主要组成部分为：中心柱及下部的圆锥形煤斗、堆料机、取料机、电气和控制设备、土建结构及其他相关辅助设施等。圆形堆取料机外形如图3-60所示。

图3-60　圆形堆取料机

（1）中心柱。中心柱位于圆形封闭煤场的中央，由钢板卷轧为圆筒状并焊接组装而成。中心柱内外设有供上下的梯子以及敷设电缆，顶部与进入圆形封闭煤场的带式输送机栈桥相接，并作为栈桥荷载的一个支承点。带式输送机的头部漏斗下口与中心柱顶的落煤管采用法兰连接，并通过其下的斜管接至堆料机上的悬臂带式输送机。

（2）堆料机。以中心柱为中心，堆料机的一端为钢结构悬臂带式输送机，另一端为配重箱。进入圆形封闭煤场的煤通过悬臂带式输送机头部卸料，直接向煤场堆煤。堆料机可实现360°回转堆煤，一般不需变幅。悬臂带式输送机的驱动装置设在尾部滚筒处，在堆料机头部装设喷水抑尘装置。

（3）取料机。取料机位于中心柱的下部、煤场地面上，并以中心柱为回转中心。刮板固定在双链条机构上，通过尾部的双电动机驱动链轮作循环运动，将取料机下部的煤刮入中心柱下的圆锥形煤斗内，并沿取料机上部空返至取料机头部。

（4）圆形封闭煤场土建结构。常规的圆形封闭煤场土建结构由挡煤墙及其基础、屋顶球形钢网壳穹顶组成。屋顶球形钢网壳穹顶面层采用彩色压型钢板，局部为阳光板采光带。

进入圆形封闭煤场的带式输送机穿过球形钢网壳穹顶，支撑于煤场内堆取料机的中心柱顶部，送入的煤通过堆料机在圆形封闭煤场内形成环锥形煤堆。取料机沿煤堆斜面将煤刮至圆锥煤斗内，通过振动给煤机和带式输送机地下隧道将煤输出。

（5）辅助设施。圆形封闭煤场设有电动卷帘门，卷帘门上设有人员进出的小门。煤场配置堆煤机作为煤场辅助作业设备。煤场采用自然通风方式，排风口在网壳屋盖顶部中央，进风口在球形钢网壳穹顶与环形侧墙之间的环形口。

（6）消防设施。环形挡煤侧墙设计应达到相应耐火等级，中心柱及环形挡煤侧墙上应设置有消防炮。

2. 圆形封闭煤场堆料机结构形式

圆形封闭煤场堆料机的结构形式基本相同，均采用钢结构悬臂带式输送机。根据其俯仰堆料的功能，可分为堆料不可俯仰和堆料可俯仰两种类型。

堆料不可俯仰的堆料机只能以中心柱为圆心，沿360°方向旋转堆料，堆料高度固定。直径为120m的圆形封闭煤场，堆料机高度为30～35m。该种类型的堆料机结构比较简单、可靠性高、造价低，主要缺点是当堆料机下部无煤堆或煤堆较低时，堆煤落差很大，会造成较多的煤尘飞扬，如图3-61和图3-62所示。

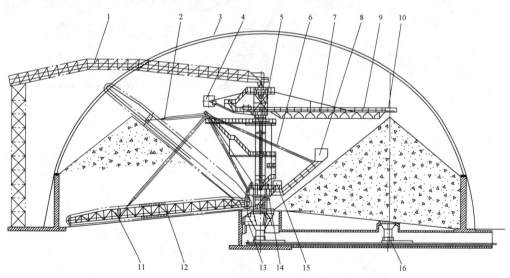

图3-61　堆料机不可俯仰及取料机悬臂式结构

1—栈桥；2—变幅装置；3—顶盖；4—配重；5—堆料回转机构；6—取料金属结构；7—堆料金属结构；
8—配重；9—悬臂胶带机；10—主机平台；11—取料悬臂；12—刮板链装置；
13—中心柱；14—取料回转机构；15—电气室；16—振动给料机

堆料可俯仰的堆料机不但能沿360°方向旋转堆料，其悬臂还可根据煤堆高度上下俯仰，减少低位堆料的落差，减少煤尘飞扬，同时也可适当降低中心柱的高度。这种堆料机主要缺点是：机构较复杂，可靠

性有所降低，设备费较高，如图3-63和图3-64所示。

3. 取料机结构形式

圆形封闭煤场取料机均为刮板式，主要结构类型有两种：悬臂式和门架式。

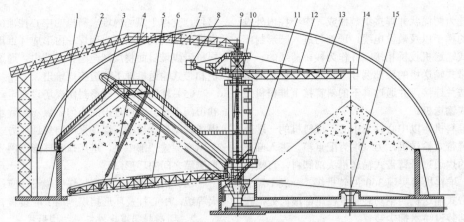

图 3-62 堆料机不可俯仰及取料机门架式结构

1—行走机构；2—栈桥；3—门架；4—取料装置；5—变幅装置；6—刮板链装置；7—顶盖；8—配重；9—中心柱；
10—回转机构；11—电气室；12—金属结构；13—堆料胶带机；14—主机平台；15—振动给料机

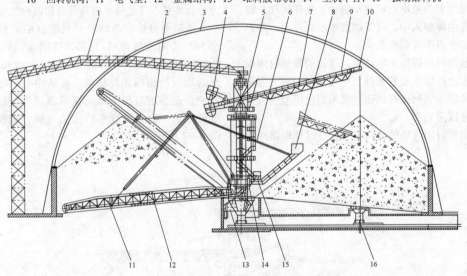

图 3-63 堆料机可俯仰及取料机悬臂式结构

1—栈桥；2—变幅装置；3—顶盖；4—配重；5—堆料回转机构；6—取料金属结构；7—堆料金属结构；8—配重；9—悬臂胶带机；
10—主机平台；11—取料悬臂；12—刮板链装置；13—中心柱；14—取料回转机构；15—电气室；16—振动给料机

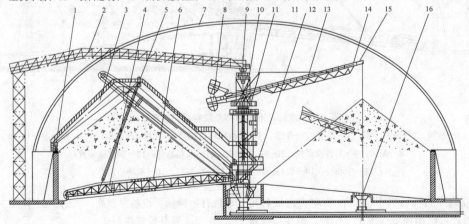

图 3-64 堆料机可俯仰及取料机门架式结构

1—行走机构；2—栈桥；3—门架；4—取料装置；5—变幅装置；6—刮板链装置；7—顶盖；8—配重；9—中心柱；
10—回转机构；11—电气室；12—金属结构；13—堆料胶带机；14—主机平台；15—振动给料机；16—地下受料斗

悬臂式取料机支点设在中心柱下部,另一端设有配重,悬臂俯仰采用机械式卷扬提升形式,取料机及其配重均通过中心柱承受荷载。这种类型的取料机机构较简单,设备质量较小,造价低。

门架式取料机是将刮板装置设在一门形构架上,刮板装置的俯仰分别由设置于门架上部的卷扬装置来完成。门架一端支撑在中心柱下部,另一端支撑在煤场侧墙处的轨道上。门架回转驱动为支撑在环行轨道上的台车驱动,门架的大部分质量由挡煤墙承受,可减少中心柱承受力,使得回转轴承更加合理,提高了设备的可靠性,但设备机构较复杂,造价较高。门架式取料机还可利用环行轨道(挡煤墙)通过门架梯子直接上机,但这种类型对环行轨道接头处的平面度要求较高。

三、计算及选型

1. 煤场相关计算

(1)堆煤范围选择。圆形封闭煤场的堆煤范围可根据要求采用以下 3 种方式:

1)堆料机按 360°范围堆煤,煤场地面不留进出通道。煤场贮煤量最大,但由于煤场地面没有人员及设备的进出通道,安装、调试、检修维护等工作不方便,日后的运行管理难度较大。

2)在圆形封闭煤场侧墙上设置一个检修用大门,煤场地面留有进出通道,堆料机作业范围为220°~230°。人员及设备进出方便,易管理,但其贮煤量小。

3)在圆形封闭煤场侧墙上设置一个检修用大门,在侧墙大门处不堆煤,留出进门空间,人员和检修设备可通过大门自由出入,大门至中心柱的通道上有部分煤堆。堆料机作业范围为 240°~245°。人员及设备可进出,其贮煤量适中。

因此,以第 3 种方式的堆煤范围作为圆形封闭煤场贮量计算的边界条件较为合理。煤堆形状示意如图3-65 所示。

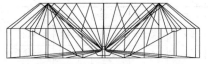
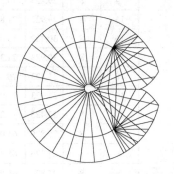
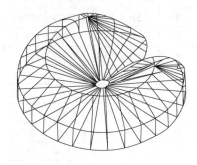

图 3-65 圆形封闭煤场煤堆形状示意

(2)影响圆形封闭煤场贮煤量计算的主要因素。圆形封闭煤场的贮量主要是由煤的平均堆积密度、煤场堆积系数、自然堆积角、中心煤斗上口直径、煤场地面倾斜角、煤场的直径、煤场挡墙的高度以及堆料机回转堆料范围等参数确定,主要影响因素为煤场的直径和挡墙高度。

(3)煤场贮量计算方式。根据对圆形封闭煤场煤堆形状特性的研究,其煤堆是由一多边形截面绕煤场中心旋转而成的三维几何体。该截面的上部斜线由煤的自然堆积角确定,外侧垂线由侧墙确定,下部斜线由煤场的地面线确定。煤场两端的煤堆是由点堆料形成的圆锥。应按照三维建模的计算方式进行圆形封闭煤场煤堆体积计算,可采用 AutoCAD 的计算机三维辅助设计功能计算。

2. 圆形封闭煤场直径及挡煤墙高度的选择

由于圆形封闭煤场直径、挡煤墙高度不同,堆煤容量也不同,相同容量等级的圆形封闭煤场挡煤墙高度和直径也有所不同。目前常用的圆形封闭煤场直径与挡煤墙高度、煤堆体积等参数可参考表 3-6。

表 3-6 圆形封闭煤场贮量表

圆形封闭煤场参数						
圆形封闭煤场直径(m)	侧墙堆高(m)	煤堆内径(m)	堆顶高度(m)	堆顶直径(m)	煤堆体积(m³)	贮量(t)
75	5	8	18.087	41.50	35407	30096
	6	8	18.587	42.78	38049	32342

续表

圆形封闭煤场参数

圆形封闭煤场直径(m)	侧墙堆高(m)	煤堆内径(m)	堆顶高度(m)	堆顶直径(m)	煤堆体积(m³)	贮量(t)
75	7	8	19.087	44.06	40626	34532
	8	8	19.587	45.34	43135	36665
	9	8	20.087	46.62	45572	38736
	10	8	20.587	47.90	47932	40742
	11	8	21.087	49.18	50212	42680
	12	8	21.587	50.46	52411	44549
	13	8	22.087	51.74	54525	46346
	14	8	22.587	53.02	56552	48069
	15	8	23.087	54.30	58488	49715
	16	8	23.587	55.58	60332	51282
	17	8	24.087	56.86	62082	52770
	18	8	24.587	58.74	63736	54176
	19	8	25.087	59.42	65291	55497
	20	8	25.587	60.70	66746	56734
90	5	8	21.016	49.00	59000	50150
	6	8	21.516	50.28	62850	53423
	7	8	22.016	51.56	66627	56633
	8	8	22.516	52.84	70329	59780
	9	8	23.016	54.12	73947	62855
	10	8	23.516	55.40	77479	65857
	11	8	24.016	56.68	80922	68784
	12	8	24.516	57.96	84272	71631
	13	8	25.016	59.24	87526	74397
	14	8	25.516	60.52	90680	77078
	15	8	26.016	61.80	93734	79674
	16	8	26.516	63.08	96683	82181
	17	8	27.016	64.36	99526	84597
	18	8	27.516	66.24	102259	86920
	19	8	28.016	66.92	104881	89149
	20	8	28.516	68.20	107390	91282
100	5	8	22.970	54.00	79387	67479
	6	8	23.470	55.28	84169	71544
	7	8	23.970	56.56	88865	75535
	8	8	24.470	57.84	93490	79467
	9	8	24.970	59.12	98021	83318
	10	8	25.470	60.40	102460	87091
	11	8	25.970	61.68	106803	90783
	12	8	26.470	62.96	111047	94390
	13	8	26.970	64.24	115186	97908

续表

圆形封闭煤场参数

圆形封闭煤场直径(m)	侧墙堆高(m)	煤堆内径(m)	堆顶高度(m)	堆顶直径(m)	煤堆体积(m³)	贮量(t)
100	14	8	27.470	65.52	119221	101338
	15	8	27.970	66.80	123145	104673
	16	8	28.470	68.08	126959	107915
	17	8	28.970	69.36	130657	111058
	18	8	29.470	71.24	134239	114103
	19	8	29.970	71.92	137701	117046
	20	8	30.470	73.20	141042	119886
110	5	8	24.923	59.00	103953	88360
	6	8	25.423	60.28	109762	93298
	7	8	25.923	61.56	115489	98166
	8	8	26.423	62.84	121126	102957
	9	8	26.923	64.12	126676	107675
	10	8	27.423	65.40	132116	112299
	11	8	27.923	66.68	137459	116840
	12	8	28.423	67.96	142696	121292
	13	8	28.923	69.24	147824	125650
	14	8	29.423	70.52	152836	129911
	15	8	29.923	71.80	157735	134075
	16	8	30.423	73.08	162513	138136
	17	8	30.923	74.36	167170	142095
	18	8	31.423	76.24	171702	145947
	19	8	31.923	76.92	176106	149690
	20	8	32.423	78.20	180381	153324
120	5	8	26.876	64.00	133078	113116
	6	8	27.376	65.28	140019	119016
	7	8	27.876	66.56	146867	124837
	8	8	28.376	67.84	153622	130579
	9	8	28.876	69.12	160278	136236
	10	8	29.376	70.40	166830	141806
	11	8	29.876	71.68	173274	147283
	12	8	30.376	72.96	179605	152664
	13	8	30.876	74.24	185820	157947
	14	8	31.376	75.52	191915	163128
	15	8	31.876	76.80	197884	168201
	16	8	32.376	78.08	203730	173171
	17	8	32.876	79.36	209445	178028
	18	8	33.376	81.24	215029	182775
	19	8	33.876	81.92	220478	187406
	20	8	34.376	83.20	225788	191920

续表

圆形封闭煤场参数						
圆形封闭煤场直径(m)	侧墙堆高(m)	煤堆内径(m)	堆顶高度(m)	堆顶直径(m)	煤堆体积(m³)	贮量(t)
130	5	8	28.829	69.000	167150	142078
	6	8	29.329	70.280	175315	149018
	7	8	29.829	71.560	183390	155882
	8	8	30.329	72.840	191363	162659
	9	8	30.829	74.120	199230	169346
	10	8	31.329	75.400	206989	175941
	11	8	31.829	76.680	214633	182438
	12	8	32.329	77.960	222157	188833
	13	8	32.829	79.240	229560	195126
	14	8	33.329	80.520	236835	201310
	15	8	33.829	81.800	243981	207384
	16	8	34.329	83.080	250990	213342
	17	8	34.829	84.360	257868	219188
	18	8	35.329	85.640	264604	224913
	19	8	35.829	86.920	271197	230517
	20	8	36.329	88.200	277647	236000

注 1. 表中煤堆体积按堆料机连续回转作业约 242°计算，储煤平均密度按 $0.85t/m^3$ 计算。

2. 圆形封闭煤场的直径、挡煤墙高度可依据贮量要求、场地条件通过技术经济比较择优选取。

3. 煤场设备出力选择

圆形封闭煤场堆料机的堆料能力应满足卸煤装置输出能力的要求，取料机的取料能力应与进入锅炉房的上煤系统出力一致。

圆形封闭煤场取料机分为单刮板取料机和双刮板取料机。目前单刮板取料机的最大出力为 2500t/h，双刮板取料机的最大出力为 4300t/h。

4. 设备选型

圆形封闭煤场堆料设备采用悬臂式堆料机，其结构类型分为固定式和俯仰式。此两种类型的堆料机各有优缺点，从圆形封闭煤场的运行特点看，堆料机在形成第一个圆锥形煤堆后，是逐步偏移煤堆顶部进行堆料，只有在煤场形成第一个煤堆时（约 1 个贮煤周期出现 1 次）才会有很大的落差，以后堆料机均紧靠已有煤堆作业，落差较小，只要在堆料机头部适当装设喷水抑尘的装置，即可控制煤尘飞扬，并且煤场采用了封闭结构，更不会对场外环境造成影响。因此，固定式堆料机虽然功能少，却已能满足圆形封闭煤场的运行要求。俯仰式堆料机功能较全面，但其俯仰功能仅在煤场形成第一个煤堆时使用，一般运行时，堆料机一直为上仰堆料，无需下俯，俯仰功能较少使用，而且增加功能机构也增加

了发生故障的可能性，设备可靠性有所降低。因此，一般推荐采用固定式堆料机。

圆形封闭煤场取料设备采用刮板取料机，其结构类型主要分为门架式刮板取料机和悬臂式刮板取料机。悬臂式和门架式取料机主要有以下几方面不同：

（1）门架式取料机结构对中心柱的影响小，使得中心柱受力状态明显得到改善；悬臂式取料机的负荷全部传递给中心柱，中心柱受力要求高，相对结构较大。门架式取料机的轨道安装在挡煤墙上，对挡煤墙顶面施工及基础沉降要求高，土建费用相对较高；悬臂式取料机无行走轨道、对挡煤墙的变形要求不高，土建费用相对较低，但其设备造价相对较高。

（2）门架式结构不需要设计平衡配重，堆料机下设备占用空间少，堆、取料机之间交叉关系少。而悬臂式结构设有尺寸较大的配重机构，还需避免配重机构与煤堆及堆料机相干涉。

由于门架式的环行轨道直径较大、周长较长，增加了一定的施工、安装工程量和难度，在轨道施工、安装时应特别注意安装质量。综上所述，门架式结构适用于大出力、大直径的圆形封闭煤场。对于发电厂而言，直径在 120m 及以下的圆形封闭煤场宜采用悬臂式，直径大于 120m 的圆形封闭煤场宜采用门架式，具体工程设计时，可以通过土建和设备综合经济比较并结合工程实际情况，选择合理的取料机设备结构类型。

四、布置设计

圆形封闭煤场的典型布置方案，按进料方式可分为高位进料布置和低位进料布置；按堆料机类型可分为固定式堆料布置和俯仰式堆料布置；按取料机类型可分为门架式取料布置和悬臂式取料布置；按平面布置可分为单煤场布置和双煤场布置。

1. 按进料方式划分

（1）高位进料布置。进煤场栈桥从圆形封闭煤场中上部进入煤场，栈桥布置在圆形封闭煤场设备上方，圆形封闭煤场堆、取料机均可 360°自由旋转堆取料的布置形式，称为高位进料。根据总体布置要求，圆形封闭煤场距煤场转运站水平距离较远，满足栈桥爬升到一定高度从圆形封闭煤场中上部进入时，可采用该布置形式，如图 3-66 所示。

（2）低位进料布置。进煤栈桥从圆形封闭煤场侧壁较低位置进入圆形封闭煤场，倾斜布置，圆形封闭煤场堆、取料机不能 360°自由旋转堆取料，称为低位进料。根据总体布置要求，圆形封闭煤场距煤场转运站水平距离较近，不能满足栈桥爬升到一定高度从圆形封闭煤场中上部进入时，可采用斜升栈桥从低位进入圆形封闭煤场，其布置形式如图 3-67 所示。

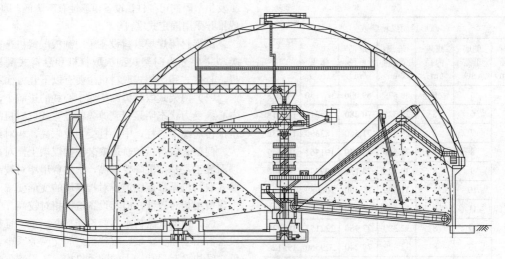

图 3-66　高位进料布置圆形封闭煤场

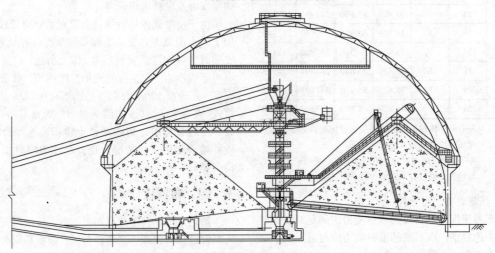

图 3-67　低位进料布置圆形封闭煤场

2. 按堆料机类型划分

（1）固定式堆料布置。悬臂为固定式、不可变幅的堆料机，堆料不可俯仰的堆料机以中心柱为圆心，沿 360°方向旋转堆料，堆料高度固定。该种类型的堆料机结构比较简单，可靠性高，造价低。主要缺点是：当堆料机下部无煤堆或煤堆较低时，堆煤落差很大，会造成较多的煤尘飞扬。该种形式在工程中普遍采用，布置形式如图 3-68 所示。

（2）俯仰式堆料布置。悬臂为可变幅的堆料机可沿 360°方向旋转堆料，其悬臂还可根据煤堆高度上下俯仰，减少低位堆料的落差，避免煤尘飞扬，同时也可适当降低中心柱的高度。主要缺点是：机构较复杂，可靠性有所降低，设备费较高。该种形式在工程中较少采用，布置形式如图 3-69 所示。

3. 按取料机类型划分

（1）门架式取料布置。对于采用门架式刮板取料机的圆形封闭煤场，门架式刮板取料机是将刮板装置设在一门形构架上，刮板装置的俯仰分别由设置于门架上部的卷扬装置来完成。门架一端支撑在中心柱下部，另一端支撑在煤场侧墙处的轨道上，其设备费用相对较低，土建费用相对较高。门架式取料机的结构适合于大出力、大直径的取料机，布置形式如图 3-70 所示。

（2）悬臂式取料布置。对于采用悬臂式刮板取料机的圆形封闭煤场，悬臂式刮板取料机支点设在中心柱下部，另一端设有配重，悬臂俯仰采用机械式卷扬提升形式，取料机及其配重均通过中心柱承受荷载。悬臂式取料机结构简单，其设备费用相对较高，土建费用相对较低，适用于直径在 120m 及以下的煤场，其布置形式如图 3-71 所示。

4. 按平面布置划分

（1）单煤场布置。单煤场布置方案分为两种布置

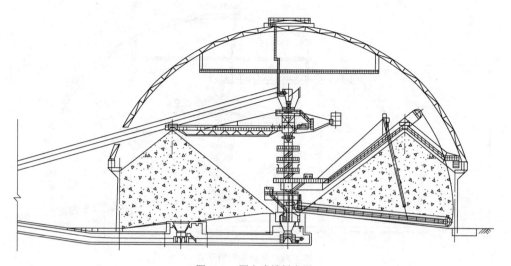

图 3-68 固定式堆料布置

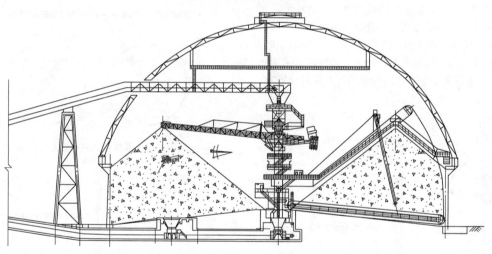

图 3-69 俯仰式堆料布置

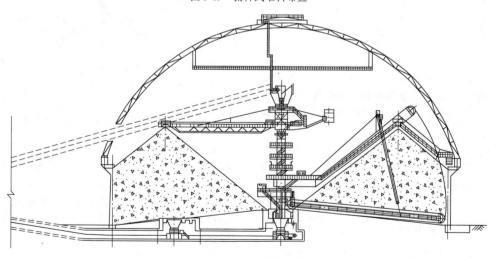

图 3-70 门架式取料布置

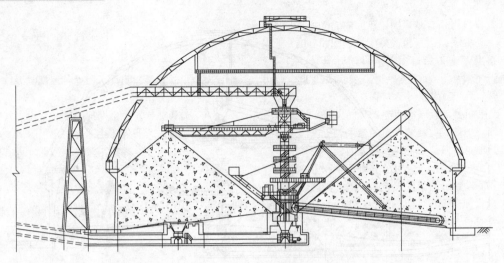

图 3-71　悬臂式取料布置

方式。布置方式一：进出煤场栈桥在一条直线上，布置较集中紧凑；布置方式二：进出煤场栈桥与主栈桥轴线垂直，栈桥及煤场布置较松散。用地面积较小时，可采用布置方式一；用地面积较为宽敞时，可采用布置方式二，主栈桥与煤场之间的用地可布置其他设施，其布置形式如图 3-72 所示。

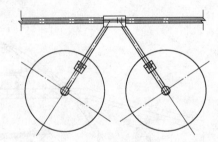

图 3-73　双煤场同侧布置方案示意

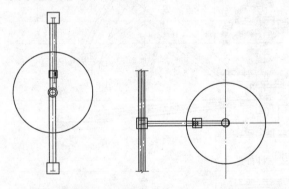

图 3-72　单煤场布置方案示意

（2）双煤场布置。

布置方式一：两座煤场在主栈桥同侧布置，布置较集中紧凑。根据总体布置要求需将煤场布置于同侧，且用地面积较小时，可采用该布置形式，如图 3-73 所示。

布置方式二：两座煤场在主栈桥两侧布置，可与主栈桥垂直或斜交。根据总体布置要求需将煤场布置于主厂房两侧时，可采用该布置形式，如图 3-74 所示。

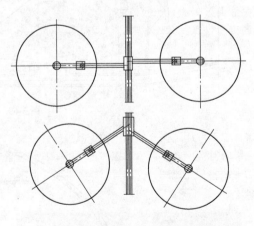

图 3-74　双煤场两侧布置方案示意

（2）大门尺寸应按设备最大件的宽度和高度确定，以保证设备安装时能方便进入，同时考虑车辆进出的尺寸，开门位置应靠近煤场进出通道。

（3）地下煤斗上口应高出地面 0.2～0.5m，四周设斜坡，防止地面水流入煤斗；地下部分应设积水井和排污泵。

（4）对于低位进料方案，进出煤场的栈桥和地道应上、下布置在同一个位置；对于高位进料方案，进出煤场的栈桥和地道可以根据需要和场地条件错开

五、设计注意事项

在进行圆形封闭煤场设计时应注意的事项如下：

（1）进煤场栈桥端部支撑在中心柱上，为使其载荷平衡，栈桥按带式输送机中心对称布置。

位置。

（5）对于有卸煤直接进入上煤系统要求的方案，应合理布置以尽可能降低直通煤流落差。

（6）对于只有一个（或初期只有一个）煤场的系统，出煤场带式输送机应按双路设计，中心料斗和事故料斗下各布置一路。

（7）有条件的电厂尽可能使两座煤场布置在栈桥两侧、与栈桥垂直，以降低煤流落差、利于运行。

（8）对于贮存褐煤和高挥发分煤炭的煤场机械操作室可以考虑设计新风换气。

（9）圆形封闭煤场上部网架与圆形堆取料机包络线之间至少应有 0.5m 的安全距离。

（10）在堆料带式输送机的头部落料点和尾部受料点均设置喷雾除尘装置，尽量减少煤尘飞扬。

（11）在煤场的四周均要求设计环形消防通道，确保圆形封闭煤场和周围建构筑物的布置能充分满足防火安全的要求。

（12）圆形封闭煤场内应考虑采用消防水炮代替室内消火栓作为主要的灭火设施，在堆取料机上应设置适量的手提式灭火器作为辅助灭火设施，在煤场区域周围还应布置室外消火栓。

（13）在圆形封闭煤场栈桥、隧道与运煤转运站的衔接处应设置水幕系统，可起到隔断火灾的作用。

（14）当电厂燃用褐煤及高挥发分煤种，或者栈桥采用钢结构时，在进入圆形封闭煤场的带式输送机栈桥及地下带式输送机隧道应设置水喷雾灭火系统或闭式自动喷水灭火系统。

（15）在圆形封闭煤场室内的顶盖四周设置摄像头，以便运行人员可在输煤控制室内随时监视煤场内的设备运行情况及火警情况。

对外专业的要求如下：

1. 土建专业

（1）结构专业设计应充分考虑煤堆温度、煤堆侧压力（荷载\埋管等）等对圆形封闭煤场结构的影响。

（2）圆形封闭煤场设计中可以考虑煤堆表面水分外渗及处理自燃时的排水问题，土建结构专业环形挡墙内侧底部可设置环形盲沟及多根向外的排水管。

（3）圆形封闭煤场挡墙上应设置环形巡视通道。

（4）采用门架式取料机的圆形封闭煤场，应根据设备厂家资料对行走轨道提出相应要求，并应考虑挡煤墙沉降的影响。

（5）在进行圆形封闭煤场提出资料时，应注意安装在侧壁上的测温元件所需的埋件或埋管。

2. 电气专业

圆形封闭煤场挡煤墙内侧壁上应设计测温装置。

3. 供水专业

圆形封闭煤场应设置消防、喷雾抑尘、排水设施。

4. 暖通专业

暖通专业应在圆形封闭煤场下部出煤场地道设计通风、采暖等设施。

布置及安装时应注意的事项如下：

（1）当进、出煤场的栈桥为上下布置时，应注意核算上层带式输送机的拉紧装置空间是否满足要求。

（2）应考虑底部煤斗给料设备的检修空间和起吊需要。

（3）在中心料斗安装前应先将下部给煤机通过此处吊入。

六、专业间配合要求

1. 设计界限

（1）圆形封闭煤场挡煤墙、进出煤场的栈桥、地道及上部封闭由结构专业设计。

（2）煤场照明由电气专业设计。

（3）煤场排水由总图专业设计。

（4）煤场消防由消防专业设计。

2. 技术接口

接收资料内容见表 3-7。

表 3-7　　　接 收 资 料 内 容

序号	接收资料名称及内容	提出资料专业
1	全厂总平面布置图	总图
2	厂区竖向布置图	总图
3	煤场机械（圆形堆、取料机）基础资料	结构
4	煤场主要电气设施布置要求（包括照明、电缆敷设等）	电气
5	煤场喷水除尘布置要求	暖通
6	煤场消防	消防

提出资料内容见表 3-8。

表 3-8　　　提 出 资 料 内 容

序号	提出资料名称	接收专业
1	煤场布置及基础资料	电气、总图、结构、建筑、暖通、消防
2	出煤场输煤地道、地下煤斗布置及埋铁资料	电气、总图、结构、建筑、暖通、消防
3	进煤场栈桥布置及埋铁资料	电气、总图、结构、建筑、暖通
4	消防水接口资料	消防

第三节　筒　　仓

筒仓是散装物料的贮存方式之一，而贮煤筒仓也是火力发电厂贮煤方式之一。筒仓作为存储散状物料的设施在国内外很多行业已经得到了广泛的应用，尤其在煤炭、电力、水泥及港口等行业，筒仓的设计、施工和生产管理方面均有比较成熟的经验和管理水平。筒仓的平面形状有正方形、矩形、多边形和圆形等，其中圆形筒仓的仓壁受力合理，用料经济，应用最广。筒仓可节约仓储用地，有利于实行装卸机械化和自动化，降低劳动强度，提高劳动生产率，减少物料的损耗和粉尘对环境的污染，不会因为天气变化影响燃煤含水率。圆形仓体结构利于破拱，仓内燃煤始终保持先进先出的原则，杜绝了煤仓积煤堵煤现象，符合节能环保的要求。

圆形筒仓按外形可以分为锥底筒仓和平底筒仓，锥底筒仓又可分为斗式锥底筒仓和缝式锥底筒仓。

缝式锥底筒仓，即筒仓底部为锥底，并设有缝式卸煤沟道。卸煤沟道缝隙大，煤的通流性好，不易堵煤。仓底给料机设备数量少，但筒仓缝式卸料沟通常设置较长，土建结构复杂，检修维护工作量较大，其布置示意如图 3-75 所示。

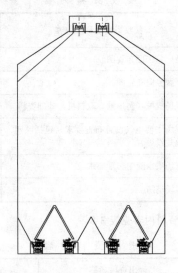

图 3-75　缝式锥底筒仓布置示意

斗式锥底筒仓，即筒仓底部为锥底，并设有斗口，便于给料机出料。仓底给料机出力大，易于实现混煤作业，设备结构简单，检修维护方便。对于大贮量筒仓，设备数量多，筒仓下部结构较复杂，其布置示意如图 3-76 所示。

平底筒仓即仓底为平底，筒仓下部的容积利用率高，筒仓的土建结构简单。底面通常采用定点卸料，

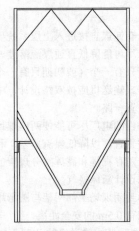

图 3-76　斗式锥底筒仓布置示意

筒仓底部会形成堆料死角，需要人工清理或机械清仓，检修维护困难，其布置示意如图 3-77 所示。

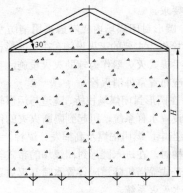

图 3-77　平底筒仓布置示意

综合考虑燃煤特性、筒仓布置的要求，电厂燃煤筒仓多采用锥底筒仓。

一、设计原则及内容

1. 适用条件

（1）筒仓适用于贮煤场地受限的电厂。

（2）筒仓适用于需要精确混煤的电厂。

（3）筒仓可作为电厂来煤的缓冲贮存设施。

2. 设计范围

筒仓的设计范围为自筒仓上部输送设备起，至筒仓下部输送设备止的输送、进料、贮存及出料系统，包括进出筒仓的带式输送机或其他输送设备、进料设备、筒仓本体、安全保护装置、卸料设备及除尘装置等。

3. 设计原则

（1）根据筒仓在整个运煤系统中的不同作用，可分为贮煤筒仓、混煤筒仓和缓冲筒仓。设计中应根据燃用煤种数量、贮存时间、煤质及运煤系统出力等条件确定贮煤筒仓的总容积及高径比，应根据

煤种数量及混煤比例等条件确定混煤筒仓的数量及总容积。

（2）当贮存的物料品种单一或贮量较小时，用独立仓或单列布置；当贮存的物料品种较多或贮量大时，则布置成群仓，且不同煤种应分仓存放。

（3）应根据发电厂燃用煤种的特性、地基和工艺等条件来确定筒仓给料设备类型、给料口形式、数量、尺寸、漏斗壁倾角等参数。

（4）筒仓上部配仓设备一般采用犁式卸料器、卸料小车、环式布料器等，直径 30m 及以上的筒仓，宜采用可逆环式布料器。筒仓应根据筒仓直径及布置确定筒仓进料设备的主要技术要求、参数及设备布置形式。

（5）筒仓下部给料设备一般采用环式给料机、活化给料机或叶轮给料机，并应满足给料设备的安装检修条件。筒仓应根据上煤系统出力、运行方式及筒仓布置和直径确定筒仓下部卸料设备的主要技术要求、参数及设备布置形式。

（6）仓顶建筑物内应设有起吊设施。

（7）筒仓顶部四周应设置安全栏杆，北方地区筒仓顶部地面应有冬季防滑措施。

（8）筒仓应在适当位置设置料位计。根据具体工程煤质情况，在筒仓适当位置设置防堵措施。

（9）筒仓应设置必要的安全保护装置，安全保护装置的配置应满足 GB 50229《火力发电厂与变电站设计防火规范》的要求。

（10）筒仓应设置必要的防爆措施，其配置应满足 DL/T 5203《火力发电厂煤和制粉系统防爆设计技术规程》的要求。

（11）除进入仓顶的带式输送机通廊外，筒仓顶面建筑物应有其他至地面的出入口。

（12）筒仓应根据煤质参数确定监测保护装置系统的主要技术要求及配置。

（13）混煤筒仓应优先采用通过式，筒仓的数量不宜超过 3 座，卸料设备宜采用活化给料机。

二、筒仓贮煤设施组成

筒仓贮煤设施主要由筒仓本体（土建部分）、筒仓进料设备、筒仓卸料设备、筒仓安全监测保护装置等组成。

1. 筒仓进料设备

筒仓进料设备主要由上仓带式输送机和带式输送机与筒仓间的各种进料设备组成。

上仓带式输送机是以运输带作为牵引和承载部件的连续运输机械。运输带绕经驱动滚筒和改向滚筒，由拉紧装置施以适当的张紧力，工作时在驱动装置的

驱动下，通过滚筒与运输带之间的摩擦力和张紧力，使运输带运行。

带式输送机主要部件包括驱动装置、联轴器、传动滚筒组、改向滚筒组、托辊组、运输带、拉紧装置、清扫器、安全保护装置等，详细介绍参见第四章带式输送机部分。

带式输送机与筒仓间的进料设备常规有犁式卸料器、卸料小车和环式布料器。

（1）犁式卸料器。犁式卸料器是一种常规的卸料装置，可配备于带式输送机上作为多点卸料装置，通常有固定式和可变槽角式两种。固定式为老式犁式卸料器，已被逐渐淘汰。可变槽角式为目前通用类型，主要通过推杆的往复运行，带动犁板及边辊子上下移动，使犁式卸料器在卸煤时托辊成平行，不卸煤时成槽型。根据卸料方式的不同又可分为双侧、单侧及多功能集中三种类型。犁式卸料器的驱动推杆有电动、气动、液力推杆三种方式，其中电动推杆使用最为广泛。犁式卸料器布置示意如图 3-78 所示。典型犁式卸料器设备规范见表 3-9。

表 3-9 典型犁式卸料器设备规范表

项目	数值			
适应带宽（mm）	1000	1200	1400	1600
适应带速（上限）（m/s）	2.0	2.5	2.5	2.5
理论胶带面距楼板面高度（mm）	1200	1200	1200	1400
带式输送机托辊直径（mm）	108	133	159	159
电液推杆功率（kW）	1.5	1.5	2.2	2.2

（2）卸料小车。卸料小车串联在带式输送机上，根据物料的堆积角，使物料随卸料车角度提升一定高度，然后通过三通向单侧、两侧或中间卸料。物料的流向及流量通过各路的闸板（或翻板）控制，卸料车上的电动机经减速器、链条带动行走轮使小车可在输送机机架的导轨上来回移动，输送机输送的物料到达小车位置后落入小车的卸料漏斗中，从而达到导轨范围内带式输送机中部任意点卸料的目的。

卸料小车通过在卸料滚筒下方设置三通或二通，可以实现两侧卸料或者单侧卸料。卸料小车配有除尘系统和盖带封仓装置，用于减少卸料过程中的粉尘。卸料小车结构示意如图 3-79 所示。典型卸料小车设备规范见表 3-10。

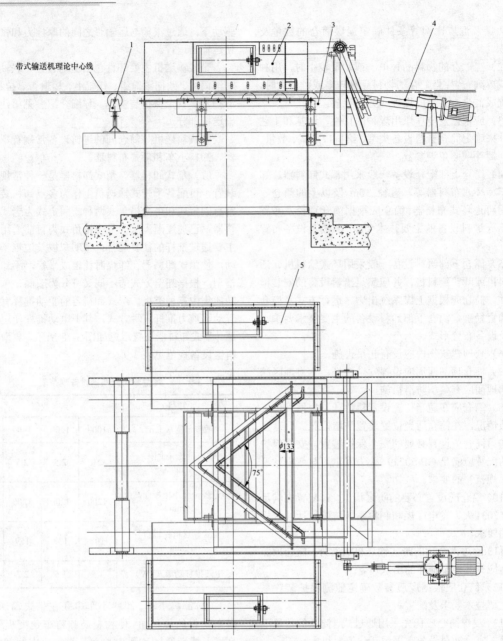

图 3-78　犁式卸料器示意

1—浮动托辊组件；2—犁头组件；3—滑框组件；4—液压推杆；5—锁气漏斗组件

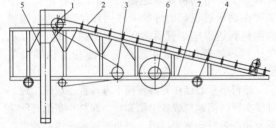

图 3-79　卸料小车结构示意

1—卸料滚筒；2—输送带；3—改向滚筒；4—行走轮；
5—三通落料漏斗；6—电动装置；7—车架

表 3-10　　典型卸料小车设备规范表

项目	内　　容			
倾角（°）	12	12	12	12
输送带增加长度（m）	8.5	9.5	10	12
适应带宽（mm）	$B=1000$	$B=1200$	$B=1400$	$B=1600$
适应带速（m/s）	≤2.5	≤2.5	≤2.5	≤2.5
出力范围（t/h）	600	1000	1500	2000

续表

项目	内 容			
行走电动机功率（kW）	7.5	11	15	22
卸料/改向滚筒数量	2	2	2	2
最大轮压（kN）	94	140	150	180
两侧落煤管截面尺寸（mm）	800×400	1200×400	1400×450	1600×550
总重（t）	15	20	35	40

（3）环式布料器。环式布料器一般用于直径超过 30m 的筒仓。主要通过在可旋转平台上的可逆（双向）带式输送机或刮板给料机，在仓顶部的环形进料口均匀的将原煤撒落在贮仓内，使筒仓能最大限度贮煤，同时也可在筒仓贮煤不均的时候，通过停止旋转大车来实现定点装煤。环式布料器主要由在环形轨道上可逆行走的回转架、在回转架上可逆移动带式输送机（或移动刮板给料机）及自动控制系统组成。

移动带式输送机或刮板给料机行走机构为前后主从驱动方式，由变频器、齿轮马达、轴承座、车轮等组成。回转架可以采用电动机驱动销齿传动，行走电动机采用变频调速器控制其转速，使回转架运行平稳，定位准确，大车行走速度在 0～0.22m/s 之间可调。移动带式输送机或刮板给料机通过改变驱动装置的旋向来控制物料的输送方向，实现移动带式输送机或刮板给料机的头部或尾部布料。

环式布料器有向内环输送和向外环输送两种运行方式，根据内外环堆料区域，在输送能力相同的情况下，一般向内环输煤的时间是向外环输煤时间的 1/3。第一次输送煤时，应先向内环输送（煤量由小到大），当仓内有一定的保底煤时，再向外环输送煤，这样堆积过程扬尘少，有利于环境保护；对于不同的输送量，可以根据实际运行经验调节内、外环输送的时间，以尽可能达到向内外环输送煤量均等。

环式布料器向内向外输送的量与时间都能在运煤程控中体现，并有连续记忆功能，可以向程控操作人员提供操作参考。环式布料器结构示意如图 3-80 所示。环式布料器设备规范见表 3-11。

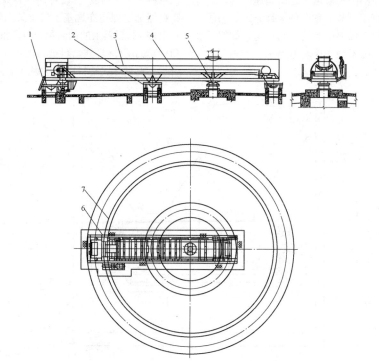

图 3-80 环式布料器结构示意

1—回转架；2—带式输送机走行机构；3—可逆移动带式输送机；4—带式输送机机架；5—回转架支撑；
6—回转架走行机构；7—大车轨道

表 3-11 环式布料器设备规范表

项 目	内　　容				项 目	内　　容			
额定出力（t/h）	1000	1500	1800	3000	旋转转速（r/min）	14	17	17	18
卸料方式	360°单向旋转，径向均匀双向卸料				设备输送功率（kW）	22	45	45	75
输送机带宽（mm）	1200	1400	1600	2000	旋转功率（kW）	3	2×4	5.5	11
输送机带速（m/s）	2.5	2.5	2.5	2.5	总功率（kW）	25	55	55	90
旋转轨道直径（m）	25	25	25	25	总重（t）	20	30	45	55

2. 筒仓卸料设备

（1）环式给料机。环式给料机是大中型火力发电厂圆形贮煤筒仓下部使用的大型给料机，均匀定量给煤，并能较大范围调整给煤量。当几座筒仓串联使用时，能够实现优劣煤种的掺混，从而提高煤质的综合利用率。

环式给料机主要由犁料车、卸料车、密封罩、犁料器、卸料斗及电控装置构成。环式给料机安装在贮煤筒仓下部的锥体底部，分上下两层，上层安装犁料车，下层安装卸料车，二者的回转车体通过均匀布置安装于各自车体底部的多组车轮支撑在各自的圆形轨道上，各自由均匀布置的三套驱动装置拖动回转，并且由各自均匀布置的三套定位装置定位，保证回转车体安全可靠地沿各自的圆形轨道匀速或调速回转，犁料车和卸料车都具有工频和变频两种运行方式。为了犁料车的布料和卸料车承料平台的堆料均匀、卸料干净，采用两车运行速度不同［速度差为 1:（2～3）］，方向相反的运行方式。当犁料车运转时，安装在犁料车车体上（带一定角度）的犁料器插在筒仓底部的环缝里，和犁料车一同回转，犁料器把筒仓环式缝隙中的煤犁下，落到与其运行方向相反的卸料车承料平台上，继而安装在卸料车上部的卸料器把承料平台上的煤卸落到布置在卸料车外缘的料斗中，通过落料管直落到下层带式输送机上。两（或四）台卸料器分别与下层带式输送机输送机相对应，并可切换。根据需要，通过交流变频器调节犁煤车速度，改变环式给料机的出力，理想地实现卸煤、混煤和配煤。

犁料车和卸料车回转主体结构为焊接式环形箱形梁，刚度好，不易变形。犁料车和卸料车的驱动装置（电动机与行星摆线减速机直连，减速机输出轴上装有双摆线齿轮）与各自的车体之间采用销齿传动。犁料器安装在犁料车车体内侧，角度可调，与犁料车车体一同转动。卸料器通过固定在地基上的支架布置在卸料车承料平台上方，卸料器上的卸料犁由电动推杆驱动，实现卸料和抬起的动作。环式给料机布置示意如图 3-81 和图 3-82 所示。典型环式给料机设备规范见表 3-12。

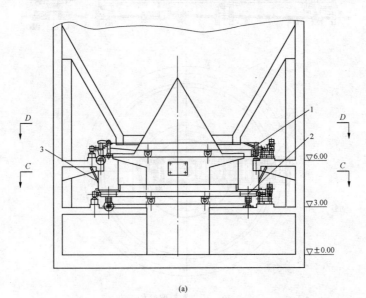

(a)

图 3-81　单环环式给料机示意（一）

（a）断面图

1—犁料车；2—卸料车；3—密封罩；4—卸料器及落料斗

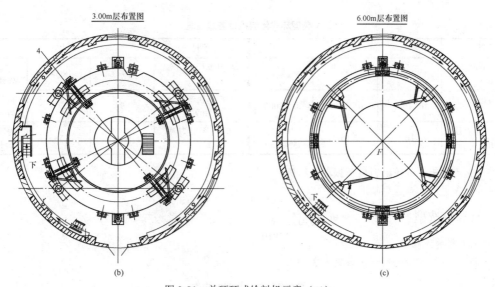

图 3-81 单环环式给料机示意（二）

（b）C-C；（c）D-D

1—犁料车；2—卸料车；3—密封罩；4—卸料器及落料斗

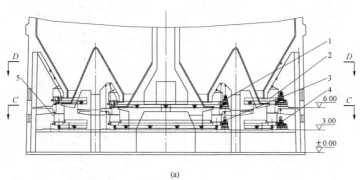

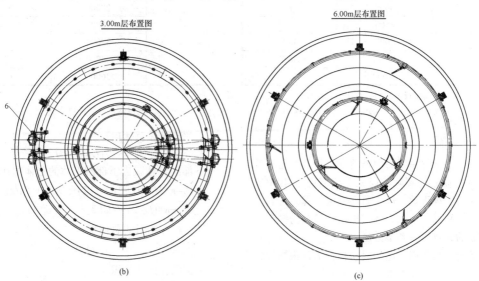

图 3-82 双环环式给料机示意

（a）断面图；（b）C-C；（c）D-D

1—内环犁料车；2—外环犁料车；3—内环卸料车；4—外环卸料车；5—密封罩；6—卸料器及落料斗

表 3-12 典型环式给料机设备规范表

项目	内容			项目	内容		
筒仓直径（m）	15	22	36（双环）	犁料车行走功率（kW）	15×3	18.5×3	内环 15×3 外环 11×3
设备出力（t/h）	0～1000	0～1500	0～2000	卸料车轨道直径（m）	9	13.8	内环 13.8 外环 28.8
犁料车轨道直径（m）	10	15	内环 15 外环 30	卸料车行走功率（kW）	11×3	15×3	内环 11×6 外环 11×6

（2）活化给料机、叶轮给料机及振动给料机。

详细介绍参见第七章运煤辅助设施。

三、计算及选型

1. 筒仓直径的选择

一般筒仓的直径对应的贮煤量参见表 3-13。

表 3-13 筒仓直径与贮煤量对应表

直径（m）	贮煤量（t）	高度（m）	直径（m）	贮煤量（t）	高度（m）
ϕ 15	2500	25.5	ϕ 22	12000	44.5
	3000	29		13000	47.5
	3500	32.5		14000	50.5
	4000	36		15000	53.5
ϕ 18	4500	28.5		16000	56.5
	5000	31		17000	59.5
	5500	33.5	ϕ 30	18000	40.5
	6000	36		20000	44
	6500	28.5		22000	47.5
	7000	41		24000	51
	7500	43.5		26000	54.5
	8000	46	ϕ 36	28000	51.5
	8500	48.5		30000	54
ϕ 22	9000	35.5		32000	56.5
	10000	38.5		34000	59
	11000	41.5		36000	61.5

注 1. 表中筒仓高度仅为进料口至出料口高度。筒仓均为锥底筒仓。

2. 表中燃煤堆积密度按 0.9t/m³，堆积角度按 40°考虑。具体设计时可根据实际燃煤特性参数计算。

2. 计算方法

燃煤筒仓的计算主要为根据筒仓直径及筒仓有效贮煤高度核算筒仓的实际贮煤量及相应机组 BMCR 工况下燃用的贮煤天数。以下筒仓高度计算方法以上部采用犁式卸料器、下部为环形出口的筒仓为例，其余形式筒仓的计算可参考本方法。

根据筒仓容量选用合适的筒仓直径 D，根据筒仓直径计算相应顶部锥体高度 H_1 和下部锥体高度 H_2，见式（3-8）和式（3-9）。

$$H_1=(D/4)\times\tan40° \qquad (3-8)$$

$$H_2=(D/4)\times\tan60° \qquad (3-9)$$

上部圆锥体总体积计算

$$V_1=4\times\pi\times(D/4)^2\times(H_1/3) \qquad (3-10)$$

下部圆台体减去下部圆锥体的总体积计算

$$V_2=\pi\times H_2\times[(D/2)^2+(D/2)\times(D_1/2)+(D_1/2)^2/3 \\ -\pi\times(D_2/2)^2\times H_2]/3 \qquad (3-11)$$

筒仓贮存物料的总体积计算

$$V=Q/\rho \qquad (3-12)$$

中部圆柱体的体积

$$V_3=V-V_1-V_2 \qquad (3-13)$$

中部圆柱体的高度

$$H_3=V_3/[\pi\times(D/2)^2] \qquad (3-14)$$

筒仓总高度

$$H=H_1+H_2+H_3 \qquad (3-15)$$

式中　H_1——上部圆锥体高，m；

　　　H_2——下部圆锥体高，m；

　　　V_1——上部圆锥体积，m³；

　　　V_2——下部圆锥体积，m³；

　　　D_1——下部圆台体直径，m；

　　　D_2——下部圆锥体直径，m；

　　　Q——筒仓贮存量，t；

　　　V——筒仓总体积，m³；

　　　ρ——燃煤堆积密度（无烟煤和烟煤的堆积密度可取 0.9t/m³；褐煤的堆积密度可取 0.8t/m³，煤矸石的堆积密度可取 1.1～1.2t/m³）；

　　　V_3——中部圆柱体体积，m³；

　　　H_2——中部圆柱体高，m。

以上参数在几何图中的位置如图 3-83 所示。

3. 筒仓设备选型

（1）进料设备。筒仓进料设备一般采用犁式卸料器、卸料小车或环式布料器。筒仓进料设备出力应与进料带式输送机出力相一致。相关设备比较见表 3-14。

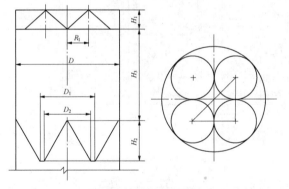

图 3-83　筒仓计算参数

表 3-14　　进 料 设 备 比 较 表

项目	优　点	缺　点
犁式卸料器	设备成熟可靠，造价低、投资省	充满率不高，易撒煤，需要设备台数多，故障点多，系统控制复杂，切换频繁
卸料小车	定位准确，卸料方便，运行平稳，设备寿命长	充满率不高，缓冲段长，对系统布置有一定影响，卸料小车设备高度较高，对仓顶车间布置空间的高度有一定要求，卸料孔的密封难度较大，粉尘污染较大
环式布料器	充满率高，运行平稳，密封性好，适用直径 30m 及以上的筒仓	运行巡视和故障检修不方便，运转设备庞大笨重，环形轨道易磨损变形，造成设备啃轨，进料可逆带式输送机较短，易跑偏

具体设备选型需根据筒仓布置和大小进行经济比较后确定。

（2）卸料设备。筒仓卸料设备一般采用环式给料机、活化给料机、叶轮给料机、振动给料机，相关设备比较见表 3-15。

表 3-15　　给 料 设 备 比 较 表

项目	优　点	缺　点
环式给料机	出料口面积大、流动性好、出料连续均匀，筒仓内煤面均匀下降，使得仓内贮煤对仓壁无不均衡侧压等缺陷，保证筒仓安全运行。出力变频可调，便于精确混煤，筒仓充满率高，且设备布置在仓外，方便检修	设备安装精度要求较高，否则易造成设备啃轨，运行噪声较大，密封不严，易撒煤，粉尘污染严重，设备较复杂，筒仓下部土建设计及施工的难度均较大，设备在运行中易损件多，设备零配件损坏率较大，维护工作量较大。设备整体造价较高
活化给料机	开口大，不易结拱，设备结构紧凑，密封装置设计合理效果好，采用可变力轮调幅，可无级调整出力	配置活化给料机的筒仓，落料点较多，下一级系统布置较烦琐，价格昂贵，振动电动机和振动弹簧依赖进口，落料点较多，投资造价高
叶轮给料机	设备工艺布置相对简单，安装要求低，设备价格便宜，初投资较低，采用变频调速调节叶轮转速，可以实现无级调节出力，可根据系统出力要求确定在同一条拨煤缝隙上的安装台数，比较灵活	有效过流面积较小，容易造成结拱，易撒煤，粉尘污染大，易造成筒仓内贮煤偏积，对筒仓产生不均匀侧压
振动给料机	结构简单，运行、安装、使用方便，单台造价低	配置振动给料机的筒仓，落料点较多，下一级系统布置较烦琐，易损件寿命短，检修维护工作量大，每个落料口的有效过流面积小，筒仓内贮煤易结拱

具体设备选型需根据筒仓布置和大小进行经济比较后确定。

四、筒仓安全监测

筒仓安全监测系统由温度监测系统、可燃气体监测系统、烟雾监测系统、料位监测系统、数据采集、数据处理及控制系统组成，对贮煤筒仓中各种参数（温度、可燃气体浓度、烟雾、综合监测机构、料位等）实时监测。通过操作台上的组态软件画面显示各阶段具体数据，当某一参数超出规定范围时发出报警，并采取保护措施进行预防。

为了监测仓内部贮煤温度，一般从筒仓顶部安装煤层多点测温缆式传感器，吊装伸入煤层内部。在靠近卸料口附近缆式传感器内的测温点布置密集点，不同煤层多点测温缆式传感器的测温点错位布置，尽量在煤层的各个不同层面布置测温点，使煤层内部温度监测更加全面。煤层多点测温缆式传感器的这种布置方式可以避免因煤局部温度过高引发煤的自燃。

由于仓内的可燃气体、烟雾集聚于煤层表面以及煤层表面以上的空间里，因此每个烟雾探测器安装于筒仓顶板上对称均匀布置。配备开关量采集模块，通过就地数据采集箱实现对烟雾信号的采集、传输，将信号传输到就地数据采集箱，箱面的报警灯显示烟雾报警状态。筒仓惰化保护系统见本章第四节封闭煤场防自燃措施章节。

五、布置设计

1. 典型布置方案

根据进卸料设备的不同组合，可以有以下的组合布置方式。

（1）环式布料器+环式给料机布置。筒仓进料设备采用环式布料器，给料设备采用环式给料机，具体布置如图 3-84 所示。

（2）犁式卸料器+活化给料机布置。筒仓进料设备采用犁式卸料器，给料设备采用活化给料机，具体布置如图 3-85 所示。

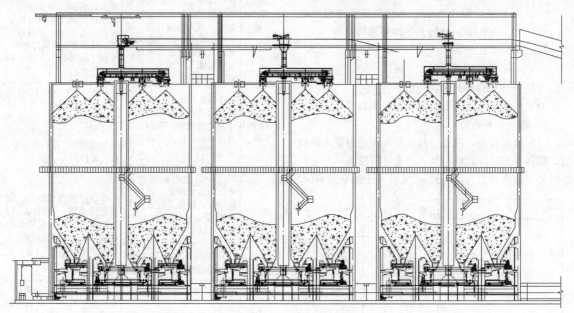

图 3-84　环式布料器+环式给料机布置筒仓示意

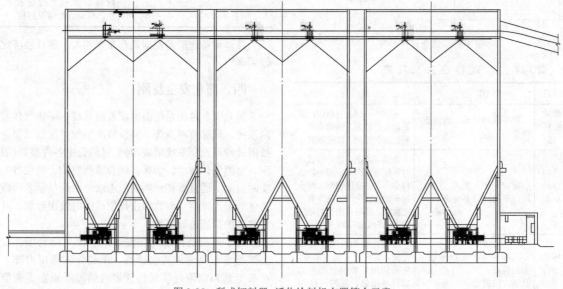

图 3-85　犁式卸料器+活化给料机布置筒仓示意

（3）犁式卸料器+叶轮给料机布置。筒仓进料设备采用犁式卸料器，给料设备采用叶轮给料机，具体布置如图3-86所示。

根据筒仓进卸料方向的不同，筒仓布置形式通常可分为通过式布置和折返式布置。

（1）通过式。通过式布置主要为筒仓进料带式输送机运行方向与筒仓卸料带式输送机运行方向一致，常规布置形式如图3-87和图3-88所示。

（2）折返式。折返式布置主要为筒仓进料带式输送机运行方向与筒仓卸料带式输送机运行方向相反，常规布置形式如图3-89和图3-90所示。

2. 设计注意事项

（1）筒仓布置设计主要是根据贮煤场要求和厂区限制合理选择筒仓数量和布置类型，筒仓的布置形式一般分为折返式和通过式。

（2）筒仓的布置可与其他煤场形式综合考虑，作为混煤筒仓时优先布置在其他煤场形式之后。筒仓作为缓冲或混煤筒仓时优先布置在运煤系统碎煤机室之前。

（3）多个筒仓布置时需考虑预留相应的检修通道。

（4）混煤筒仓兼做卸煤装置的缓冲设施时，筒仓总容量可按对应机组1天的耗煤量设计。

（5）筒仓必须考虑燃煤的流动性，保证燃煤的先进先出和整体下降。

（6）筒仓外轮廓之间与其他建筑物之间的净距应满足防火净距要求，若受场地限制不能满足时，应考虑加防火墙。

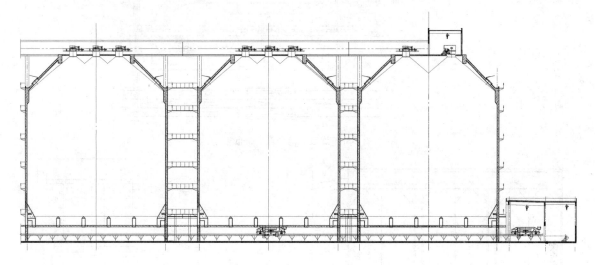

图 3-86 犁式卸料器+叶轮给料机布置筒仓示意

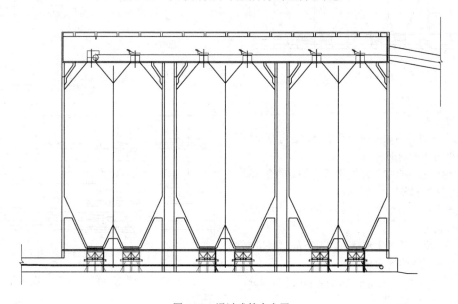

图 3-87 通过式筒仓布置

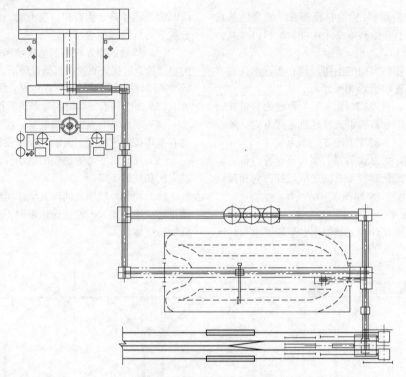

图 3-88　通过式筒仓总平面布置

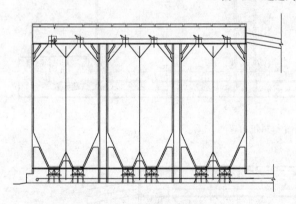

图 3-89　折返式筒仓布置

3. 对外专业的要求

（1）土建专业。

1）筒仓下部锥体内表面应光滑耐磨，结构专业可考虑设置摩擦力小的耐磨衬板。

2）严寒地区底部直接与外界相通的中转筒仓，漏斗部分宜采取防冻措施。

（2）电气专业。筒仓内应设置料位计，运煤控制室应显示料位信号。

（3）暖通专业。筒仓上部建筑物及下部出料层宜设置采暖、通风及除尘等设施。

（4）供水专业。筒仓各层应设置消防和供水等设施。

4. 布置及安装注意事项

（1）系统中设置多个筒仓时宜集中布置。

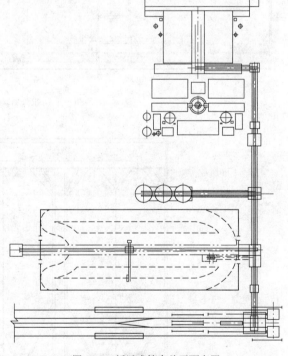

图 3-90　折返式筒仓总平面布置

（2）贮存易燃煤种的筒仓，运煤系统应有紧急排空措施。

（3）筒仓上部建筑物应设置直通地面的起吊设施。

（4）除进入仓顶的带式输送机通廊外，仓顶面建筑物应有其他至地面的出入口，应根据工程要求在筒仓外侧设置螺旋梯或电梯。

（5）筒仓应设置防爆门。防爆门是当发生爆炸时，在预定压力下迅速开启或爆破以降低爆炸压力的装置，分为自动启闭式和膜板式两种。

自动启闭式防爆门是爆炸压力达到预定值时，由内部介质压力打开门板来排放泄压，动作后会重新自动复位便可关闭泄爆口的泄爆装置，能有效地防止空气倒灌引起二期爆燃，分为重力式、超导磁预紧式和监控式等。

膜板式防爆门是爆炸压力达到预定值时，由内部介质压力冲破膜板的泄压装置，泄爆口一旦开放便保持敞开，直至更换新的膜板。

按照 DL/T 5203—2005《火力发电厂煤和制粉系统防爆设计技术规程》中的"4.10.5 筒仓宜装设自动启闭式（如重力式和超导磁预紧式等）防爆门，防爆门总有效泄压面积可按泄压比不小于 0.001 计算"要求，防爆门的泄压面积应大于筒仓容积的 0.001 倍。

（6）设置筒仓保护装置时，应留有各项保护装置的检修条件。采用惰性气体保护的应留有贮气罐、发生器、空压机等的布置位置。

（7）应结合筒仓的功能和结构形式，设置温度、可燃气体（包括 CH_4 和 CO）、烟气、粉尘浓度检测报警装置。检测装置的显示器应集中安装于运煤系统集中控制室或筒仓控制室。筒仓控制室应布置在筒仓外侧。

（8）为保障筒仓下部落料通畅，可设置空气炮破拱。空气炮，又名空气助流器、破拱器、清堵器，是突然喷出的压缩气体的强烈气流，以超过 1 马赫（音速，1 马赫=340.3m/s）的速度直接冲入贮存散体物料的闭塞故障区，这种突然释放的膨胀冲击波，克服物料静摩擦，使容器内的物料又一次恢复流动。

一般布置原则：根据筒仓结构特点，一般在最易起拱、堵塞的部位，在垂直仓壁与锥形料斗结合部至下部。针对各种情况在容易起拱处按角度分层次布置空气炮若干台，组成一个操作系统进行工作。一般来讲，布炮的层距为 0.9～2.5m，间距为 3m 左右交错配备，一个料仓确切的配置几台、分几层布置应视具体情况而定。

六、专业间配合要求

1. 设计界限

（1）筒仓本体、进出筒仓的栈桥、地道及上部封闭由结构专业设计。

（2）筒仓照明由电气专业设计。

（3）筒仓外排水由总图专业设计。

（4）筒仓消防由消防专业设计。

（5）筒仓除尘、通风及采暖由暖通专业设计。

2. 技术接口

（1）提出资料内容见表 3-16。

表 3-16 提 出 资 料 内 容

序号	提出资料名称	接收专业
1	筒仓布置（含控制室及楼梯）及基础资料	电气、总图、结构、建筑、暖通、消防
2	出筒仓输煤栈桥（或地道）布置及埋铁资料	电气、总图、结构、建筑、暖通、消防
3	进筒仓栈桥布置及埋铁资料	电气、总图、结构、建筑、暖通
4	消防水接口资料	消防

（2）接收资料内容见表 3-17。

表 3-17 接 收 资 料 内 容

序号	接收资料名称及内容	提资专业
1	全厂总平面布置图	总图
2	厂区竖向布置图	总图
3	筒仓进料、卸料设备基础资料	结构
4	筒仓主要电气设施布置要求（包括照明、电缆敷设、监测、保护、料位计布置等）	电气
5	筒仓通风除尘布置要求	暖通
6	筒仓消防	消防

七、混煤运行

筒仓混煤运行主要是通过多个筒仓的卸料口同时卸料至同一带式输送机上以达到混煤的目的，通过控制筒仓卸料设备出力的大小，来实现不同煤种的精确配比。筒仓卸料设备中除活化给料机出力采用可变力轮无级调节外，其余卸料设备出力均只能采用变频在一定范围内调节，在实际混煤设计中如需经常大范围调节卸料设备出力应优先考虑采用活化给料机设备。

第四节 封闭煤场防自燃措施

随着 2016 年 1 月 1 日《中华人民共和国大气污染防治法》实施，封闭煤场逐渐成为燃煤电厂中应用较多的贮煤方式。但若封闭煤场发生煤自燃处理相对困难，因此需要采取有效的措施防止贮煤期间煤炭发生自燃，确保煤场安全运行。

封闭煤场防自燃措施一般有以下几种：

（1）煤场的布置及煤场机械的选型应为燃煤先进先出提供条件，确保存煤更新的周期小于自燃周期。

（2）不同种类的煤应分类堆放，相邻煤堆底边之间应留有不小于 5m 的距离。

（3）当煤场内贮存褐煤和高挥发分煤时，堆煤高度应比中、低挥发分煤低。

（4）煤场输出带式输送机均采用阻燃胶带。

（5）燃用容易自燃的煤种时，从贮煤设施取煤的第一条带式输送机上应设置明火煤监测装置。当监测到明火时，应有禁止明火进入后续运煤系统的措施。

（6）封闭煤场内可采取通风设施，必要时可采取强制通风措施。

（7）根据来煤进场时间，煤场按区域划分堆存各时期来煤并做好报表记录，根据先进先出的原则，按进场记录安排出场。

（8）在卸煤作业过程中，应注意观察来煤情况，一旦发现来煤已有冒白烟等将要自燃的现象时，应及时处理并送至主厂房燃用。

此外，根据不同类型煤场的不同特性，还有以下防自燃措施。

一、条形封闭煤场

条形封闭煤场内部应具备处理自燃煤的条件。

贮存易自燃煤种的煤场，当采用悬臂式斗轮堆取料机时，其回取率不宜低于70%。

条形贮煤场应定期翻烧，翻烧周期应根据燃煤的种类及其挥发分来确定，一般应为2～3个月，在炎热季节翻烧周期宜为15天。

条形封闭煤场内的煤在堆放时，应按不同煤种的特性，采取分层压实、喷水或洒石灰水等方式堆放。

二、圆形封闭煤场

圆形封闭煤场在取料作业时，刮板取料机沿煤堆表面俯仰、回转取料，应将存取取尽，并将挡墙根部的煤清除干净，无死角余煤，创造防自燃的良好条件。

为及时发现火情，在圆形封闭煤场室内的顶盖四周设置摄像头，在其挡墙内侧设置温度监控装置。

在圆形封闭煤场内，通常设置有如下安全监测措施：

（1）圆形封闭煤场室内的顶盖四周设置摄像头。

（2）在墙体圆周方向分布多组温度传感器。

（3）红外扫描测温系统，采用线扫描红外测温主机作为温度传感器，能够完全监测整个圆形封闭煤场表面的温度变化。当温度达到预设的温度阈值时通过燃料安全信息系统软件发出预警报信息，并通过系统软件显示报警温度和出现高温的空间位置，防止发生自燃的存煤带来经济损失和引发安全事故，确保圆形封闭煤场的安全环境状况得到有效预防。但红外扫描测温系统只能监测煤场表面的温度变化，不能反映煤堆下部的温升情况，因此存在

一定的局限性。

（4）明火检测系统，包括红外监测、喷淋灭火装置和后台数据处理主机三个部分。当皮带上物料温度超过系统报警温度时，由明火检测系统控制器发指令控制喷淋电磁阀动作，由喷淋头喷出消防水，实现灭火降温的目的。

三、筒仓

煤炭在筒仓内长期存放容易发生自燃，自燃过程中不仅释放热量，而且会释放出可燃气体，当温度、可燃气体浓度以及粉尘浓度达到一定值后，极易发生自燃。可采取以下预防自燃的措施：

（1）采取有效的阻燃措施。设置完整的筒仓惰化保护系统，根据筒仓安全监测系统反馈回来的信号进行动作，通入惰性气体，降低仓内可燃气体的含量，对筒仓自动进行锁、充、换三合一自动惰化处理，破坏煤尘及可燃气体的燃烧条件，避免自燃及爆炸的发生。惰化系统示意如图3-91所示。

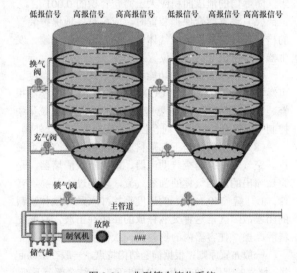

图 3-91　典型筒仓惰化系统

（2）在筒仓顶设置布袋除尘器，直接在仓体上部抽风，机组大修期间或仓内长期不上煤时，定期开启除尘风机（除尘器不运行）以排除筒仓内可燃气体。

（3）筒仓出料口设置线型感温自动喷水灭火系统，当被保护区发生火灾时，由探测系统发出信号。通过系统的就地控制盘使雨淋阀上的电磁阀动作，从而使雨淋阀开启，水雾喷头喷水灭火。

（4）建立筒仓自动安全监测与控制系统，及时准确监测煤位、煤温、煤尘浓度及可燃气体浓度等指标，做到及时、准确地发现异常情况并报警，以便及时采取防燃防爆措施。

第五节　煤场辅助机械

一、煤场辅助机械设备介绍

煤场辅助机械的功能是对煤场的煤堆进行辅助作业，包括转运及平整等，主要设备包括推煤机和装载机。

1. 推煤机

推煤机为一种工程车辆，前方装有大型的金属铲刀，使用时放下铲刀，向前铲削并推送煤或者其他原料等。推煤机的形式一般按照功率等级、行走装置、铲刀安装形式、传动方式等进行分类。按照功率等级可分为五类，按照行走装置不同可分为履带式和轮胎式，按照铲刀安装形式可分为固定式和回转式，按照传动方式可分为机械式、液力机械、液压以及电传动。对于大中型火力发电厂的煤场辅助机械，推煤机主要采用功率200马力（1 马力=735.499W）以上配固定铲刀式的履带式推煤机，采用液压传动方式。推煤机外形如图 3-92 所示。

图 3-92　推煤机外形

适用条件：目前国内大中型电厂以推煤机作为煤场主要运行机械的已经比较少，一般作为辅助机械使用，主要适用于大型条形贮煤场、圆形贮煤场等。对于小型发电厂，推煤机可作为上煤的主要机械。推煤机堆煤高度较高，其爬坡角为 25°，极限爬坡角度 30°，一般在 50m 范围内运行较为合适，推煤距离过长则其综合出力大大下降。采用推煤机上煤作为上煤手段时，一般配置地下受煤斗或地下长缝式煤槽。根据运行经验，推煤机煤场的主要特点是：投资少，简单灵活，可以把煤堆成任何形状，在堆煤的过程中可以将煤逐层压实，并兼顾平整道路等其他辅助工作。主要缺点是：劳动强度较大，综合出力较小，环保条件较差，煤自燃时处理难度较大。

推煤机主要由发动机、传动系统、行走系统、工作装置和操纵控制系统及部分构成，其结构示意如图 3-93 所示。

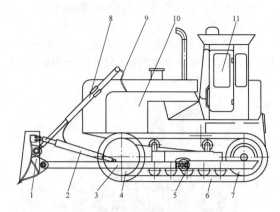

图 3-93　推煤机结构示意

1—铲刀；2—垂直液压缸；3—顶推架；4—张紧轮；5—小带轮；6—履带；7—驱动轮；8—提升液压缸；9—输油管；10—车头；11—驾驶室

推煤机的作业方式：采用循环作业方式，分为铲煤作业、运煤作业、卸煤作业以及空驶回程四个阶段。

2. 装载机

装载机为通用工程车，在火力发电厂主要用于煤场的集料、料料等作业，也可以进行轻度铲掘工作。装载机的形式一般可按照功率等级、行走装置、装载方式、传动方式等进行分类。按照功率等级可分为五类，按照行走装置不同可分为履带式和轮胎式，按照装载方式可分为前卸式、后卸式、侧卸式和回转式，按照传动方式可分为机械式、液力机械、液压以及电传动。大中型火力发电厂的煤场辅助机械，主要采用前卸轮胎式液压传动装载机。装载机外形如图 3-94 所示。

图 3-94　装载机外形

适用条件：适用于条形、圆形贮煤场的集料、装载等辅助作业。

装载机主要由发动机、传动系统、行走系统、工作装置、制动系统和操纵控制系统及部分构成，其结构示意如图3-95所示。

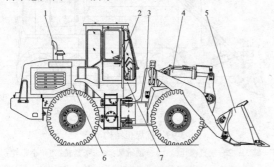

图3-95　装载机结构示意

1—动力系统；2—变速操纵系统；3—车架；4—液压系统；
5—工作装置；6—制动系统；7—驾驶室

二、煤场辅助机械相关计算

（1）推煤机生产率。对于配置地下煤斗的煤场，推煤机作为主要上煤手段时，推煤机生产率计算

$$Q = \phi q n \tag{3-16}$$

式中　Q ——推煤机生产率，t/h；

　　　ϕ ——时间利用系数，$\phi = 0.7 \sim 0.8$；

　　　q ——推煤机一次推送的煤重，t；

　　　n ——每小时推煤次数。

（2）推煤机一次推送的煤重计算

$$q = 0.6 B A_2 \rho_0 \tag{3-17}$$

推煤铲刀容量计算

$$V = 0.8 A B^2 \tag{3-18}$$

式中　A ——铲刀长度，m；

　　　B ——铲刀高度，m；

　　　ρ_0 ——煤的堆积密度，t/m³。

常用型号推煤机的铲刀尺寸见表3-18。

表3-18　常用型号推煤机的铲刀尺寸　　　（mm）

推煤机型号	TY320	TY220	T140-1
铲刀尺寸 $A \times B$	4130×1590	3774×1300	3762×1000

注　铲刀尺寸可根据推煤需要加高。

（3）推煤机每小时推煤次数计算

$$n = \frac{3600}{2 \times L / v + t} \tag{3-19}$$

式中　L ——平均推煤距离，m；

　　　v ——推煤机前进和后退的平均速度，m/s，一般取 $v = 0.9 \sim 1.1$m/s；

　　　t ——提升、放下铲刀及变换速度所占用的时

间，可取20s（由于运距较短，不考虑掉转车头）。

（4）当推煤机在上坡或下坡工作时，其生产率应按式（3-16）再乘以修正系数 K，K 值参见表3-19。

表3-19　推煤机生产率修正系数

坡度（%）	+10	+5	0	−5	−10	−15	−20
K 值	0.6	0.75	1.0	1.3	1.7	2.1	2.5

注　向下推煤时，不一定能够将煤全部推入地下煤斗，因此 K 值应根据具体情况取值。

三、煤场辅助机械的选择

推煤机宜选用220马力（1马力=735.499W）及以上。装载机宜选用铲斗容量 3～5m³。常选用机型为 TY220 型或 T140-1 型。推煤机台数宜根据其功率计算确定。

常用推煤机主要技术性能参数见表3-20。常用装载机主要技术性能参数见表3-21。

表3-20　常用推煤机主要技术性能参数表

型号	TY320	TY220	TY140
最小离地间隙（mm）	500	405	400
使用质量（t）	36.7	24.98	17.0
接地比压（MPa）	0.104	0.082	0.065
爬坡性能（°）	30	30	纵向30，横向25
最小转弯半径（m）	3.94	3.3	3.9
单铲容量（m³）	10.4	6.5	5.6
外形尺寸（mm）	6880×4130×3640	5495×3725×3745	4492×3185×2490
额定转速（r/min）	2000	1800	1800
额定功率（kW）	235	162	103
缸数	6	6	6
缸径（mm）	139.7	139.7	135
行程（mm）	152.4	152.4	140

表3-21　常用装载机主要技术性能参数表

型号	ZL50			
行驶速度（m/s）	Ⅰ档	Ⅱ档	Ⅲ档	Ⅳ档
前进	6.5	11	24	38
后退	6.5	11	24	38
整机操作质量（t）	17.5			
最大爬坡能力（°）	30			

续表

型号	ZL50
最小转弯半径（mm）	5925
外形尺寸（mm）	8225×3016×3515
额定转速（r/min）	2200
额定功率（kW）	162
驱动轮数	4
轮胎规格	23.5～25
铲斗宽度（mm）	3016

续表

型号	ZL50
铲斗容积（m³）	2.5～5.0
最小卸载距离（mm）	1130
最大卸载高度（mm）	3100
额定载重量（kg）	5000
最大铲取力（kN）	170
动臂举升时间（s）	6
动臂下降时间（s）	5

第四章

带式输送机设计

带式输送机是一种依靠摩擦驱动，以连续方式运输物料的机械，主要由头尾架、中间架、滚筒、托辊、输送带、拉紧装置、驱动装置组成，广泛应用于电力、煤炭等行业。

火力发电厂采用的带式输送机类型较多，有通用固定带式输送机、圆管带式输送机、大倾角带式输送机、波状挡边带式输送机、气垫式带式输送机等，本手册只介绍两种较常用的带式输送机：通用固定带式输送机和圆管带式输送机。

带式输送机的类型应根据气象条件、厂区地形条件、周边环境要求及造价等因素进行选择。

第一节 通用固定带式输送机

一、设计范围及主要内容

1. 适用范围

（1）施工图阶段通用固定带式输送机选型设计的主要设计原则、设计计算、主要部件选择及布置安装设计方法。初设阶段通用固定带式输送机选型计算、设计可参考执行。

（2）新建、扩建发电厂的带宽 $B=400\sim2400$mm、带速 $v=5.0$m/s 及以下、采用织物芯或钢丝绳芯输送带的通用固定带式输送机。

（3）施工图阶段每路通用固定带式输送机的设计范围为从尾部导料槽起，至头部漏斗下口止的整套设备及部件的计算、选型与布置。

2. 主要内容

通用固定带式输送机设计的主要内容包括整机设计、设计计算和部件选择。

整机设计包括主要参数的确定：带宽、带速与出力的关系匹配，以及布置设计：头尾部标高、最大倾角的确定。

设计计算包括几何计算、功率计算和受力计算。

部件选择包括橡胶输送带、驱动装置、滚筒、托辊、拉紧装置及保护装置等。

3. 强制性条文

关于通用固定带式输送机设计的主要强制性条文如下：

（1）下运的通用固定带式输送机必须装设制动器，上运及下运的通用固定带式输送机，制动装置的制动力矩不得小于通用固定带式输送机所需制动力矩的 1.5 倍（GB 50431—2008《带式输送机工程设计规范》）。

（2）下运的通用固定带式输送机，应采取避免通用固定带式输送机运行超速事故的超速保护和失电保护措施（GB 50431—2008《带式输送机工程设计规范》）。

（3）通用固定带式输送机所有转动部分及拉紧皮带的重锤，均应有遮栏。两侧的人行通道必须装设固定防护栏杆，并装设紧急停止拉线开关（GB 26164.1《电业安全工作规程 第1部分：热力和机械》）。

（4）燃用易自燃煤种的电厂必须采用阻燃输煤输送带（《防止电力生产事故的二十五项重点要求》）。

二、设计输入

施工图详图阶段应以最新版运煤总图及审查意见的要求为主要设计输入，进行通用固定带式输送机的详图设计。

通用固定带式输送机设计计算和设备选型除考虑输送物料的性质、工作环境及工作条件外，还应根据输送机的出力要求、倾角、升高、头尾水平长度、受料段长度、受料点数量及位置、卸料段、过渡段、拉紧装置的形式和位置、驱动装置的位置、清扫器、导料槽及犁式卸料器等的配置原则等因素确定。

通用固定带式输送机的布置除应考虑本体布置合理外，还应考虑其安装、检修、运行要求。

通用固定带式输送机的设计应与其他相关专业及通用固定带式输送机制造厂配合进行。

通用固定带式输送机的计算和布置设计依据主要包括输送能力、输送物料性质（包括密度、块径等）、工作环境（包括温度、湿度、风速、降雨雪量、盐雾、地震烈度等）、布置形式和几何尺寸、受料点数量和位置、卸料方式、电压等级及其他特殊要求。

三、整机设计

1. 整机结构布置

通用固定带式输送机由输送带、驱动装置、传动滚筒、改向滚筒、托辊组、拉紧装置和机架等部分组成。典型整机结构布置如图4-1所示。

2. 常用规格系列

通用固定带式输送机以其带宽作为主要参数，其带宽常用规格系列及代码见表4-1。

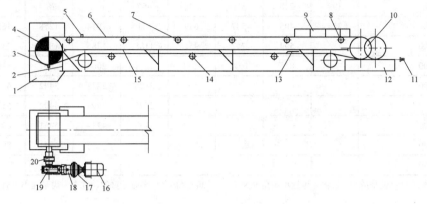

图 4-1 通用固定带式输送机典型整机结构布置

1—头部漏斗；2—头架；3—头部清扫器；4—传动滚筒；5—安全保护装置；6—输送带；7—承载托辊；8—缓冲托辊；
9—导料槽；10—改向滚筒；11—螺旋拉紧装置；12—尾架；13—空段清扫器；14—回程托辊；15—中间架；
16—电动机；17—液力偶合器；18—制动器；19—减速器；20—联轴器

表 4-1   **通用固定带式输送机常用规格系列及代码**

带宽 B（mm）	400	500	650	800	1000	1200	1400	1600	1800	2000	(2200)	(2400)
代码	40	50	65	80	100	120	140	160	180	200	220	240

注 括号中的规格参数还在开发中。

3. 主要参数的确定

通用固定带式输送机的主要参数包括额定输送能力 Q、带速 v 和带宽 B，物料最大粒度受带宽的限制。

（1）带宽与输送物料最大粒度的关系按表4-2确定。

（2）通用固定带式输送机的带速及其与带宽和额定输送能力的关系见表4-3。

表 4-2   **通用固定带式输送机输送物料的最大粒度尺寸**   （mm）

带宽 B（mm）	物料中大块的含量（质量百分率，%）				带宽 B（mm）	物料中大块的含量（质量百分率，%）			
	10	20	50	100		10	20	50	100
500	140～90	130～80	120～70	100～50	1600	500～260	450～240	380～220	290～180
650	210～110	190～100	160～90	120～65	1800	550～290	480～270	420～240	320～200
800	270～130	250～120	220～110	150～80	2000	580～320	500～300	450～260	350～230
1000	340～160	300～150	260～140	180～100	2200	600～350	520～320	480～290	380～260
1200	390～200	350～190	300～170	220～130	2400	620～380	500～360	500～330	410～280
1400	450～230	400～220	340～200	260～150					

注 物料的运行堆积角为20°时选大值，30°时选小值。

表 4-3   **带速 v、带宽 B 与额定输送能力 Q 的关系**

额定输送能力 Q（m³/h） 带宽 B（mm） 带速 v（m/s）	0.8	1.0	1.25	1.6	2.0	2.5	3.15	4.0	5.0
400	41	51	64	82	103				
500	69	87	108	139	174	217			

续表

额定输送能力 Q（m³/h） 带宽 B（mm） / 带速 v（m/s）	0.8	1.0	1.25	1.6	2.0	2.5	3.15	4.0	5.0
650	127	159	198	254	318	397			
800	199	248	310	398	497	621	783		
1000	324	405	507	649	811	1014	1278	1622	
1200		594	742	951	1188	1485	1872	2377	2971
1400		825	1032	1321	1651	2064	2601	3303	4129
1600					2185	2732	3442	4371	5464
1800					2795	3493	4402	5590	6987
2000					3467	4334	5461	6935	8668
2200						6841	8687	10859	
2400							8286	10522	13152

注　额定输送能力 Q 值是按水平运输，运行堆积角 θ 为 20°，托辊槽角 λ 为 35°时计算的，并未考虑带速不同时 θ 的变化。

4. 布置设计

影响通用固定带式输送机总体布置的因素包括通用固定带式输送机倾角、受料段和机尾长度、卸料段、弧线段、过渡段、拉紧装置类型、驱动装置位置等。

（1）通用固定带式输送机倾角。通用固定带式输送机的输送能力随其倾角的提高而减小。因而应尽量选用较小倾角，对于由多台通用固定带式输送机组成的输送系统（也称输送机线）更是如此。

通用固定带式输送机倾角 δ，向上运不宜大于 16°（寒冷地区露天布置为 14°）；碎煤机室后，当布置受限时，不应大于 18°；下运不应大于 12°。

（2）受料段和机尾长度。受料段尽量设计为水平段，必须倾斜受料时，其倾角应尽量小。物料落到通用固定带式输送机的落料点，应是输送带正常成槽的地方，并使导料槽处在一种托辊槽角上，以确保受料顺利，方便导料槽的密封。

机尾长度是指受料中心线至尾部改向滚筒中心线间的距离，推荐的机尾长度详见表 4-4。

表 4-4　　推荐的机尾长度

带宽 B（mm）	机尾长度 l_0（mm）
400、500	2000
650、800	2500
1000、1200	3000
1400、1600、1800	3500
2000、2200、2400	≥4000

（3）卸料段。倾斜通用固定带式输送机的卸料段最好设计成水平段，尽量不采用高式头架和高式驱动装置架，以方便操作和维修，有利于通用固定带式输

送机头部和转运站设计的标准化。

卸料段为水平的倾斜通用固定带式输送机，其折点到头部滚筒中心线的距离应足够长，以保证所有过渡托辊均不在凸弧段上。

带速 $v \geqslant 3.15$m/s 的通用固定带式输送机的卸料段一般设置为水平段。

（4）弧线段。

1）通用固定带式输送机凸弧段的曲率半径 R_1，应保证槽型输送带通过凸弧段时，输送带中间部分不隆起。凸弧段最小曲率半径可按式（4-1）和式（4-2）计算。

织物芯输送带：

$$R_1 \geqslant (38 \sim 42) \cdot B \cdot \sin\lambda \qquad (4\text{-}1)$$

钢丝绳芯输送带：

$$R_1 \geqslant (110 \sim 167) \cdot B \cdot \sin\lambda \qquad (4\text{-}2)$$

通用固定带式输送机凸弧段张力较大时，式（4-1）和式（4-2）中系数取大值，张力较小时可取小值。

凸弧段的通用固定带式输送机中间架或钢结构桁架也应为凸弧，当凸弧长度超过 5m 或采用钢绳芯输送带时，输送带下分支应采用加密托辊方式成弧，不宜采用改向滚筒。

2）通用固定带式输送机在凹弧段设计时，应符合下列规定：

在各种工况下，凹弧段的输送带不应抬起脱离托辊或出现输送带边缘松弛皱曲现象。凹弧段最小曲率半径，可按式（4-3）计算。

$$R_2 \geqslant \frac{(1.20 \sim 1.50)F_x}{q_B \, g \cos\alpha} \qquad (4\text{-}3)$$

式中　R_2——带式输送机凹弧段的曲率半径，mm。

对惯性小，启、制动平稳的通用固定带式输送机，式（4-3）中系数可取 1.20～1.30，否则取大值；对具

有软启、制动装置的通用固定带式输送机，式（4-3）中系数可取 1.20。

凹弧段起点至导料槽的距离应足够长，以保证在任何条件下，导料槽出口处的输送带不跳离托辊或顶在导料槽的槽体上。当此距离小于 5m 时，必须在导料槽与凹弧段起点间设置压轮。

凹弧段支承上下托辊的通用固定带式输送机中间架或钢结构桁架也应为凹弧。一般不宜采取折线中间架式的钢桁架，同时采用在托辊支座下加垫块的方法使输送带成凹弧。

不允许在凹弧段设置带侧辊的调心托辊组。

一般应在水平段靠近凹弧段起点处设置压轮。

（5）过渡段。运量大、运距长、输送带张力大和重要的通用固定带式输送机一般设置过渡段。

头部滚筒中心线至第一组正常槽型托辊中心线的最小过渡段长度 L_g，如图 4-2 所示。

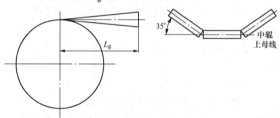

图 4-2 过渡段尺寸

推荐的最小过渡段长度 L_g 见表 4-5。

表 4-5 推荐的最小过渡段长度 L_g

L_g 带型 张力利用（%）	各种织物芯输送带	钢绳芯输送带
>90	1.6B	3.4B
90~60	1.3B	2.6B
<60	1.0B	1.8B

注 输送带张力利用率=实际张紧力/许用张力×100%。

（6）拉紧装置类型。拉紧装置的类型主要包括垂直重锤拉紧装置、车式拉紧装置和螺旋拉紧装置。

（7）驱动装置位置。驱动装置位置主要是指驱动装置布置于驱动滚筒的左侧或右侧。

5. 具体要求

在进行通用固定带式输送机设计时，应符合以下具体要求。

（1）缠绕于通用固定带式输送机上的斗轮堆取料机及头部伸缩装置的改向滚筒选型应满足通用固定带式输送机的张力要求。

（2）计算输送带的长度时应考虑以下几种情况带来的附加长度。

1）卸料小车或斗轮堆取料机尾车上缠绕长度。

2）垂直拉紧或液压拉紧装置缠绕长度。

3）中部驱动缠绕长度。

4）头部伸缩装置缠绕长度。

（3）通用固定带式输送机滚筒上方设置除铁器时，应选用防磁滚筒。

（4）通用固定带式输送机头、尾部滚筒及驱动装置应设置安装、检修起吊设施，并保证安装检修空间和运行通道。

（5）通用固定带式输送机受料段应设置在直线段，应避免受料点布置于凹弧段。

（6）卸料段为水平的倾斜通用固定带式输送机，其折点至头部滚筒中心线应留有足够长的距离，以保证过渡托辊不在弧段上。

（7）凹弧段起点至导料槽应留有不小于 1.5m 的距离，以保证导料槽出口处的输送带不跳离托辊或顶在导料槽槽体上。凹弧段半径不满足要求时，在凹弧段起点、中点、终点附近应设置压轮装置。

（8）在固定受料点应设置缓冲托辊或缓冲床。带速过高时，不宜采用连续板式聚乙烯材质缓冲床。如果工程需要，导料槽下也可采用槽角为 45°的上托辊，相应配备成槽性好的输送带。

（9）当斗轮堆取料机或斗轮取料机自带缓冲托板时，煤场地面通用固定带式输送机上托辊间距宜按 1.2m 布置。

（10）通用固定带式输送机调心托辊，应调偏性能稳定、有效；可采用带立辊的调心托辊或强力纠偏托辊。

（11）布置于通用固定带式输送机上的移动给料设备（如叶轮给煤机、斗轮堆取料机）设置的导料槽长度，应与通用固定带式输送机速度相适应，并满足除尘要求。

（12）对于垂直出轴的驱动装置，电动机接线盒宜安装于通用固定带式输送机驱动装置架外侧。

（13）电子皮带秤的安装布置应满足 GB/T 7721—2007《连续累计自动衡器（电子皮带秤）》的要求。安装电子皮带秤的通用固定带式输送机的有效长度和倾角应能保证电子皮带秤的安装及测量精度。

（14）当通用固定带式输送机安装犁式卸料器时，应保证设备之间互不干涉。

（15）通用固定带式输送机上设犁式卸料器、刮水器时，通用固定带式输送机的上托辊应在犁式卸料器、刮水器自带托辊范围之外布置。

（16）通用固定带式输送机上设电子皮带秤时，上托辊按常规布置，在设备安装时根据现场情况调整。

（17）通用固定带式输送机上设除铁器时，除铁器每个工位下方应设 3~4 组防磁托辊。

（18）垂直拉紧装置靠近转运站布置时，重锤箱上部工位与土建结构之间的净空距离应满足安全要求。

（19）垂直拉紧装置改向滚筒与栈桥面较近时，可加大沿通用固定带式输送机运行方向开孔尺寸或采取其他措施，以免输送带干涉孔下沿。

（20）楼板面为建筑放坡的，其埋件应设于建筑标高；楼板面为结构放坡的，埋件处应设置支墩，支墩高度为建筑标高和结构标高的高差。

（21）通用固定带式输送机长度大于 100m 时，可设置跨越梯。跨越梯宜安装在采光室或其他有足够通行高度的适当地点。

（22）栈桥（通廊）长度超过 200m 时，应在中间位置设安全出口。

（23）拉紧装置下层为楼板时，重锤箱下方宜采取缓冲措施。

（24）栈桥及转运站内辅助设备应与通用固定带式输送机的布置协调统一考虑，满足通用固定带式输送机安装、运行、检修等要求。

（25）煤仓层通用固定带式输送机应设置通往垂直拉紧装置的楼梯及平台。

（26）地下煤斗通用固定带式输送机应设置通至地面的通风道，其位置和走向应与总平面布置协调一致。

（27）输煤建筑物内埋件和孔洞的布置应满足设备布置、安装要求，埋件承载能力应满足设备荷载要求。

（28）通用固定带式输送机驱动装置、头部滚筒、尾部滚筒上方应设置必要的起吊设施，并应在合适的位置设计吊物孔。吊物孔的位置应与上方起吊设备匹配，且应满足人员通行及检修要求。

（29）通用固定带式输送机头部、尾部落料点均应设置必要的除尘抑尘设施。寒冷地区封闭栈桥内应设置采暖设施。

（30）通用固定带式输送机沿线应设置必要的消防设施。通用固定带式输送机封闭布置时，栈桥内应设置地面水冲洗设备。

（31）输煤栈桥内电缆桥架、供暖设施、管道的走向及铺设方式应与通用固定带式输送机协调布置，栈桥（通廊）净空尺寸应满足 DL/T 5187.1—2016《火力发电厂运煤设计技术规程　第 1 部分：运煤系统》表 12.3.1 要求。

四、典型布置

1. 整机布置

通用固定带式输送机整机布置方式分为水平布置和倾斜布置（包括上运和下运布置）。

（1）水平布置。适用于物料水平输送、不需要提升或下运的工况。煤场地面带式输送机、煤仓间带式输送机、卸煤沟带式输送机等通常为水平布置，见表 4-6。

（2）倾斜布置。适用于物料需要上运或下运的工况。倾斜角度由上运（下运）高度和水平输送距离决定，上运不宜大于 16°，下运不应大于 12°。

总体布置可根据要求设计为不带凹（凸）弧倾斜布置、带凸弧倾斜布置、带凹弧倾斜布置、带凹凸弧倾斜布置等形式。其中，对于带凹弧倾斜布置和带凹凸弧倾斜布置的栈桥，当栈桥角度不大于 8° 时，宜设计为单折点栈桥；当栈桥角度大于 8° 时，宜设计为双折点栈桥。具体布置形式见表 4-7。

表 4-6		水　平　布　置	
序号	类型 布置形式	布　置　简　图	
1	水平布置示意图		
2	煤场地面通用固定带式输送机示意图		

表 4-7		倾　斜　布　置	
序号	类型 布置形式	布　置　简　图	
1	不带凹（凸）弧倾斜布置		

续表

序号 类型	布置形式	布置简图
2	带凸弧倾斜布置	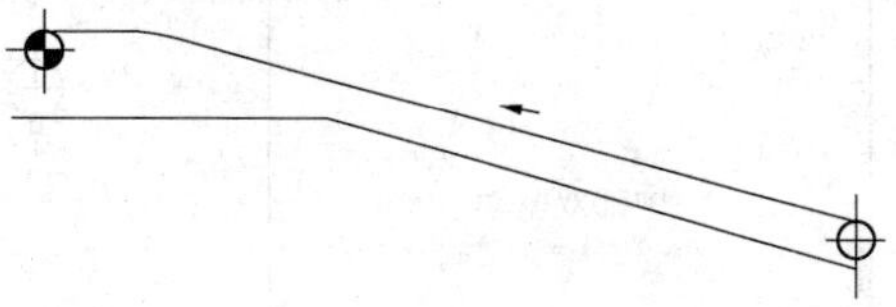
3	带凹凸弧倾斜布置单折点	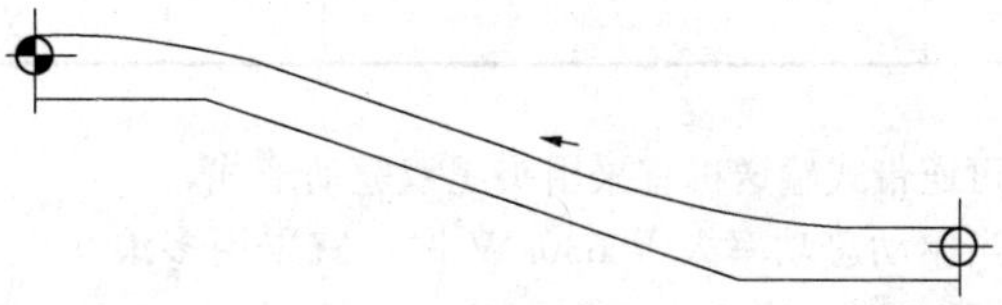
4	带凹凸弧倾斜布置双折点	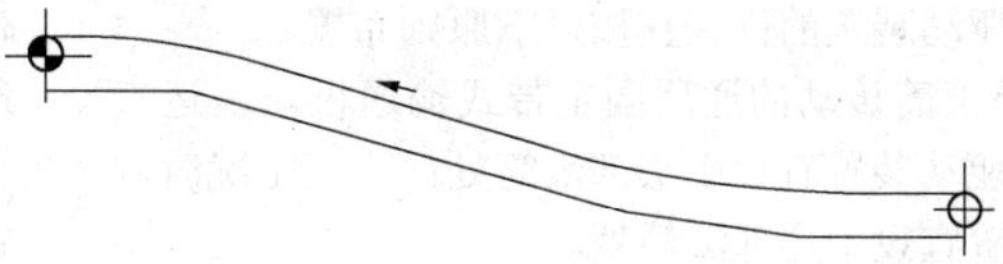
5	不带凹凸弧倾斜下运布置	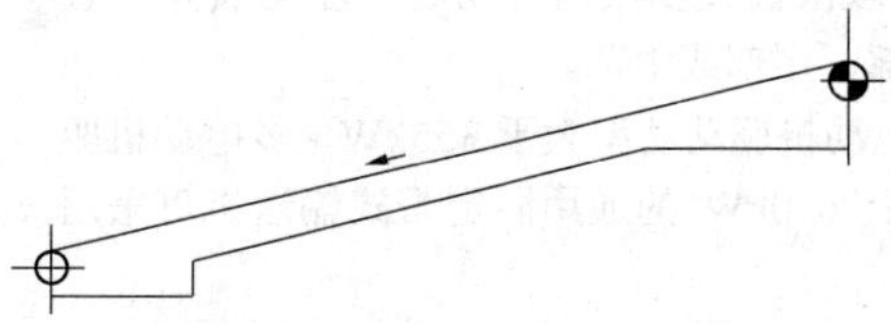

2. 运行方向布置

根据运行方向的不同，通用固定带式输送机分为单向运行、双向运行（可逆运行）两种形式。单向运行通用固定带式输送机适用于物料单向输送的工况，是输送系统常见的一种运行方式。双向运行通用固定带式输送机适用于物料需双向输送的工况。通常用于折返式布置的煤场地面通用固定带式输送机、需要双向供煤的煤仓层通用固定带式输送机，以及因其他原因需要双向给料的通用固定带式输送机，如两期系统之间的连接通用固定带式输送机等。

3. 驱动装置布置

（1）通用固定带式输送机驱动装置宜采用电动机-减速机-传动滚筒方式，工程情况特殊时，也可采用液压马达或电动滚筒等驱动方式。

（2）通用固定带式输送机驱动装置部件基本选择原则：

1）对于电动机，宜选 Y 系列三相异步电动机，卧式结构，全封闭自扇冷式。

2）对于减速机，宜选硬齿面圆柱齿轮减速机，应进行机械功率和热功率的验算。

3）对于偶合器，宜选限矩型液力偶合器。

4）对于联轴器，宜选弹性柱销齿式联轴器。

5）对于逆止器，宜选非接触式逆止器，可为减速机内置式。

（3）根据驱动单元的数量不同，通用固定带式输送机可分为单驱动、双驱动、多驱动等几种形式。较常见的双驱动形式见表4-8。

表4-8　　　　双驱动形式通用固定带式输送机

序号 类型	布置形式	布置简图
1	斗轮堆取料机煤场头尾双驱动	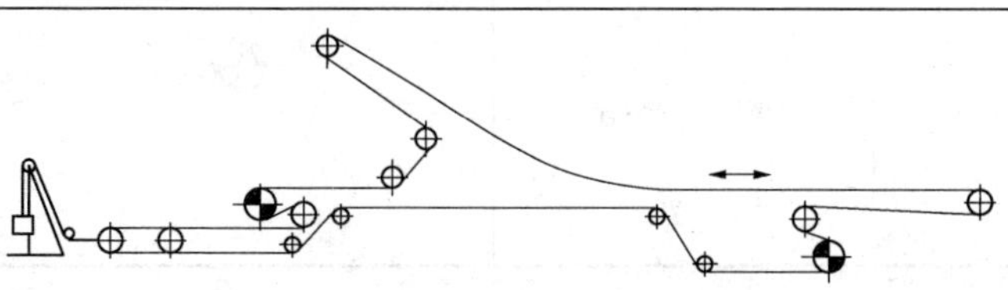

续表

序号 类型	布置形式	布置简图
2	中部双驱动	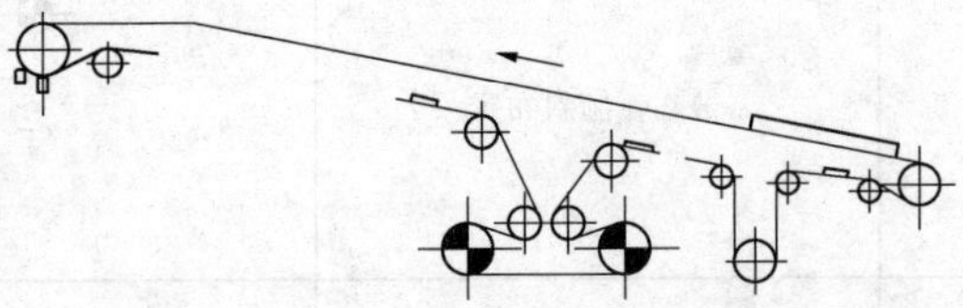

（4）可逆带式输送机宜采用头尾双驱动形式。

（5）当驱动总功率大于 630kW 时，宜采用多滚筒驱动。

（6）驱动装置的位置宜按以下原则布置。

1）单滚筒传动的通用固定带式输送机，上运工况时，其驱动装置宜设于头部滚筒处；下运工况时，其驱动装置宜设于尾部滚筒处。

2）采用双滚筒或多滚筒传动时，驱动装置位置可布置于头部、尾部或中部。

（7）单电动机驱动功率大于355kW、多电动机驱动总功率大于 630kW 的通用固定带式输送机可采用软启动。

（8）当设计需改善通用固定带式输送机启、制动工况时，宜选用软启动器。

（9）当设计需在带载稳定运行情况下对通用固定带式输送机或不同的滚筒调整不同的驱动功率时，应选用调速型液力偶合器或变频调速器等软启动装置。

（10）对于水平布置的通用固定带式输送机，宜设置制动器，但煤仓间配煤通用固定带式输送机可不设制动器。

4. 拉紧装置布置

（1）通用固定带式输送机常见的拉紧形式有垂直重锤拉紧装置、车式重锤拉紧装置、螺旋拉紧装置、液压拉紧装置等，其具体布置形式见表4-9。

表 4-9 通用固定带式输送机常见的拉紧装置布置形式

序号 类型	布置形式	布置简图
1	垂直重锤拉紧装置	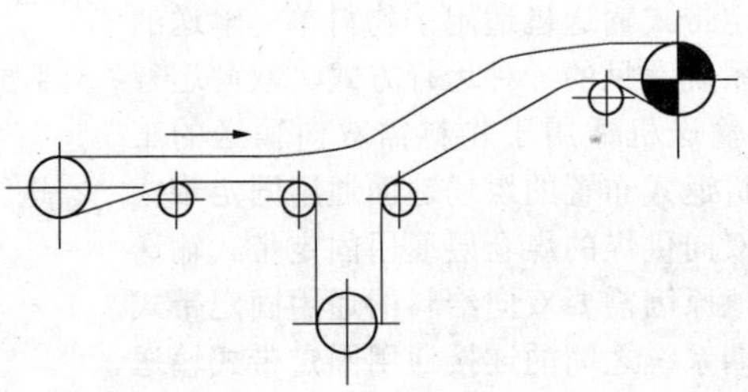
2	车式重锤拉紧装置	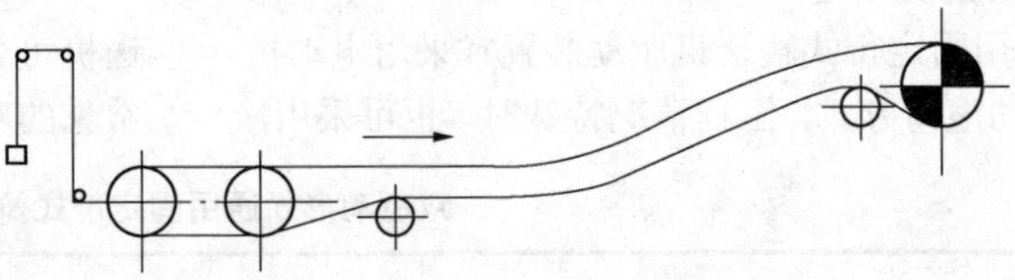
3	螺旋拉紧装置	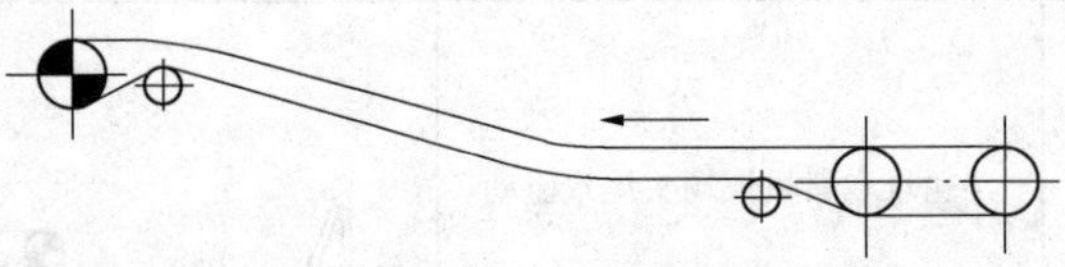

续表

序号　类型	布置形式	布置简图
4	液压拉紧装置	

（2）各种拉紧形式中，宜优先选用垂直重锤拉紧装置。拉紧装置的位置应在满足拉紧行程的条件下，布置于输送带张力最小处。拉紧行程较大、布置有困难时，可采用双行程垂直拉紧装置或采用组合布置形式。

（3）带速过高时，不宜采用液压拉紧装置。煤场通用固定带式输送机拉紧类型可选择液压拉紧或车式拉紧，拉紧行程应考虑斗轮堆取料机尾车变幅值。

（4）当通用固定带式输送机长度小于等于 30m 时，通用固定带式输送机可采用螺旋拉紧装置。对于轻质物料或运量较小的通用固定带式输送机，此值可延长至 50m。

（5）通用固定带式输送机尾部露天布置，且无法设置垂直拉紧装置时，可在尾部设车式塔架拉紧装置或液压拉紧方式。若拉紧行程为 6m 及以下时，可采用三角形塔架；若拉紧行程大于 6m 时，可采用矩形塔架。

5. 安全保护装置布置

（1）通用固定带式输送机上应设置速度（打滑）检测信号、两级跑偏开关、双向拉绳开关、料流检测信号等安全防护设施。受料点下布置缓冲托辊时，还应设纵向撕裂保护信号。

（2）每路通用固定带式输送机安装 1 台料流检测信号，布置于最后一个受料点之后，以距导料槽末端 1～1.5m 为宜。

（3）每路通用固定带式输送机安装 1 台速度（打滑）检测信号，安装于距头部传动滚筒 15～25m 处。

（4）跑偏开关安装间距约 60m，头尾处距头、尾部滚筒为 10～15m。

（5）拉绳开关安装间距约 40m，此开关距头、尾滚筒约 20m。拉绳开关宜在通用固定带式输送机双侧布置。

（6）每个受料点下安装 1 组纵向撕裂信号，每组数量根据落煤管管径和缓冲托辊间距而定。受料点设缓冲床的通用固定带式输送机可不设纵向撕裂保护装置。

6. 煤仓间配煤布置

（1）煤仓间通用固定带式输送机配煤设备主要有犁式卸料器、卸料车两种，用来实现输送机多点卸料。较少采用可逆配仓输送机。

（2）煤仓间通用固定带式输送机带速不大于 2.8m/s 时，建议采用犁式卸料器进行多点卸料；带速大于 2.8m/s 时，建议采用卸料车进行多点卸料。

（3）当煤仓间通用固定带式输送机为双路布置，下部煤斗为单出口时，煤斗上部犁式卸料器建议设置单台；下部煤斗为双出口时，煤斗上部犁式卸料器建议设置双台。

（4）煤仓间通用固定带式输送机为三路或四路布置时，两侧通用固定带式输送机可采用单侧或双侧犁式卸料器，中间通用固定带式输送机可采用单侧犁式卸料器或可转向犁式卸料器。

7. 中部驱动站的布置

（1）通用固定带式输送机驱动装置头部布置困难时，可采用中部驱动。

（2）采用中部驱动时，应充分考虑运行需要的检修起吊设备的布置。

五、设计计算

1. 几何计算

通用固定带式输送机的布置主要是栈桥几何尺寸计算。

通过已知参数，如带宽、头尾滚筒楼板面标高、头尾滚筒直径及中心高、理论带面高度、凹凸弧半径、栈桥角度、栈桥拐点定位尺寸等来计算。栈桥面与转运站轴线等交点标高、起弧点位置尺寸、弧段长度尺寸、栈桥折点位置尺寸、头尾部滚筒中心距离、通用固定带式输送机理论带面长度、通用固定带式输送机输送带长度等。

通用固定带式输送机布置计算应满足《DTⅡ（A）型带式输送机设计手册（第 2 版）》和 DL/T 5187.1—2016《火力发电厂运煤设计技术规程　第 1 部分：运煤系统》的要求。

以平直倾斜布置栈桥布置、带凹凸弧倾斜布置单折点栈桥布置和带凹凸弧倾斜布置双折点栈桥布置形式为例，分别说明栈桥的几何尺寸计算方法，其布置简图和计算方法见表 4-10。

2. 功率计算

本节设计计算使用的符号和单位见表 4-11。

表 4-10　通用固定带式输送机栈桥几何尺寸计算

序号	布置形式 计算公式	平直倾斜布置栈桥	带凹凸弧倾斜布置单折点栈桥	带凹凸弧倾斜布置双折点栈桥
1	已知参数	δ、D_1、D_2、h_{bg1}、h_{bg2}、h_2、h_3、L_2、L_3	δ、D_1、D_2、h_{bg1}、h_{bg2}、h_{bg7}、h_1、h_2、h_3、L_4、L_5、R_a、R_t	α_1、α_2、D_1、D_2、h_{bg1}、h_{bg2}、h_3、L_4、L_5、R_a
2	栈桥的各项参数计算	$h_{bg3}=h_{bg1}+h_2+\dfrac{D_2}{2\times\cos\delta}-\dfrac{h_3}{\cos\delta}$ $h_{bg4}=(h_{bg3}+L_3\times\tan\delta)-\dfrac{h_{bg4}}{\tan\delta}$ $L_4=\dfrac{h_{bg2}-h_{bg4}}{\tan\delta}$ $L_1=L_3+L_4$ $h_{bg5}=h_{bg3}+L_1\times\tan\delta$ $L_h=L_1+L_2$ $h_{bg6}=h_{bg3}+L_h\times\tan\delta-\dfrac{D_1}{2\times\cos\delta}$	$h_{bg3}=h_{bg1}+h_2+\dfrac{D_2}{2}$ $h_{bg4}=h_{bg2}+h_1+\dfrac{D_1}{2}$ $h_{bg5}=h_{bg3}+R_a\times(1-\cos\delta)$ $h_{bg6}=h_{bg4}-R_t\times(1-\cos\delta)$ $L_7=\dfrac{h_{bg6}-h_{bg5}}{\tan\delta}$ $L_6=R_a\times\sin\delta$ $L_1=L_5+L_6+L_7$ $l=R_t\times\sin\delta$ $l_2=\dfrac{h_{bg2}-h_{bg6}+\dfrac{h_3}{\cos\delta}}{\tan\delta}$ $l_1=l-l_2$ $L_3=L_4-l_1$ $L_2=L_3+l$ $L_h=L_1+L_2$ $L_8=(R_a+h_3)\times\tan\dfrac{\delta}{2}$ $L_9=\dfrac{h_{bg2}-h_{bg7}}{\tan\delta}$	$L_6=R_a\times\tan\left(\dfrac{\alpha_2-\alpha_1}{2}\right)\times(\cos\alpha_1+\cos\alpha_2)$ $H_4=R_a\times\tan\left(\dfrac{\alpha_2-\alpha_1}{2}\right)\times(\sin\alpha_1+\sin\alpha_2)$ $L_8=2\times(R_a+h_3)\times\tan\left(\dfrac{\alpha_2-\alpha_1}{4}\right)\times\cos\left(\dfrac{\alpha_2-\alpha_1}{2}+\alpha_1\right)$ $L_8=h_3\times\sin\alpha_1+(R_t+h_3)\times\tan\left(\dfrac{\alpha_2-\alpha_1}{4}\right)\times\cos\left(\dfrac{\alpha_2-\alpha_3}{2}\right)$ $L_9=2\times R_t\cdot\sin\left(\dfrac{\alpha_2-\alpha_3}{2}\right)\cdot\cos\left(\dfrac{\alpha_2+\alpha_3}{2}\right)$ $H_2=l\cdot\tan\left(\dfrac{\alpha_2+\alpha_3}{2}\right)$ $H_2=h_{bg2}+h_1+\dfrac{D_1}{2\cdot\cos\alpha_3}-L_3\cdot\tan\alpha_3-H_2=$ $\left(h_{bg2}+\dfrac{h_3}{\cos\alpha_3}\right)-l_2\cdot\tan\alpha_2$ $L_3=L_4+l_2-l$ $l=l_1+l_2$

续表

序号	项目	平直倾斜布置栈桥	带凹凸弧倾斜布置单折点栈桥	带凹弧倾斜布置双折点栈桥
	布置形式			
2	栈桥的各项参数计算		$L_h = L_4 + L_5 + L_8 + L_9$	$\left(h_{bg1} + h_2 + \dfrac{D_2}{2 \cdot \cos \alpha_1} + L_5 \cdot \tan \alpha_1\right) + H_4 + L_7 \cdot \tan \alpha_2 =$ $h_{bg2} + h_1 + \dfrac{D_2}{2 \cdot \cos \alpha_3}$ $L_h = L_5 + L_6 + L_7 + l + L_3$ $L_2 = L_4 + l_2$ $h_{bg3} = h_{bg1} + (L_5 + L_8) \cdot \tan \alpha_1 + L_9 \cdot \tan\left(\dfrac{\alpha_1 + \alpha_2}{2}\right)$ $L_{10} = \dfrac{h_{bg2} - h_{bg3}}{\tan \alpha_2}$ $h_{bg4} = h_{bg1} + (L_5 + L_8) \cdot \tan \alpha_1$
3	头尾滚筒中心高差		$H_{gch} = h_{bg2} + h_1 - h_{bg1} - h_2$	
4	带面长度	$L_{dm} = \dfrac{L_h}{\cos \delta} - (D_1 - D_2) \times \dfrac{\tan \delta}{2}$	$L_{dm} = L_3 + L_5 + \dfrac{L_7}{\cos \delta} + \dfrac{\delta \times \pi \times R_1}{180} + \dfrac{\delta \times \pi \times R_a}{180}$	$L_{dm} = \dfrac{L_3}{\cos \alpha_3} + \dfrac{L_5}{\cos \alpha_1} + \dfrac{L_7}{\cos \alpha_2} + \dfrac{(\alpha_2 - \alpha_3) \times \pi \times R_1}{180} + \dfrac{(\alpha_2 - \alpha_1) \times \pi \times R_a}{180}$
5	输送带总长度		$L_{jd} = 2 \times L_{dm} + \dfrac{\pi}{2} \times (D_1 + D_2) + 10$	

表 4-11　　　　　　　　　　　　　　计 算 符 号 和 单 位

符号	说　　　明	单位	符号	说　　　明	单位
a_B	制动减速度	m/s²	G_k	拉紧装置（包括改向滚筒）质量	N
$a_o(l_{01})$	带式输送机承载分支托辊间距	m	H	带式输送机受料点与卸料点之间的高差	m
$a_u(l_{02})$	带式输送机回程分支托辊间距	m	i_i	驱动单元第 i 个旋转部件至传动滚筒的传动比	
b_1	导料槽两栏板间的宽度	m	J_i	第 i 个滚筒的转动惯量	kg·m²
C_ε	槽形系数		J_{iD}	驱动单元第 i 个旋转部件的转动惯量	kg·m²
D	滚筒直径	m	k	考虑重载启动和功率储备的系数	
d_g	钢丝绳芯输送带钢丝直径	mm	$K_1(K_2)$	改向滚筒阻力系数	
e	辊子荷载系数		K_d	断面系数	
$e^{\mu\cdot\varphi}$	欧拉系数		k_2	刮板系数	N/m
F_u^*	摩擦阻力	N	l	导料槽长度	m
F_2	输送带在传动滚筒绕出点的张力	N	L_{1d}	处于堆料极限位置时，尾车上改向滚筒距头部驱动滚筒的水平投影中心距	m
F_{2min}	保证带式输送机在工作时不打滑，回程分支上保持的最小张力	N	L_{1q}	斗轮机处于取料极限位置时，尾车上改向滚筒距头部驱动滚筒的水平投影中心距	m
f_a	工况系数		L_2	拉紧滚筒至尾部滚筒的距离	m
f_d	冲击系数		L_{dm}	输送带带面长度	m
F_i	拉紧滚筒驱入点张力	N	L_h	带式输送机头尾滚筒中心距的水平投影距离	m
F_{i-1}	拉紧滚筒奔离点张力	N	L_{jd}	带式输送机输送带总长度	m
F_{max}	输送带最大张力	N	m_1	输送带每层质量	kg/m²
F_{mi}	带式输送机各点张力（带式输送机长度 $L<80m$）	N	m_2	上胶层质量	kg/m²
F_{rl}	尾部滚筒至拉紧装置之间的输送带清扫器摩擦阻力	N	m_3	下胶层质量	kg/m²
f_s	运行系数		m_D	各旋转部件的转动惯量转换为传动滚筒上直线移动的质量，包括电机、高速轴联轴器（或液力偶合器）、制动轮、减速器、低速轴联轴器、逆止器和所有滚筒的转动惯量	kg
F_{ua}	采用头尾双驱动时，头部传动滚筒的圆周驱动力	N			
F_{ub}	采用头尾双驱动时，尾部传动滚筒的圆周驱动力	N			
F_{umax}	带式输送机满载启动或制动时出现的最大圆周驱动力	N	m_L	带式输送机运动体（输送带、物料和托辊）转换到输送带上直线运动的等效质量	kg
F_{W1}	承载段运行阻力（带式输送机长度 $L<80m$）	N	m_{RO}	承载分支每组托辊旋转部分质量	kg
F_{W2}	空载段运行阻力（带式输送机长度 $L<80m$）	N	m_{RU}	回程分支每组托辊旋转部分质量	kg
F_{W3}	清扫器阻力（带式输送机长度 $L<80m$）	N	n_0	滑轮个数	
F_{W4}	空段清扫器阻力（带式输送机长度 $L<80m$）	N	N_1	输送带绕过的滚筒次数	
F_{W5}	导料槽阻力（带式输送机长度 $L<80m$）	N	n_1	稳定工况下，输送带的静安全系数（织物芯）	
F_{W6}	进料口物料加速阻力（带式输送机长度 $L<80m$）	N	N_2	改向滚筒个数	
F_x	输送带稳定运行工况弧段起点处张力	N	n_2	稳定工况下，输送带的静安全系数（钢绳芯）	

符号	说　明	单位	符号	说　明	单位
n_3	清扫器个数		Z	输送带层数	
n_D	驱动单元数		α	弧段的圆心角	(°)
p	清扫器和输送带间的压力	N/m²	ε	侧辊轴线相对于垂直输送带纵向轴线的平面的前倾角	(°)
P_{Aa}	采用头尾双驱动时，头部传动滚筒的轴功率	W	η	驱动装置的传动效率	
P_{Ab}	采用头尾双驱动时，尾部传动滚筒的轴功率	W	η_i	滑轮效率	
Q_d	斗轮堆取料机堆料工况下额定输送能力	t/h	μ	传送滚筒与输送带间的摩擦系数	
Q_q	斗轮堆取料机取料工况下额定输送能力	t/h	μ_0	托辊与输送带间的摩擦系数	
Q_1	带式输送机的最大输送能力	t/h	μ_1	物料与输送带间的摩擦系数	
r	传动滚筒半径	m	μ_2	物料与导料栏板间的摩擦系数	
r_i	第 i 个滚筒的滚筒半径	m	μ_3	输送带清扫器与输送带间的摩擦系数	
S	清扫器和输送带接触面积	m²	σ_N	输送带纵向扯断强度	N/（mm·层）
S_1	尾部滚筒至拉紧装置之间的清扫和输送带接触面积	m²	ω_1	承载段槽型托辊阻力系数	
t_B	自由停车时间	s	ω_2	空载段槽型托辊阻力系数	

（1）通用固定带式输送机部件选型计算即通用固定带式输送机功率及张力计算，用于确定通用固定带式输送机主要部件的选型。

（2）已知参数：带宽、带速、出力、通用固定带式输送机水平长度和高差、通用固定带式输送机倾角、物料堆积密度、承载托辊间距、回程托辊间距、头部滚筒直径、托辊槽角、上托辊前倾角、导料槽长度、卸料设备等。

（3）主要计算内容。

1）传动滚筒圆周驱动力、轴功率及电动机功率计算。

2）输送带最小张力计算、最大张力计算及逐点张力计算。

3）输送带选型计算。

4）传动滚筒扭矩、合张力、垂直装置拉紧、头尾部改向滚筒合力计算。

5）传动滚筒及各改向滚筒选型。

6）传动滚筒轴上的逆止力矩计算。

7）制动力矩及自由停车时间计算。

8）辊子静荷载及动荷载计算。

9）辊子选型。

（4）主要计算公式及部件选型方法。

1）轴功率计算，主要包括：①圆周驱动力的计算（对于机长大于 80m 的通用固定带式输送机，其传动滚筒圆周驱动力按《DTⅡ（A）型带式输送机设计手册（第 2 版）》计算；对于机长小于 80m 的通用固定

带式输送机，应采用张力逐点计算法进行计算）；②传动滚筒轴功率的计算。

传动滚筒上所需圆周驱动力 F_u 为通用固定带式输送机所有阻力之和，其计算公式如下。

$$F_u=F_H+F_N+F_{S1}+F_{S2}+F_{St} \tag{4-4}$$

式中　F_H——主要阻力，N；

　　　F_N——附加阻力，N；

　　　F_{S1}——主要特种阻力，N；

　　　F_{S2}——附加特种阻力，N；

　　　F_{St}——倾斜阻力，N。

F_H、F_N 是所有带式输送机都有的。其他三类阻力，应根据通用固定带式输送机类型及附件装设情况决定。

a. 主要阻力。

通用固定带式输送机的主要阻力 F_H 是物料及输送带移动和承载分支及回程分支托辊旋转产生的阻力的总和，主要阻力 F_H 按式（4-5）计算。

$$F_H=fLg[q_{RO}+q_{RU}+(2q_B+q_G)\cos\delta] \tag{4-5}$$

式中　f——模拟摩擦系数；

　　　L——输送机长度（头尾滚筒中心距），m；

q_{RO}、q_{RU}——输送机承载、回程分支每米托辊旋转部分质量，kg/m；

　　　q_B——每米长度输送带质量，kg/m；

　　　q_G——每米长度输送物料质量，kg/m；

　　　δ——输送机在运行方向上的倾斜角，（°）。

$$q_{RO} = \frac{m_{RO}}{a_o} \qquad (4\text{-}6)$$

$$q_{RU} = \frac{m_{RU}}{a_u} \qquad (4\text{-}7)$$

$$q_B = \frac{(Zm_1 + m_2 + m_3)B}{1000} \qquad (4\text{-}8)$$

$$q_G = \frac{Q}{3.6v} \qquad (4\text{-}9)$$

b. 附加阻力。

附加阻力 F_N 包括加料段物料加速和输送带间的惯性阻力及摩擦阻力 F_{bA}，加料段加速物料和导料槽两侧栏板间的摩擦阻力 F_f，输送带绕过滚筒的弯曲阻力 F_l 和除传动滚筒外的改向滚筒轴承阻力 F_t 四部分，计算公式见式（4-10）。

$$F_N = F_{bA} + F_f + \sum_{i_1=1}^{N_1} F_l(i_1) + \sum_{i_2=1}^{N_2} F_t(i_2) \qquad (4\text{-}10)$$

c. 主要特种阻力。

主要特种阻力 F_{S1} 包括托辊前倾的摩擦阻力 F_ε 和被输送物料与导料槽两侧栏板间的摩擦阻力 F_{gl} 两部分，按式（4-11）计算。

$$F_{S1} = F_\varepsilon + F_{gl} \qquad (4\text{-}11)$$

采用三个等长辊子的前倾上托辊时，F_ε 的计算按式（4-12）进行。

$$F_\varepsilon = C_\varepsilon \mu_0 L (q_B + q_G) g \cos\delta \sin\varepsilon \qquad (4\text{-}12)$$

采用二辊式前倾下托辊时，F_ε 的计算按式（4-13）进行。

$$F_\varepsilon = \mu_0 L q_B g \cos\lambda \cos\delta \sin\varepsilon \qquad (4\text{-}13)$$

d. 附加特种阻力。

附加特种阻力 F_{S2} 包括输送带清扫器摩擦阻力 F_r 和犁式卸料器摩擦阻力 F_a 等部分，按式（4-14）计算。

$$F_{S2} = n_3 F_r + F_a \qquad (4\text{-}14)$$

F_r 按式（4-15）计算。

$$F_r = A p \mu_3 \qquad (4\text{-}15)$$

F_a 按式（4-16）计算。

$$F_a = \frac{B \cdot k_2}{1000} \qquad (4\text{-}16)$$

e. 倾斜阻力。

倾斜阻力 F_{St} 按式（4-17）计算。

$$F_{St} = q_G g H \qquad (4\text{-}17)$$

传动滚筒轴功率 P_A（W）的计算见式（4-18）。

$$P_A = F_u v \qquad (4\text{-}18)$$

2）电动机功率 P_M（W）计算公式见式（4-19）。

$$P_M = k P_A / \eta \qquad (4\text{-}19)$$

根据计算的传动滚筒轴功率、电动机功率值，参照《DTⅡ（A）型带式输送机设计手册（第 2 版）》主要部件型谱，结合工程具体情况，确定电动机的型号。

3）输送带最小张力校核。为保证输送机的正常运行，输送带张力必须满足不打滑条件和垂度条件。在任何负载情况下，作用在输送带上的张力应使得全部传动滚筒上的圆周力是通过摩擦传递到输送带上，而输送带与滚筒间应保证不打滑；作用在输送带上的张力应足够大，使输送带在两组托辊间的垂度小于一定值。

根据不打滑条件，通用固定带式输送机回程分支最小张力应按式（4-20）核算。

$$F_{2min} \geqslant F_{umax} \cdot \frac{1}{e^{\mu\varphi} - 1} \qquad (4\text{-}20)$$

启动时，$F_{umax} = k_A \cdot F_u$，启动系数 $k_A = 1.3 \sim 1.7$。

根据垂度条件，通用固定带式输送机承载分支最小张力 F_{chmin}（N）和回程分支最小张力 F_{hmin}（N）分别应按式（4-21）和式（4-22）核算。

$$F_{chmin} \geqslant \frac{a_o(q_B + q_G)g}{8 \times 0.01} \qquad (4\text{-}21)$$

$$F_{hmin} \geqslant \frac{a_u q_B g}{8 \times 0.01} \qquad (4\text{-}22)$$

4）输送带计算及选型。输送带优先选用聚酯帆布 EP 型。EP 型输送带不能满足工程要求时，综合考虑输送带张力、拉紧行程、布置条件等因素，可采用钢丝绳芯输送带。

输送褐煤及高挥发分（通常指 V_{ar} 大于 28%）易自燃煤种时，应采用阻燃输送带。

选用聚酯帆布 EP 型输送带时，输送带层数按式（4-23）计算。

$$Z = \frac{F_{max} n_1}{B \sigma_N} \qquad (4\text{-}23)$$

其中，F_{max} 取输送带各点张力的最大值。

选用钢丝绳芯输送带时，输送带纵向拉伸强度 G_x（N/mm）按式（4-24）计算。

$$G_x \geqslant \frac{F_{max} n_2}{B} \qquad (4\text{-}24)$$

5）传动滚筒合力、扭矩、拉紧力的计算。

a. 传动滚筒合力 F_n（N）按式（4-25）计算。

$$F_n = F_{umax} + 2F_{2min} \qquad (4\text{-}25)$$

b. 传动滚筒最大扭矩 M_{max}（N·m）按式（4-26）计算。

$$M_{max} = F_u \cdot \frac{D}{2} \qquad (4\text{-}26)$$

c. 拉紧装置拉紧力 F_0（N）按式（4-27）计算。

$$F_0 = F_i + F_{i-1} \qquad (4\text{-}27)$$

6）传动滚筒、拉紧滚筒及拉紧装置等部件的选型。根据计算的传动滚筒合力、扭矩、垂直拉紧装置拉紧力，参照《DTⅡ（A）型带式输送机设计手册（第2版）》主要部件型谱，确定传动滚筒、拉紧滚筒及拉紧装置等部件的型号。所选部件的承载力不能小于对应计算值。

7）传动滚筒逆止力及逆止力矩的计算。传动滚筒上需要的逆止力 F_L（N）按式（4-28）计算。

$$F_L = q_G Hg - Cf Lg(q_{RO} + q_{RU} + 2q_B) - Cfgq_G \quad (4-28)$$
$$\times L - F_\varepsilon - F_{gl} - F_r - F_a$$

作用于传动滚筒轴上的逆止力矩 M'_L（N·m）按式（4-29）计算。

$$M'_L = F_L \cdot D/2 \quad (4-29)$$

若计算所得逆止力矩值为负，则不需要逆止器；反之需设逆止器。

8）自由停车时间及制动力矩的计算。自由停车时间按式（4-30）～式（4-33）计算。

$$m_L = (q_{RO} + q_{RU} + 2q_B + q_G) \times L \quad (4-30)$$

$$m_D = \frac{n_D \Sigma J_{iD} i_i^2}{r^2} + \Sigma \frac{J_i}{r_i^2} \quad (4-31)$$

$$a_B = \frac{F_u^*}{m_L + m_D} \quad (4-32)$$

$$t_B = \frac{v}{a_B} \quad (4-33)$$

当自由停车时间 t_B 超过5s时，应设置制动器。

采用制动器时的制动圆周力 F_Z（N）按式（4-34）计算。

$$F_Z = a_B(m_1 + m_2) - F_u^* \quad (4-34)$$

制动器的制动力矩 M_Z（N·m）按式（4-35）计算。

$$M_Z = r \frac{F_Z}{i} \quad (4-35)$$

9）托辊静荷载和动荷载的计算。

a. 承载分支托辊静荷载 F_{RO}（N）按式（4-36）计算。

$$F_{RO} = ea_o \left(\frac{Q}{3.6v} + q_B \right) g \quad (4-36)$$

b. 回程分支托辊静荷载 F_{RU}（N）按式（4-37）计算。

$$F_{RU} = ea_u q_B g \quad (4-37)$$

c. 承载分支托辊动荷载 F'_{RO}（N）按式（4-38）计算。

$$F'_{RO} = F_{RO} f_s f_d f_a \quad (4-38)$$

d. 回程分支托辊动荷载 F'_{RU}（N）按式（4-39）计算。

$$F'_{RU} = F_{RU} f_s f_a \quad (4-39)$$

计算后取静荷载、动荷载二者之中较大值，根据《DTⅡ（A）型带式输送机设计手册（第2版）》辊子承载能力表进行辊子选型。

（5）常用计算公式。以平直倾斜布置、带凹凸弧倾斜布置和平直倾斜布置短通用固定带式输送机（$L<80m$）为例，分别说明通用固定带式输送机的功率计算方法。其布置简图和计算方法见表4-12。

对于煤场可逆运行的通用固定带式输送机，其功率计算方法不同于普通通用固定带式输送机。针对煤场通用固定带式输送机的运行情况，分别以堆料和取料工况计算通用固定带式输送机的功率（拉紧方式采用尾部塔架拉紧），其功率计算方法见表4-13。

（6）计算实例。以带凹凸弧倾斜布置双折点形式为例，计算通用固定带式输送机功率及设备选型，如图4-3所示。

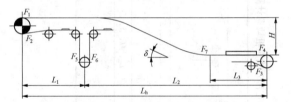

图4-3　带凹凸弧倾斜布置双折点形式

1）已知通用固定带式输送机参数：$B=1200mm$，$v=2.5m/s$，$Q=1200t/h$，$L_h=106m$，$H=16.3m$，$\delta=16°$，$D=1.0m$，$L=108m$，$a_o=1.2m$，$a_u=3m$，$\lambda=35°$，$\varepsilon=2°$，$g=9.81m/s^2$，$\rho=900kg/m^3$，$L_2=81.7m$，$l=18m$。

2）出力验算。

查《DTⅡ（A）型带式输送机设计手册（第2版）》可得 $K_d=410$

$$Q_1 = K_d \cdot \left(\frac{B}{1000} \right)^2 \cdot v \cdot \frac{\rho}{1000} = 1.328 \times 10^3 t/h$$

$Q_1 > Q$，满足出力要求。

3）驱动力及所需功率计算。

a. 计算 q_{RO}，q_{RU}，q_B，q_G。

查《DTII（A）型带式输送机设计手册（第2版）》可得 $m_{RO}=22.14kg$，$m_{RU}=19.28kg$

$$q_{RO} = \frac{m_{RO}}{a_o} = 18.45kg/m$$

表4-12 通用固定带式输送机功率计算及部件选型

序号		布置形式	平直倾斜布置简图(L≥80m)	带凹凸弧倾斜布置简图	平直倾斜布置短简图(L<80m)
1	已知参数		B、v、Q、L_h、H、δ、D、L、a_o、a_u、λ、ε、g、ρ	B、v、Q、L_h、H、δ、D、L、a_o、a_u、λ、ε、g、ρ、L_2	B、v、Q、L_h、H、δ、D、L、l_{01}、l_{02}、λ、ε、g、ρ
2	出力验算		$$Q_1 = K_d \cdot \left(\frac{B}{1000}\right)^2 \cdot v \cdot \frac{\rho}{1000}$$		
3	驱动力及所需功率计算		(1) 计算 q_{RO}、q_{RU}、q_B、q_G。 $$q_{RO} = \frac{m_{RO}}{a_o}$$ $$q_{RU} = \frac{m_{RU}}{a_u}$$ $$q_B = \frac{(Z \cdot m_1 + m_2 + m_3) \cdot B}{1000}$$ $$q_G = \frac{Q}{3.6v}$$ (2) 计算 F_{S1}、F_{S2}。 $$F_{S1} = F_\varepsilon + F_{gl}$$ $$F_\varepsilon = C_\varepsilon \cdot \mu_0 \cdot L \cdot (q_B + q_G) \cdot g \cdot \cos\delta \cdot \sin\varepsilon$$ $$F_{gl} = \frac{\mu_2 \cdot Q^2 \cdot g \cdot l}{3.6^2 \cdot \rho \cdot v^2 \cdot b_1^2}$$ $$F_{S2} = n_3 \cdot F_r + F_a$$ $$F_r = A \cdot p \cdot \mu_3$$ $$F_a = B \cdot \frac{k_2}{1000}$$ (3) 计算圆周驱动力 F_u。 $$F_u = C \cdot f \cdot L \cdot g \cdot [q_{RO} + q_{RU} + (2q_B + q_G)] + q_G \cdot H \cdot g + F_\varepsilon + F_{gl} + F_r + F_a$$ (4) 计算传动滚筒轴功率 P_A，电动机功率 P_M。 $$P_A = F_u \cdot v$$		(1) 计算 q_1、q_2、q_B、q_G。 $$q_1 = \frac{m_{RO}}{l_{01}}$$ $$q_2 = \frac{m_{RU}}{l_{02}}$$ $$q_B = \frac{(Z \cdot m_1 + m_2 + m_3) \cdot B}{1000}$$ $$q_G = \frac{Q}{3.6 \cdot v}$$ (2) 各种阻力计算。 $$F_{W1} = (q_G + q_1 + q_B) \cdot L \cdot \omega_1 + (q_G + q_B) \cdot H$$ $$F_{W2} = (q_B + q_2) \cdot L \cdot \omega_2 - q_B \cdot H$$ $$F_{W3} = 100 \cdot \frac{B}{1000}$$ $$F_{W4} = 20 \cdot \frac{B}{1000}$$ $$F_{W5} = \left[1.6 \cdot \left(\frac{B}{1000}\right)^2 \cdot \frac{\rho}{1000} + 7\right] \cdot l$$ $$F_{W6} = q_G \cdot \frac{v^2}{2 \cdot g}$$ (3) 张力逐点计算。 $$F_{m2} = K_1 \cdot (F_{m1} + 2 \cdot F_{w3})$$ $$F_{m3} = K_1 \cdot (F_{w2} + F_{w4} + F_{m2})$$

续表

平直倾斜布置短筒图($L<80m$)

带凹弧倾斜布置简图

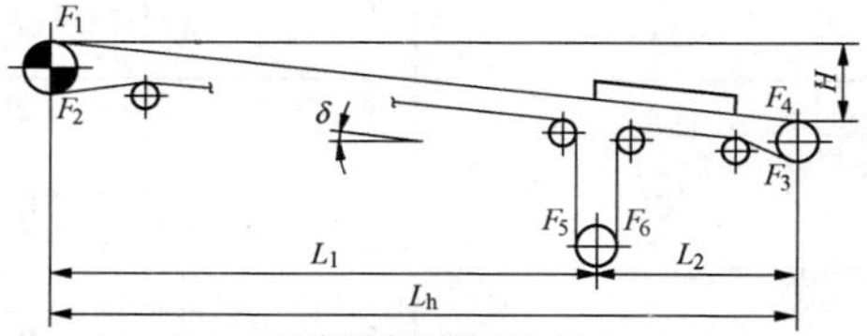

平直倾斜布置简图($L\geqslant 80m$)

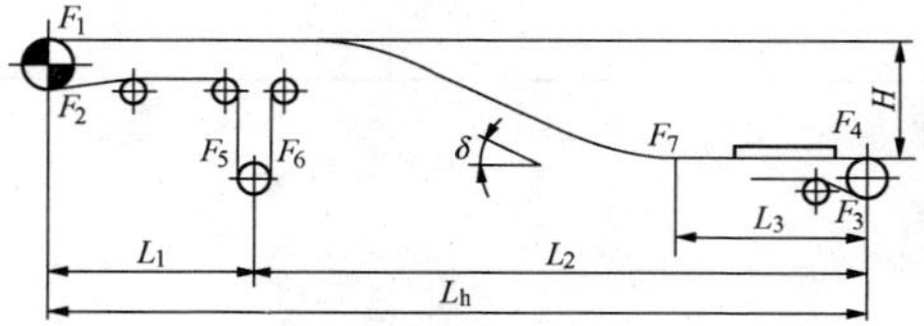

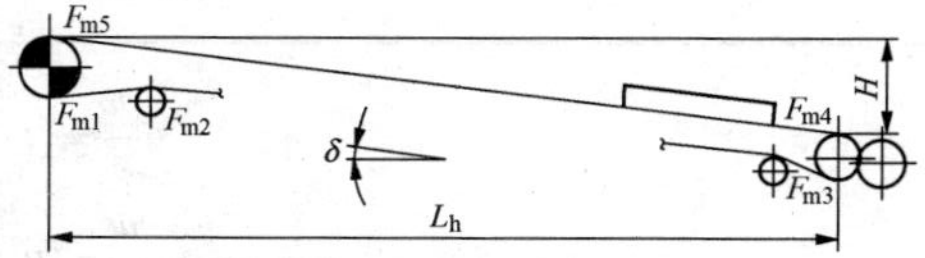

序号	布置形式	计算公式
3	驱动力及所需功率计算	$P_M = k \cdot \dfrac{P_A}{\eta}$

$F_{m4} = K_2 \cdot F_{m3}$

$F_{m5} = F_{W1} + F_{W5} + F_{W6} + F_{m4}$

$F_{m5} = F_{m1} \cdot e^{\mu \cdot \frac{\delta}{180} \cdot \pi}$

$F_{min} = (q_B + q_G) \cdot \dfrac{l_{01}}{0.08}$

(4) 计算传动滚筒轴功率 P_A，电动机功率 P_M。

$P_A = (F_{m5} - F_{m1}) \cdot \dfrac{v}{l_{02}}$

$P_M = k \cdot \dfrac{P_A}{\eta}$

满足垂直要求承载段最小张力必须大于 F_{min}，即 $F_{m4} > F_{min}$

序号	布置形式	计算公式
4	输送带张力计算	

输送带最小张力校核:

(1) 按不打滑条件，需在回程带上保持最小张力 F_{2min}，按下式进行计算:

$F_{umax} = k_A \cdot F_u$

$F_{2min} = F_{umax} \cdot \dfrac{1}{e^{\mu \cdot \varphi} - 1}$

(2) 按垂度条件，为限制输送带在两组托辊间的下垂度，作用在输送带上任意一点的最小张力 F_{min}，需按下式进行验算。

$F_{chmin} = \dfrac{a_o \cdot (q_B + q_G) \cdot g}{8 \times 0.01}$

$F_{min} = \dfrac{a_u \cdot q_B \cdot g}{8 \times 0.01}$

按不打滑条件进行计算，$F_2 = F_{2min}$

计算各点张力得 $F_4 \approx F_3$

$F_3 = F_2 + [C/Lg(q_{RU} + q_B) - q_B Hg] + F_r$

$F_4 = F_3$

比较 F_4 与 F_{chmin}，是否满足垂度条件。

计算输送带最大张力 F_{max}:

$F_{max} = F_2 + F_u$

续表

序号	计算公式	平直倾斜布置简图($L \geq 80\text{m}$)	带凹凸弧倾斜布置简图	平直倾斜布置短简图($L < 80\text{m}$)
布置形式				
5	输送带层数计算	$Z = \dfrac{F_{\max} \cdot n_1}{B \cdot \sigma_N}$		$Z = F_{m5} \, 9.8 \dfrac{n_1}{B \sigma_N}$
6	垂直拉紧装置拉紧力计算	$F_{r1} = A_t \mu p$ $F_{u2} = [L_2 g(q_{RU} + q_B) - q_B L_2 \tan\sigma \cdot g] + F_{r1}$ $F_6 = F_5 = F_3 - F_6$ $F_0 = F_5 + F_6$		$F_0 = (F_{m3} + F_{m4})g$
7	传动滚筒轴上的逆止力矩 M'_L	$F_L = q_G g H - C L g(q_{RO} + q_{RU} + 2q_B) - Cf g q_G L - F_e - F_{gl} - F_r - F_a$ $M'_L = \dfrac{D F'_L}{2}$		$M'_L = \dfrac{66 \cdot D}{v}(0.00546 q H - P_A)$
8	自由停车时间计算	$m_L = (q_G + q_{RO} + q_{RU} + 2q_B)L$ $m_D = \dfrac{n_D \cdot \Sigma J_{iD} i_i^2}{r^2} + \Sigma \dfrac{J_i}{r_i^2}$ $F'_u = C \cdot f \cdot L \cdot g[q_{RO} + q_{RU} + (2q_B + q_G)] + q_G \cdot H \cdot g + F_e + F'_r + F_{gl} + F_r + F_a$ $a_B = \dfrac{F'_u}{m_L + m_D}$ $t_B = \dfrac{v}{a_B}$	$m_L = (q_G + q_1 + q_2 + 2 \cdot q_B)L$ $m_D = \dfrac{n_D \cdot \Sigma J_{iD} i_i^2}{r^2} + \Sigma \dfrac{J_i}{r_i^2}$ $F'_u = f \cdot L \cdot h \cdot g(q_1 + q_2 + 2q_B + q_G) + q_G \cdot H \cdot g + F_{W1} \cdot g + F_{W2} \cdot g + F_{W3} \cdot g + F_{W4} \cdot g + F_{W5} \cdot g + F_{W6} \cdot g$ $a_B = \dfrac{F'_u}{m_L + m_D}$ $t_B = \dfrac{v}{a_B}$	
9	校核托辊子荷载	静荷载计算： 对于承载分支 $e=0.8$		静荷载计算： 对于承载分支 $e=0.8$

续表

平直倾斜布置简图（L≥80m）

带凹凸弧倾斜布置简图

平直倾斜布置短简图（L<80m）

序号	布置形式 计算公式	平直倾斜布置简图（L≥80m）／带凹凸弧倾斜布置简图	平直倾斜布置短简图（L<80m）
9	校核辊子荷载	$F_{RO} = e \cdot a_o \cdot \left(\dfrac{Q}{3.6 \cdot v} + q_B\right) \cdot g$ 校核上托辊的承载能力是否满足要求。 对于回程分支 e=1.0 $F_{RU} = e \cdot a_u \cdot q_B \cdot g$ 校核下托辊的承载能力是否满足要求。 动荷载计算： $F'_{RO} = F_{RO} \cdot f_s \cdot f_d \cdot f_a$ 校核上托辊的承载能力是否满足要求。 对于回程分支 $F'_{RU} = F_{RU} \cdot f_s \cdot f_a$ 校核下托辊的承载能力是否满足要求	$F_{RO} = e \cdot l_{01} \cdot \left(\dfrac{Q}{3.6 \cdot v} + q_B\right) \cdot g$ 校核上托辊的承载能力是否满足要求。 对于回程分支 e=1.0 $F_{RU} = e \cdot l_{02} \cdot q_B \cdot g$ 校核下托辊的承载能力是否满足要求。 动荷载计算： $F'_{RO} = F_{RO} \cdot f_s \cdot f_d \cdot f_a$ 校核上托辊的承载能力是否满足要求。 对于回程分支 $F'_{RU} = F_{RU} \cdot f_s \cdot f_a$ 校核下托辊的承载能力是否满足要求
10	传动滚筒、改向滚筒选型	传动滚筒合张力：$F_n = F_u + 2 \cdot F_2$ 传动滚筒扭矩：$M = \dfrac{F_u \cdot D}{2}$ 改向滚筒合张力：$F_{n1} = F_3 + F_4$ 头部增面滚筒：合力 $\sum F = \sqrt{F_1^2 + F_2^2 + 2F_2^2} \cdot \cos\theta_1$；增面角 θ_1 尾部增面滚筒：合力 $\sum F = \sqrt{F_3^2 + 2F_3^2} \cdot \cos\theta_2$；增面角 θ_2 拉紧装置增面滚筒：合力 $\sum F = \sqrt{F_5^2 + 2F_5^2} \cdot \cos\theta_3$；增面角 θ_3 根据所受合力，查找《DTII（A）型带式输送机设计手册（第2版）》，选择合适的滚筒	传动滚筒合张力：$F_n = (F_{m1} + F_{m5}) \cdot g$ 圆周驱动力：$F_u = (F_{m5} - F_{m1}) \cdot g$ 传动滚筒扭矩：$M = \dfrac{F_u \cdot D}{2}$ 改向滚筒合张力：$F_{n1} = (F_{m3} + F_{m4}) \cdot g$ 头部增面滚筒：合力 $\sum F = \sqrt{F_{m2}^2 + F_{m2}^2 + 2F_{m2}^2} \cdot \cos\theta_1$；增面角 θ_1 尾部增面滚筒：合力 $\sum F = \sqrt{F_{m3}^2 + F_{m3}^2 + 2F_{m3}^2} \cdot \cos\theta_2$；增面角 θ_2 根据所受合力，查找《DTII（A）型带式输送机设计手册（第2版）》，选择合适的滚筒

表 4-13　煤场通用固定带式输送机功率计算及部件选型

序号	计算公式 布置形式		
1	布置形式	 煤场通用固定带式输送机布置简图(堆料工况)	 煤场皮带布置简图(取料工况)
	已知参数	B、v、$Q_d(Q_y)$、H、σ、D、L、L_{lq}、L_{ld}、a_o、a_u、λ、ε、g、ρ	
2	出力验算	$Q_l = K_d \cdot \left(\dfrac{B}{1000}\right)^2 \cdot v \cdot \dfrac{\rho}{1000}$	
3	计算 q_{RO}、q_{RU}、q_B、q_G、F_{S1}、F_{S2}	(1) 计算 q_{RO}、q_{RU}、q_B、q_G。 $q_{RO} = \dfrac{m_{RO}}{a_o}$ $q_{RU} = \dfrac{m_{RU}}{a_u}$ $q_B = \dfrac{(Zm_1 + m_2 + m_3)B}{1000}$ $q_G = \dfrac{Q_d}{3.6v} \left(q_G = \dfrac{Q_y}{3.6v}\right)$ (2) 计算 F_{S1}、F_{S2}。 $F_\varepsilon = F_\varepsilon' + F_{gl}'$ $F_\varepsilon = C_\varepsilon \mu_0 L(q_B + q_G) g\cos\delta \cdot \sin\varepsilon$ $F_{gl}' = \dfrac{\mu_2 Q_d^2 gl}{3.6^2 \rho v^2 b_z^2} \left(F_{gl}' = \dfrac{\mu_2 Q_y^2 gl}{3.6^2 \rho v^2 b_z^2}\right)$ 特种附加阻力 F_{S2} 包括输送带清扫器摩擦阻力 F_r 和犁式卸料器摩擦阻力 F_a 等部分，按下式计算： $F_{S2} = n_3 F_r + F_a$ $F_r = Ap\mu_3$ $F_a = B \cdot \dfrac{k_2}{1000}$	

序号	布置形式 计算公式		
3	 煤场通用固定带式输送机布置简图(堆料工况)	驱动力及所需功率计算	按堆料时最末端位置计算： (1) 计算圆周驱动力 F_u。 $F_u = Cf(L - L_q)g[q_{RO} + q_{RU} + (2q_B + q_G)] +$ $Cf L_{td}g(q_{RO} + q_{RU} + 2q_B) + q_G Hg + F_\varepsilon + F_{gl} + F_r + F_a$ (2) 计算通用固定带式输送机传动滚筒轴功率 P_A，电动机功率 P_M。 采用头尾双驱动，按等功率分配： $P_A = F_u \cdot v$ $P_{Aa} = P_{Ab}$　　$F_{ua} = F_{ub} = F_u/2$ $P_{Aa} = F_{ua} \cdot v$ $P_M = k \cdot \dfrac{P_A}{\eta}$
		输送带张力计算	输送带张力计算： (1) 按垂度条件。 为了限制输送带在两组托辊间的下垂度，作用在输送带上任意一点的最小张力 F_{min}，需按下式进行验算。 承载分支 $F_{chmin} = \dfrac{a_o(q_B + q_G)g}{8 \times 0.01}$ 回程分支 $F_{hmin} = \dfrac{a_o q_B g}{8 \times 0.01}$ 由 $F_4 = F_{chmin}$ 计算各点张力： 1) 重载段阻力 F_{ul}。 $F_{ul} = [Cf L_{td}g(q_{RO} + q_B + q_G) + q_G Hg] + F_\varepsilon + F_{gl} + F_a$ 2) 计算空载段阻力。 $F_1 = F_4 + F_{ul}$

序号	布置形式 计算公式		
4	 煤场皮带布置简图(取料工况)	驱动力及所需功率计算	按取料时最末端位置计算： (1) 计算圆周驱动力 F_u。 $F_u = Cf(L - L_q)g[q_{RO} + q_{RU} + (2q_B + q_G)] +$ $Cf L_{tq}g(q_{RO} + q_{RU} + 2q_B) + q_G Hg + F_\varepsilon + F_{gl} + F_r + F_a$ (2) 计算通用固定带式输送机传动滚筒轴功率 P_A，电动机功率 P_M。 采用头尾双驱动，按等功率分配： $P_A = F_u \cdot v$ $P_{Aa} = P_{Ab}$　　$F_{ua} = F_{ub} = F_u/2$ $P_{Aa} = F_{ua} \cdot v$ $P_M = k \cdot \dfrac{P_A}{\eta}$
		输送带张力计算	输送带张力计算： (1) 按垂度条件。 为了限制输送带在两组托辊间的下垂度，作用在输送带上任意一点的最小张力 F_{min}，需按下式进行验算。 承载分支 $F_{chmin} = \dfrac{a_o \cdot (q_B + q_G) \cdot g}{8 \times 0.01}$ 回程分支 $F_{hmin} = \dfrac{a_o q_B g}{8 \times 0.01}$ 由 $F_4 = F_{chmin}$ 计算各点张力： 1) 重载段阻力 F_{ul}。 $F_{ul} = [Cf L_{tq}g(q_{RO} + q_B + q_G) + q_G Hg] + F_\varepsilon + F_{gl} + F_a$ 2) 计算空载段阻力。 $F_1 = F_4 + F_{ul}$

序号	计算公式 布置形式	煤场通用固定带式输送机布置简图(堆料工况)	煤场皮带布置简图(取料工况)
4	输送带张力计算	$F_{u2} = CfLg(q_{RU} + q_B) + F_r$ $F_3 = F_2 + F_{u2}$ $F_1 - F_2 = F_3 - F_4$ 求得 F_2、F_3。 (2) 按不打滑条件验算，并计算包角。 $F_{umax} = k_A F_u$ $F_2 = F_{uu} k_A \dfrac{1}{e^{\mu \cdot \varphi_1} - 1}$ $F_4 = F_{ub} k_A \dfrac{1}{e^{\mu \cdot \varphi_2} - 1}$ 求得输送带在所传动滚筒上的围包角 φ_1、φ_2	$F_{u2} = CfLg(q_{RU} + q_B) + F_r$ $F_3 = F_2 + F_{u2}$ $F_1 - F_2 = F_3 - F_4$ 求得 F_2、F_3。 (2) 按不打滑条件验算，并计算包角。 $F_{umax} = k_A F_u$ $F_2 = F_{uu} k_A \dfrac{1}{e^{\mu \cdot \varphi_1} - 1}$ $F_4 = F_{ub} k_A \dfrac{1}{e^{\mu \cdot \varphi_2} - 1}$ 求得输送带在所传动滚筒上的围包角 φ_1、φ_2
5	输送带层数计算	$Z = \dfrac{F_{max} n_1}{B \sigma_N}$	
6	车式拉紧装置配重 G 计算	配重 (N)： $G = \dfrac{2F_2 + 0.04 G_k \cos\delta - G_k \sin\delta}{\eta_1^3}$	
7	传动滚筒轴上的逆止力矩 M'_L	传动滚筒轴上的逆止力 F_L 计算： $F_L = q_G g H - CfLg(q_{RO} + q_{RU} + 2q_B) - Cfgq_G L - F_e - F_{gl} - F_r - F_a$ 逆止力矩 M'_L 计算： $M'_L = \dfrac{D \cdot F_L}{2}$	

续表

序号	布置形式 计算公式		
		煤场通用固定带式输送机布置简图(堆料工况)	煤场皮带布置简图(收料工况)
8	自由停车时间计算	$m_L = (q_G + q_{RO} + q_{RU} + 2 \cdot q_B)L$ $m_D = \dfrac{n\Sigma J_{iD} i_i^2}{r^2} + \dfrac{\Sigma J_i}{r_i^2}$ $F_u^* = CfLg\{q_{RO} + q_{RU} + (2q_B + q_G)\} + q_G Hg + F_\varepsilon + F_{gl} + F_r + F_a$ $a_B = \dfrac{F_u^*}{m_L + m_D}$ $t_B = \dfrac{v}{a_B}$	
9	校核辊子荷载	(1) 静荷载计算： 1) 对于承载分支。 $F_{RO} = ea_o \left(\dfrac{Q}{3.6v} + q_B \right) g$ 校核上托辊的承载能力是否满足要求。 2) 对于回程分支。 $F_{RU} = ea_u q_B g$ 校核下托辊的承载能力是否满足要求。 (2) 动荷载计算： 1) 对于承载分支。 $F_{RO}' = F_{RO} f_s f_d f_a$ 校核上托辊的承载能力是否满足要求。 2) 对于回程分支。 $F_{RU}' = F_{RU} f_s f_a$ 校核下托辊的承载能力是否满足要求。	
10	传动滚筒、改向滚筒选型	与表4-12内容相同	

$$q_{RU} = \frac{m_{RU}}{a_u} = 6.427 \, \text{kg/m}$$

据输送带选型可知，$Z=5$（上胶层厚 1.5mm，下胶层厚 4.5mm）

$m_1=1.934\text{kg}$，$m_2=5.1\text{kg}$，$m_3=1.7\text{kg}$

$$q_B = \frac{(Zm_1 + m_2 + m_3) \cdot B}{1000} = 19.764 \, \text{kg/m}$$

$$q_G = \frac{Q}{3.6 \cdot v} = 133.33 \, \text{kg/m}$$

b. 计算 F_{S1}，F_{S2}。

查《DTII（A）型带式输送机设计手册（第 2 版）》可得 $C_\varepsilon=0.43$，$\mu_0=0.4$

$$F_\varepsilon = C_\varepsilon \cdot \mu_0 \cdot L \cdot (q_B + q_G) \cdot g \cdot \cos\delta \cdot \sin\varepsilon$$
$$= 935.944 \, \text{N}$$

查《DTII（A）型带式输送机设计手册（第 2 版）》可得 $\mu_2=0.65$，$b_1=0.73$

$$F_{gl} = \frac{\mu_2 \cdot Q^2 \cdot g \cdot l}{3.6^2 \cdot \rho \cdot v^2 \cdot b_1^2} = 4.254 \times 10^3 \, \text{N}$$

$$F_{S1} = F_\varepsilon + F_{gl} = 5.189 \times 10^3 \, \text{N}$$

查《DTII（A）型带式输送机设计手册（第 2 版）》可得 $\mu_3=0.6$，$p=8\times10^4\text{N/m}^2$，$k_2=0$，$n_3=1$，$A=0.048\text{m}^2$

$$F_r = Ap\mu_3 = 2.304 \times 10^3 \, \text{N}$$

$$F_a = B \cdot \frac{k_2}{1000} = 0$$

$$F_{S2} = n_3 \cdot F_r + F_a = 2.304 \times 10^3 \, \text{N}$$

c. 计算圆周驱动力 F_u。

查《DTII（A）型带式输送机设计手册（第 2 版）》可得 $C=1.747$，$f=0.03$

$$F_u = CfLg[q_{RO} + q_{RU} + (2q_B + q_G)]$$
$$+ q_G Hg + F_\varepsilon + F_{gl} + F_r + F_a = 3.979 \times 10^4 \, \text{N}$$

d. 计算通用固定带式输送机传动滚筒轴功率 P_A，电动机功率 P_M。

$$P_A = F_u \cdot v = 9.949 \times 10^4 \, \text{W}$$

查《DTII（A）型带式输送机设计手册（第 2 版）》可得 $k=1.25$，$\eta=0.86$

$$P_M = k \cdot \frac{P_A}{\eta} = 1.446 \times 10^5 \, \text{W} = 144.6 \, \text{kW}$$

选择电动机功率 $P_M=160\text{kW}$，转速 $n=1500\text{r/min}$。

4）输送带张力计算。

输送带最小张力校核：

按不打滑条件：

为保证输送带工作时不打滑，需在回程带上保持最小张力 F_{2min}，按下式进行计算。

查《DTII（A）型带式输送机设计手册（第 2 版）》可得 $\mu=0.3$，$\varphi=190°$，$k_A=1.5$，$e^{\mu \cdot \varphi}=2.704$

$$F_{umax} = k_A \cdot F_u = 5.969 \times 10^4 \, \text{N}$$

$$F_{2min} = F_{umax} \cdot \frac{1}{e^{\mu \cdot \varphi} - 1} = 3.502 \times 10^4 \, \text{N}$$

按垂度条件：

为了限制输送带在两组托辊间的下垂度，作用在输送带上任意一点的最小张力 F_{min}，需按下式进行验算。

承载分支：

$$F_{chmin} = \frac{a_o(q_B + q_G)g}{8 \times 0.01} = 2.253 \times 10^4 \, \text{N}$$

回程分支：

$$F_{hmin} = \frac{a_u q_B g}{8 \times 0.01} = 7.271 \times 10^3 \, \text{N}$$

按不打滑条件进行计算，$F_2 = F_{2min}$

计算各点张力得 $F_4 \approx F_3$

$$F_{u1} = [CfLg(q_{RU} + q_B) - q_B Hg] + F_r$$
$$= 597.97 \, \text{N}$$

$$F_3 = F_4 = F_2 + F_{u1} = 3.562 \times 10^4 \, \text{N}$$

比较 F_4 与 F_{chmin}，有 $F_4 > F_{chmin}$，满足垂度条件。

计算传动滚筒合力 F_{1max}：

$$F_{1max} = F_2 + F_u = 7.481 \times 10^4 \, \text{N}$$

5）输送带层数计算。

查《DTII（A）型带式输送机设计手册（第 2 版）》可得 $n_1=12$，$\sigma_N=300\text{N/mm}$

$$Z = \frac{F_{1max} \cdot n_1}{B \cdot \sigma_N} = 2.494 \, \text{层}$$

选用 EP-300 型，$Z=3$ 层。

6）传动滚筒扭矩、合张力计算、尾部改向滚筒合张力、垂直拉紧装置拉紧力计算及设备选型。

传动滚筒合张力：$F_n = F_u + 2 \cdot F_2 = 1.098 \times 10^5 \, \text{N}$

传动滚筒扭矩：$M = \frac{F_u \cdot D}{2} = 1.99 \times 10^4 \, \text{N} \cdot \text{m}$

传动滚筒选用 120A308，许用扭矩 27kN·m，许用合力 160kN，质量 1771kg，转动惯量 204.8kg·m²。

尾部滚筒合张力：$F_3 + F_4 = 7.125 \times 10^4 \, \text{N}$

尾部改向滚筒选用 120B207，许用合力 100kN，质量 1507kg，转动惯量 89.6kg·m²。

查《DTII（A）型带式输送机设计手册（第 2 版）》可得 $A_1=0.024\text{m}^2$

$$F_{r1} = A_1 p\mu_3 = 1.152 \times 10^3 \, \text{N}$$

$$F_{u2} = [f \cdot L_2 \cdot g \cdot (q_{RU} + q_B) - q_B \cdot L_2 \cdot \tan\delta \cdot g] + F_{r1}$$
$$= -2.76 \times 10^3 \, \text{N}$$

$$F_6 = F_3 - F_{u2} = 3.838 \times 10^4 \, \text{N}$$

$$F_5 = F_6$$

拉紧装置拉紧力：

$$F_o = F_5 + F_6 = 7.676 \times 10^4 \, \text{N}$$

垂直拉紧装置选用 120D202073C，最大拉紧力 90kN。

改向滚筒选用 120B207，直径 800mm，许用合力 100kN。

7）传动滚筒轴上的逆止力矩计算。

查《DTⅡ（A）型带式输送机设计手册（第 2 版）》可得 $f=0.012$

$$F_L = q_G Hg - CfLg(q_{RO} + q_{RU} + 2q_B)$$
$$- Cfgq_G L - F_\varepsilon - F_{gl} - F_r - F_a$$
$$= 9.434 \times 10^3 \text{N}$$

$$M'_L = \frac{D \cdot F_L}{2} = 4.717 \times 10^3 \text{N} \cdot \text{m}$$

8）自由停车时间计算。

根据驱动装置选型，查《DTⅡ（A）型带式输送机设计手册（第 2 版）》有电动机转动惯量 J_{dj} = 4.13kg·m²、液力偶合器转动惯量 J_y =0、制动轮转动惯量 J_z =0、减速器转动惯量 J_j =0、联轴器转动惯量 J_l = 2.63kg·m²。

驱动单元个数 n_D =1，减速比 i_i =31.5

滚筒半径：r_1 =0.5m，r_2 =0.4m，r_3 =0.315m，r_4 = 0.25m

滚筒转动惯量：J_1 =204.8kg·m²，J_2 =89.6kg·m²，J_3 =43.7kg·m²，J_4 =16.4kg·m²

$$m_L = (q_G + q_{RO} + q_{RU} + 2 \cdot q_B)L = 2.136 \times 10^4 \text{kg}$$

$$m_D = \frac{n_D \cdot [(J_{dj} + J_y + J_j + J_z) \cdot i_i^2 + J_1]}{r_1^2}$$
$$+ \left(\frac{J_1}{r_1^2} + \frac{2 \cdot J_2}{r_2^2} + \frac{2 \cdot J_3}{r_3^2} + \frac{2 \cdot J_4}{r_4^2} \right)$$
$$= 1.983 \times 10^4 \text{kg}$$

$$F_u^* = CfLg[q_{RO} + q_{RU} + (2q_B + q_G)]$$
$$+ q_G Hg + F_\varepsilon + F_{gl} + F_r + F_a$$
$$= 3.321 \times 10^4 \text{N}$$

$$a_B = \frac{F_u^*}{m_L + m_D} = 0.806 \text{m/s}^2$$

$$t_B = \frac{v}{a_B} = 3.1\text{s}$$

自由停车时间小于 5s，无须设制动器。

9）校核辊子荷载。

静荷载计算：

对于承载分支 e =0.8

$$F_{RO} = e \cdot a_o \cdot \left(\frac{Q}{3.6 \cdot v} + q_B \right) \cdot g = 1.442 \times 10^3 \text{N}$$

查《DTⅡ（A）型带式输送机设计手册（第 2 版）》有上托辊的承载能力为 5110N，满足要求。

对于回程分支 e =1.0

$$F_{RU} = e \cdot a_u \cdot q_B \cdot g = 581.655 \text{N}$$

查《DTⅡ（A）型带式输送机设计手册（第 2 版）》有上托辊的承载能力为 1930N，满足要求。

动荷载计算：

对于承载分支 f_s =1.2，f_d =1.04，f_a =1.1

$$F'_{RO} = F_{RO} \cdot f_s \cdot f_d \cdot f_a = 1.979 \times 10^3 \text{N}$$

查《DTⅡ（A）型带式输送机设计手册（第 2 版）》有上托辊的承载能力为 5110N，满足要求。

对于回程分支

$$F'_{RU} = F_{RU} \cdot f_s \cdot f_a = 767.784 \text{N}$$

查《DTⅡ（A）型带式输送机设计手册（第 2 版）》有上托辊的承载能力为 1930N，满足要求。

10）增面滚筒选型。

头部增面滚筒：θ_1 =135°；

合力：$\Sigma F = \sqrt{F_2^2 + F_2^2 + 2F_2^2 \cdot \cos\theta_1} = 2.681 \times 10^4 \text{N}$；

头部增面滚筒选用 ϕ500，型号为 120B205，许用合力 41kN，质量 739kg，转动惯量 16.4kg·m²。

尾部增面滚筒：θ_2 =135°；

合力：$\Sigma F = \sqrt{F_3^2 + F_3^2 + 2F_3^2 \cdot \cos\theta_2} = 2.726 \times 10^4 \text{N}$；

尾部增面滚筒选用 ϕ500，型号为 120B205，许用合力 41kN，质量 739kg，转动惯量 16.4kg·m²。

拉紧装置增面滚筒：θ_3 =74°；

合力：$\Sigma F = \sqrt{F_5^2 + F_5^2 + 2F_5^2 \cdot \cos\theta_3} = 6.131 \times 10^4 \text{N}$；

拉紧装置增面滚筒选用 ϕ630，型号为 120B306，许用合力 90kN，质量 1102kg，转动惯量 43.7kg·m²。

3. 通用固定带式输送机荷载计算

（1）头架受力计算。计算头部支架的受力情况即计算头部支架 A 点和 B 点的受力，如图 4-4 所示。A 点的水平力及下压力，用 N_{Ax}、N_{Ay} 表示；B 点的水平力及上拔力，用 N_{Bx}、N_{By} 表示。根据式（4-40），即水平方向上的合力为零，可求出 N_{Ax}，N_{Bx}。根据式（4-41），即垂直方向上的合力为零，以及式（4-42），即各力矩和等于零，可求出 N_{Ay}，N_{By}。

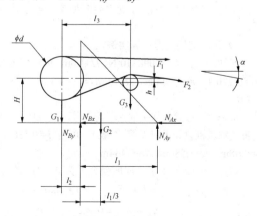

图 4-4 头部支架受力

$$\Sigma F_{xi} = 0 \qquad (4\text{-}40)$$

$$\Sigma F_{yi} = 0 \qquad (4\text{-}41)$$

$$\Sigma M_i = 0 \qquad (4\text{-}42)$$

（2）尾部支架受力计算。计算头部支架的受力情况即计算头部支架 A 点和 B 点的受力，如图 4-5 所示。

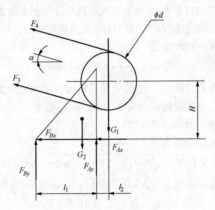

图 4-5 尾部支架受力

尾架受力计算原理同头架受力计算。

（3）中间架支腿埋件受力计算。中间架支腿埋件受力 F（N）的计算式为

$$F = \frac{m_4 \cdot n_4 + m_5 \cdot n_5 + (2q_B + q_G)L_{dm} + \Sigma m_{ji} + \Sigma m_{zi}}{2 \cdot n_6} \cdot g$$

$$(4\text{-}43)$$

式中 m_{ji}——中间架质量，kg；

m_{zi}——支腿质量，kg；

m_4——上托辊组质量，kg；

m_5——下托辊组质量，kg；

n_4——上托辊组数量；

n_5——下托辊组数量；

n_6——支腿总数量。

（4）计算实例。以 $B=1200$mm，$v=2.5$m/s，$Q=1000$t/h 的通用固定带式输送机为例，分别说明头部支架和尾部支架的受力计算，受力简图如图 4-4 和图 4-5 所示。

1）头部支架受力计算实例。

已知：$F_{1max}+F_2=1.098\times10^5$N，$H=1.0$m，$m_1=21080$N，$m_2=11220$N，$m_3=7390$N，$d=1.0$m，$d_1=0.5$m，$\alpha=3°$，$k=1.0$

根据传动滚筒选择头部支架的型号，查《DTⅡ（A）型带式输送机设计手册（第 2 版）》可得 $l_2=0.536$m，$l_1=0.98$m，$l_3=1.586$m，$h=0.434$m

根据头部支架水平方向所受合力为 0，有：

$$\Sigma F_{xi} = N_{Bx} + N_{Ax} - k \cdot (F_{1max} + F_2) \cdot \cos\alpha = 0$$

$$N_{Bx} - N_{Ax} = 0$$

求得 $N_{Ax}=N_{Bx}=5.483\times10^4$N

根据头部支架所受扭矩为 0 及竖直方向合力为 0，有：

$$\Sigma m_i = N_{By} \cdot l_1 + k \cdot F_{1max} \cdot \cos\alpha \cdot \left(H + \frac{d}{2 \cdot \cos\alpha}\right) +$$

$$k \cdot F_2 \cdot \cos\alpha \cdot \left(H + \frac{d_1}{2 \cdot \cos\alpha} - \frac{h}{\cos\alpha}\right) -$$

$$[k \cdot (F_2 + F_{1max}) \cdot \sin\alpha \cdot (l_1 + l_2) + m_1 \cdot (l_1 + l_2)$$

$$+ m_2 \cdot \frac{2}{3} \cdot l_1 + m_3 \cdot (l_1 + l_2 - l_3)] = 0$$

$$\Sigma F_{yi} = N_{Ay} + N_{By} - (m_1 + m_2 + m_3) - k \cdot (F_2 + F_{1max}) \cdot \sin\alpha = 0$$

求得 $N_{Ay}=1.405\times10^5$N，$N_{By}=-9.507\times10^4$N

2）尾部支架受力计算实例。

已知：$F_3+F_4=7.125\times10^4$N，$H=0.8$m，$m_1=12640$N，$m_2=2760$N，$d=0.8$m，$\alpha=1.6°$，$k=1.0$

根据尾部改向滚筒选择尾部支架的型号，查《DTⅡ（A）型带式输送机设计手册（第 2 版）》有：$l_2=0.18$m，$l_1=0.85$m

根据尾部支架水平方向所受合力为 0，有：

$$\Sigma F_{xi} = F_{Bx} + F_{Ax} - k \cdot (F_3 + F_4) \cdot \cos\alpha = 0$$

$$F_{Bx} - F_{Ax} = 0$$

求得 $F_{Ax}=F_{Bx}=3.424\times10^4$N

根据尾部支架所受扭矩为 0 及竖直方向合力为 0，有：

$$\Sigma M_i = F_{By} \cdot l_1 + m_1 \cdot l_2 - m_2 \cdot \frac{1}{3} \cdot l_1 - k \cdot (F_3 + F_4) \cdot$$

$$\sin\alpha \cdot l_2 - k \cdot (F_3 + F_4) \cdot \cos\alpha \cdot H = 0$$

$$\Sigma F_{yi} = F_{Ay} + F_{By} - (m_1 + m_2) + k \cdot (F_3 + F_4) \cdot \sin\alpha = 0$$

求得 $F_{Ay}=-7.112\times10^4$N，$F_{By}=6.686\times10^4$N

六、部件配置与选择

1. 输送带

输送带是通用固定带式输送机中的曳引构件和承载构件，是通用固定带式输送机最主要的部件之一，其价格一般占整机价格的 30%～40%或以上。因而，选择适用的输送带，降低输送带所承受的张力，保护输送带在使用中不被损伤，方便输送带的安装、更换和维修，延长输送带的使用寿命等成为通用固定带式输送机设计的核心内容。

通用固定带式输送机采用普通型输送带，由专业输送带制造厂生产，抗拉体（芯层）有棉织物芯、尼龙织物芯、聚酯织物芯、芳纶织物芯、织物整体带芯和钢绳芯等品种。

（1）输送带规格和技术参数。普通输送带的芯层和覆盖胶可用多种材料制成，以适应不同的工作条件，其代号见表 4-14。

常用的几种普通输送带的规格和技术参数见表 4-15～表4-18。

表 4-14 普通输送带的芯层和覆盖胶代号

代号	材 料	代号	材 料
CC	棉织物芯	NR	天然橡胶
VC	维棉织物芯	SBR	丁苯橡胶
VV	维纶织物芯	CR	氯丁橡胶
NN	锦纶（尼龙）织物芯	BR	顺丁橡胶
EP	涤纶（聚酯）织物芯	NBR	丁腈橡胶
AR	芳纶织物芯	EPDM	乙丙橡胶
St	钢丝绳芯	IIR	丁基橡胶
PVC	锦纶或涤纶长丝与纤维编织整芯带基浸渍PVC，贴PVC塑胶面	PVC	聚氯乙烯
		CPE	氯化聚乙烯
PVG	锦纶或涤纶长丝与纤维编织整芯带基浸渍PVC，贴橡胶面	IR	异戊二烯橡胶

芯层（左侧栏）；覆盖胶（右侧栏）

表 4-15 织物芯输送带规格及技术参数

抗拉体材料	输送带型号	扯断强度[N/（mm·层）]	每层厚度（参考）(mm)	每层质量（kg/m²）	伸长率（定负荷，%）	带宽范围(mm)	层数范围	上层胶 厚度(mm)	上层胶 质量(kg/m²)	下层胶 厚度(mm)	下层胶 质量(kg/m²)
棉织物	CC-56	56	1.5	1.547	1.5～2	400～2400	3～12				
尼龙织物	NN-100	100	0.7	1.073	1.5～2	400～2400	2～10				
	NN-125	150	0.73	7.078							
	NN-150	150	0.75	1.166							
	NN-200	200	0.9	1.267							
	NN-250	250	1.15	1.466							
	NN-300	300	1.25	1.844							
	NN-400	400	1.55	2.679				1.5 3.0 4.5 6.0 8.0	1.7 3.4 5.1 6.8 9.5	1.5 3.0	1.7 3.4
	NN-500	500	1.75	3.085							
	NN-600	600	1.90	3.463							
聚酯织物	EP-100	100	0.75	1.175	1～1.5	400～2400	2～8				
	EP-125	125	0.8	1.225							
	EP-160	160	0.85	1.307							
	EP-200	200	1.1	1.401							
	EP-250	250	1.2	1.664							
	EP-300	300	1.35	1.934							
	EP-350	350	1.5	2.587							
	EP-400	400	1.65	2.737							
	EP-500	500	1.85	3.055							
	EP-600	600	2.05	3.433							
芳纶织物	AR-1000	1000				800～1600	1～2				
	AR-1250	1250						6		6	
	AR-1600	1600									
	AR-2000	2000									
	AR-2500	2500						8		6	
	AR-3150	3450									

表 4-16 PVG 整体带芯输送带规格及技术参数

技术参数 \ 规格型号	680/1	800/1	1000/1	1250/1	1400/1	1600/1	1800/1	2000/1	2500/1	3150/1
纵向拉断强度（N/mm）	750	860	1080	1325	1500	1680	1900	2150	2700	3300
带厚（mm）	10	10.2	10.7	12	13.4	14	14.8	16.5	22	23.5
上覆盖胶厚度（mm）	1.5	1.5	1.6	1.6	2.1	2.1	2.1	3.1	6.1	6.1
下覆盖胶厚度（mm）	1.5	1.5	1.6	1.6	2.1	2.1	2.1	2.1	3.1	3.1
输送带质量（kg/mm） B=650mm	8.5	8.8	9.23	10.4	11.57	12.03	12.68	14.3	19.5	24.7
B=800mm	10.6	10.9	11.36	12.8	14.24	14.8	15.6	17.6	24	30.4
B=1000mm	13.3	13.6	14.2	16	17.8	18.5	19.5	22	30	38
B=1200mm	15.96	16.32	17.04	19.2	21.36	22.2	23.4	26.4	36	45.6
B=1400mm	18.62	19.04	19.88	22.4	24.92	25.9	27.3	30.8	42	53.2
B=1600mm	21.28	21.76	22.72	25.6	28.48	29.6	31.2	35.2	48	60.8
B=1800mm	23.94	24.48	25.56	28.8	32.04	33.3	35.1	39.6	54	68.4
B=2000mm	26.6	27.2	28.4	32	35.6	37	39	44	60	76
B=2200mm	29.26	29.93	31.24	35.2	39.16	40.7	42.9	48.4	66	83.6
B=2400mm	31.92	32.64	34.08	38.4	42.72	44.4	46.8	52.8	72	91.2

表 4-17 PVC 整体带芯输送带规格及技术参数

技术参数 \ 规格型号	680/1	800/1	1000/1	1250/1	1400/1	1600/1	1800/1	2000/1	680S	800S	1000S	1230S	1400S
纵向拉断强度（N/mm）	750	860	1080	1325	1500	1680	1900	2150	750	860	1080	1325	1500
带厚（mm）	10	10.2	10.7	12	13.4	14	14.8	16.5	8.5	8.7	9.3	10.5	11
上覆盖胶厚度（mm）	1.6	1.6	1.6	1.6	2.1	2.1	2.1	2.1	0.8	0.8	0.8	0.8	0.8
下覆盖胶厚度（mm）	1.6	1.6	1.6	1.6	2.1	2.1	2.1	2.1	0.8	0.8	0.8	0.8	0.8
输送带质量（kg/mm） B=650mm	8.71	8.91	9.36	10.4	11.7	12.36	13	14.65	7.48	7.48	8.13	9.1	9.43
B=800mm	10.72	10.96	11.52	12.8	14.4	13.2	16	18	9.2	9.2	10	11.2	11.6
B=1000mm	13.4	13.7	14.4	16	18	19	20	32.5	11.5	11.5	12.5	14	14.5
B=1200mm	16.8	16.44	17.28	19.2	21.6	22.8	24	27	13.8	13.8	15	16.8	17.4
B=1400mm	18.76	19.18	20.10	22.4	25.2	26.6	28	31.5	16.1	16.1	17.5	19.6	20.3
B=1600mm	21.44	21.92	23.04	25.6	28.8	30.4	32	36	18.4	18.4	20	22.4	23.2
B=1800mm	24.12	24.66	25.92	28.8	32.4	34.2	36	40.5	20.7	20.7	22.5	25.2	26.1
B=2000mm	26.8	27.4	28.8	32	36	38	40	45	23	23	25	28	29
B=2200mm	29.48	30.14	31.68	35.2	39.6	41.8	44	49.5	25.3	25.3	27.5	30.8	31.9
B=2400mm	32.16	32.88	34.65	38.4	43.2	45.6	48	54	27.6	27.6	30	33.6	34.8

表 4-18 钢丝绳芯输送带规格及技术参数（参数值）

项目 \ 规格（mm）	630	800	1000	1250	1600	2000	2500	3150	4000	4500	5000
纵向拉伸强度（N/mm）	630	800	1000	1250	1600	2000	2500	3150	4000	4500	5000
钢丝绳最大直径（mm）	3.0	3.5	4.0	4.5	5.0	6.0	7.5	8.1	8.6	9.1	10
钢丝绳间距（mm）	10	10	12	12	12	12	15	15	17	17	18
带厚（mm）	13	14	16	17	17	20	22	25	25	30	30

项　目　＼　规格（mm）	630	800	1000	1250	1600	2000	2500	3150	4000	4500	5000
上覆盖胶厚度（mm）	5	5	6	6	6	8	8	8	8	10	10
下覆盖胶厚度（mm）	5	5	6	6	6	6	6	8	8	10	10
钢丝绳根数（根） $B=800mm$	75	75	63	63	63	63	50	50			
$B=1000mm$	95	95	79	79	79	79	64	64	56	57	53
$B=1200mm$	113	113	94	94	94	94	76	76	68	68	64
$B=1400mm$	113	151	111	111	111	111	89	89	79	80	75
$B=1600mm$	151	171	126	126	126	126	101	101	91	91	85
$B=1800mm$		171	143	143	143	143	114	114	103	102	96
$B=2000mm$			159	159	159	159	128	128	114	114	107
$B=2200mm$			176	176	176	176	141	141	125	125	118
$B=2400mm$			192	192	192	192	153	153	136	136	129
输送带质量（kg/mm） $B=800mm$	15.2	16.4	18.5	19.8	21.6	27.2	29.4	33.6	39.2	42.4	46.4
$B=1000mm$	19	20.5	23.1	24.7	27	34	36.8	42	49	53	58
$B=1200mm$	22.8	24.6	27.7	29.6	32.4	40.8	44.2	50.4	58.8	63.6	69.6
$B=1400mm$	26.6	28.7	32.3	34.6	37.8	47.6	51.5	58.8	68.6	74.2	81.2
$B=1600mm$	30.4	32.8	37	39.5	43.2	54.4	58.9	67.2	78.4	84.8	92.8
$B=1800mm$	34.2	36.9	41.6	44.5	48.6	61.2	66.2	75.6	88.2	95.4	104.4
$B=2000mm$	38	41	46.2	49.4	54	68	73.6	84	98	106	116
$B=2200mm$	41.8	45.1	50.8	54.3	59.4	74.8	81	92.4	107.8	116.6	127.6
$B=2400mm$	45.6	49.2	55.4	59.3	64.8	81.6	88.3	100.8	117.6	127.2	139.2

（2）输送带的选用。

1）类型选择。输送带类型及适用的工作条件见表4-19。

普通输送带一般多采用橡胶覆盖层，其适用的环境温度与通用固定带式输送机一样为-20～40℃。

环境温度低于-5℃时，不宜采用维纶帆布芯输送带。环境温度低于-15℃时，不宜采用普通棉帆布芯输送带。在环境温度低于-20℃条件下采用钢绳芯输送带时，应采用耐寒型输送带，并与制造厂签订保证协议。

表 4-19 　　　　　　　　　　输送带类型及适用的工作条件

物料及工作条件特征	宜选输送带			物料及工作条件特征	宜选输送带		
	类型	芯层代号	覆盖胶代号		类型	芯层代号	覆盖胶代号
松胶密度较小、摩擦性较小的物料，如谷物、纤维、木屑、粉末及包装物品等	轻型（薄型）	CC、VV、NN	NR、PVC	矿井下运送物料	井巷型	CC、VV、NN、EP	PVC、CR、CPE、NBR
松散密度在 2.5t/m³ 以下的中小块矿石、原煤、焦炭和砂砾等对输送带磨损不太严重的物料	普通型	CC、VV、NN、EP	NR、SBR	工作区域易于爆炸易于起火（如地下煤矿）	难燃型	CC、NN、EP、PVC、PVG、ST	CR、PVC、CPE、NBR
松散密度较大的大、中、小块矿石，原煤冲击力较大、磨损较重的物料，输沙量大、输送距离较长的通用固定带式输送机	强力型	NN、EP、ST	NR、SBR、IR	输送 80～150℃ 的焦炭、水泥、化肥、烧结矿和铸件等	耐热型	CC、VV、EP、NN、ST	SBR、CR
				工作环境温度低达-30～-40℃	耐寒型	CC、VV、EP、NN、ST	NR、BR、IR

续表

物料及工作条件特征	宜选输送带			物料及工作条件特征	宜选输送带		
	类型	芯层代号	覆盖胶代号		类型	芯层代号	覆盖胶代号
输送 150～500℃的矿渣和铸件等热物料	耐高温型难燃型	CC	EPCM、IIR	物料含油或有机溶剂	耐油型	CC、VV、NN、EP、ST	CR、NBR、PVC
通用固定带式输送机倾角较大	花纹型波状挡边型	CC、VV、NN、EP	NR、SBR	物料带腐蚀性（酸、碱）	耐酸碱型	CC、VV、NN、EP、ST	CR、IIR、NR
输送量大、输送距离长	高强力型	ST	NR、IR、SRB	食品，要求不污染	卫生型	CC、NN	NR、PVC、NBR
物料冲击较严重	耐冲击型	VV、NN、EP、ST	NR、IR	物料带静电	导静电型	CC、NN	SBR、NR、BR、CR

普通橡胶输送带适用的输送物料温度一般为常温。当通用固定带式输送机物料温度为 80～200℃ 时，应采用耐热带。我国生产的耐热带分三型，即 1 型 100℃、2 型 125℃、3 型 150℃，而有的厂生产的特殊耐热带的耐热类型为 1 型 130℃、2 型 160℃、3 型 200℃。

煤矿井下通用固定带式输送机、用作高炉带式上料机的通用固定带式输送机及其他有火灾危险的场所使用的通用固定带式输送机，应采用阻燃型或难燃型输送带。订货时应与制造厂签订保证协议。

输送具有酸性、碱性和其他腐蚀性物料或含油物料时，应采用相应的耐酸、耐碱、耐腐蚀或耐油橡胶或塑料带。

PVC 类型的塑料覆盖层输送带在井下作业有很好的表现，但使用这种输送带时，通用固定带式输送机倾角一般不得大于 13°，采用特殊措施者除外。

2）带宽。根据输送量计算后确定计算出的带宽，须用所运物料粒度进行核算。

3）层数。层数需经计算确定，但确定的层数，应在许可范围之内。

4）覆盖层厚度。钢丝芯输送带上、下覆盖层厚度为定值。一般能满足使用要求，无需设计人再做选择。

帆布芯输送带下层厚度一般为 1.5mm，有特殊需要时，可加厚至 3mm。上层厚度根据所输送物料的堆积厚度、粒度、落料高度及物料的磨琢性确定，可按表 4-20 选定。常规条件下，推荐按表 4-21～表 4-23 选取（引用 DIN22101）。

2. 驱动装置

驱动装置是通用固定带式输送机的原动力部分，由电动机、减速器及高、低速轴联轴器、制动器和逆止器等组成。

表 4-20　橡胶输送带覆盖胶的推荐厚度

物料特性	物料名称	覆盖胶厚度（mm）	
		上胶厚	下胶厚
$\rho<2000kg/m^3$，中小粒度或磨损性小的物料	焦炭、煤、白云石、石灰石、烧结混合料、沙等	3.0	1.5
$\rho<2000kg/m^3$，粒度不大于 200mm，磨损性较大的物料	破碎后的矿石、选矿产品、各种岩石、油母页岩	4.5	1.5
$\rho>2t/m^3$，磨损性大的大块物料	大块铁矿石、油母页岩等	6.0	1.5

表 4-21　输送带承载和空载面覆盖胶层最小厚度

抗拉体（芯层）材料	最小厚度值
CC（棉织物）NN（尼龙织物）EP（聚酯织物）	根据不同抗拉体（芯层）分别 1～2mm
ST（钢丝绳芯）	$0.7d_g$（mm），最小 4mm

表 4-22　相应于表 4-21 最小厚度的承载面附加厚度的标准值　（mm）

有影响的参数													评价值总数
荷载情况		荷载频繁度			粒度			密度			物料磨琢性		
有利	正常	不利	少	正常	频繁	细	正常	粗	轻	正常	重	小	中等	剧烈
1	2	3	1	2	3	1	2	3	1	2	3	1	2	3

表 4-23　附加厚度的标准值　（mm）

评价值总数	5～6	7～8	9～11	12～13	14～15
附加厚度	0～1	1～3	3～6	6～10	≥10

（1）驱动装置的类型。按与传动滚筒的关系，驱动装置可分为分离式、半组合式和组合式三种，见表 4-24。

表 4-24　　驱 动 装 置 类 型

类型	代号	功率范围（kW）	驱动系统组成
分离式	DBYY-DCY	1.1～315	LM 联轴器　直交轴硬齿面 Y 电动机-ZL 联轴器-YOX 偶合器-减速器
	ZLYY-ZSY	1.1～315	LM 联轴器　平行轴硬齿面 Y 电动机-LZ 联轴器-YOX 偶合器-减速器
半组合式	YTH	2.2～250	弹性柱销联轴器 Y 电动机-外置式电动滚筒-YOX 偶合器（减速滚筒）
组合式	YII	1.1～55	Y 电动机-内置式电动滚筒（电动滚筒）

驱动装置中的偶合器有限矩型和调速型两种，一般情况下采用限矩型液力偶合器。采用调速型液力偶合器实现通用固定带式输送机的软启动也有很好的效果。需要时，驱动装置还可加设制动器和逆止器，表中未列出。

（2）驱动装置的选择。计算确定电动机功率和传动滚筒型号后，查《DTⅡ（A）型带式输送机设计手册（第 2 版）》相应的选择表可得需要的驱动装置组合号，再根据布置类型、是否需要制动器、是否需要加配逆止器等条件，在组合表中查得驱动装置图号及全部组成部件的型号。

1）分离式驱动装置。在这两种分离式驱动装置中，应优先选择 Y-ZLY（ZSY）驱动装置，Y-DBY（DCY）适用于布置要求特别紧凑的地方。

2）内置式电动滚筒（电动滚筒）。组合式驱动装置是将电动机和减速齿轮副装入滚筒内部与传动滚筒组合在一起的驱动装置。驱动装置不占空间，适用于短距离及较小功率的通用固定带式输送机，特别是可逆配仓通用固定带式输送机或其他移动设备上的通用固定带式输送机采用。但电动机在滚筒体内部，散热条件差，因而电动滚筒不适合长期连续运转，也不适合在环境温度大于 40℃ 的场合下使用。电动滚筒功率范围为 1.1～55kW，为通用型。凡有隔爆、阻燃等特殊要求时，应与制造厂协商后另行选配。

3）外置式电动滚筒（减速滚筒）。半组合式驱动装置是只将减速齿轮副置于滚筒内部，电动机伸出在滚筒外面的驱动装置。它解决了电动滚筒散热条件差的问题，因而作业率可不受太大的限制。

（3）制动器。制动器主要有电磁液压推杆型制动器或惯性制动器。

易发生逆转的上运通用固定带式输送机，应装设制动装置或逆止装置。

向下输送的通用固定带式输送机，必须装设制动装置。

带倾角的通用固定带式输送机，制动装置的制动力矩不得小于通用固定带式输送机所需制动力矩的 1.5 倍。

（4）逆止器。逆止器主要有 NF 型非接触式逆止器和 NJ（NYD）型凸块式逆止器，现多采用减速器自带的逆止器。

在一台通用固定带式输送机上采用多台机械逆止器时，如果不能保证均匀分担荷载，则每台逆止器都必须按一台通用固定带式输送机可能出现的最大逆转力矩来选取，同时还应验算传动滚筒轴和减速器轴的强度。

采用多台电动机驱动及大规格逆止器时，应尽量安装在减速器输出轴或传动滚筒轴上。

3. 传动滚筒

传动滚筒的承载能力——扭矩与合力，应根据计算结果确定。

传动滚筒设计已考虑了通用固定带式输送机启、制动时出现的尖峰荷载，因而传动滚筒只需按稳定工况计算出的扭矩和合力进行选择。但对于类似于高炉带式上料机这种提升高度特别大的通用固定带式输送机，或特别重要的，如需要载人的通用固定带式输送机，则必须按启、制动工况进行选择。

传动滚筒应为铸胶表面，选用人字形铸胶表面时应注意使人字刻槽的尖端顺着输送方向，如图 4-6 所示，菱形铸胶表面适用于可逆运转的通用固定带式输送机。

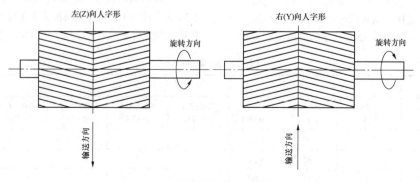

图 4-6　滚筒胶面与输送方向的关系

4. 改向滚筒

改向滚筒根据计算出的合力进行选择。

与输送带承载表面接触的改向滚筒一般应选用光面铸胶的表面，而只与输送带非承载面接触的改向滚筒在大多数情况下也应是光面铸胶的，只是传动功率较小，输送物料较清洁时才选用光面滚筒。

改向滚筒设计时已考虑了通用固定带式输送机启、制动时出现的尖峰荷载，因而改向滚筒只需按稳定工况计算出的合力进行选择。但对于类似于高炉带式上料机这种提升高度特别大的通用固定带式输送机或特别重要的，如需要载人的通用固定带式输送机，则必须按启、制动工况进行选择。

5. 托辊

（1）辊径选择。托辊辊子的直径根据限制带速和承载能力进行选择。

1）辊子的限制带速。确保辊子转速不超过 600 r/min 时的限制带速列于表 4-25。

表 4-25　　　　限　制　带　速

辊子直径 d (mm)	限制带速 v (m/s)	限制带速时的辊子转速 n (r/min)
63.5	≤2	601
76	≤2	503
89	≤2.5	537
108	≤3.15	557
133	≤4	575
159	≤5	601
194	≤5	492
219	≤6.3	567

2）辊子荷载计算。

a. 静荷载计算。

a）承载分支托辊静荷载按式（4-36）计算。

b）回程分支托辊静荷载按式（4-37）计算。

b. 动荷载计算。

a）承载分支托辊动荷载按式（4-38）计算。

b）回程分支托辊动荷载按式（4-39）计算。

式（4-36）中辊子荷载系数 e 的取值见表 4-26。

表 4-26　　　辊 子 载 荷 系 数 e

托辊类型	e
一节辊	1
二节辊	0.63
三节辊	0.8

式（4-38）中运行系数 f_s 的取值见表 4-27。

表 4-27　　　运 行 系 数 f_s

运行条件，每天运行小时数	f_s
>6	0.8
≥6~9	1.0
>9~16	1.1
>16	1.2

式（4-38）中冲击系数 f_d 的取值见表 4-28。

表 4-28　　　　冲 击 系 数 f_d

物料粒度（mm） ＼ 带速（m/s）	2	2.5	3.15	4	5
0~100	1.00	1.00	1.00	1.00	1.00
>100~150	1.02	1.03	1.06	1.09	1.13
>150~300 细料中有少量大块	1.04	1.06	1.11	1.16	1.24
>150~300 块料中有少量大块	1.06	1.09	1.14	1.21	1.35
>150~300	1.20	1.32	1.57	1.90	2.30

式（4-38）中工况系数 f_a 的取值见表 4-29。

表 4-29　　　　工 况 系 数 f_a

工况条件	f_a
正常工作和维护条件	1.00
有磨蚀或磨损性物料	1.10
磨蚀性较高的物料	1.15

计算后取静荷载、动荷载二者之中较大的值查表 4-30 来选择辊子，使其承载能力大于或等于计算值，这样就可保证辊子轴承寿命高于 30000h，转角小于 10′。

表 4-30　　　　　　　　　　　　　辊 子 承 载 能 力　　　　　　　　　　　　　　　（kN）

辊长 (mm)	带速 (m/s)	轴承型号（辊子直径）							
		6203/C4 (ϕ63.5)	6204/C4 (ϕ76)	6204/C4 (ϕ89)	6205/C4 (ϕ108)	6305/C4 (ϕ133)	6306/C4 (ϕ159)	6407/C4 (ϕ194)	6408/C4 (ϕ219)
160	0.8	2.75	3.30	3.45					
	1	2.52	3.05	3.20					
	1.25	2.31	2.82	2.94					

辊长 （mm）	带速 （m/s）	轴承型号（辊子直径）							
		6203/C4 （ϕ63.5）	6204/C4 （ϕ76）	6204/C4 （ϕ89）	6205/C4 （ϕ108）	6305/C4 （ϕ133）	6306/C4 （ϕ159）	6407/C4 （ϕ194）	6408/C4 （ϕ219）
160	1.6	2.10	2.55	2.63					
	2.0	1.91	2.30	2.40					
	2.5			2.12					
200	0.8	1.93	2.73	2.87					
	1	1.79	2.53	2.67					
	1.25	1.66	2.35	2.47					
	1.6	1.53	2.16	2.28					
	2.0	1.41	2.0	2.11					
	2.5			1.96					
250	0.8		2.45	2.65	3.65				
	1		2.42	2.50	3.45				
	1.25		2.34	2.47	3.30				
	1.6		2.16	2.27	2.95				
	2.0		2.00	2.1	2.70				
	2.5			1.95	2.55				
	3.15				2.30				
315	0.8			2.10	3.36	4.05			
	1			2.05	3.11	3.62			
	1.25			1.96	2.88	3.25			
	1.6			1.92	2.66	2.94			
	2.0			1.85	2.46	2.65			
	2.5			1.80	2.28	2.40			
	3.15				2.11	2.20			
	4.0				2.00				
380	0.8				3.10	3.40	7.30		
	1				3.00	3.30	7.15		
	1.25				2.88	3.20	7.00		
	1.6				2.64	3.20	6.85		
	2.0				2.45	3.20	6.58		
	2.5				2.27	3.15	6.32		
	3.1				2.10	3.05	6.00		
	4.0					2.98	5.75		
	5.0					2.92	5.20		
465	0.8			1.65	2.75	3.40	7.00		
	1			1.60	2.70	3.30	7.00		
	1.25			1.58	2.50	3.20	6.83		
	1.6			1.55	2.40	3.20	6.29		
	2.0			1.52	2.35	3.20	5.84		
	2.5			1.48	2.10	3.15	5.42		

辊长 (mm)	带速 (m/s)	轴承型号（辊子直径）							
		6203/C4 （φ63.5）	6204/C4 （φ76）	6204/C4 （φ89）	6205/C4 （φ108）	6305/C4 （φ133）	6306/C4 （φ159）	6407/C4 （φ194）	6408/C4 （φ219）
465	3.15				2.05	3.05	5.02		
	4.0					2.98	4.63		
	5.0						4.30		
500	0.8	0.95	1.35	1.60					
	1	0.87	1.28	1.55					
	1.25	0.83	1.13	1.52					
	1.6	0.76	1.10	1.50					
	2.0	0.70	1.05	1.48					
	2.5			1.45					
530	0.8				2.40	2.92	5.99		
	1				2.40	2.92	5.99		
	1.25				2.40	2.92	5.99		
	1.6				2.40	2.92	5.99		
	2.0				2.30	2.92	5.84		
	2.5				2.05	2.92	5.42		
	3.15				2.00	2.92	5.02		
	4.0					2.92	4.63		
	5.0						4.30		
600	0.8	0.84	1.10	1.15	2.15	2.52	4.90		
	1	0.80	1.05	1.12	2.15	2.52	4.90		
	1.25	0.76	1.00	1.09	2.15	2.52	4.90		
	1.6	0.70	0.95	1.05	2.15	2.52	4.90		
	2.0	0.65	0.92	1.01	2.00	2.52	4.65		
	2.5			0.96	2.00	2.52	4.65		
	3.15			0.90	1.95	2.52	4.65		
	4.0					2.52	4.45		
	5.0						4.45		
670	1.6					2.35	4.65	8.85	
	2.0					2.35	4.65	8.85	
	2.5					2.35	4.65	8.85	
	3.15					2.25	4.65	8.85	
	4.0					2.25	4.22	8.50	
	5.0					2.25	4.22	8.50	
700	0.8				1.80	2.09	3.80		
	1				1.80	2.09	3.80		
	1.25				1.80	2.09	3.80		
	1.6				1.80	2.09	3.80		
	2.0				1.80	2.09	3.80		
	2.5				1.80	2.09	3.80		

辊长 （mm）	带速 （m/s）	轴承型号（辊子直径）							
		6203/C4 （ϕ63.5）	6204/C4 （ϕ76）	6204/C4 （ϕ89）	6205/C4 （ϕ108）	6305/C4 （ϕ133）	6306/C4 （ϕ159）	6407/C4 （ϕ194）	6408/C4 （ϕ219）
700	3.15				1.75	2.09	3.65		
	4.0					2.09	3.65		
	5.0						3.50		
750	0.8		0.95	1.08	1.65	2.04	3.71	8.20	
	1		0.90	1.05	1.65	2.04	3.71	8.20	
	1.25		0.85	1.00	1.65	2.04	3.71	8.20	
	1.6		0.85	0.95	1.65	2.04	3.71	8.20	
	2.0		0.83	0.95	1.65	2.04	3.71	8.20	
	2.5			0.92	1.65	1.95	3.71	8.20	
	3.15			0.88	1.58	1.95	3.50	8.20	
	4.0					1.95	3.50	7.95	
	5.0						3.42	7.95	
800	0.8				1.57	1.78	3.65		
	1				1.57	1.78	3.65		
	1.25				1.57	1.78	3.65		
	1.6				1.57	1.78	3.65		
	2.0				1.57	1.78	3.65		
	2.5				1.57	1.78	3.65		
	3.15				1.50	1.78	3.45		
	4.0					1.78	3.45		
	5.0						3.34		
900	1.6					1.52	3.20	6.50	9.35
	2.0					1.52	3.20	6.50	9.35
	2.5					1.52	3.20	6.50	9.35
	3.15					1.52	3.20	6.50	9.35
	4.0					1.45	3.05	6.25	8.85
	5.0						3.05	6.25	8.85
	6.3								8.58
950	0.8			0.60	0.95	1.45			
	1.0			0.60	0.95	1.45			
	1.25			0.60	0.95	1.45			
	1.6			0.60	0.95	1.45			
	2.0			0.60	0.95	1.45			
	2.5			0.60	0.95	1.45			
	3.15			0.60	0.84	1.35			
	4.0			0.60		1.35			
	5.0			0.54					
1000	1.6					1.32	2.85	5.60	
	2.0					1.32	2.85	5.60	

辊长 (mm)	带速 (m/s)	轴承型号（辊子直径）							
		6203/C4 (φ63.5)	6204/C4 (φ76)	6204/C4 (φ89)	6205/C4 (φ108)	6305/C4 (φ133)	6306/C4 (φ159)	6407/C4 (φ194)	6408/C4 (φ219)
1000	2.5					1.32	2.85	5.60	
	3.15					1.32	2.76	5.60	
	4.0					1.28	2.65	5.45	
	5.0						2.50	5.45	
1100	1.6					1.24	2.80	5.50	
	2.0					1.24	2.80	5.50	
	2.5					1.24	2.80	5.50	
	3.15					1.24	2.65	5.50	
	4.0					1.20	2.60	5.35	
	5.0						2.45	5.35	
1150	0.8				0.85	1.23	2.35		
	1.0				0.85	1.12	2.35		
	1.25				0.85	1.12	2.35		
	1.6				0.85	1.12	2.35		
	2.0				0.85	1.12	2.35		
	2.5				0.85	1.12	2.35		
	3.15				0.80	1.12	2.30		
	4.0					1.12	2.20		
	5.0						2.15		
1250	1.6					1.05	2.15	4.65	
	2.0					1.05	2.15	4.65	
	2.5					1.05	2.15	4.65	
	3.15					0.96	2.05	4.55	
	4.0					0.96	2.05	4.50	
	5.0						1.98	4.50	
1400	0.8				0.80	0.85	1.85		
	1.0				0.80	0.85	1.85		
	1.25				0.80	0.85	1.85		
	1.6				0.80	0.85	1.85	3.55	5.45
	2.0				0.80	0.85	1.85	3.55	5.45
	2.5				0.80	0.85	1.85	3.55	5.45
	3.15				0.80	0.85	1.85	3.42	5.15
	4.0					0.85	1.85	3.42	5.15
	5.0						1.85	3.35	4.96
	6.3								4.85
1600	0.8				0.75	0.81	1.54		
	1.0				0.75	0.81	1.54		
	1.25				0.75	0.81	1.54		
	1.6				0.75	0.81	1.54		

辊长(mm)	带速(m/s)	6203/C4(φ63.5)	6204/C4(φ76)	6204/C4(φ89)	6205/C4(φ108)	6305/C4(φ133)	6306/C4(φ159)	6407/C4(φ194)	6408/C4(φ219)
1600	2.0				0.75	0.81	1.54		
	2.5				0.75	0.81	1.54		
	3.15				0.75	0.81	1.54		
	4.0					0.81	1.54		
	5.0						1.54		
1800	1.6					0.65	1.35	3.00	
	2.0					0.65	1.35	3.00	
	2.5					0.65	1.35	3.00	
	3.15					0.65	1.35	3.00	
	4.0					0.65	1.35	3.00	
	5.0						1.35	2.95	
2000	1.6					0.60	1.22	2.65	
	2.0					0.60	1.22	2.65	
	2.5					0.60	1.22	2.65	
	3.15					0.60	1.22	2.65	
	4.0					0.60	1.22	2.65	
	5.0						1.20	2.50	
2200	1.6					0.54	1.10	2.45	
	2.0					0.54	1.10	2.45	
	2.5					0.54	1.10	2.45	
	3.15					0.54	1.10	2.45	
	4.0					0.54	1.10	2.28	
	5.0						1.02	2.28	
2500	1.6					0.48	0.95	2.25	
	2.0					0.48	0.95	2.25	
	2.5					0.48	0.95	2.25	
	3.15					0.48	0.95	2.25	
	4.0					0.48	0.95	2.13	
	5.0						0.92	2.13	

（2）类型选择。

1）槽形上托辊。槽形上托辊的标注槽角为35°或45°，一台通用固定带式输送机中使用最多的是35°槽型托辊和35°槽型前倾托辊。在这两种托辊的选配上有三种方式：①全前倾；②部分前倾（每5组上托辊中设一组前倾托辊）；③无前倾（采用调心托辊）。

目前，以①、②两种方式使用较多。设计者可自行决定配设方式。可逆运行通用固定带式输送机采用无前倾托辊。

槽型上托辊还有45°槽型托辊和45°槽型前倾托辊，供设计者在需要时选用。

2）缓冲托辊。缓冲托辊有35°和45°两种槽型。选用棉织物芯输送带时，只能使用35°槽型缓冲托辊。在导料槽不受物料冲击的区段可使用45°槽型托辊。

3）过渡托辊。大运量、长距离、输送带张力大和重要的通用固定带式输送机一般均应设置过渡段。

过渡托辊有10°和20°两种槽型。

有条件时，设置了头部过渡段的通用固定带式输送机宜相应设置尾部过渡段。

采用 45°深槽型托辊的尾部受料段，至少应在尾部改向滚筒和第一组 45°槽角托辊间加设一组 35°（或 30°）槽型托辊作为过渡。

4)回程托辊。回程托辊的标准式样是平行下托辊，也是使用最多的一种下托辊。研究发现，将下托辊做成两辊式 V 形对防止输送带下分支跑偏有一定效果，特别是 V 形前倾下托辊防跑偏效果更明显。所以，作为一种配套设施，许多只使用前倾槽型托辊不设置任何调心托辊的通用固定带式输送机在其下分支配设了 V 形或 V 形前倾下托辊。多数做法是每隔 7 组平行下托辊连续设三组 V 形或 V 形前倾下托辊。为更有效地防止输送带下分支跑偏，有的通用固定带式输送机还在某些区段加设反 V 形下托辊。

5）梳形托辊。梳形托辊专用于输送黏性物料的通用固定带式输送机使用。

6）螺旋托辊。螺旋托辊用于清扫输送带承载面上黏附的物料，其作用与清扫器相同，一般将距离通用固定带式输送机头部滚筒最近的下托辊设计为螺旋托辊。

7）调心托辊。调心托辊用来自动纠正输送带在运转中出现的过量跑偏，以保证通用固定带式输送机正常工作。已设置了前倾托辊的通用固定带式输送机，可不设置调心托辊。需要设置调心托辊的通用固定带式输送机一般每 10 组托辊中设一组调心托辊。

调心托辊的类型很多，主要有摩擦调心托辊和锥形调心托辊两种类型的调心托辊供选用。

6. 拉紧装置

拉紧装置方式主要有重锤拉紧装置、车式重锤拉紧装置、液压拉紧装置和螺旋拉紧装置四种。

四种拉紧方式中，应优先采用重锤拉紧装置，并使其尽量靠近传动滚筒。

螺旋拉紧装置一般只用于无法采用其他拉紧方式的机长小于 30m 的通用固定带式输送机上，对于轻质物料或运量特小的通用固定带式输送机，此值可延长到 50m。

计算拉紧行程较大，在布置上有困难时，可采用双行程中部重锤拉紧装置或同时采用两种不同形式的拉紧装置予以解决。

车式重锤拉紧装置可置于通用固定带式输送机中部和尾部，条件允许时，应尽量置于中部并靠近传动滚筒处。

长距离通用固定带式输送机还有电动绞车拉紧装置或液压车式拉紧装置，一般将拉紧装置设于通用固定带式输送机中部，并靠近中部传动滚筒。

拉紧力和拉紧行程根据计算确定。

重锤拉紧装置均配设了重锤箱和重锤块两种重锤，供设计者选用。

重锤箱式的拉紧装置一般用于露天作业的场合，以及其他装取箱中重锤块方便的地方。

7. 清扫器

清扫器是通用固定带式输送机输送散状物料时必须装备的部件之一，设计有头部清扫器和空段清扫器两类清扫器。

（1）头部清扫器。头部清扫器装设于通用固定带式输送机头部卸料滚筒处，用以清扫输送带工作面上黏附的物料，并使其落入头部漏斗中。《DTⅡ（A）型带式输送机设计手册（第 2 版）》列入的头部清扫器有两种类型，供设计者选用。

1）重锤刮板式清扫器。它采用重锤杠杆使清扫刮板紧贴输送带，更适于输送磨蚀性小、较干燥和不易黏附到输送带上的物料的通用固定带式输送机使用。

2）硬质合金重锤刮板式清扫器。它是重锤刮板式清扫器的改进型，且可制成双刮板式，以提高清扫效果。

3）橡胶弹簧合金刮板式清扫器，俗称合金橡胶清扫器。它采用橡胶弹簧清扫刮板紧贴输送带。由于采用了可更换的硬质合金做刮板，刮板寿命得以延长。它有 H 型和 P 型两种结构类型，成对设置，构成双刮板两次清扫，因而清扫效果好，适于输送各类物料的通用固定带式输送机使用。

（2）空段清扫器。空段清扫器用于清除落到输送带下分支非工作面上的杂物以保护改向滚筒和输送带。

需要装空段清扫器的地方是尾部改向滚筒前和垂直拉紧装置第一个 90°改向滚筒前两处。安装时，需使清扫器刮板的犁尖对着输送带运动方向，以便将杂物刮到通用固定带式输送机以外。

8. 机架

（1）滚筒支架。滚筒支架用于安装传动滚筒和改向滚筒，承受输送带的张力。根据其用途主要有四种类型，其高度适用于通用固定带式输送机倾角 0°～18°。

1）头部传动滚筒支架（传动滚筒头架）：用于头部传动和头部卸料的通用固定带式输送机，设有作为增面轮的改向滚筒，传动滚筒包角 190°～210°。按结构形式和材质的不同，有以下三种样式：

a. 中轻型角形转动滚筒支架，采用双槽钢作主骨架，适应带宽 400～1400mm；

b. 中轻型矩形传动滚筒支架，采用单槽钢作主骨架，适应带宽 400～1400mm；

c. 重型角形传动滚筒支架，采用 H 型钢作主骨架，适应带宽 800～2000mm。

2）尾部改向滚筒支架（改向滚筒支架）：用于拉紧装置设于中部的通用固定带式转送机，与传动滚筒支架对应，也有中轻型角形、中轻型矩形和重型角形三种类型。

3）头部改向滚筒支架（即探头滚筒支架）：用于传动滚筒设于中部、头部滚筒仅作改向和卸料的通用固定带式输送机，适用带宽 800～1400mm。

4）中部传动滚筒支架：专用于中部设有传动滚筒的通用固定带式输送机，采用 H 型钢作主骨架，适用带宽 800～2000mm，围包角不小于 180°。

5）中部改向滚筒支架主要有两种类型：

a. 重型中部改向滚筒支架，与中部传动滚筒支架结构完全相同，并与其配套使用。

b. 改向滚筒吊架，吊挂在中间架上，可设于通用固定带式输送机中部任何地方，属于中轻型支架，适应带宽 400～1400mm。

滚筒支架的滚筒直径范围是 500～2000mm，其适用的输送带强度范围详见《DTⅡ（A）型带式输送机设计手册（第 2 版）》第 4.9 节。

（2）中间架及支腿。为确保中间架的刚度，中间架设有横梁，使中间架自身构成一个整体，设计为 6000mm 标准段和 3000～6000mm 非标准段两种。超出此范围的非标准中间架需设计者自行设计。

标准支腿有带斜撑和不带斜撑两种结构。用于受料段的支腿应全部带斜撑，其他部分为两种类型的支腿交错布置。支腿与中间架的连接全部采用螺栓，以方便运输和安装。

（3）拉紧装置架。

1）螺旋拉紧装置架。

2）垂直拉紧装置架。

3）车式拉紧装置架。

9. 头部漏斗

头部漏斗用于将通用固定带式输送机头部卸下的物料导入后续设备中、料仓内或下一台通用固定带式输送机上，防止物料飞溅和粉尘逸出。

带调节挡板的漏斗设有挡料板。它有三个悬挂位置，并可用操纵杆手动调节其角度，带料试车时，根据带速及料流是否对中和顺畅等情况，调节其角度或更换其悬挂位置，并最终予以固定。

除进料仓的头部漏斗外，其余漏斗下部均设计为法兰口。

10. 导料槽

导料槽的作用是引导物料落到输送带正中间，并确保其顺着输送方向运动。

导料槽设计为三段式，依次为后挡板、槽体和前帘。槽体长度有 1500mm 和 2000mm 两种。设计者可通过增加槽体的数量和选择不同的槽体长度获得

大于 1500mm、间隔为 500mm 的任何一种导料槽总长度。

多点受料的通用固定带式输送机，其各点受料槽又不能连为一体时，为确保物料顺利通过前方的导料槽，需要设置喇叭口段，并不得设置后挡板。

导料槽槽体断面形状有矩形和喇叭口形两种，均可带衬板。

11. 卸料装置

卸料装置有犁式卸料器、卸料车和可逆配仓通用固定带式输送机三种，用来实现通用固定带式输送机多点卸料。

（1）犁式卸料器。犁式卸料器用于通用固定带式输送机水平段任意点卸料。犁式卸料器有单侧和双侧卸料两种基本类型。其中单侧卸料又有左侧或右侧两种，均为可变槽角卸料器，使用于带速不大于 2.5m/s、物料粒度在 25mm 以下，且磨琢性较小、输送带采用硫化接头的通用固定带式输送机。

犁式卸料器溜槽有带锁气器和直通两种类型。

（2）卸料车。卸料车用于通用固定带式输送机水平段任意点卸料。卸料车有轻型和重型两种。其中重型又有单侧和双侧卸料两种，适用带速不小于 2.5m/s。

轻型卸料车适用于堆积密度小于 1600kg/m³ 的物料使用。漏斗下装有二通溜槽，只能两侧同时卸料。适应带宽为 650～1400mm。

重型卸料车适应于堆积密度大于 1600kg/m³ 的物料使用，其中双侧卸料车也装有二通溜槽，只能双侧同时卸料。单侧物料车有左侧和右侧两种，溜槽倾角 60°，是专为黏湿的粉状料，如粉矿、精矿设计的，重型卸料车适用带宽为 800～1400mm。

各种卸料车均可加装料槽槽口密封装置。

装有卸料车的通用固定带式输送机，其中间架和支腿均做了特殊设计以保证其强度和刚度。

（3）可逆配仓通用固定带式输送机。可逆配仓通用固定带式输送机是可逆转又可移动的完整的通用固定带式输送机。由于其作用与犁式卸料器和卸料车一样，所以暂将其作为一种卸料装置看待。

配仓通用固定带式输送机有轻型和重型两种，轻型机机长为 6000～60000mm，每一级为 3000mm，共 18 种；重型机机长为 6000～30000mm，每一级为 3000mm。为确保机架刚度和强度，其中机长 6000mm 和 9000mm 为一节式整体机架；重型机机长 12000、15000、18000mm 为二节式铰接机架；重型机机长 21000、24000、27000、30000mm 为三节式铰接机架；轻型机机长 9000mm 以上为二节至多节的拖挂式机架。

轻型配仓机用于堆积密度小于 1600kg/m³ 的物

料,适用带宽为500~1400mm。重型配仓机用于堆积密度不小于 1600kg/m³ 的物料,适用带宽为 800~1400mm,均可带料行走和逆转。

12. 软启动

随着长距离、大运量、大功率通用固定带式输送机的出现,软启动装置在工程中的应用已较为普遍,主要有调速型液力偶合器、变频调速装置、电软启动控制器和 CST 系统等。

(1)调速型液力偶合器。调速型液力偶合器是以液体为介质传递动力,并实现无级调速的液力传动装置。改变液力偶合器工作腔中工作油量,可实现在输入轴转速不变的情况下无级改变输出轴的转速。

(2)变频调速装置。变频调速装置主要由功率器件、控制器与电控器组成。通过控制器来调节功率器件中的绝缘栅极,使进入功率器件的交流电源的频率发生变化,从而实现软启动。

(3)电软启动控制器。电软启动控制器以反关联的晶闸管组为开关,以软启动交流调压方式限制电动机的启动电流,使电动机带动通用固定带式输送机平稳地过渡到额定转速。

(4)CST 系统。CST 系统是集减速器、离合和调速于一体的驱动装置,由多级减速器、离合器、液压系统及控制系统组成。CST 系统通过改变加在离合器上的液压压力,来改变 CST 的输出力矩,从而平滑启动。

七、设计注意事项

(1)北方地区的工程中采用液压拉紧装置时,建议对液压拉紧装置进行封闭布置。

(2)煤场通用固定带式输送机进、出转运站的侧墙处,应留有尺寸合适的孔洞,以保证设备正常运行和人员通行。

(3)通用固定带式输送机跨道路布置时,栈桥下部的净空应满足人员、车辆的通行要求。通用固定带式输送机跨管架、桥架等布置时,应留有安全距离。

第二节 圆管带式输送机

一、设计范围及主要内容

1. 设计范围

(1)本节规定了施工图阶段圆管带式输送机的主要设计原则、设计计算及主要部件选择、布置和安装设计方法。初设阶段的圆管带式输送机选型计算、设计可参考执行。

(2)本节适用于环境温度为-25~+40℃、物料松散密度为 500~2000kg/m³、物料粒度不大于 300mm、输送量不大于 5000m³/h 的圆管带式输送机设计。

(3)施工图阶段圆管带式输送机的详图设计应符合最新版输煤总图及审查意见的要求。

(4)施工图阶段每路圆管带式输送机的设计范围为从尾部滚筒起至头部漏斗下口止的整套设备及部件的计算、选型与布置。

(5)圆管带式输送机设备供货商在详图设计阶段会用到专用设计软件,设计院应与供货商紧密配合。

2. 主要内容

圆管带式输送机的设计主要内容包括整机设计、布置设计、设计计算及部件选择。

整机设计的主要内容包括主要参数的确定:管径、带速与出力的关系匹配。

布置设计的主要内容包括头尾部过渡直线段最小长度、转弯半径、最大倾角的确定。

设计计算及部件选择的主要内容包括圆管带式输送机运行阻力、输送带张力和驱动功率计算、部件选型、橡胶输送带、驱动装置、滚筒、托辊、拉紧装置、保护装置等。

二、设计输入

施工图详图阶段应以最新版输煤总图及审查意见的要求为主要设计输入,进行圆管带式输送机的详图设计。

计算和布置设计依据如下:

(1)输送能力。

(2)输送物料的性质、粒度、松散密度。

(3)工作环境(包括温度、湿度、风速、降雨雪量、盐雾、地震烈度等)。

(4)圆管带式输送机布置形式及几何尺寸,包括圆管带式输送机的倾角、升高、头尾水平长度、水平转弯、受料段长度、卸料段、过渡段、拉紧装置的形式和位置、驱动装置的位置等因素。

(5)受料点的数量和位置。

(6)卸料方式和卸料装置形式。

(7)电源电压等级。

(8)其他特殊要求。

三、整机设计

1. 整机结构和部件名称

圆管带式输送机由输送带、驱动装置、传动滚筒、改向滚筒、托辊组、拉紧装置和机架等部分组成。

圆管带式输送机按结构类型可分为双圆管型(承载、回程分支输送段输送带均采用正多边形托辊组支撑形成圆管状,如图4-7所示)和单圆管型(仅承载分支输送段输送带以正多边形托辊组支撑形成圆管状），双圆管型圆管带式输送机应用较为普遍。

为降低输送廊道宽度，推荐采用双圆管型圆管带式输送机。

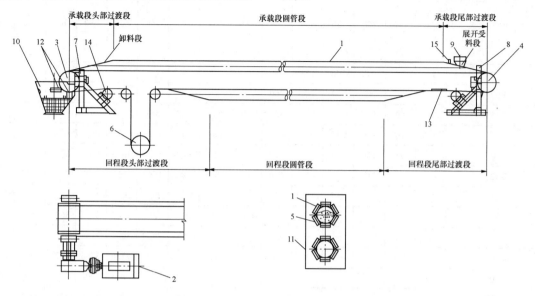

图 4-7 双圆管型圆管带式输送机整机结构

1—圆管输送带；2—驱动装置（电动机、减速机、液力偶合器、制动器、联轴器、逆止器）；3—头部滚筒；4—尾部滚筒；
5—托辊；6—拉紧装置；7—头架；8—尾架；9—导料槽；10—头部漏斗；11—中部支撑构架；12—头部清扫器；
13—空段清扫器；14—改向滚筒；15—限流等辅助设备及保护装置

圆管带式输送机与通用固定带式输送机的主要区别在于输送带和托辊组结构。

2. 常用规格系列

圆管带式输送机常用规格系列及其与圆管输送带宽度的关系见表 4-31。

3. 主要参数的确定

圆管带式输送机的管径受到物料最大粒度的限制，管径与输送物料最大粒度的关系见表 4-32。

圆管带式输送机的管径、带速和体积输送量的匹配关系见表 4-33。

表 4-31 圆管带式输送机常用规格系列及其与圆管输送带宽度的关系 （mm）

管径	150	200	250	300	350	400	500	600	700
带宽	650	800	1000	1100	1300	1600	1850	2250	2450

4. 布置设计

（1）过渡段设计。

表 4-32 圆管带式输送机常用规格对应断面积和许用最大粒度

管径（mm）	150	200	250	300	350	400	500	600	700
断面积100%（m²）	0.018	0.031	0.049	0.071	0.096	0.126	0.196	0.283	0.385
断面积75%（m²）	0.013	0.023	0.037	0.053	0.072	0.095	0.147	0.212	0.289
最大粒度（mm）	30～50	50～70	70～90	90～100	100～120	120～150	150～200	200～250	250～300

表 4-33 圆管带式输送机的管径、带速与体积输送量的匹配关系

输送量（m³/h）／带速（m/s）／管径（mm）	100	150	200	250	300	350	400	450	500	560	600	630	700	800	850
0.50	11	24	42	—	—	—	—	—	—	—	—	—	—	—	—
0.63	13	30	53	83	—	—	—	—	—	—	—	—	—	—	—

续表

管径(mm) / 带速(m/s) ＼ 输送量(m³/h)	100	150	200	250	300	350	400	450	500	560	600	630	700	800	850
0.80	17	38	68	106	153	—	—	—	—	—	—	—	—	—	—
1.00	21	48	85	132	191	260	—	—	—	—	—	—	—	—	—
1.25	26	60	106	166	238	325	424	536	662	831	—	—	—	—	—
1.60	—	76	136	212	305	415	543	687	848	1063	1221	1346	1662	—	—
2.00	—	95	170	265	382	519	678	858	1060	1329	1526	1682	2077	—	—
2.50	—	—	212	331	477	649	848	1073	1325	1662	1908	2103	2596	3391	3828
3.15	—	—	—	417	601	818	1068	1352	1669	2094	2404	2650	3271	4273	4824
3.55	—	—	—	—	677	922	1204	1524	1881	2360	2709	2986	3687	4816	5436
4.00	—	—	—	—	—	1039	1356	1717	2120	2659	3052	3365	4154	5426	6125
4.50	—	—	—	—	—	—	1526	1931	2384	2991	3434	3786	4673	6104	6891
5.00	—	—	—	—	—	—	1696	2146	2649	3323	3815	4206	5193	6782	7657
5.60	—	—	—	—	—	—	—	—	2967	3722	4273	4711	5816	7596	8575
6.30	—	—	—	—	—	—	—	—	—	4187	4807	5300	6543	8546	9647
7.10	—	—	—	—	—	—	—	—	—	—	5417	5973	7374	9631	10873

注　1. 表中体积输送量值已按 75% 断面积折算。

　　2. 体积输送量值按水平输送考虑，倾斜带式输送机应再计算面积折减系数，可按照 GB/T 17119—1997《连续搬运设备　带承载托辊的带式输送机　运行功率和张力的计算》的规定取值。

　　3. 名义管径同时还应满足表 4-32 最大粒度的要求。

　　4. 圆管带式输送机名义带速的选择原则上可比普通带式输送机的带速更高一些。

1）圆管带式输送机与普通带式输送机最主要的区别之一是圆管带式输送机的输送带截面需要自头（尾）部滚筒的平形状逐渐过渡成圆管状。合理过渡段设计对于圆管带式输送机具有重要意义：过渡段过短，则输送带边缘的附加应力加大，会加速圆管输送带的疲劳损坏，降低输送带的使用寿命，同时将使输送带在绕入和绕出滚筒时产生严重跑偏，或者导致在管状段产生扭转，且由此产生的跑偏和扭转现象难以通过现场调整加以根本消除；过渡段设计过长，将缩短整个线路的管状密封段长度。

2）过渡段截面曲线。合理的过渡段是输送带截面从平形或半径较大的圆弧形，逐渐过渡到半径较小的圆弧形，最终卷成半径为 $D_G/2$ 的圆管的过程。过渡段上输送带任一截面均应为圆形截面。

3）过渡段长度确定。圆管带式输送机头、尾部过渡段的长度主要取决于输送带允许的伸长率和物料被逐渐卷到圆管范围的要求。过渡直线段的最小长度 L_s 由式（4-44）和式（4-45）确定。

对于尼龙芯或聚酯芯织物输送带

$$L_s \geqslant 30D_G + 2L_P \qquad (4-44)$$

对于钢绳芯输送带

$$L_s \geqslant 50D_G + 4L_P \qquad (4-45)$$

式中　L_s——最小过渡直线段长度（从滚筒中心），mm；

　　　D_G——管径，mm；

　　　L_P——圆管直线段标准托辊组间距，mm。

L_P 的取值见表 4-34。

表 4-34　　圆管直线段标准托辊组间距　　（mm）

管径	150	200	250	300	350	400	500	600	700
托辊组间距	1300	1500	1600	1700	1800	1900	2000	2200	2300

若采用垂直重锤拉紧，则回程段过渡段应从改向滚筒的奔离点（或驶入点）计算。

4）过渡段托辊组布置。为保证过渡段输送带截面从平形或半径较大的圆弧形平滑形成圆管，过渡段托辊组结构可参考表 4-35。

当圆心角大于 π 时，应采用一定数量的压辊。托辊布置时以中间水平托辊为中心左右对称，"托辊组的布置"一栏数值为除水平托辊外的各托辊布置角度值，

"+"和"－"分别表示位于水平托辊的左、右方。

表 4-35　圆形曲线截面过渡段各截面圆心角、曲率半径及托辊组结构

截面位置	圆心角	曲率半径	托辊组的布置
0	0°		
$0.125L_s$	30°	$5.79D_G$	$+10°$, $-10°$
$0.25L_s$	65.2°	$3.14D_G$	$+21.73°$, $-21.73°$
$0.375L_s$	92.9°	$1.94D_G$	$+30.97°$, $-30.97°$
$0.5L_s$	138.7°	$1.298D_G$	$+46.23°$, $-46.23°$
$0.625L_s$	194.9°	$0.918D_G$	$+77.96°$, $+38.98°$, $-38.98°$, $-77.96°$
$0.75L_s$	260.3°	$0.691D_G$	$+104.12°$, $+52.06°$, $-52.06°$, $-104.12°$
$0.875L_s$	322.2°	$0.558D_G$	$+128.88°$, $+64.44°$, $-64.44°$, $-128.88°$
L_s	360°	$0.5D_G$	六托辊，中间水平布置，其余均匀分布

（2）转弯半径设计。

1）圆管带式输送机的一个突出特点是在管状段可以进行空间转弯。圆管带式输送机转弯曲线的定义见表 4-36。

表 4-36　转弯曲线的定义

名称	描　　述
水平曲线	水平布置中左、右弯曲
S 形曲线	水平曲线的一种，从左到右及从右到左弯曲，形成 S 形
凹弧曲线	垂直布置中，凹曲
凸弧曲线	垂直布置中，凸曲
空间曲线	既有水平弯曲，又有垂直弯曲

2）转弯半径的大小取决于输送带截面上张力和应变的大小、物料在圆管中对输送带的作用。转弯最小曲线半径（中心线圆）可按表 4-37。

表 4-37　转弯最小曲线半径（中心线圆）　（mm）

名称		转弯最小曲线半径	
		尼龙芯或聚酯芯输送带	钢绳芯输送带
水平曲线		$D_G×300$	$D_G×700$
S 形曲线		$D_G×400$	$D_G×800$
凹弧曲线		$D_G×300$	$D_G×700$
凸弧曲线		$D_G×400$	$D_G×800$
空间曲线	水平曲线+凹曲线	$D_G×400$	$D_G×800$
	水平曲线+凸曲线	$D_G×500$	$D_G×900$

3）弯曲线之间的连接。

a. 凹曲线与凸曲线之间必须由直线段连接，直线段的最小长度 L_c（mm）由式（4-46）或式（4-47）确定。

尼龙或聚酯帆布输送带：

$$L_c = D_G×50 \tag{4-46}$$

钢芯输送带：

$$L_c = D_G×100 \tag{4-47}$$

b. 水平布置的 S 形曲线，若曲线段之间无直线段连接，则连接点应为两圆的切点。

4）弯曲线半径与弯曲角度的关系。表 4-37 所列转弯最小曲线半径是指转弯角度不大于 45°时的控制值。若尼龙芯或聚酯芯输送带圆管带式输送机转弯角度超过 45°，应请专业制造厂确定，而钢绳芯输送带圆管带式输送机最大转弯角度不能超过 45°。

（3）最大倾角设计。

1）圆管带式输送机头、尾过渡段的最大倾角应按通用固定带式输送机的相同原则设计。

2）圆管带式输送机圆管段的最大倾角可按不超过普通带式输送机最大倾角的 150%进行设计。

（4）栈桥和通廊。栈桥和通廊的尺寸可按图 4-8 和表 4-38 确定。地下通廊垂直净高不应小于 2.50m。

表 4-38　圆管带式输送机通廊尺寸　（mm）

管径 D	双路						单路					
	过渡段			管状段			过渡段			管状段		
	A	C	M	A	C	M	A	C	C_1	A	C	C_1
150	4900	700	2250	3400	700	1500	2950	700	1000	2200	700	1000
200	5000	700	2300	3600	700	1600	3000	700	1000	2300	700	1000
250	5800	700	2700	3900	700	1750	3400	700	1000	2450	700	1000
300	6200	700	2900	4100	700	1850	3600	700	1000	2550	700	1000
350	6500	700	3050	4200	700	1900	3750	700	1000	2600	700	1000
400	6900	700	3250	4400	700	2000	3950	700	1000	2700	700	1000
500	7800	700	3700	4600	700	2100	4400	700	1000	2800	700	1000

通廊尺寸	双路						单路					
	过渡段			管状段			过渡段			管状段		
管径 D	A	C	M	A	C	M	A	C	C_1	A	C	C_1
600	8600	700	4100	4900	700	2250	4800	700	1000	2950	700	1000
700	9600	700	4600	5100	700	2350	5300	700	1000	3050	700	1000

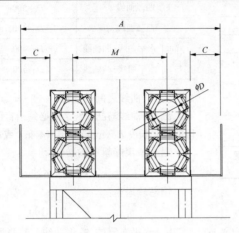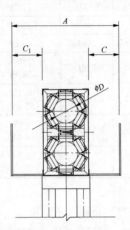

图 4-8 圆管带式输送机栈桥及通廊断面

A—栈桥宽度；C—检修通道宽度；M—双路圆管带式输送机中心距

当圆管带式输送机双路布置且输送机总长度较短时，管状段中心距可与过渡段中心距相同。

5. 具体要求

在进行圆管带式输送机设计时，圆管带式输送机与通用固定带式输送机相同的一般设计、计算原则应按照 GB/T 17119—1997《连续搬运设备 带承载托辊的带式输送机 运行功率和张力的计算》、DL/T 5187.1—2016《火力发电厂运煤设计技术规程 第 1 部分：运煤系统》，以及《DTⅡ（A）型带式输送机设计手册（第 2 版）》进行，还应符合以下具体要求。

（1）圆管带式输送机的布置除应考虑本体布置合理外，还应考虑其安装、检修、运行要求，并与其他专业的设施相协调。

（2）圆管带式输送机的设计应与其他相关专业及圆管带式输送机制造厂配合进行。

（3）圆管带式输送机宜采用承载、回程分支输送段输送带均为正多边形托辊组支撑形成的双圆管型结构类型，使物料包围在其中进行密闭输送。

（4）对圆管带式输送机布置、计算方法、部件选型及运行维护条件等提出要求。

（5）圆管带式输送机适于较长距离或较复杂路径运输的布置方案。运输距离较短、无特殊要求的简单运输方案宜采用通用固定带式输送机。

（6）圆管带式输送机跨铁路、公路或其他建筑物

正上方栈桥两侧应设置防护墙或采用封闭栈桥，且圆管带式输送机结构下缘至铁路、公路或其他建筑物的安全距离应满足相关规定要求。

（7）圆管带式输送机的地上圆管段宜采用敞开式栈桥。进、出转运站的过渡段部分应采用封闭栈桥或设置防雨罩棚和防风墙。

（8）当圆管带式输送机具有较多的弯曲段输送线路布置时，弯曲段的数量和方向宜尽可能在圆管带式输送机两侧对称布置，以保证运行时输送带张力在其横断面上均匀分布，减少扭曲。

（9）为保障管状段的完整性，圆管带式输送机宜采用头部或尾部驱动。

（10）当输送物料粒度较大时，应在圆管带式输送机受料前进行预破碎。

（11）圆管带式输送机敞开式栈桥走道可采用镀锌格栅，厂区内走道宜采用花纹钢板，走道两侧应设置1200mm 高的栏杆和 100mm 高的护沿。当架空栈桥高于地面 20m 时，栈桥走道宜采用花纹钢板，栏杆宜加固或设隔栅板。斜度超过 10°的走道需要采取防滑措施。

（12）圆管带式输送机桁架设计除应考虑设备本身荷载外，还应考虑风载、雪载、电缆支架、管道及桁架两侧走道的活荷载，活荷载按 500kg/m² 设计计算。

（13）圆管带式输送机每隔 100m 设置跨越梯，架空段中部跨越梯应设置安全护笼。架空段栈桥长度超

过 200m 时应设置通向地面的梯子，并应有防止非工作人员进入工作场地的有效措施。

（14）圆管带式输送机桥架立柱（包括其他的设备基础）应尽量避开栈桥下方的道路、水渠、陡坎等地方。

（15）尾部滚筒应设护罩，其他所有改向滚筒轴端处应加设护罩及可拆卸的护栏。

（16）设计时宜考虑栈桥面与转运站楼板面平齐，以防止栈桥与转运站处积煤。

（17）驱动滚筒和驱动装置处应设置检修设备。

（18）圆管带式输送机栈桥宜设置设备安装和检修的道路。

（19）圆管带式输送机栈桥可不进行水力清扫。

四、典型布置

1. 整机布置

根据整机布置的不同，圆管带式输送机分为水平布置、上运布置、下运布置，在以上几种布置中还有水平转弯、带凹凸弧、多次转弯及凹凸弧布置形式。根据各种组合，总结出以下六种常见布置方案。

（1）水平直线布置。

（2）水平转弯布置。

（3）上运直线布置。

（4）上运凹凸弧布置。

（5）转弯凹凸弧布置。

（6）下运布置。

2. 驱动装置布置

圆管带式输送机驱动方案与通用固定带式输送机基本相同，主要有以下五种布置形式。

（1）头部单滚筒驱动。

（2）头部多滚筒驱动。

（3）头部单滚筒+尾部单滚筒驱动。

（4）头部下分支驱动。

（5）尾部下分支驱动。

3. 拉紧装置布置、保护装置布置

拉紧装置和保护装置的布置可参考通用固定带式输送机部分执行。

五、设计计算

设计者可按本节计算方法进行初步计算，详细计算应委托设备供货商进行。

1. 简易计算方法

圆管带式输送机轴功率简易计算方法可先按通用固定带式输送机计算方法（按圆管带式输送机展开输送带宽度计算）算出传动滚筒轴功率 P_A，由式（4-48）可估算出圆管带式输送机轴功率：

$$P_{GA} = P_A \times k_{G1} \times k_{G2} \qquad (4-48)$$

式中 P_{GA}——圆管带式输送机传动滚筒轴功率，W；

P_A——通用固定带式输送机传动滚筒轴功率，W；

k_{G1}——圆管带式输送机弯曲系数，见表 4-39；

k_{G2}——圆管带式输送机温度系数，见表 4-40。

表 4-39　圆管带式输送机弯曲系数 k_{G1}
（包括圆管带式输送机其他附加阻力）

曲线段长度占总机长的百分比	≤20%	20%～40%	40%～60%	>60%
k_{G1}	1.20	1.25	1.3	1.35

表 4-40　圆管带式输送机温度系数 k_{G2}

环境最低温度（℃）	≥-5	-5～-10	-10～-15	-15～-20	-20～-25	-25～-30
k_{G2}	1.0	1.05	1.10	1.15	1.20	1.25

计算得到传动滚筒轴功率后，可由式（4-49）求得圆管带式输送机的圆周驱动力：

$$F_u = \frac{P_{GA}}{v} \qquad (4-49)$$

2. 一般设计计算方法

（1）计算标准、符号和单位。圆管带式输送机输送能力、各种阻力、运行功率和张力的计算，与通用固定带式输送机的计算方法基本相同，设计时参照 GB/T 17119—1997《连续搬运设备　带承载托辊的带式输送机　运行功率和张力的计算》执行。

（2）输送能力和管径。

1）圆管带式输送机的最大物料截面积。为保证正常运输条件下不爆管撒料，圆管带式输送机允许的最大物料截面积按式（4-50）计算（如图 4-9 所示）：

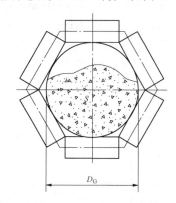

图 4-9　六边形托辊物料截面

$$S = \psi \pi \left(\frac{D_G}{2000} \right)^2 \qquad (4-50)$$

式中 S——物料截面积，m²；

ψ——物料的充填系数，一般 ψ =0.75。

2）散状物料输送能力。圆管带式输送机的最大输送能力按式（4-51）式（4-52）计算确定：

$$Q_{max} = 3600 \times S \times v \times k_c \times \rho \qquad (4\text{-}51)$$

式中　Q_{max}——圆管带式输送机的最大输送能力，t/h；

　　　k_c——倾斜带式输送机面积折减系数，可参照 GB/T 17119—1997《连续搬运设备　带承载托辊的带式输送机　运行功率和张力的计算》取值；

　　　ρ——物料的松散密度，kg/m³。

或

$$Q_{max} = 9 \times 10^{-4} \times \psi \times \pi \times D_G^2 \times v \times k_c \times \rho \qquad (4\text{-}52)$$

倾斜带式输送机面积折减系数 k_c 可参照 GB/T 17119—1997《连续搬运设备　带承载托辊的带式输送机　运行功率和张力的计算》取值；一般物料的充填系数 $\psi = 0.75$。

由多台圆管带式输送机组成的运煤系统，可根据系统组成、给料均匀性、物料特性及输送机倾角等，用最大输送能力乘以有效装料系数（其值可取 0.8～0.95），作为运煤系统的额定输送能力。

3）管径。已知最大输送能力和带速，所需圆管带式输送机的管径可按式（4-53）计算。

$$D_G = \frac{100}{3} \sqrt{\frac{Q_{max}}{\psi \pi v k_c \rho}} \qquad (4\text{-}53)$$

圆管带式输送机的管径还受到物料最大粒度的影响，一般管径与输送物料最大粒度的关系按式（4-54）计算：

$$D_G \geq (2\text{～}3) d_1 \qquad (4\text{-}54)$$

式中　d_1——物料最大粒度尺寸，mm。

（3）圆周驱动力。圆管带式输送机传动滚筒上所需圆周驱动力 F_u（N）是所有运行阻力之和，与通用固定带式输送机计算方法相同，根据 GB/T 17119—1997《连续搬运设备　带承载托辊的带式输送机　运行功率和张力的计算》按式（4-55）计算。

$$F_u = F_H + F_N + F_{S1} + F_{S2} + F_{St} \qquad (4\text{-}55)$$

式中　F_H——主要阻力，N；

　　　F_N——附加阻力，N；

　　　F_{S1}——主要特种阻力，即托辊前倾摩擦阻力及导料槽摩擦阻力，N；

　　　F_{S2}——附加特种阻力，即清扫器、卸料器及翻转回程分支输送带的阻力，N；

　　　F_{St}——倾斜阻力，N。

F_H、F_N 是所有带式输送机都有的。其他三类阻力，应根据带式输送机类型及附件装设情况决定。

1）圆管带式输送机的主要阻力 F_H。圆管带式输送机的主要阻力除包含通用固定带式输送机的物料及输送带移动、承载分支及回程分支托辊旋转产生的阻力外，还应计算过渡段输送带上的成圆阻力。

对于双圆管型结构的圆管带式输送机，过渡段输送带产生 4 次成圆阻力，故其主要阻力 F_H 按式（4-56）计算：

$$F_H = f \cdot L \cdot g[q_{RO} + q_{RU} + (2q_B + q_G) \cdot \cos\delta] + 4F_C \qquad (4\text{-}56)$$

式中　F_C——成圆阻力，可按表 4-43 取值，N；

　　　f——模拟摩擦系数；

　　　L——输送机长度（头尾滚筒中心距），m；

　　　q_{RO}、q_{RU}——输送机承载、回程分支每米托辊旋转部分质量，kg/m，对于双圆管型结构的圆管带式输送机，通常 $q_{RO}=q_{RU}$，标识为 q_R，可参考表 4-41 数值选取，并折算到圆管带式输送机每米托辊转动部分质量。每米长度输送带质量 q_B 可参考表 4-42 数值选取；

　　　q_B——每米长度输送带质量，可参考表 4-42 数值选取，kg/m；

　　　q_G——每米长度输送物料质量，kg/m；

　　　δ——输送机在运行方向上的倾角，（°）。

表 4-41　　　　　　　　　　　　　　圆管带式输送机托辊规格参数

管径 (mm)	托辊辊径 (mm)	轴承型号	托辊长度 (mm)	质量 (kg)	旋转部分质量 (kg)	管径 (mm)	托辊辊径 (mm)	轴承型号	托辊长度 (mm)	质量 (kg)	旋转部分质量 (kg)
200	89	204	124	1.8	1.31	250	133	205	162	4	2.81
	108			2.7	1.64			305		4.4	3.01
		205		3	1.74	300	89	204	176	2.4	1.64
250	89	204	162	2.2	1.55					3.3	2.11
	108			3.1	1.98		108	205		3.6	2.21
		205		3.4	2.08			305		3.9	2.57
		305		3.8	2.44		133	205		4.2	2.97

管径(mm)	托辊辊径(mm)	轴承型号	托辊长度(mm)	质量(kg)	旋转部分质量(kg)	管径(mm)	托辊辊径(mm)	轴承型号	托辊长度(mm)	质量(kg)	旋转部分质量(kg)
300	133	305	176	4.6	3.17	400	133	205	264	5.2	3.95
	159	305		5.5	4.17		133	305		5.8	4.15
		306		6.3	4.37			305		7.1	5.52
350	89	204	207	2.5	1.84		159	306		7.9	5.72
				3.1	2.39			307		9.2	6.29
	108	205		3.7	2.49	500	108	204	314	4.3	3.35
		305		4.3	2.85			205		5	3.45
	133	205		4.5	3.31			305		5.4	3.81
		305		4.8	3.51		133	205		6	4.51
	159	305		5.9	4.64			305		6.3	4.71
		306		6.6	4.84					7.9	6.28
400	108	204	264	4	2.9		159	306		8.8	6.48
		205		4.5	3			307		10.2	7.05
		305		4.8	3.36						

表 4-42　　　常用织物芯输送带规格参数

管径(mm)	带宽(mm)	织物型号	扯断强度(N/mm)	层数	覆盖胶厚度(mm) 内	覆盖胶厚度(mm) 外	厚度(mm)	质量 q_B(kg/m)
150	650	EP200	289.85	2	3	2	7.6	5.4
			434.77	3			8.9	6.26
200	800	EP200	471	3			10.9	9.51
		EP250	588.75	3			11.2	9.75
		EP300	706.5				11.5	9.99
250	1000	EP200	471	3	5	2	10.9	11.89
		EP250	588.75				11.2	12.19
		EP300	706.5				11.5	12.49
			942	4			13	14.01
300	1100	EP200	513.82	3			10.9	13.08
		EP250	642.27				11.2	13.41
		EP300	770.73				11.5	13.74
			1027.64	4			13	15.41
350	1300	EP250	634.62	3			11.2	15.85
			846.15	4			12.6	17.7
		EP300	761.54	3			11.5	16.24
			1015.38	4	5	2	13	18.22
			1269.23	5			14.5	20.19
400	1600	EP250	785.63	4	6.5	3	15.1	26.31
			982.03	5			16.5	28.59

管径（mm）	带宽（mm）	织物型号	扯断强度（N/mm）	层数	覆盖胶厚度（mm） 内	覆盖胶厚度（mm） 外	厚度（mm）	质量 q_B（kg/m）
400	1600	EP300	942.75	4	6.5	3	15.5	26.95
			1178.44	5			17	29.39
500	1850	EP250	849.19	4	6.5	3	15.1	30.43
			1061.49	5			16.5	33.05
			1273.78	6			17.9	35.68
		EP300	1019.03	4			15.5	31.17
			1273.78	5			17	33.98
			1528.54	6			18.5	36.79
600	2250	EP250	837.78	4	8	3	16.6	40.83
			1047.22	5			18	44.03
			1256.67	6			19.4	47.22
		EP300	1005.33	4			17	41.73
			1256.67	5			18.5	45.15
			1508				20	48.57

注 本表数据根据《DTⅡ（A）型带式输送机设计手册（第2版）》推算所得，仅供计算时参考。

a. 圆管带式输送机的成圆阻力 F_C。圆管带式输送机在过渡段由平变圆或由圆变平，都会增加能量损失，阻力与成圆后的管径有关。圆管带式输送机每改变一次，就应计算一次成圆阻力，一般双圆管型结构的圆管带式输送机计算成圆阻力应乘以 4，单圆管型结构的圆管带式输送机计算成圆阻力应乘以 2。圆管带式输送机成圆阻力 F_C 详见表 4-43。

表 4-43　圆管带式输送机成圆阻力 F_C

管径（mm）	150	200	250	300	350
成圆阻力 F_C（N）	227	272	318	368	408
管径（mm）	400	500	600	700	
成圆阻力 F_C（N）	454	588	816	（846）	

注 括号内数据为插值。

b. 圆管带式输送机的模拟摩擦系数 f。由于作用到各个托辊上的总正压力大于通用固定带式输送机，圆管带式输送机的运行阻力系数要大于通用固定带式输送机，模拟摩擦系数可参考表 4-44。

表 4-44 中的模拟摩擦系数 f 的取值还与圆管带式输送机的管径有关。当管径较大（$D_G \geq 500mm$）时，f 值取较小值；当管径较小（$D_G \leq 300mm$）时，f 值取较大值；对于管径为 350mm 和 400mm 的圆管带式输送机，f 值可取中值。

表 4-44　圆管带式输送机模拟摩擦系数 f

安装情况	工 作 条 件	f
水平及向上倾斜工况	工作环境、制造、安装良好，带速低，物料内摩擦系数小	0.03～0.035
	按标准设计，制造、调试好，物料内摩擦系数中等	0.035～0.045
	多尘、低温、过载、高速度、安装不良，托辊质量差，物料内摩擦大	0.04～0.055
向下倾斜工况	设计、制造正常，处于发电工况	0.025～0.03

当圆管带式输送机布置有弯曲段时，弯曲段的运行阻力系数需要用弯曲系数 f_1 进行修正，通常取弯曲系数 $f_1=1.08$。为方便计算，弯曲系数 f_1 可按弯曲段长度占总机长的比例来折算，见表 4-45。

表 4-45　圆管带式输送机弯曲系数 f_1

曲线段长度占总机长的百分比	≤20%	20%～40%	40%～60%	60%～80%	>80%
f_1	1.016	1.032	1.048	1.064	1.08

当圆管带式输送机在低温环境下运行时，需对运行阻力系数用温度系数 f_2 进行修正，温度系数 f_2 取值见表 4-46。

表 4-46 圆管带式输送机温度系数 f_2

环境最低温度（℃）	≥−5	−5～−10	−10～−15	−15～−20	−20～−25	−25～−30
f_2	1.0	1.05	1.10	1.15	1.20	1.25

2）圆管带式输送机的主要特种阻力 F_{S1}、附加特种阻力 F_{S2} 和倾斜阻力 F_{St} 与通用固定带式输送机相同，按照 GB/T 17119—1997《连续搬运设备 带承载托辊的带式输送机 运行功率和张力的计算》进行计算。

（4）输送带张力。根据 GB/T 17119—1997《连续搬运设备 带承载托辊的带式输送机 运行功率和张力的计算》，为保证输送带工作时不打滑，传动滚筒奔离点最小张力应满足欧拉公式（4-57）

$$F_{2min} \geq F_{umax} \frac{1}{e^{\mu\varphi}-1}$$ （4-57）

$$F_{umax} = k_A F_u$$

式中　F_{2min}——传动滚筒奔离点最小张力，N；

　　　F_{umax}——满载启动或制动时出现的最大圆周力，N；

　　　k_A——启动系数，取 k_A=1.3～1.7；

　　　μ——传动滚筒与输送带间的摩擦系数；

　　　φ——输送带在所有传动滚筒上的围包角；

　　　$e^{\mu\varphi}$——欧拉系数。

同时，作用在输送带上的任意一点的最小张力还应满足输送带下垂度验算。由于双圆管型结构的圆管带式输送机承载分支与回程分支托辊间距相同，故输送带下垂度验算公式为

$$F_{min} \geq \frac{a_o(q_B+q_G)g}{8\times0.01}$$ （4-58）

式中　a_o——承载段上最小张力点托辊间距，m；

　　　q_B——每米长度输送带质量，可参考表 4-43 数值选取，kg/m；

　　　q_G——每米长度输送物料质量，kg/m；

一般情况，传动滚筒趋入点张力，即单驱动的输送带最大张力按式（4-59）计算。

$$F_1 \approx F_u\xi\left(\frac{1}{e^{\mu\varphi}-1}+1\right)$$ （4-59）

式中　F_1——传动滚筒趋入点张力，N；

　　　ξ——考虑启动影响的加速系数，取 1.3～2.0。

上述方法与通用固定带式输送机计算相同，详见 GB/T 17119—1997《连续搬运设备 带承载托辊的带式输送机 运行功率和张力的计算》。

各改向滚筒合张力、拉紧装置拉紧力、转弯曲线起点及终点张力等特性张力点，可参照《DTII（A）型带式输送机设计手册（第 2 版）》进行计算。

（5）功率计算。

1）圆管带式输送机轴功率 P_{GA} 按式（4-60）计算。

$$P_{GA} = F_u v$$ （4-60）

2）圆管带式输送机电动机的计算功率 P_M，当需要验算启动时间及其加速度时，可按式（4-61）计算。

$$P_M \geq \frac{P_{GA}}{\eta}$$ （4-61）

式中　η——驱动装置的传动效率，可按 DL/T 5187.1—2016《火力发电厂运煤设计技术规程 第 1 部分：运煤系统》表 10.2.9 取值。

3）当不验算启动时间及其加速度时，计算功率 P_M 宜按式（4-62）计算。

$$P_M = k \times \frac{P_{GA}}{\eta}$$ （4-62）

式中　k——考虑重载启动和功率贮备的系数，取值参见 DL/T 5187.1—2016《火力发电厂运煤设计技术规程 第 1 部分：运煤系统》中第 10.2.9 条。

上述方法与通用固定带式输送机计算相同，详见 DL/T 5187.1—2016《火力发电厂运煤设计技术规程 第 1 部分：运煤系统》中第 6.2.8 条。

（6）传动滚筒扭矩及启、制动力矩计算。传动滚筒扭矩及启、制动力矩的计算方法与通用固定带式输送机相同，可参照《DTII（A）型带式输送机设计手册（第 2 版）》进行计算。

六、部件配置与选择

1. 输送带

输送带是圆管带式输送机的曳引构件和承载构件，是圆管带式输送机最主要的部件，其价格一般占整机价格的 30%～40% 或以上。选择合适的输送带，采取有效措施降低输送带所承受的张力、保护输送带在使用中不被损伤、方便安装和修补、延长使用寿命等成为圆管带式输送机设计的重要内容。圆管带式输送机采用专用的圆管输送带，由专业输送带制造厂生产。

（1）圆管输送带的技术特点。

1）圆管输送带的结构。圆管输送带的芯层结构与通用固定带式输送机输送带相比有一定的差别，这是由于圆管输送带在运送物料时需形成管状，要求输送带具有良好的弹性、纵向柔性、横向刚性及抗疲劳性能；同时对芯层材料有特殊要求，即输送带搭接部分要有良好的可挠曲性，边缘芯层较薄，以保证输送带在形成圆管状后的密封性和稳定性，保证设备在空载运行工况下不易产生扭转，同时输送带两边缘向里侧卷曲，有助于形成圆管状，如图 4-10 所示。

2）圆管输送带的刚性。由于圆管带式输送机为曲线布置，为使输送带在运行过程中保持稳定的圆管形状，圆管输送带应具有适当的横向刚度，以保证良

好的管状保持性和密封性，即横向刚度为圆管带式输送机在曲线段抵抗输送带的张力使其圆管形发生改变的能力。横向刚度是圆管输送带的关键技术指标，也是其与普通输送带最重要和最本质的区别。圆管带式输送机的张力、弯曲线角度越大，需要圆管输送带的横向刚度也越大。

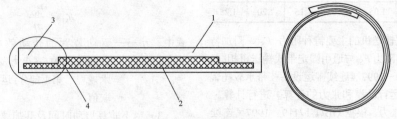

图 4-10　圆管输送带结构
1—内覆盖胶；2—芯体层；3—端部特殊结构；4—外覆盖胶

根据圆管输送带刚度值的大小指标，圆管输送带一般分为标准刚性圆管输送带、高刚性圆管输送带和高断面保持型圆管输送带三种类型。标准刚性圆管输送带刚度值最小，高刚性圆管输送带比标准刚性圆管输送带刚度值高 30%左右，高断面保持型圆管输送带比标准刚性圆管输送带刚度值更高。

（2）圆管输送带的选择。

1）圆管输送带的分类。圆管输送带与普通输送带的材料结构形式基本相同，根据抗拉体（芯层）不同分为尼龙芯输送带、聚酯芯输送带和钢丝绳芯输送带。设计时应根据不同的承载能力和工作环境选择不同类型的圆管输送带，当带强及拉紧行程满足要求时，宜优先选用织物芯带。由于聚酯芯输送带的延伸率（1.5%）比尼龙芯输送带的延伸率（2.7%）更小，在布置拉紧装置时聚酯芯输送带比尼龙芯输送带更方便一些，设计中宜优先选用伸长率较小和成槽性好的聚酯帆布输送带。

圆管输送带一般多采用橡胶覆盖层，其适用环境温度为–20～42℃；当工作环境温度低于–20℃时，应选用耐寒输送带。

当输送褐煤及高挥发分易自燃煤种时，应采用难燃输送带。

当管径小于 600mm 时，宜采用国产圆管输送带。

2）管径、带速和体积输送量。圆管带式输送机的管径、带速和体积输送量详见表 4-47。

3）层数。圆管输送带织物芯的带芯层数经计算确定，但确定的层数应在许可范围内，选用时应符合圆管输送带制造厂有关最小和最大层数的规定。圆管织物芯输送带宜为 3～6 层。

4）覆盖胶。圆管输送带的内外覆盖胶厚度一般为定值，不需要设计人员再作选择。

圆管输送带的内外覆盖胶厚度见表 4-48 和表 4-49。

表 4-47　　　　　　　　　　　　管径、带速和体积输送量的匹配关系

带速（m/s）＼管径（mm）＼体积输送量（m³/h）	150	200	250	300	350	400	500	600	700
0.8	38	68	106	153					
1.0	48	85	133	191	260				
1.25	60	106	166	239	325	424	663		
1.6	76	136	212	305	416	543	848	1221	1663
2.0	95	170	265	382	520	679	1060	1527	2078
2.5		212	331	477	649	848	1325	1909	2598
3.15			417	601	818	1069	1670	2405	3273
4.0				1039	1357	2121	3054	4156	
5.0					1696	2651	3817	5195	

注　1.　表中体积输送量值已按 75%断面积折算。
　　2.　体积输送量值按水平输送考虑。
　　3.　管径同时还应满足表 4-50 最大粒度的要求。
　　4.　圆管带式输送机带速的选择原则上可以比普通带式输送机的带速更高一些。

表 4-48　圆管织物芯输送带覆盖胶厚度

覆盖胶厚度	管径（mm）							
	150	200	250	300	350	400	500	600
内覆盖胶（mm）	3	5	5	5	5	6.5	6.5	8
外覆盖胶（mm）	2	2	2	2	2	3	3	3

表 4-49　钢绳芯输送带覆盖胶厚度

钢绳芯输送带规格		管径（mm）				
		250	300	350	400	500
ST630	内覆盖胶（mm）	6	7	7	10	12
	外覆盖胶（mm）	4	5	6	6	8
ST800	内覆盖胶（mm）	6	7	7	10	12
	外覆盖胶（mm）	4	5	6	6	8
ST1000	内覆盖胶（mm）	6	6	7	10	12
	外覆盖胶（mm）	4	5	5	6	8
ST1250	内覆盖胶（mm）	5	6	7	10	12
	外覆盖胶（mm）	4	5	6	6	8
ST1600	内覆盖胶（mm）	—	5	7	10	12
	外覆盖胶（mm）	—	5	6	6	8
ST2000	内覆盖胶（mm）	—	5	7	10	12
	外覆盖胶（mm）	—	5	6	6	8
ST2500	内覆盖胶（mm）	—	—	7	10	12
	外覆盖胶（mm）	—	—	5	6	8
ST3150	内覆盖胶（mm）	—	—	—	10	12
	外覆盖胶（mm）	—	—	—	6	8

选定的厚度应符合制造厂的产品规格。

表 4-50　圆管带式输送机常用规格对应断面积和许用最大粒度

管径（mm）	150	200	250	300	350
断面积100%（m²）	0.018	0.031	0.049	0.071	0.096
断面积75%（m²）	0.013	0.023	0.037	0.053	0.072
最大粒度（mm）	30~50	50~70	70~90	90~100	100~120

管径（mm）	400	500	600	700
断面积100%（m²）	0.126	0.196	0.283	0.385
断面积75%（m²）	0.095	0.147	0.212	0.289
最大粒度（mm）	120~150	150~200	200~250	250~300

一般圆管带式输送机露天布置，覆盖胶长期受日光照射及风吹雨淋。因此，要求外覆盖胶具有较高的耐候、耐臭氧、耐紫外线、耐屈挠、耐龟裂等性能，而内覆盖胶则应具有优良的耐磨性能。

（3）圆管输送带的额定拉断力和安全系数。圆管输送带在进行强度计算时，应按照圆管输送带实际带宽进行计算，其实际带宽按式（4-63）计算。

$$B_0 \geqslant \frac{7}{6} \times \pi \times D_G \qquad (4\text{-}63)$$

式中　B_0——圆管输送带的实际带宽，mm。

圆管输送带额定拉断力按式（4-64）计算。

$$F_{LD} > F_{max} n_a \qquad (4\text{-}64)$$

式中　F_{LD}——圆管输送带的额定拉断力，N；

F_{max}——圆管输送带在运行中所受的最大张力，N；

n_a——圆管输送带的安全系数。

式（4-64）中，圆管输送带的安全系数 n_a 对圆管带式输送机的经济性和可靠性影响很大，现行标准以输送带的额定拉断强度为基础，综合考虑疲劳强度的大幅度降低，由弯曲和伸长导致的强度下降，接头强度损失，启、制动工况下动态张力的增加等因数，给出输送带的安全系数。

圆管输送带的安全系数是一个经验值，应考虑安全、可靠、寿命、制造质量和经济成本，此外还要考虑接头效率、启动条件、现场条件和使用经验等。选用时应参照各圆管输送带生产厂家的样本，当圆管输送带采用硫化接头在未取得制造厂的资料时，安全系数 n_a 可在下述范围内取值：

1）尼龙、聚酯帆布芯圆管输送带：n_a=10~15。使用条件特别恶劣时可大于此值；选用变频、CST 等软启动时取小值。

2）钢丝绳芯圆管输送带：n_a=7~12。运行条件好、倾角小、张力低可取小值，反之则取大值。选用变频、CST 等软启动时取小值。当选用圆管输送带的强度规格超出 GB/T 9770—2013《普通用途钢丝绳芯输送带》的规定时，其安全系数应由圆管输送带厂提供。

输送带最大张力通常发生在启、制动工况下，采取软启、制动装置，可有效缓解动态张力的作用。

（4）圆管输送带常用输送带规格。输送带的品种规格应符合 GB/T 4490—1994《运输带尺寸》、GB/T 32457—2015《输送带　具有橡胶或塑料覆盖层的普通用途织物芯输送带规范》和 GB/T 9770—2013《普通用途钢丝绳芯输送带》的规定，见表 4-51。

2. 驱动装置

圆管带式输送机的驱动装置选型、布置与通用固定带式输送机相同。

表 4-51　　　　　　　　　　　　圆管输送带常用输送带规格

种类	抗拉体强度 [N/（mm·层）]	输送带宽度（mm）								
		D150	D200	D250	D300	D350	D400	D500	D600	D700
		650	800	1000	1100	1300	1600	1850	2250	2450
尼龙带	NN-200	√	√	√	√					
	NN-250		√	√	√	√	√	√	√	√
	NN-300		√	√	√	√				
聚酯带	EP-200	√	√	√	√					
	EP-250		√	√	√	√	√	√	√	√
	EP-300		√	√	√	√				
钢绳芯带	ST630			√	√	√	√	√	√	√
	ST800			√	√	√	√	√	√	√
	ST1000			√	√	√	√	√	√	√
	ST1250			√	√	√	√	√	√	√
	ST1600				√	√	√	√	√	√
	ST2000				√	√	√	√	√	√
	ST2500				√	√	√	√	√	√
	ST3150						√	√	√	√

注　表中"√"表示目前应用范围。

（1）大功率圆管带式输送机驱动装置配置原则。

1）在大运量钢绳芯带式输送机中，运输距离越长，则输送带的张力就越大，所要求的输送带强度则越高，但高强度的输送带不但价格昂贵，且质量也不稳定。因此，在大功率圆管带式输送机设计中应通过优化驱动单元的配置来降低输送带的最大张力值，输送带选型时应将输送带强度控制在 3150N/mm 及以下范围。

2）由于过大的驱动电动机会对驱动滚筒、支撑轴承及输送带的选型提出更高的技术要求，从而降低了综合的技术可靠性与经济效益，当驱动装置电动机功率大于 630kW 时，宜采用多滚筒驱动。

3）对于双滚筒驱动装置，宜优先采用头部双滚筒驱动；对于三滚筒驱动装置，宜优先采用头部双滚筒驱动+尾部单滚筒驱动的驱动方式。

4）设计多滚筒驱动单元时宜考虑系统的一致性，以便维护并减少备品备件。

（2）大功率圆管带式输送机驱动装置软启动的配置原则。

1）对于大型圆管带式输送机系统，特别是长距离、平面转弯的圆管带式输送机，应配置高性能的驱动装置。

2）当驱动功率较大、机长较长、带速较高时，驱动装置宜选用调速型液力偶合器、智能软启动器或变频调速器等软启动装置。

3）当设计需在带载稳定运行情况下对圆管带式输送机或对不同的滚筒调整不同的驱动功率时，应选用调速型液力偶合器或变频调速器等软启动装置。

3. 滚筒

圆管带式输送机的驱动滚筒及改向滚筒与通用固定带式输送机相同，设计时参照《DTⅡ（A）型带式输送机设计手册（第 2 版）》选型。

4. 托辊

圆管带式输送机的托辊为专用重型托辊，托辊辊径和承载能力选型可参照《DTⅡ（A）型带式输送机设计手册（第 2 版）》进行。建议托辊辊子选用自动化流水线生产的托辊，以保证六边形每只托辊阻力系数的一致性要求。

为延长托辊的使用寿命，托辊辊子的转速应不大于 600r/min。托辊辊径与限制带速见表 4-52。

表 4-52　　　　　托辊辊径与限制带速

辊子直径（mm）	限制带速（m/s）	限制带速时的辊子转速（r/min）
63.5	≤2	601
76	≤2	503

续表

辊子直径 （mm）	限制带速 （m/s）	限制带速时的辊子转速 （r/min）
89	≤2.5	537
108	≤3.15	557
133	≤4	575
159	≤5	601
194	≤5	492
219	≤6.3	567

（1）过渡段托辊布置。受料区和卸料区展开段托辊组选型和布置，按展开的输送带宽度与对应的通用固定带式输送机设计相同，参照《DTⅡ（A）型带式输送机设计手册（第2版）》进行。

过渡段其余托辊组结构形式和布置参照上文。

过渡段上应设置必要的压辊。

（2）圆管段托辊布置。

1）托辊组结构。圆管带式输送机托辊组的几种结构形式如图4-11所示。

图4-11（a）是托辊组由处于同一截面上的六个托辊构成，这是最常见的一种形式，推荐采用该形式；图4-11（b）是托辊组由同一截面上的三个托辊构成，每相邻的托辊组中的托辊位置相错；图4-11（c）表示托辊架设在侧边的结构形式；图4-11（d）的承载分支采用四托辊的托辊组，回程分支采用三托辊的托辊组；图4-11（e）是采用五个大托辊支撑输送带，用两个小托辊来夹持输送带边缘的结构形式；图4-11（f）是带检修小车的托辊组布置形式。

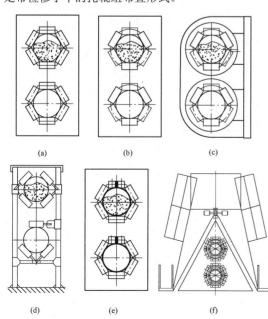

图4-11 托辊组结构形式

2）托辊规格。圆管带式输送机专用六边形托辊规格见表4-53。

表4-53　　六 边 形 托 辊 规 格

管径（mm）	托辊辊子直径（mm）	托辊辊子长度（mm）
200	89、108	124
250	89、108、133	162
300	89、108、133、159	176
350	89、108、133、159	207
400	108、133、159	264
500	108、133、159	314
600	133、159、194	368
700	133、159、194	419

3）托辊组间距。圆管直线段托辊间距见表4-54。

表4-54　　圆管直线段托辊间距

管径（mm）	150	200	250	300	350
托辊间距（mm）	1300	1500	1600	1700	1800

管径（mm）	400	500	600	700
托辊间距（mm）	1900	2000	2200	2300

圆管曲线段托辊间距可按直线段间距的80%考虑。

圆管直线回程段可部分采用六托辊组，即在直线回程段可采用每两组六托辊组中间间隔布置两组V形或平托辊组。

5. 拉紧装置

当拉紧装置拉紧行程不能满足长距离圆管带式输送机的要求时，可采用液压拉紧装置。

当采用垂直拉紧装置时，宜优先布置在圆管带式输送机的头部，也可布置在尾部，不宜布置在中部管状段。

6. 清扫器

圆管带式输送机的清扫器与通用固定带式输送机相同。

7. 机架

由于目前我国尚无通用的圆管带式输送机设计选用手册，圆管带式输送机的机架由制造商根据各自的设计图纸制造，设计时圆管带式输送机的头架、尾架、拉紧装置架、导料槽、头部护罩、头部漏斗及支座部件等可按展开的输送带宽度参照《DTⅡ（A）型带式输送机设计手册（第2版）》和《运煤部件典型设计选用手册（D-YM96）》的部件型谱设计，中部支架参照各制造厂提供的资料进行。

圆管带式输送机一般为露天布置，其中部支撑构架及紧固件等需特别考虑防腐、防锈要求，沿海地区应考虑防盐雾腐蚀。

严寒地区应考虑防冻措施。露天钢结构、平台、扶梯要选用防冷脆的金属材料。

8. 安全保护装置

圆管带式输送机的安全保护装置除设置速度（打滑）检测信号、两级跑偏开关、双向拉绳开关、料流检测信号安全防护设施外（见普通带式输送机），还需要设置以下保护装置：

（1）线路上每隔约 200m 设置一组开机声光报警装置。

（2）电动机设防结露加热器和温度检测电阻。

（3）设置限流检测装置。

（4）设置防爆管、防扭管装置。

七、设计注意事项

（1）当圆管带式输送机具有较多的弯曲段输送线路布置时，弯曲段的数量和方向宜尽可能在圆管带式输送机两侧对称布置，以保证运行时输送带张力在其横断面上均匀分布，减少扭曲。

（2）为保障管状段的完整性，圆管带式输送机宜采用头部或尾部驱动。

（3）设计时宜考虑栈桥面与转运站楼板面平齐，以防止栈桥与转运站处积煤。

（4）圆管带式输送机宜架空布置，且距地面的垂直距离宜按大于或等于 4.5m 的要求进行设计。

第五章

筛 碎 设 施

运煤系统筛碎设施的作用是为了保证磨煤机入口燃煤的粒度，将燃煤进行筛分和破碎，然后送入主厂房原煤仓供锅炉燃用。筛碎设施主要包括筛分设备及破碎设备等。

第一节　筛 分 设 备

一、筛分的基本概念

1. 筛分效率

筛分效率是筛分设备工作质量的一个指标，它表示筛分作业进行的程度和筛分产品的质量。筛分效率 η 为筛下物料的质量 m_b 与原料中所含筛下粒级质量 m_a 的比值，其计算式为

$$\eta=(m_b/m_a)\times100\%=(m_2a_2/m_1a_1)\times100\% \quad (5-1)$$

式中　m_1——筛前的物料量，t/h；

$\quad\quad m_2$——筛下的物料量，t/h；

$\quad\quad a_1$——筛前的物料中小于筛孔的物料粒级含量，%；

$\quad\quad a_2$——筛下的物料中小于筛孔的物料含量，%。

在工业生产中，由于筛分过程是连续的，筛分前后的物料不易称量，因此一般是按照取样法来测定物料含量，并按照式（5-2）计算筛分效率：

$$\eta=(a_1-a_3)a_2/(a_2-a_3)a_1\times100\% \quad (5-2)$$

式中　a_3——筛上物料中小于筛孔尺寸粒级的重量含量，%。

2. 影响筛分效率的因素

（1）物料性质。

1）物料的颗粒形状。球状颗粒易通过方形及圆形筛孔，条状、片状颗粒易通过方形筛孔。

2）物料的粒度组成。物料中直径为 1~1.5 倍筛孔尺寸的颗粒为难筛粒，难筛粒含量高，则筛分效率低。

3）物料的含水量和含黏土量。含水量和含黏土量较高的物料，采用干法筛分时，筛分效率较低。

（2）筛面的开孔率。筛面上筛孔面积占总面积之比，为开孔率。开孔率越大，生产能力和筛分效率均越高，但同时筛面强度降低，其寿命也会降低。

（3）筛面的运动性质。筛分机械中，物料相对于筛面的运动，主要有垂直和平行运动两种。通常做垂直运动的筛面，物料层的疏松度大，离析速度快，筛孔不易堵塞，因此筛分效率高。

筛面的运动频率和振动幅度对物料颗粒在筛面的运动速度影响也较大，特别是对小颗粒物料，宜采用小振幅、高频率的筛分方式。

二、筛分机械的主要类型及工作原理简介

按照构造与工作原理的不同，常用的筛分机械有如下类型：固定筛、圆筒回转筛、振动筛、振动概率筛、高幅振动筛、弛张筛、滚轴筛、梳式摆动筛。筛分机械主要类型见表 5-1。

表 5-1　　筛 分 机 械 主 要 类 型

类型	工作原理	主要特点
固定筛	由固定筛条组成，筛面多数与水平面倾斜 30°~40° 布置，依靠物料自身的重力和运动的速度透过筛孔	筛面倾斜固定，构造简单，所需动力很小或者不需动力，筛分效率较低
圆筒回转筛	依靠圆筒的回转，使物料在筒内运动并通过筒面的筛孔	转动缓慢均匀，冲击和振动很小，工作平稳，但筛面利用率低
振动筛	筛箱采用弹性支承，依靠激振器使筛面产生高频率的振动而进行物料的筛分	振动方向与筛面近于垂直，有助于强化筛分运动，筛分效率高。构造简单，单位质量的筛分能力大
振动概率筛	振动概率筛是振动筛的一种，筛面靠激振装置进行直线振动，采用多层（3~6 层）、大倾角（30°~60°）、大筛孔（筛孔尺寸是分离粒度的 2~10 倍）的筛面	结构上具有层数多、倾角大、筛孔大、筛面短四大特点。其筛分精确度低，筛分过程为近似筛分
高幅振动筛	高幅振动筛是振动筛的一种，其侧板、顶盖、底座部分都是固定的，只有筛网和激振器参与振动	设备整体不振动，筛网振动。筛面开孔率较高，筛分效率高

续表

类型	工作原理	主要特点
弛张筛	筛框固定，挠性的筛面做弛张运动，抛射加速度达到重力加速度的 30～50 倍，从而使筛面上的物料做弹跳前进运动并通过筛孔	高转速，处理能力较高。筛面加速度可达到 50g，筛分效率较高
滚轴筛	筛面由平行的滚轴组成，运行时各轴同向回转，物料在筛片的拨抛、挤压和摩擦下前进和透筛	设置有清扫装置，筛分效率较高
梳式摆动筛	筛面由平行的"镰型"梳齿轴组成，通过轴上摆强制向前拨料，物料受前一级梳齿压力经梳齿间隙透过筛孔	梳齿 90°摆动，筛分效率高，对高水分黏煤适应能力较强

目前煤粉炉火力发电厂中常用的筛分设备类型有滚轴筛、梳式摆动筛和高幅振动筛（粗筛型）。

三、滚轴筛

1. 工作原理及特点

工作原理：滚轴筛筛面由平行滚轴组成，各轴等距排列，每轴由轴和等距串装其上的筛片组成，筛片

为圆齿形，运行时各轴同向回转。入料煤中的细料在筛片的拨抛、挤压和摩擦下前进而透筛，粗料经出口下落。滚轴筛结构示意如图 5-1 所示。

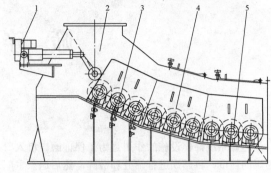

图 5-1 滚轴筛结构示意
1—翻转机构；2—箱体；3—清扫器；
4—筛轴装配；5—驱动机构

倾斜式滚轴筛减速机单侧和双侧布置安装如图 5-2 和图 5-3 所示。

滚轴筛具有以下特点：设置有清扫装置，通过清扫装置有效地将筛片上的黏煤和杂物清除，筛分效率较高。

2. 型号及主要参数

滚轴筛型号及基本参数见表 5-2。

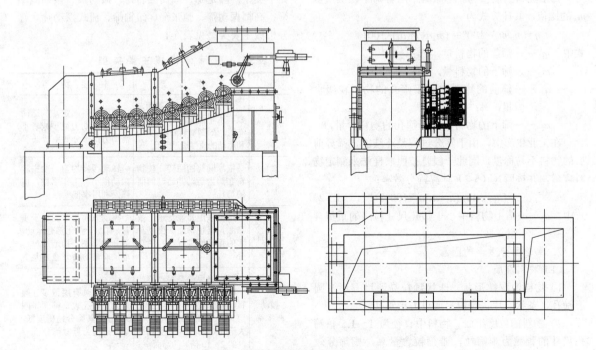

图 5-2 倾斜式滚轴筛减速机单侧布置安装

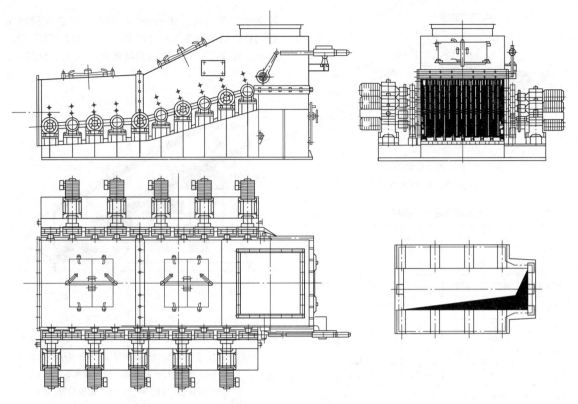

图 5-3　倾斜式滚轴筛减速机双侧布置安装

表 5-2　　　　滚 轴 筛 基 本 参 数

型号	参　数				
	轴数	筛面宽度（mm）	出力（t/h）	分级粒度（mm）	电动机功率（kW）
□7×10	7	1000	400～500	30	7×2.2
□9×10	9	1000	600	30	9×2.2
□9×12	9	1200	800	30	9×2.2
□9×14	9	1400	1000	30	9×3
□10×16	10	1600	1250	30	10×3
□10×18	10	1800	1500	30	10×4
□12×20	12	2000	2000	30	12×4
□12×22	12	2200	2200	30	12×5.5
□15×25	15	2500	2400	30	15×5.5

四、梳式摆动筛

1. 工作原理及特点

工作原理：筛面由平行轴组组成，各轴等距排列，每轴组为轴和串装其上的"镰形"梳齿组成。驱动机构为四连杆机构，轴组上、下近 90°摆动。奇数轴组上摆强制向前拨料，偶数轴组下落接料；反之亦然。梳齿根部装有清堵齿，具有清除下一级

梳齿弧形工作部黏煤，以使梳齿弧形工作部不被黏煤堵塞的作用。当梳齿运动时，煤受前一级梳齿压力经梳齿间隙透筛，未透筛大块被抬起，梳齿强制向后拨动。

梳式摆动筛工作原理如图 5-4 所示，结构示意如图 5-5 所示。

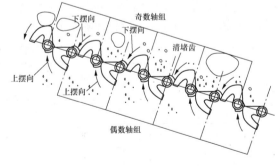

图 5-4　梳式摆动筛工作原理

梳式摆动筛具有以下特点：梳齿 90°摆动，通过反复拨动使煤松散，强制煤流向前方移动，筛分效率高，对高水分黏煤适应能力较强。

2. 型号及主要参数

梳式摆动筛型号及主要参数见表 5-3。

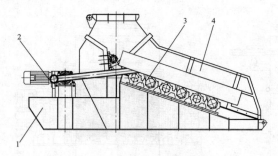

图 5-5 梳式摆动筛结构示意

1—机座；2—驱动机构；3—筛齿装配；4—机壳

棒条和框架组成，棒条呈纵向排列，除整块筛网在振动外，每根棒条也存在活动间隙，并做二次振动，以消除湿黏原煤对筛网的黏结问题。其结构如图 5-6 所示。

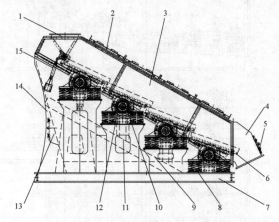

图 5-6 高幅振动筛（粗筛型）结构

1—进料口；2—密封盖；3—筛箱；4—筛前溜槽；5—观察门；
6—筛板组合；7—底托；8—减振装置；9—电动机支架；
10—电动机；11—联轴器；12—激振器；
13—维修门；14—料仓；15—翻板装置

表 5-3　　　　梳式摆动筛主要参数

型号	出力（t/h）	入料粒度（mm）	分离细料粒度（mm）	筛面宽度（mm）	轴数	电动机功率（kW）
SBS.400	400	≤300	≤30	1356	6	15.75
SBS.600	600	≤300	≤30	1556	6	30.75
SBS.800	800	≤300	≤30	1636	8	37.75
SBS.1000	1000	≤300	≤30	1986	8	45.75
SBS.1200	1200	≤300	≤30	2156	8	45.75
SBS.1500	1500	≤300	≤30	2466	10	55.75
SBS.1800	1800	≤300	≤30	2926	10	75.75
SBS.2000	2000	≤300	≤30	3196	10	91.1
SBS.2500	2500	≤300	≤30	3366	10	111.1

五、高幅振动筛（粗筛型）

1. 工作原理及特点

高幅振动筛是振动筛的一种，其设备整体不参与振动，筛机的侧板、顶盖、底座部分都是固定的，只有筛网和激振器参与振动。高幅振动筛的筛网由特钢

高幅振动筛（粗筛型）具有以下特点：

（1）筛机整体不振动，仅筛网和激振器参与振动。

（2）较大的振幅和较小的动负荷，电动机功率较小。

（3）分段筛分、封闭结构。

（4）筛面开孔率高，筛分效率高。

2. 型号及主要参数

高幅振动筛（粗筛型）的型号及主要技术参数见表 5-4。

表 5-4　　　　　　　　　　　　　高幅振动筛（粗筛型）主要技术参数

型号	入料粒度（mm）	处理能力（t/h）	电动机转速（r/min）	振幅（mm）	电动机功率（kW）	外形尺寸（长×宽×高）（mm×mm×mm）
GFS-C-300	≤300	300	730	15~25	1×11	2340×3110×1800
GFS-C-600	≤300	600	730	15~25	1×11	2910×3464×2050
GFS-C-800	≤300	800	730	15~25	1×11	2910×3664×2050
GFS-C-1000	≤300	1000	730	15~25	2×11	4318×3664×3200
GFS-C-1500	≤300	1500	730	15~25	2×11	4318×3864×3200
GFS-C-2000	≤300	2000	730	15~25	3×11	5410×4085×4045
GFS-C-2500	≤300	2500	730	15~25	3×11	5410×4385×4045

第二节 破 碎 设 备

一、破碎的基本原理及概念

1. 物料破碎的方法

破碎机械按照施力方法的不同，对物料破碎有挤压、弯曲、冲击、剪切和研磨等方法。

（1）挤压（压碎）。将物料置于两块工作面之间，施加压力后，物料因压应力达到其抗压强度而破碎，这种方法一般适用于破碎大块物料。其工作原理如图5-7所示。

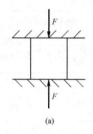
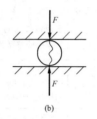

图 5-7 压碎工作原理
（a）方形物料压碎；（b）圆形物料压碎

（2）挤压（劈碎）。将物料置于一个带尖棱的工作面和一个平面（或带尖棱的工作面）之间，由于物料的拉伸强度极限比抗压强度极限小很多，因此当劈裂平面上的拉应力达到或超过物料拉伸强度极限时，物料将沿压力作用线的方向劈裂。其工作原理如图 5-8所示。

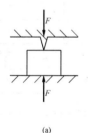
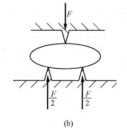

图 5-8 劈碎工作原理
（a）单个尖棱；（b）多个尖棱

（3）弯曲（折碎）。物料受弯曲应力作用而破碎。被破碎的物料承受集中荷载作用的二支点简支梁或多支点梁，当物料的弯曲应力达到物料的弯曲强度时，即被折断而破碎。其工作原理如图5-9所示。

（4）冲击（冲击破碎）。物料受冲击力作用而破碎。破碎力是瞬时作用的，其破碎效率高、破碎比大、能量消耗小。其工作原理如图5-10所示。

冲击破碎有以下几种情况：

1）运动的工作体对物料的冲击。

2）高速运动的物料向固定的工作面冲击。

3）高速运动的物料互相冲击。

4）高速运动的工作体向悬空的物料冲击。

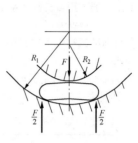

图 5-9 折碎工作原理

图 5-10 冲击破碎工作原理

（5）剪切和研磨（磨碎）。物料与运动的工作面之间受一定的压力和剪切力作用后，其剪切应力达到物料的剪切强度极限时，物料便被破碎；或物料彼此之间摩擦时的剪切、研磨作用而使物料粉碎。其工作原理如图5-11所示。

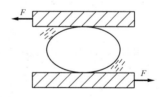

图 5-11 磨碎工作原理

2. 破碎比

固体物料原颗粒尺寸 D，经过破碎机或粉磨机破碎后，其物料颗粒尺寸变为 d，$i=D/d$，这一比值即为破碎比，也就是物料经过一次破碎机破碎后，其粒度减小的倍数。通常所说的破碎比是指平均破碎比，即物料破碎前后粒度变化的平均比值。

3. 物料的抗压强度与硬度

物料在单独压缩荷载作用下所能承受的最大压应力称为物料的单轴抗压强度。物料的抗压强度一般表现为物料破碎的难易程度，也可称为物料的易碎性，其与物料的强度、硬度、水分、密度、结构的均匀性、黏性、形状、表面情况等有关。而物料的粒度同抗压强度的关系更加密切，粒度小的物体，其宏观及微观裂缝较粒度大的少，因此抗压强度相对较高。

此外，常用岩石的坚固性这个概念来表示岩石在破碎时的难易程度。坚固性的大小用坚固性系数来表示，又叫硬度系数，通常用普氏硬度系数 f 值来表示。

$$f=R/100 \tag{5-3}$$

式中 R——岩石标准试样的单向极限抗压强度值，kg/cm^2。

常用的普氏岩石分级法就是根据坚固性系数来进行岩石分级的，详见表 5-5。

表 5-5　　普 氏 岩 石 分 级 法

岩石级别	普氏硬度系数（f）	坚固程度	代表性岩石
Ⅰ	20	最坚固	最坚固、致密、有韧性的石英岩、玄武岩和其他各种特别坚固的岩石
Ⅱ	15	很坚固	很坚固的花岗岩、石英斑岩、硅质片岩，较坚固的石英岩，最坚固的砂岩和石灰岩
Ⅲ	10	坚固	致密的花岗岩，很坚固的砂岩和石灰岩，石英矿脉，坚固的砾岩，很坚固的铁矿石
Ⅲₐ	8	坚固	坚固的砂岩、石灰岩、大理岩、白云岩、黄铁矿，不坚固的花岗岩
Ⅳ	6	比较坚固	一般的砂岩、铁矿石
Ⅳₐ	5	比较坚固	砂质页岩，页岩质砂岩
Ⅴ	4	中等坚固	坚固的泥质页岩，不坚固的砂岩和石灰岩，软砾石
Ⅴₐ	3	中等坚固	各种不坚固的页岩，致密的泥灰岩
Ⅵ	2	比较软	软弱页岩，很软的石灰岩，白垩，盐岩，石膏，无烟煤，破碎的砂岩和石质土壤
Ⅵₐ	1.5	比较软	碎石质土壤，破碎的页岩，黏结成块的砾石、碎石，较坚固的烟煤，硬化的黏土
Ⅶ	1	软	软致密黏土，较软的烟煤，坚固的冲击土层，黏土质土壤
Ⅶₐ	0.8	软	软砂质黏土、砾石，黄土
Ⅷ	0.6	土状	腐殖土，泥煤，软砂质土壤，湿砂
Ⅸ	0.5	松散状	砂，山砾堆积，细砾石，松土，开采下来的散煤
Ⅹ	0.3	流沙状	流沙，沼泽土壤，含水黄土及其他含水土壤

二、破碎机的主要类型及工作原理简介

按照构造与工作原理的不同，常用的破碎机械主

要有如下类型：颚式破碎机、反（锤）击式破碎机、圆锥破碎机、辊式破碎机、环锤式破碎机。详见表 5-6 和表 5-7。

表 5-6　　破碎机械主要类型及工作原理

类型	工作原理	适用物料	适用行业
颚式破碎机	依靠活动颚板做周期性的往复运动，把加入两颚板间的物料压碎（图 5-12）	石灰石、硫铁矿石、磷矿石、重晶石等	煤炭、冶金、建材、化工
反（锤）击式破碎机	物料受到高速运动的板锤的打击，使物料向反击板高速撞击，以及物料之间的相互冲撞而破碎（图 5-13）	煤、石灰石、盐、石膏等中硬物料的细碎	火力发电厂、煤矿
圆锥破碎机（旋回破碎机）	靠内锥体的偏心旋转，使处于两锥体间的物料受到弯曲和挤压而破碎（图 5-14）	中碎、细碎坚硬和极坚硬的物料，如钢刚玉	工矿企业的原料破碎
辊式破碎机	物料落在两个相互平行且相向转动的辊子间，受到辊子的挤压而破碎（图 5-15）	煤及软岩物料	煤矿、火力发电厂
环锤式破碎机	物料受到高速回转的环锤的冲击和物料本身向高速固定破碎板冲击而破碎（图 5-16）	烟煤、无烟煤、褐煤，以及其他中等硬度的矿石	火力发电厂

表 5-7　　电 厂 破 碎 机 械 选 型

破碎类别	初碎	粗碎	细碎
原料粒度（mm）	300～900	200～300	50～100
出料粒度（mm）	100～350	20～30	8～15
破碎比	3～6	6～25	10～40
设备推荐选型	颚式破碎机	环锤式破碎机 反击式破碎机 辊式破碎机	反击式破碎机 辊式破碎机 环锤式破碎机

目前火力发电厂中常用的粗碎煤机类型为环锤式破碎机。

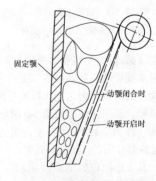

固定颚
动颚闭合时
动颚开启时

图 5-12　颚式破碎机工作原理

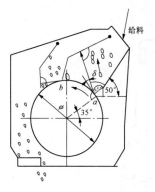

图 5-13　反击式破碎机工作原理

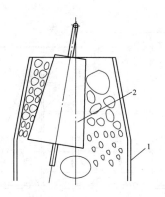

图 5-14　圆锥破碎机工作原理
1—定锥；2—动锥

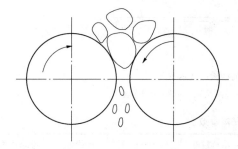

图 5-15　辊式破碎机工作原理

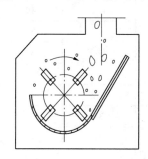

图 5-16　环锤式破碎机工作原理

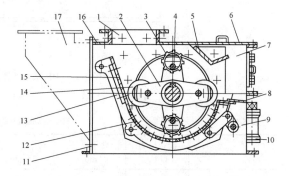

图 5-17　环锤式破碎机工作原理

1—进料口；2—转子；3—环锤；4—锤销；5—反击板；6—活动
盖板；7—杂物收集箱；8—活动板；9—机体；10—调节
机构；11—下机壳；12—筛板；13—托板；14—环锤；
15—破碎板；16—上机壳；17—旁路溜槽

三、环锤式破碎机

1. 工作原理及特点

（1）工作原理。环锤式破碎机是一种带有环锤的冲击转子式破碎机。环锤式破碎机工作原理如图 5-17所示，环锤不仅能随转子旋转，还能绕销轴自转。当物料进入破碎腔后，首先受到随转子高速旋转的环锤的冲击作用而初次破碎，初碎后的物料同时从环锤上获得动能，高速地冲向破碎板，进行二次破碎。然后被破碎的物料落到筛板上，进一步受到环锤的剪切、挤压、研磨作用，得到进一步的破碎，并通过筛板栅孔排出。少量不能被破碎的异杂物，在环锤离心力作用下，经拨料板被抛向除铁室，然后定期清除。

（2）环锤式破碎机的主要优点。

1）环锤旋转破碎，均匀磨损，使用寿命较长。

2）生产率较高，破碎比较大。

3）环锤式破碎机一般属于粗碎，算孔大，不易堵塞。

4）工作连续可靠，检修维护方便，易损件、易检查和更换。

5）环锤式破碎机设有除铁室，环锤孔与环锤轴之间空间大，可有效避让金属块，不易导致事故。

2. 主要型号及参数

国内常见的环锤式破碎机有 HS 系列和 KRC 系列两种系列。

（1）HS 系列环锤式破碎机结构形式示意如图 5-18所示，基本参数见表 5-8。

（2）KRC 系列环锤式破碎机结构形式示意如图5-19 所示，基本参数见表 5-9。

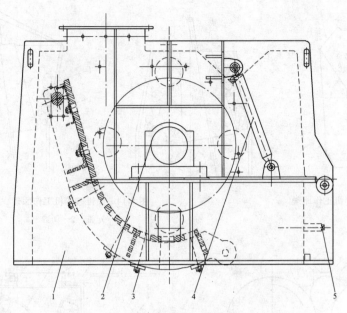

图 5-18 HS 系列环锤式破碎机结构形式示意

1—壳体；2—转子装配；3—筛板装配；4—液压系统；5—筛板调节器

表 5-8   HS 系列环锤式破碎机基本参数

型　号	额定出力 （t/h）	转子直径 （mm）	转子工作长度 （mm）	入/出料粒度 （mm）	转子线速度 （m/s）	动扰力值 （kN）	电动机功率 （kW）
HSQ（P）-200	200	1065	905		41.2	19	110
HSQ（P）-400	400		1200			26	200
HSQ（P）-600	600	1115	1400	≤250/≤25	43.2	31	315
HSQ（P）-800	800		1800			44	400
HSQ（P）-1000	1000	1220	2085		47.2	48	500
HSZ（P）-100	100	800	670		31	14	75
HSZ（P）-200	200		815		31	19	132
HSZ（P）-400	400		1352			29	220
HSZ（P）-600	600	1200	1780	≤350/≤30	46.5	39	315
HSZ（P）-800	800		1970			46	400
HSZ（P）-1000	1000		2300			51	560
HSZ（P）-1200	1200	1370	2592		42.3	45	630
HSZ（P）-1400	1400		2665			50	710

表 5-9   KRC 系列环锤式破碎机基本参数

型　号	额定出力 （t/h）	转子直径 （mm）	转子工作长度 （mm）	入/出料粒度 （mm）	转子线速度 （m/s）	动扰力值 （kN）	电动机功率 （kW）
KRC9×10	200		1000			30	200
KRC9×12	300	990	1200	≤350/ ≤25	51.5	37	220
KRC9×14	400		1400			42	250
KRC9×17	600		1700			49	280

型　号	额定出力 (t/h)	转子直径 (mm)	转子工作长度 (mm)	入/出料粒度 (mm)	转子线速度 (m/s)	动扰力值 (kN)	电动机功率 (kW)
KRC12×18	700		1800			36	355
KRC12×21	800	1200	2100	≤350/ ≤25	46.5	39	400
KRC12×26	1000		2600			52	500
KRC12×29	1200		2900			56	560
KRC15×25	1400		2500			47	630
KRC15×27	1600	1500	2700		46.3	49	710
KRC15×29	1800		2900	≤400/≤30		51	900
KRC15×31	2000		2100			38	1120
KRC18×21	1400	1800	2600		46	43	630
KRC18×26	1800		2900			46	710
KRC18×29	2000		3100			49	900
KRC18×31	2200						1120

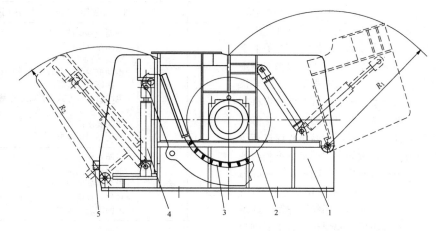

图 5-19　KRC 系列环锤式破碎机结构形式示意

1—壳体；2—转子装配；3—筛板装配；4—液压系统；5—筛板调节器

第三节　碎煤机室

一、设计原则

1. 设计范围

自进入碎煤机室的带式输送机头部（包括其头部漏斗、头部护罩及漏斗支座）起，至出碎煤机室的带式输送机尾部（包括其导料槽及导料槽下的上托辊、缓冲床）止，所有筛碎、起吊、排水、落煤管、支吊架设备。主要包括：

（1）提供各相关专业资料。

（2）碎煤机室平剖面布置图，设备安装及维护平台、支吊架制作图。

（3）表示出与筛碎设备、落煤管设备、支吊架、维护平台等有关的梁柱、楼梯、孔洞等建筑。

（4）各设备主要技术参数。

（5）安装、检修起吊设施和排水设施。

（6）设备材料明细表。

（7）编制图纸目录。

2. 工艺流程

由输煤系统送来的燃料进入筛分设备，经筛分后筛上物进入碎煤机破碎，筛下物和经碎煤机破碎后的燃料都进入下一级上煤系统的带式输送机。工艺流程如图 5-20 所示。

3. 筛分破碎设备选型原则

（1）设备选型。筛分、破碎设备选型时，应明确设备主要性能指标，了解筛分量、筛分效率、破碎比的计算方法。根据运煤系统配置情况，计算确定设备额定出力。

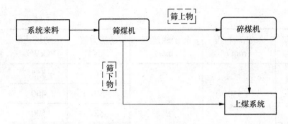

图 5-20　工艺流程

筛分设备通过能力应根据煤的颗粒组成和水分、筛机特性、筛孔尺寸、筛面的倾斜角等因素确定，不应小于运煤系统额定出力。固定筛的筛分效率可按30%～50%考虑，振动筛、滚轴筛等筛分机械的筛分效率可按70%考虑。

碎煤机的额定出力应分别按以下两种状况确定：

1）当碎煤机前无筛煤机时，运行条件较好，不应小于运煤系统额定出力；当运行条件较差时，不应小于运煤系统额定出力的 1.1～1.2 倍。

2）当碎煤机前有筛煤机时，应根据煤的颗粒组成、筛孔尺寸、筛分效率、筛下物粒度、筛子特性等因素确定：①碎煤机前装有固定筛且筛下物粒度小于30mm 时，碎煤机的额定出力不宜低于运煤系统额定出力的 0.7～0.8 倍；②碎煤机前装有振动筛或滚轴筛等筛分机械，且筛下物粒度小于 30mm 时，碎煤机的额定出力不宜低于运煤系统额定出力的 0.5～0.7 倍。

（2）碎煤机减振方式的选择。为减小碎煤机在运行时振动对楼板面的冲击，设计中主要采用下列两种减振方式：①阻尼弹簧复合减振器：减振器放在碎煤机层楼面上，设备可由碎煤机自带或由结构专业设计；②弹簧隔振系统：碎煤机弹簧隔振系统由弹簧（或阻尼）隔振器、基础台板等组成，碎煤机安装于基础台板之上，弹簧（阻尼）隔振器置于支承横梁和基础台板之间。支承横梁和基础台板采用现浇钢筋混凝土结构，支承横梁、基础台板、台板配筋由土建结构专业设计。

出力 600t/h 及以上的环锤式碎煤机（粗碎机），下方应设减振设施；碎煤机的动扰力大于 50kN 时，建议设置减振设施，如果小于 50kN，可不设。

4. 主要资料交接

（1）对碎煤机制造厂商的资料。

1）提出资料内容：①煤质资料；②出力；③工作制度；④入料粒度、出料粒度；⑤电动机电压、绝缘等级、防护等级；⑥环锤材质、寿命；⑦出口最大排风量；⑧控制方式。

2）接收资料内容：

a. 碎煤机总装图。

b. 碎煤机基础图及荷载表、整机的荷载表（包括碎煤机的动扰力值、鼓风量等资料）。

c. 技术参数表：①设备型号；②出力；③工作制度；④入料粒度、出料粒度；⑤电动机电压、绝缘等级、防护等级；⑥环锤材质、寿命、布置方式及数量；⑦转子布置方式及参数；⑧出口最大排风量；⑨质量及尺寸；⑩控制方式。

d. 液压站总装图及液压系统工作原理图。

e. 电气控制原理图（电气部分控制系统图，动力柜、操作台、现场操作箱的柜面、台面、箱面布置图、端子排图、控制设备安装布置图，行程开关位置示意图，以及电气控制安装接线使用说明书）。

f. 总装配说明。

g. 运行及检修说明。

（2）设计院内部资料交接。

1）提出资料内容见表 5-10。

表 5-10　　　提 出 资 料 内 容

序号	接受专业	主要提出资料内容	备注
1	总图	平面布置图，包括大门、小门位置	
2	电气	平面布置图；剖面布置图；MCC 间布置位置；电动机容量、台数、电压、安装位置、接线盒位置等；电动机运行方式、控制及联锁要求等；照明要求；转运站通信要求	
3	结构	平面布置图；剖面布置图；设备基础要求、设备荷重、孔洞、预埋件、预埋轨道、预埋吊钩等；地面沟道、集水坑等	
4	建筑	平面布置图；剖面布置图；墙面埋件等	
5	暖通	通风、采暖、空调的要求	
6	供水	给排水资料；消防要求	

注　表中所列资料可合并提供；另外，针对某些采用数字化设计的工程，还另需给相关专业提供数字化设计模型。

2）接收资料内容见表 5-11。

表 5-11　　　接 收 资 料 内 容

序号	提出专业	接收资料应包括的主要内容	备注
1	总图	碎煤机室周边道路设置，坐标	
2	电气	转运站内各电机供电设施，特别是电缆桥架等的敷设位置，电控箱布置位置，MCC 间大小	
3	结构	立柱、梁等设置，埋件、沟道、孔洞，起吊设施轨道等	

续表

序号	提出专业	接收资料应包括的主要内容	备注
4	建筑	门、窗，室内地坪、地漏，墙上埋件等	
5	暖通	供暖、通风设施布置，除尘设施布置	
6	供水	上下水设施布置，消防设施布置	

二、设计计算

1. 碎煤机室荷载计算

（1）筛煤机层。

1）筛煤机基础承垂直荷载。

2）筛煤机下部煤斗荷载。

3）筛煤机粗料出口下落煤管荷载。

（2）碎煤机层。

1）碎煤机基础垂直荷载。

2）碎煤机基础水平荷载。

3）碎煤机参数表。

4）碎煤机转子扰力值。

5）碎煤机转子飞轮矩。

6）液力偶合器垂直荷载见式（5-4）：

$$G_1 = G_y + G_{yh} \qquad (5\text{-}4)$$

式中　G_1——液力偶合器垂直荷载，kN；

　　　G_y——液力偶合器重力，kN；

　　　G_{yh}——液力偶合器护罩重力，kN。

液力偶合器垂直荷载分布于碎煤机和电动机上。

7）电动机基础承垂直荷载见式（5-5）：

$$G_2 = G_d + G_{dz} + 1/2 G_1 \qquad (5\text{-}5)$$

式中　G_2——电动机基础承垂直荷载，kN；

　　　G_d——电动机重力，kN；

　　　G_{dz}——电动机支座重力，kN。

8）碎煤机下部煤斗荷载（煤重应考虑堵煤工况）。

9）落煤管荷载见式（5-6）：

$$G_3 = G_g + G_m \qquad (5\text{-}6)$$

式中　G_3——落煤管荷载，kN；

　　　G_g——落煤管重力，kN；

　　　G_m——管内燃煤重力（煤重应考虑堵煤工况），kN。

（3）碎煤机室各层安装荷载（参考值）。

1）筛煤机层：$1.5 t/m^2$。

2）碎煤机层：$2 \sim 2.5 t/m^2$。

3）其他层：$1.0 t/m^2$。

2. 碎煤机室几何尺寸计算

（1）碎煤机层。碎煤机层几何尺寸计算示例如图5-21所示。

图5-21中，L_2、L_3 为碎煤机及电动机的大小尺寸，可查厂家资料。L_1 为碎煤机检修时抽轴所需空间，由碎煤机厂家提供；L_4 为碎煤机、电动机与建筑物之间的距离，应保证不小于1000mm。R_1、R_2 为碎煤机检查门开启的半径，在此范围内应避免与其他设施发生碰撞。L_5、L_6 为碎煤机开启检查门时两侧所需最小空间，通常由碎煤机厂家提供。H_1 为碎煤机本体高度，H_2 的大小可依据落煤管的布置，通过简单几何计算得到，同时应考虑除去土建横梁的高度外，碎煤机起吊需要的净空。

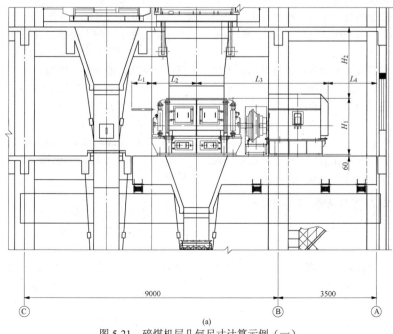

(a)

图5-21　碎煤机层几何尺寸计算示例（一）

（a）立面图

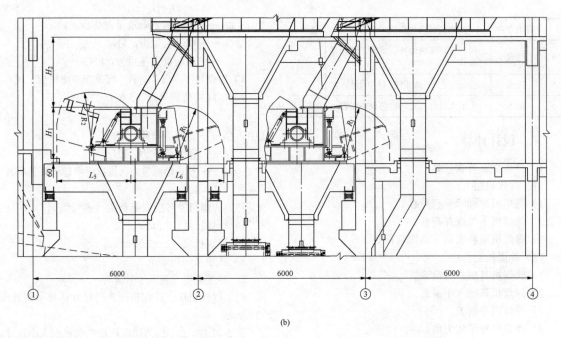

(b)

图 5-21 碎煤机层几何尺寸计算示例（二）

（b）左视图

（2）其他各层。碎煤机室其他各层布置的几何尺寸计算方法与转运站的相同，详见第六章转运站几何尺寸确定。

3. 设计计算中的注意事项

（1）安装设计时，计算各设备布置尺寸、落煤管的角度、部件起吊高度，确定碎煤机室结构尺寸、层高等，保证各设备安全运行，安装、检修通道应符合DL/T 5187（所有部分）《火力发电厂运煤设计技术规程》要求。

（2）统计、计算碎煤机室内各相关设备的最大分离件荷重，选用、布置合适的起吊设备，使其便于碎煤机室内各主要设备的拆装。计算起吊高度时，被起吊的设备下限与被跨越的设备之间应有不小于300mm的净空。

（3）碎煤机室各层吊物孔的尺寸应比要起吊的设备（部件）的最大水平尺寸大500mm以上。

三、碎煤机室布置及安装注意事项

1. 碎煤机室顶层带式输送机头部设备布置与安装注意事项

（1）设计该层时应注意带式输送机驱动装置的布置类型，头部支架、驱动装置架及带式除铁器支架三者之间的关系，保证互不干涉。

（2）设计时应注意头部落煤管与上部带式输送机头部漏斗选型吻合。

（3）碎煤机室起吊设备的起重量，要考虑碎煤机最大分离件的重量。起吊设备必须能够起吊碎煤机的最大分离件和上部的筛分设备。

（4）布置吊物孔的位置时要计算起吊设备运行到轨道端头时吊钩和柱子之间的距离，保证吊钩可落至吊物孔的中心位置。

（5）吊物孔四周应设置栏杆，其四周要有800mm的通道，便于工作人员起吊设备时可协助操作。

（6）当碎煤机室安装有除铁器，该层设计时应设有由该层通往地面的垃圾道。

（7）起吊设备与屋顶下弦之间应留有足够的安装、运行空间。

2. 筛煤机层设备布置与安装注意事项

（1）应使煤沿筛面方向的宽度均匀布置，避免给煤偏移、厚度不均，出现筛分不充分，甚至堵煤的情况。

（2）当来料不能正对筛煤机进料口中心时，可在入口落煤管内加导煤板调节，以提高筛煤机的筛分效率，充分发挥筛分设备的功效。

（3）筛煤机的电动机和该层的立柱最小保证50～100mm的安装间隙，上方应设起吊设备，方便电动机的检修。

（4）布置筛煤机时，出料口和设备之间的梁宽度要满足设备安装要求。

（5）进入筛煤机的落煤管采用吊架固定，筛煤机出口处的落煤管两侧宜设置钢平台，用于落煤管的安装及检修，该落煤管要采用三脚支架的形式固定。

（6）落煤管的煤流冲刷面应加衬板，落煤管斜面和水平面的夹角为 60°，受设备布置条件及层高限制时保证最小角度为 55°。筛下物的落煤管与楼板之间应考虑密封措施，采用托架固定，落煤管外表面加筋板。

（7）在起吊范围相同的情况下，起吊设备的行走轨道应沿碎煤机室较窄方向布置，以减小起吊设备的跨度。

（8）每台筛煤机的上方设起吊设备，用于筛板和筛轴的检修起吊，起重量应考虑最大分离件的重量。

3. 碎煤机层设备布置与安装设计注意事项

（1）出力大于 600t/h 的环锤式破碎机（粗碎机），下方应设减振平台，以减小破碎机在运行时振动对楼板面的冲击。减振平台的布置应避免与土建柱子干涉，平台四周应设必要的可拆卸护栏。如果平台与柱子干涉，应与制造厂配合修改外形尺寸。

（2）当设置减振平台时，碎煤机进料口的落煤管和碎煤机进料口之间，应设计软连接。碎煤机四周应留出足够的净空，以便抽轴和开启检查门。设备之间的净空不小于设备要求的抽轴距离，同时还要考虑上层两台筛煤机出料口的位置及落煤管的角度。

（3）碎煤机四周应留出足够的净空，以便抽轴和开启检查门。设备之间的净空不小于设备要求的抽轴距离，同时还要考虑上层两台筛煤机出料口的位置及落煤管的角度。

（4）碎煤机电机和建筑物之间的距离保证不小于1000mm。碎煤机盖体打开时应和筛煤机下部落煤斗之间保证大于 300mm 的间隙。

（5）碎煤机下落煤斗设计时要考虑密封，防止煤粉泄漏。当设置减振平台时，碎煤机下口与下部落煤管之间应设计软连接。

（6）该层的高度主要取决于碎煤机本体高度、落煤管角度的要求。

（7）碎煤机的参数：动扰力值、减振效率等，应提供给土建专业。落煤管固定支架或吊架的埋件及荷载，需向土建专业提出要求，落煤管的重量除考虑自重外，还应考虑充煤 100%时的重量。

4. 碎煤机下部带式输送机层设备布置与安装注意事项

（1）要根据其他各层的规划设计合理布置楼梯、门、吊物区域、集水井的位置。门的位置应与总平面室外道路协调一致。碎煤机室较大时，可考虑设置两个门。

（2）该层的高度取决于下部带式输送机的角度、碎煤机下部落煤斗的角度。

（3）尾部滚筒、排污泵上方应设起吊检修设备。

（4）该层栈桥出口处的栈桥上表面与上层土建梁底面之间的净空不应小于 2500mm。

（5）当选择起重设备、安装门和楼层高度时，筛煤机和碎煤机可根据制造厂提供的安装使用说明书的要求考虑解体起吊或整体起吊，安装门的位置应便于对碎煤机安装和检修。

5. 其他注意事项

（1）筛煤机及碎煤机前后的落煤管和钢煤斗应采取密封措施。在碎煤机出口处应设置除尘装置。

（2）碎煤机室提资时，从地面到顶层的各层墙面的相同位置均应考虑预留安装孔，待设备安装全部结束后再封闭。

（3）碎煤机室中间的立柱应到进碎煤机室顶部皮带层楼板底截止，以免影响上部起吊设备的运行、检修，各层中间的立柱布置要满足设备布置和安装要求。

（4）为便于水力清扫及改善运煤系统运行条件，室内地面及墙面设计应符合 DL/T 5187（所有部分），《火力发电厂运煤设计技术规程》的有关要求。

（5）施工图总图阶段，应注意与电气、供水协商好电缆或管道的走向、敷设方式，以避免因电缆占用栈桥（道）空间，而使栈桥（道）净空尺寸不满足规程要求。

（6）当建筑标高和结构标高存在差异时，工艺设计应考虑解决措施，落实每个埋件实际标高，需要时可开列垫铁等材料。

（7）碎煤机层暖通的风管较大，从碎煤机室除尘室穿进的风管要注意核算其是否影响碎煤机层的通道。

四、碎煤机室典型布置

碎煤机室的典型布置方式根据进料方向、设备布置方式划分，共有四种：并列布置Ⅰ（平行进料）、前后错位布置（平行进料）；并列布置Ⅱ（垂直进料）、对称布置（垂直进料）。

1. 并列布置Ⅰ（平行进料）

进料带式输送机平行进入碎煤机室，筛、碎设备并列布置，碎煤机室沿物料前进方向长度短，节省布置空间。并列布置Ⅰ（平行进料）断面、平面如图 5-22和图 5-23 所示。

2. 前后错位布置（平行进料）

筛、碎设备前后错位布置具有碎煤机室高度低、宽度小，但沿物料前进方向加长；煤流落差小、煤流对筛、碎设备的垂直冲击荷载小；煤流对中，可减少带式输送机的跑偏；煤尘飞扬小；起吊检修方便等优点。前后错位布置（平行进料）断面、平面如图 5-24   和图 5-25 所示。

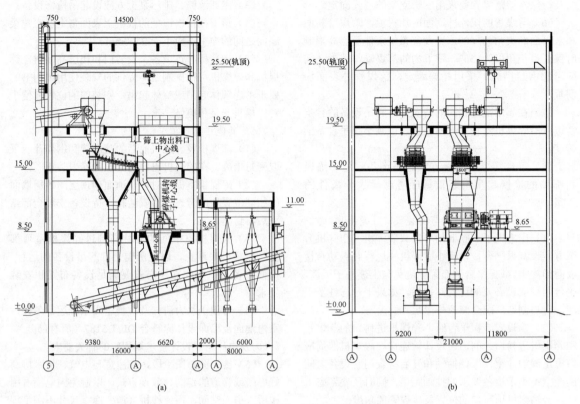

图 5-22　并列布置Ⅰ（平行进料）断面图
（a）立面图；（b）左视图

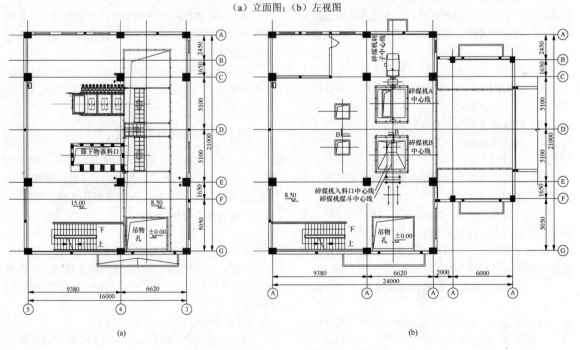

图 5-23　并列布置Ⅰ（平行进料）平面图
（a）筛煤机层；（b）碎煤机层

3. 并列布置Ⅱ（垂直进料）

进料带式输送机垂直进入碎煤机室，筛、碎设备并列布置，碎煤机室沿物料前进方向长度短，节省布置空间。并列布置Ⅱ（垂直进料）断面和平面如图 5-26 和图 5-27 所示。

4. 对称布置（垂直进料）

进料带式输送机垂直进入碎煤机室，筛、碎设备对称布置，碎煤机室高度低，且沿物料前进方向长度短，节省布置空间。对称布置（垂直进料）断面、平面如图 5-28 和图 5-29 所示。

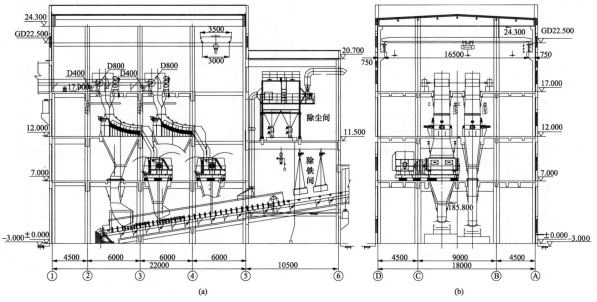

图 5-24 前后错位布置（平行进料）断面

（a）立面图；（b）左视图

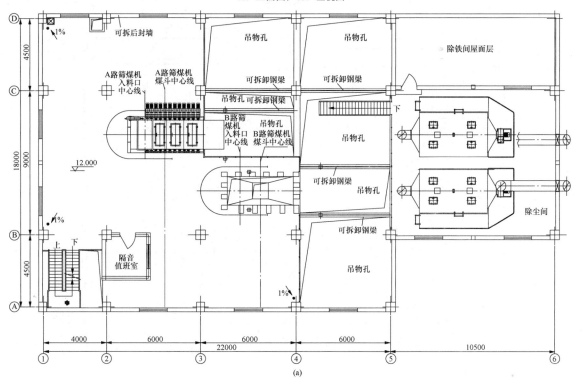

图 5-25 前后错位布置平面（一）

（a）筛煤机层

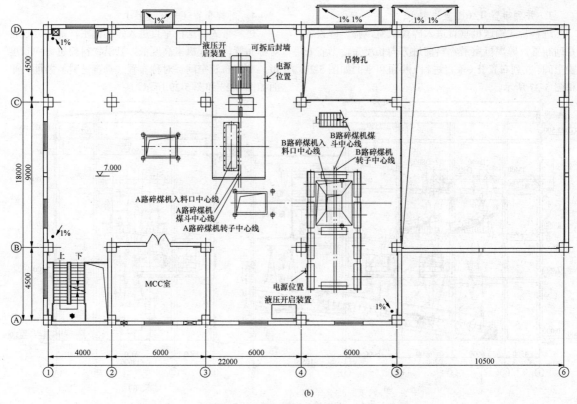

图 5-25　前后错位布置平面（二）

（b）碎煤机层

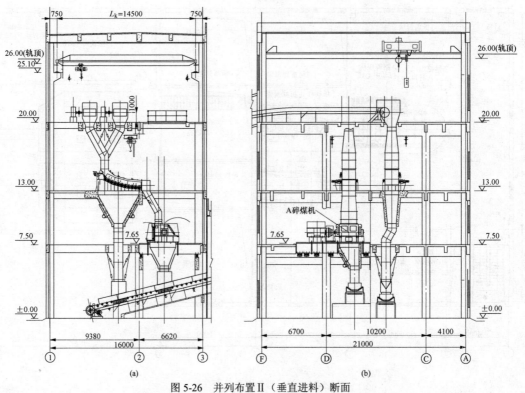

图 5-26　并列布置 II（垂直进料）断面

（a）立面图；（b）左视图

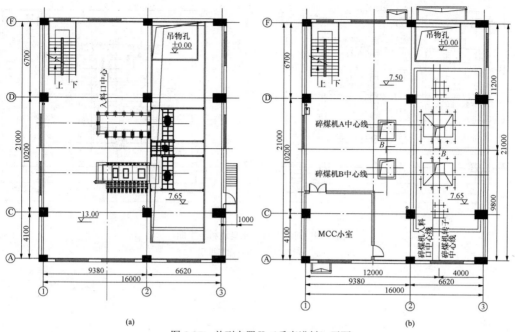

图 5-27 并列布置Ⅱ（垂直进料）平面

（a）筛煤机层；（b）碎煤机层

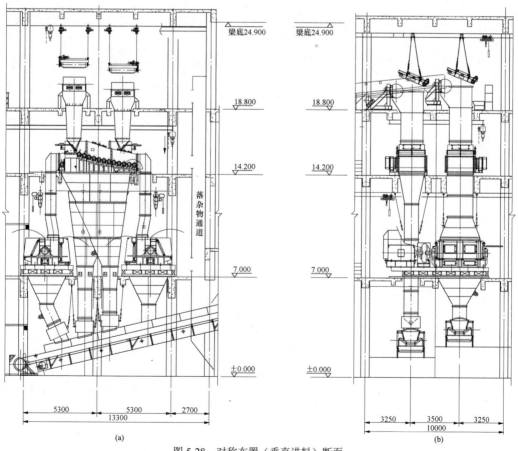

图 5-28 对称布置（垂直进料）断面

（a）立面图；（b）左视图

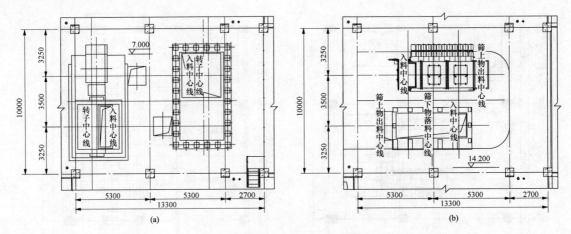

图 5-29　对称布置（垂直进料）平面

（a）碎煤机层；（b）筛煤机层

第六章

转 运 站

转运站是燃煤电厂运煤系统转运设施的安装场所，直观上看是各级带式输送机栈桥的连接点，通常为建筑物。转运站一般采用钢筋混凝土结构，特殊情况下也可采用钢结构。

转运站内上级设备卸料点与下级设备受料点存在高差，转运一般是利用煤流因重力下落的过程实现的，转运是指在燃煤的逐级输送过程中上、下级转运设备之间的转移运输。通过转运，燃煤在被逐级输送的同时，还可实现转向及分流等。

转运设备通常指的是从上级带式输送机的头部漏斗（不含头部漏斗及其护罩）开始至下级带式输送机导料槽（不含导料槽）为止的运煤设备。一般转运设备主要包括三（四）通挡板、落煤管、弯头、锁气器等。在有些转运站中，还设置有缓冲滚筒、缓冲煤斗、犁式卸料器、给煤机、带式输送机头部伸缩装置、双向转运带式输送机等设备。在曲线落煤管的设计理念中，上级带式输送机的头部漏斗护罩、头部漏斗、倒流挡板、下级带式输送机的导料槽等部件，甚至抑尘及除尘等设备也纳入了转运需要考虑的范围（为方便叙述，本章把上述设备及部件均统称为转运设备，下同）。转运站内一般还设置有检修、起吊、清堵、冲洗等辅助设备。另外，暖通、电气、水工布置、消防等专业也有设备布置在转运站内。

在转运站的设计中，某个具体转运站的功能需从运煤系统的全局角度综合考虑。转运站内是否需要设置交叉及分流，一般由以下几个因素确定：

（1）进、出转运站的上、下级带式输送机数量是否增减。

（2）进、出转运站的上、下级带式输送机出力是否改变。

（3）进、出转运站的上、下级带式输送机及直接相关设备的故障率，这些设备包括除铁器、采样装置、皮带秤等。

（4）进、出转运站的上、下级带式输送机切换运行的频繁程度。

在设计中，转运站的布置千差万别，不能一概而论。在满足功能的基础上，尽量简化转运站的布置、降低转运站的落差、减少冗余配置，是转运站设计中应优先考虑的问题。

除本章第五节外，文中所描述的落煤管均指传统形式的普通方形落煤管。

第一节　设　计　计　算

一、转运设备设计计算

1. 落煤管的通流面积

转运设备，特别是落煤管通流部分的最小截面积 S，推荐用式（6-1）计算：

$$S = \frac{Q}{3600 v_0 \rho_0 \phi} \qquad (6-1)$$

式中　Q——带式输送机的输送量，t/h；

v_0——落煤管中煤的流速，m/s；

ρ_0——煤的堆积密度，t/m³；

ϕ——充满系数，一般取 0.3～0.35。

在式（6-1）中，充满系数 ϕ 与落煤管堵煤的概率正相关。在煤质相同的情况下，此系数越小，理论上落煤管堵煤的可能性越小。相应的，此系数越小，计算得出的落煤管断面面积也就越大，材料消耗量也就越多，制造成本也就越高。同时，由于落煤管内煤流占用空间相对较小，煤流落点不易控制。在火力发电厂的运煤系统中，破碎系统之前的原煤存在较大粒度的可能性较大，建议 ϕ 取较小的值，破碎系统之后取较大的值。充满系数 ϕ 一般依据经验取值，建议取值范围为 0.3～0.35，即考虑有 3 块直径达 1/3 落煤管宽度的大块煤同时落入落煤管时，不产生堵塞。对于异形落煤管，如犁式卸料器下的落煤管，此数值应适当取小。

在落煤管，煤的流速 v_0 不是一个恒定值，它随着煤流的下落、碰撞、被分流等多个因素的变化而变化。建议把头部漏斗出口处下落速度值作为计算时的取值。此数值可通过带速、头部滚筒直径、重力加速度等参数计算得到。在粗略估算时，v_0 可取值为 2m/s。

在设计异形落煤管时，建议采用式（6-1）来计算并复核其最小截面积。对于曲线落煤管等新型落煤管，宜采用制造商提供的数据；对于边长较大的落煤管，设计时宜酌情设置加固肋。

常用落煤管截面尺寸与带宽的对应关系见表 6-1。

表 6-1　　常用落煤管截面尺寸与
带宽的对应关系 （mm）

带宽	落煤管截面尺寸	无衬板面母板厚度	有衬板面母板厚度	衬板厚度
500	450×450	10	8	12
650	600×600	10	8	12
800	700×700	10	8	14
1000	800×800	10	8	14
1200	900×900	10	8	16
1400	1000×1000	10	8	16
1600	1100×1100	12	10	16
1800	1250×1250	14	12	16
2000	1400×1400	16	16	18
2200	1550×1550	16	16	18

续表

带宽	落煤管截面尺寸	无衬板面母板厚度	有衬板面母板厚度	衬板厚度
2400	1700×1700	16	16	18

注　1. 落煤管截面尺寸为落煤管通流部分的净尺寸，制造时应考虑落煤管本体及衬板的厚度等因素。在《DTⅡ（A）型带式输送机设计手册（第 2 版）》中，头部漏斗为矩形，与本表所列落煤管不匹配，设计时需予以重视；落煤管截面尺寸按照煤的堆积密度范围为 0.9～1.1 确定，如果输送物料的密度不在此范围内，需调整。

　　2. 表中有衬板面母板按照普通碳素结构钢考虑，衬板按照耐磨铸铁考虑。实际使用中，依据不同的母板及衬板材料酌情设计。

2. 方圆节

在转运站的设计中，当进出转运站的带式输送机不是直交关系，即非平行也非垂直时，宜采用方圆节作为过渡段。运煤专业用到的方圆节的圆形口面积一般小于方形口。表 6-2 为此类型方圆节的计算过程，供设计时参考。如果设计时采用的圆形口的面积比方形口小很多，宜用式（6-1）核算。另外确定方圆节的高度时，应复核方圆节收口段与竖直方向的角度是否满足要求。

表 6-2　　　　　　　　　　　方 圆 节 计 算

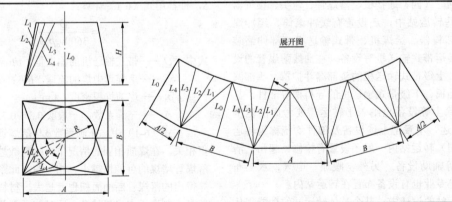

展开图

数据	公 式	单位
矩形管长	A	m
矩形管宽	B	m
圆形管半径	R	m
方圆节高度	H	m
圆周等分数	12	
圆周等分常数 C	0.261	
等分角度 φ	$\varphi = 2 \times 3.1416/n$	rad
特种线段 l_1	$l_1 = \sqrt{H^2 + \left(\dfrac{B}{2} - R\sin\varphi\right)^2 + \left(\dfrac{A}{2} - R\cos\varphi\right)^2}$	m

续表

数据	公 式	单位
特种线段 l_2	$l_2 = \sqrt{H^2 + \left(\dfrac{B}{2} - R\sin\varphi\right)^2 + \left(\dfrac{A}{2} - R\cos\varphi\right)^2}$	m
特种线段 l_3	$l_3 = \sqrt{H^2 + \left(\dfrac{B}{2} - R\sin 2\varphi\right)^2 + \left(\dfrac{A}{2} - R\cos 2\varphi\right)^2}$	m
特种线段 l_4	$l_4 = \sqrt{H^2 + \left(\dfrac{B}{2} - R\sin 3\varphi\right)^2 + \left(\dfrac{A}{2} - R\cos 3\varphi\right)^2}$	m
特种线段 l_0	$l_0 = \sqrt{H^2 + \left(\dfrac{B}{2} - R\right)^2}$	m
展开图曲率半径	$r = C \times 2 \times R$	m

在表 6-2 中，n 表示等分数，圆形口按照 12 等分考虑，上下出口无偏心，落煤管的制作精度足以满足运煤系统的需要。按照表 6-2 计算出各个特征尺寸后，即可利用展开图下料，并制作所需的方圆节。

3. 落煤管材质

转运设备，特别是落煤管的材质一般依据煤质资料，特别是流动性等因素确定。落煤管一般由母板、衬板组成，并包括法兰及连接件等。

（1）材料。制作落煤管时，常用 Q235-A 作为母板材料。有些截面积小、运煤量低的场合，落煤管可不设衬板。常用的衬板有耐磨铸铁衬板（低铬、中铬、高铬铸铁，以及普通白口铸铁等）、高铬合金堆焊耐磨板、低合金钢衬板（如 Q345 等）、不锈钢衬板（如 1Cr18Ni9Ti 等）、铸钢衬板（如 ZG40CrMnMoNiSiRe 等）、微晶衬板、陶瓷复合衬板、高分子聚乙烯衬板、其他耐磨衬板（如进口 HARDOX）等。

落煤管垂直段一般不考虑采用衬板，四面材质、厚度均相同。在一些工程中，落煤管垂直段采用厚度较厚的 Q235-A 制作，也有的工程直接用 Q345 等耐磨材料制作。

（2）衬板设置形式。通常，为防止磨损，落煤管的倾斜段需设置衬板。

常用的衬板设置方式为在倾斜落煤管的整个底面上满衬，两个侧面衬一半高度，顶部的面不衬；也有某些工程只衬底面、不衬侧面；还有些工程，两个侧面也采用满衬的方式。

4. 转运设备防堵

转运设备应考虑防堵措施，以避免煤在其中堵塞、黏结。

在火力发电厂中，作为散装物料的燃煤，表征其流动性的参数有内摩擦系数 f、静安息角（也称自然堆积角）β、动安息角 β_1、内摩擦角 θ，以及煤与各种材料之间的外摩擦系数 f_1、外摩擦角 θ_1 等。通常情况下，

$\beta = \theta$。当煤的流动性很差时，$\beta > \theta$。实验证明，f 和 f_1 都与煤的水分相关。当燃煤的外在水分增加时，f 和 f_1 都随之增加。

转运设备的燃煤通流部件侧壁与水平方向的夹角应不小于 θ_1。在设计中，燃煤通流部件侧壁角度的取值一般不小于 60°，布置困难时可取 55°。在设计中遇到水分较大，或者易黏结的燃煤时，建议通过实验测定 θ_1，再依据实验结果进行设计。

在转运站设计中，在易积煤的部位宜布置检查门和清堵装置。仓壁振动器、空气炮等是在落煤管及煤斗中经常应用的疏通装置。

二、荷载计算

1. 荷载分类

转运站内应考虑荷载包括工艺荷载和非工艺荷载。其中，非工艺荷载由土建专业考虑，运煤专业仅负责提出本专业的工艺荷载。其他专业，如电气、暖通、水布等，布置在转运站内的设备的荷载资料由其各自向土建专业分别提出。

运煤专业向土建专业提出的荷载资料主要是转运站内运煤设备作用于土建基础的工艺荷载，包括使用荷载、安装荷载和检修荷载。使用荷载是指运煤设备对土建基础所产生的永久性荷载。安装荷载是指安装过程中，由于放置或运输设备、工具所产生的临时荷载。检修荷载是指检修时检修人员、工具、设备在土建基础上产生的荷载。

通常，运煤专业应向土建专业提供使用荷载资料。当运煤专业不专门提出安装和检修荷载资料时，土建专业在设计时会考虑一定安装和检修荷载。但是，当运煤专业的设备安装和检修荷载较大时，应专门向土建专业提出。

使用荷载资料由静荷载和动荷载构成。静荷载指的是静止设备产生的荷载。在正常情况下，静止设备

的标准荷载就是标准静荷载，为该设备的额定重量。运煤专业提资时还要考虑运煤设备对土建专业最不利的荷载，如设备内积满煤时的荷载。动荷载指的是设备运动所产生的荷载，即设备正常运行时所产生的附加荷载。运煤专业向土建专业提出的动荷载还需考虑设备超载状态下的计算动荷载。

2. 荷载计算

一般地，设备的静荷载和动荷载由设备制造商提供。对于结构形式简单的设备，如落煤管、锁气器等，提出资料时如果制造商资料未到，运煤专业可自行计算。对于结构形式、运行状态较为复杂的设备，需要设备制造商提供资料，运煤专业复核后再提供给土建专业。在无制造商资料的情况下进行粗略估算时，可采用增大静荷载的方法考虑动荷载的影响，即考虑一定的荷载系数。荷载系数可依据已有同类制造商的数据估算。

在暂无制造厂资料，需要运煤专业自行计算荷载时，如计算简单落煤管的荷载，应计算的荷载包括落煤管母板（外壳）、衬板、法兰及连接件等落煤管自身的重量，向土建专业提供荷载资料时还应把落煤管内部积满煤时的煤重计入。一般的，落煤管制造用钢材的密度可按照 $7850kg/m^3$ 计算。

在计算设备吊点时，应依据设备吊点的分布情况，结合制造商的数据合理确定每个吊点的荷载。向土建专业提出吊点荷载资料时，还需考虑安装时的受力不均、个别吊点失效等情况。

3. 起吊设施及吊物孔

安装及起吊设备产生的荷载，应考虑起吊设备本身的重量和所起吊设备的最大重量。向土建提资时，还需要提出起吊设施在轨道上的运行极限位置，以便土建专业计算轨道对其支撑点的作用力。

转运站内吊物孔的尺寸应依据转运站内需要检修设备的最大外形尺寸确定。一般地，吊物孔的尺寸应比通过其中的被起吊设备外形尺寸大 0.5m。除特殊情况外，转运站内的吊物孔一般不考虑安装时的最大件，仅考虑投入运行后需要检修的设备最大件。

转运站内起吊设施的起重量一般依据投入正常运行后需要检修的设备分离件最大重量确定。除特殊需要外，转运站内的起吊设施一般不考虑安装时的最重件。

三、转运站几何尺寸

1. 层高

（1）一般考虑。除顶层外，转运站的层高主要取决于转运功能的需要，由运煤专业确定。图 6-1 为某转运站第一层层高的计算示例。除顶层外，转运站各层的层高一般可参照图 6-1 计算。

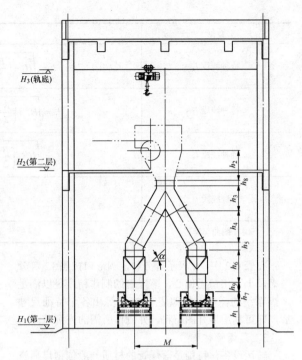

图 6-1　转运站层高示例一

在图 6-1 中，h_1 可通过第一层带式输送机的布置确定；h_2 可通过头部漏斗型谱查得；h_3、h_5、h_6、h_7 可通过样本查得，其中 h_5、h_6 可依据布置情况请设备制造商调整；h_8、h_9 可依据经验确定，布置紧张时均可取值为 0；h_4 可依据落煤管角度 α 和底层带式输送机间距 M，通过简单几何计算得到。

由图 6-1 可知，h_4 是确定转运站层高的主要影响因素。

此外，对于有倾斜栈桥穿出的转运站，还需要避免图 6-2 的情形出现。

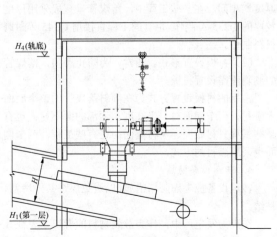

图 6-2　转运站层高示例二

在图 6-2 中，由于转运站边梁侵入了栈桥内，导致栈桥内部净高达不到设计值。此时可通过请土建采用上翻梁或提高转运站层高等方法来避免此类问题。

（2）起吊高度。转运站顶层的高度一般依据起吊设施所需的起吊高度确定。需要注意的是，顶层之外的其他层如果设有起吊设施，则该层的层高也需将起吊高度考虑在内，如图6-3和图6-4所示。

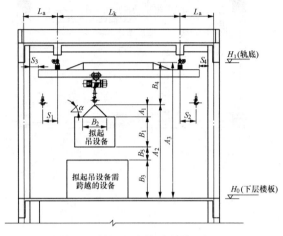

图6-3　转运站顶层层高计算示例一

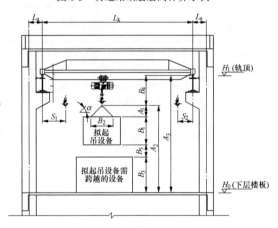

图6-4　转运站顶层层高计算示例二

在图6-3和图6-4中，被吊设备高度 B_1、被吊设备吊点间距 B_2、起吊时需跨越的最大高度 B_3、起吊设备轨底（顶）至吊钩最高（最短）限位的高度 B_4 均可通过设备样本等材料得到。被起吊设备与被跨越设备的安全距离 B_5 一般不小于300mm，确定层高时可取300mm的最小值。吊绳捆绑高度 A_1 可通过捆绑角度 γ 计算得到，一般 γ 可取值为45°，当设备制造商有特殊要求时，按照制造商要求确定 γ。

因此，当层转运站的地面至起吊设备轨底（顶）的最小高度为

$$A_3 = B_1 + A_1 + B_3 + B_4 + B_5 \qquad (6\text{-}2)$$

其中，B_1、A_1、B_3、B_5 合计称为 A_2，即

$$A_2 = B_1 + A_1 + B_3 + B_5 \qquad (6\text{-}3)$$

此 A_2 值一般被称为起吊设置的起吊高度，是由转运站内的功能设备决定的，而 B_4 是由转运站内设置的起吊设备决定的。

A_3 值确定后，可依据起吊设施样本查得轨底（顶）至其上部的最小界限，并提资给土建专业，最终由土建专业确定转运站的顶标高。

2. 面积

确定转运站的面积时需要考虑的设备和设施如下：

（1）运煤专业的设备。

（2）必要的检修空间。

（3）运行通道（不小于1m）和检修通道（不小于0.7m）。

（4）吊物孔，至少比需通过其中的设备（部件）的最大外形尺寸大0.5m。

（5）楼梯。

（6）其他专业的设施，如电气小室、除尘设施、消防设施。在转运站内面积有限时，其他专业所需的小房间可独立设置在转运站外。

图6-5为确定转运站面积的示例。其中，左图为带式输送机尾部所在层，右图为带式输送机头部所在层，左右两侧并非同一转运站的图纸。

3. 检修层及检修平台

为便于检修转运设备，很多转运站内还设有专门的检修层或检修平台。如果需要检修的设备较多，且高度相差不大、在转运站内分布面积较广，可在转运站内设置检修层。反之，则只需设置局部的检修平台即可。检修平台的面积由需检修的设备需要确定。检修平台需设置通向楼板面或永久性楼梯的通道。

4. 确定转运站几何尺寸应注意的问题

一般地，转运站的层高越高，就越容易实现煤流切换、分流、转向等转运功能。但是，转运站的层高须以满足必要的转运功能为宜，设计中应尽量避免转运站的冗余高度。这是因为转运站层高增加会导致土建成本上升、带式输送机驱动功率增大等不利情况产生；另一方面，转运站层高增加导致煤流在落煤管中的落差加大，从而会生成更加强烈的诱导风。在火力发电厂中，转运站是公认的煤尘重灾区，其主要原因就是强烈的诱导风导致转运站内煤尘四处飞扬，很难得到控制。因此，设计中尽量减少转运站的层高，从源头上避免强烈的诱导风生成是十分必要的。事实上，锁气器等转运设备就是专门用于控制诱导风的有效设备。另外，新型的曲线落煤管的模拟原理也是从减少诱导风生成和减少对落煤管壁的磨损两个方面考虑的。

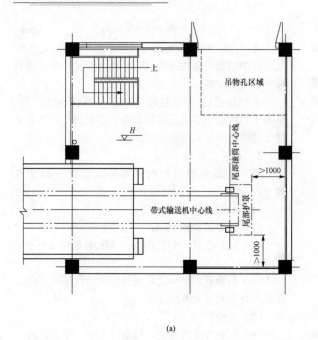
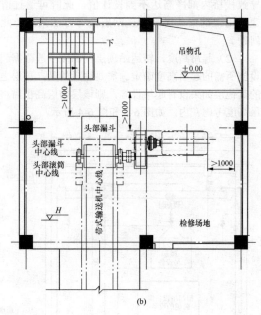

图 6-5　转运站面积确定示例

(a) 尾部所在层；(b) 头部所在层

一般地，转运站的面积越大，转运站的布置就越容易。但是，过大的转运站面积会导致土建成本的上升。在设计中，应综合考虑转运站各层情况，统筹调整各层设备布置，尽量减小转运站的面积。

一般地，减小带式输送机尾部滚筒与落料点之间的距离，可缩小转运站。但是，这个距离不能一味减小。在设计中，需要结合尾部滚筒处的输送带张力、带宽、输送带芯材料等多种因素综合考虑。落料点中心线至尾部滚筒中心线的距离 l_0 推荐机尾长度见本手册第四章表 4-4。

第二节　布置及安装

一、运煤专业的设施

转运站内运煤专业的设施主要有转运设备和检修设备两类，某些距离厂区较远的转运站内还设有仓库、检修间等。表 6-3 列出了转运站内运煤专业设备及布置安装注意事项。

表 6-3　转运站内运煤专业设备及布置安装注意事项

设备	名称	布置安装注意事项
转运设备	三通挡板	推杆便于检修； 两侧的斜段（包括就近处的落煤管）不与附近的梁干涉； 上、下法兰口处便于人工操作

续表

设备	名称	布置安装注意事项
转运设备	锁气器	重锤（特别是外置式）不受其他设备干涉； 调节挡板，使出口煤流落在下游带式输送机中心
	伸缩头	所有参与伸缩的滚筒有足够的行程； 伸缩段开孔处及落料处应设置防尘密封； 伸缩段滚筒、输送带不与梁干涉
	缓冲滚筒	驱动装置便于检修； 入口处、出口处便于清理
	振打装置	安装位置应为易堵塞的位置； 便于检修
	落煤管	易积煤位置设置检查门； 倾斜段角度不小于燃料的外摩擦角
检修设备	起吊设备	起吊设备应尽可能覆盖所有需经常检修设备所在的区域； 起吊设备应依据被起吊设备的最重分离件重量选取； 在保证使用效果的前提下，起吊设备的跨度应尽量小； 单轨起吊设备的轨道半径应符合制造商要求； 吊绳及吊钩宜以垂直方式到达被起吊设备的吊点，避免倾斜起吊； 主要起吊设施不能覆盖的设备，宜在其上部设置吊钩、吊轨等简易起吊设施
	吊物孔	吊物孔尺寸应比需通过的最大件外形大至少500mm； 吊物孔中心应设置在起吊装置有效作业范围内； 对于有地下层的转运站，向下吊物的吊物孔附近宜设置用于放置被吊设备的空间； 吊物孔四周应设置栏杆

续表

设备	名称	布置安装注意事项
检修设备	检修平台	易优先采用钢结构； 依据设备检修部位设置，不宜范围太大； 设置到达地面或者固定楼梯的步道； 距离楼板大于2m时，应设置栏杆

二、其他专业的设施

设计转运站时，运煤专业需要与很多专业，如总图、建筑、电气及控制、水布、消防、暖通、锅炉等协调和配合。表6-4列出了转运站内其他专业设施布置及设计配合等注意事项。

表6-4　　转运站内其他专业设施布置
及设计配合

专业	设施布置及设计配合
总图	配合确定转运站的主要通道、大门等的位置； 配合确定出入转运站的道路
建筑	配合确定通向各层的楼梯形式及位置； 配合布置洗手池、卫生间等设施； 配合确定各层楼板的排水方向及地漏位置
电气及控制	配合布置电气配电间； 配合确定各用电设备的供电方式、供电位置； 配合确定转运站内电缆桥架的走向； 配合确定转运站内检修电源位置； 配合确定设备控制箱的位置
水布	配合确定转运站生活用水的供水、排水设施； 配合确定转运站工业用水的供水、排水设施
消防	配合布置转运站的消防设施
暖通	共同协商为运煤专业服务的除尘器的形式及布置位置，并协商转运站的通风设施的设置情况。当转运站有地下部分或全部位于地下时，尤其需要与暖通专业沟通转运站的通风
锅炉	配合确定煤仓间转运站的位置； 与锅炉专业协商原煤仓上口的形状，并据此确定煤仓层带式输送机布置及卸料方式，进而确定煤仓间转运站的布置

随着设计的深入，转运站的设计中会不可避免地遇到各种情况，在设计中需依据各种情况具体问题具体分析。

第三节　提资及专业配合

一、施工图阶段应提出的资料

施工图阶段应提出的资料参考表6-5。

表6-5　　施工图阶段运煤专业提出资料

序号	接受专业	主要提出资料内容	备注
1	总图	平面布置图，包括大门、小门位置	

续表

序号	接受专业	主要提出资料内容	备注
2	电气	电动机容量、台数、电压、接线盒位置等； 电动机运行方式、控制及联锁要求等； 照明要求； 转运站通信要求； 转运站平面布置图； 转运站剖面布置图	
3	结构	转运站平面布置图； 转运站剖面布置图； 设备荷重、孔洞、预埋件、预埋轨道、预埋吊钩等； 地面沟道、煤泥池等	
4	建筑	转运站平面布置图； 转运站剖面布置图； 墙面埋件及开孔等	
5	暖通	通风、采暖、空调的要求	
6	水布	给排水资料； 消防要求	
7	锅炉	转运站平面布置图； 转运站剖面布置图	仅煤仓间转运站需提出本资料

注　表中所列资料可合并提供；另外，针对某些采用数字化设计的工程，还另需给相关专业提供数字化设计模型。

二、施工图阶段应接受的资料

施工图阶段应接受的资料参考表6-6。

表6-6　　施工图阶段运煤专业接受资料

序号	提出专业	接受资料应包括的主要内容	备注
1	总图	转运站定位点坐标； 转运站周边道路设置	
2	电气	转运站内各电机供电设施、特别是电缆桥架等的敷设位置； 电控箱布置位置； MCC小室（如有）布置	
3	结构	各层平面结构图； 屋面结构图； 非楼板层结构图	
4	建筑	门、窗，室内地坪、地漏、墙上埋件等	
5	暖通	供暖、通风设施布置； 除尘设施布置	
6	水布、消防	上、下水设施布置； 消防设施布置	

注　表中所列未涵盖施工图阶段的全部应接受资料。

第四节　典型布置图

按照进出转运站带式输送机的平面夹角分类，转运站可分为垂直布置、平行布置，以及斜交布置。进出转运站的带式输送机呈直角的，称为垂直布置；呈平行的，称为平行布置；呈其他角度布置的，称为斜交布置。

按照进出转运站带式输送机的数量，转运站可分为一进二出、二进二出等。有些复杂的转运站，进出带式输送机的数量都很多，称为多进多出型转运站。有些转运站，特别是折返式煤场端头的转运站，个别带式输送机既是进转运站的带式输送机，也是出转运站的带式输送机，这些转运站的布置就更为复杂。

一、垂直、平行布置

1. 单进单出

图 6-6 为某电厂卸煤系统的一个转运站。此转运站的功能如下：

（1）接受来自卸煤系统上游的单路带式输送机来煤。

（2）向下游单路带式输送机供煤。

其中，来煤及供煤带式输送机垂直布置。

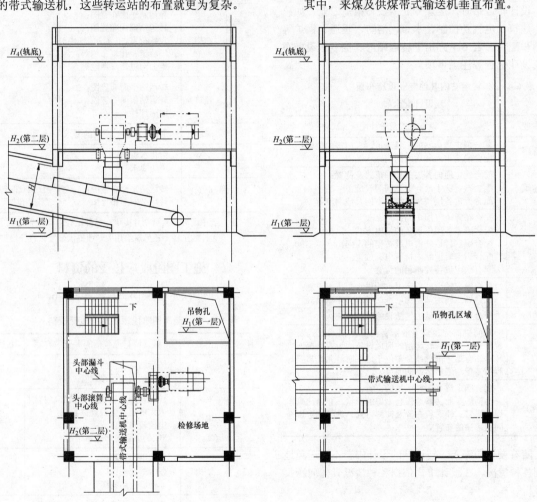

图 6-6　转运站布置示例一

2. 一进二出

图 6-7 为某电厂煤场入口转运站。此转运站的功能如下：

（1）接受来自卸煤系统的单路带式输送机来煤。

（2）通过单路带式输送机向通过式煤场供煤。

（3）通过单路带式输送机向其相邻的下游煤场供煤。

其中，来煤及供煤带式输送机平行布置，二者与煤场带式输送机垂直。

3. 二进二出

图 6-8 为电厂上煤系统中的一个转运站。此转运站的功能如下：

（1）接受来自煤场的双路带式输送机来煤。

（2）通过双路带式输送机向碎煤机室供煤。

（3）设置二对二的交叉。

其中，来煤及供煤带式输送机平行布置，二者与煤场带式输送机垂直。

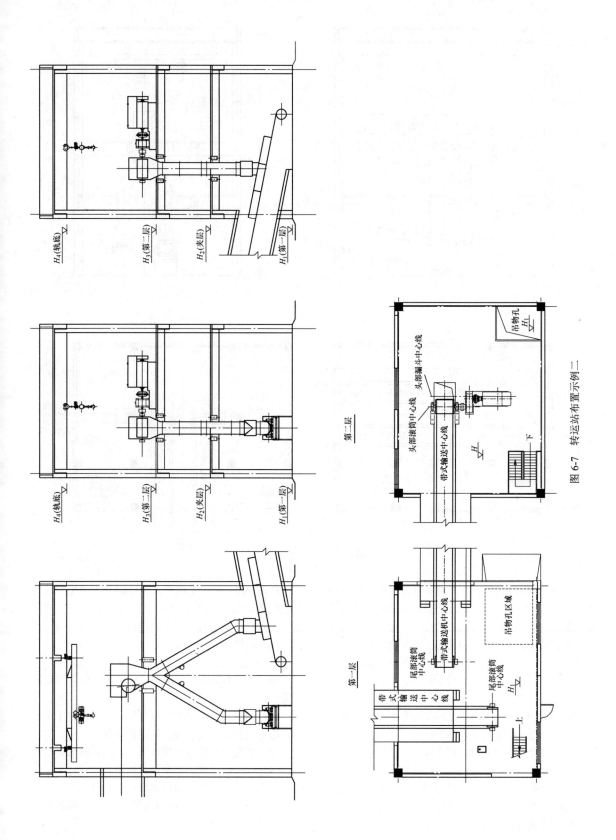

图 6-7 转运站布置示例二

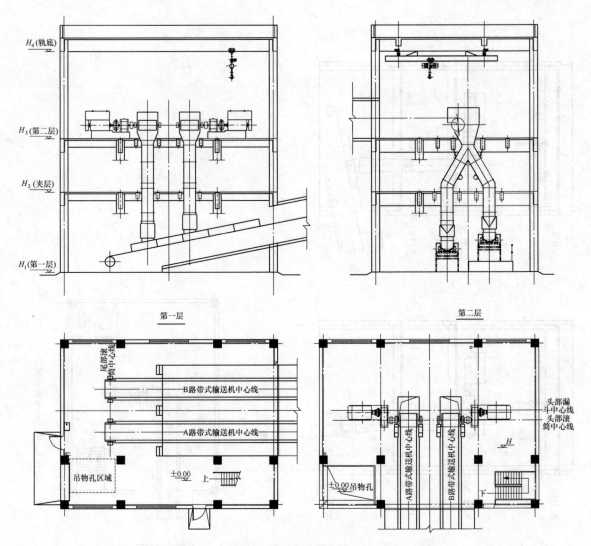

第一层 第二层

图 6-8 转运站布置示例三

此类型转运站，层高按照带式输送机较高的一个受料点的高度计算。在有些场合，转运站的总高度受限，或者专门为了降低转运站的高度，可采用头部伸缩装置实现转运功能。这种情况下，头部伸缩装置处的抑尘在设计时应予以足够的重视。图 6-9 为某电厂采用头部伸缩装置的一个转运站示例。

4. 二进三出

图 6-10 和图 6-11 均为某侧煤仓布置电厂的煤仓间转运站。此转运站的功能如下：

（1）接受双路带式输送机来煤。

（2）分三路带式输送机向锅炉原煤仓供煤。

其中，图 6-10 中的来煤带式输送机与供煤系统的带式输送机平行，图 6-11 中的来煤带式输送机和供煤系统的带式输送机垂直。

在图 6-11 中，上游带式输送机与下游带式输送机之间的转运采用犁式卸料器，而没有采用三通挡板。在垂直交叉的转运站中，这种布置形式一般可降低转运的高度。

5. 多进多出

图 6-12 为某电厂煤场入口转运站。此转运站的功能如下：

（1）接受来自卸煤系统双路带式输送机的来煤。

（2）向折返式煤场带式输送机供煤。

（3）接受来自折返式煤场带式输送机的煤。

（4）向上煤系统的双路带式输送机供煤。

其中，卸煤系统来煤带式输送机与供向上煤系统的带式输送机平行，煤场带式输送机与这两者垂直布置。

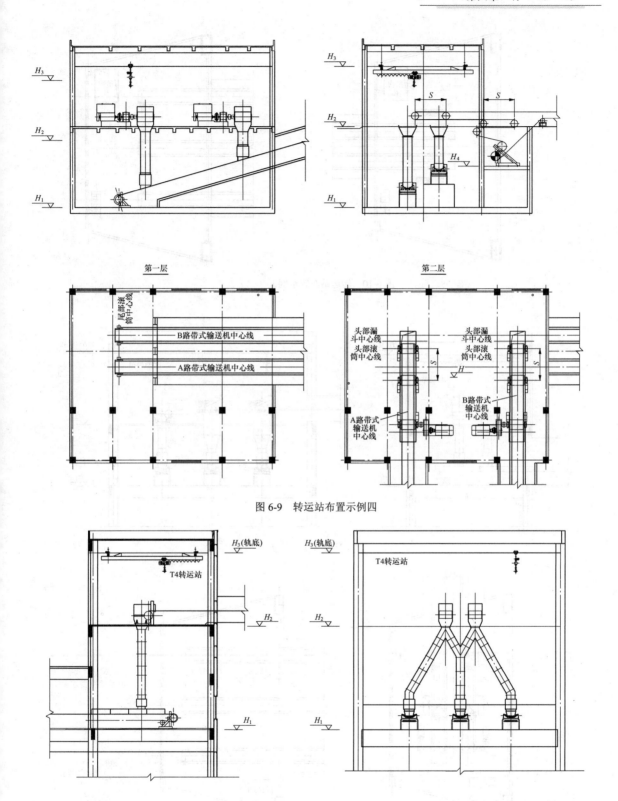

第一层 第二层

图 6-9 转运站布置示例四

图 6-10 转运站布置示例五（一）

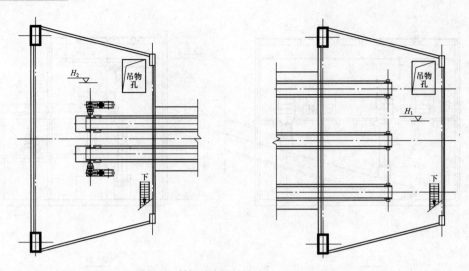

图 6-10 转运站布置示例五（二）

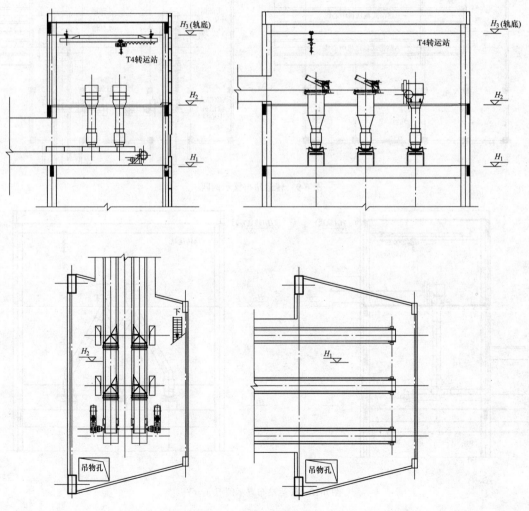

图 6-11 转运站布置示例六

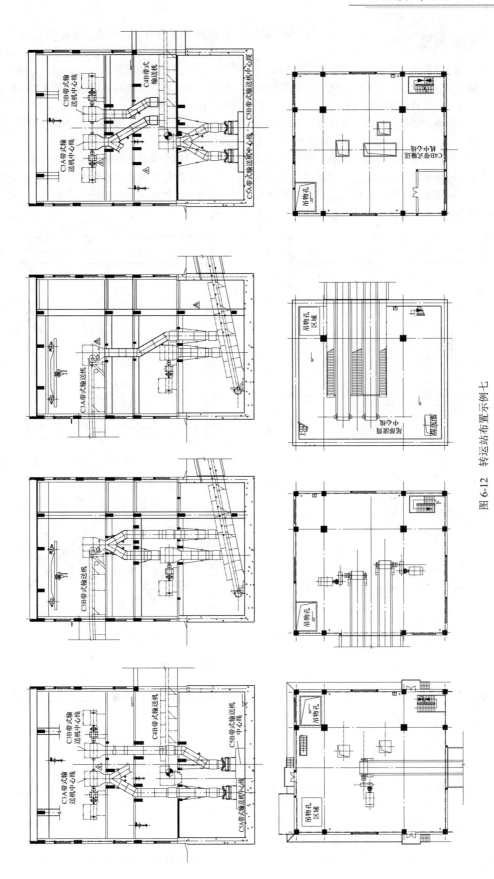

图 6-12 转运站布置示例七

二、斜交布置

在电厂运煤系统的设计中，经常会遇到某转运站前后带式输送机既不垂直也不平行的情况。这类斜交布置的转运站，其设计比平行的或垂直的复杂一些。

此类转运站布置设计的关键是找准上下游带式输送机中心线的交点，之后再依据上游带式输送机头部、下游带式输送机尾部的布置情况确定转运站的方向。一般地，转运站柱网宜与进出转运站的某带式输送机中心线直交布置，不宜布置成与进出的任意带式输送机均不直交。在特殊情况下，为避免带式输送机与柱网干涉的情况，可采用多于四边的多边形转运站，如图 6-13 所示的转运站为五边形。如果有多路不同角度的带式输送机进出转运站，与任意带式输送机直交布置均有困难时，转运站可采用圆形。

1. 单进单出

图 6-13 为某电厂卸煤系统中的一个转运站。此转运站的功能如下：

（1）接受来自卸煤系统单路带式输送机的来煤。

（2）通过单路带式输送机向后续系统供煤。

其中，进出此转运站的带式输送机既不垂直也不平行。

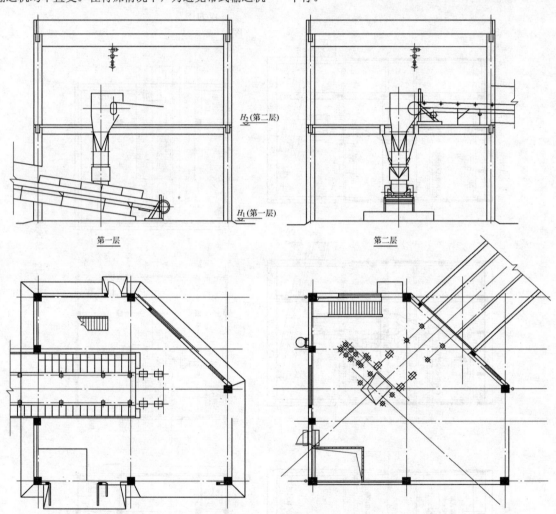

图 6-13　转运站布置示例八

2. 双进双出

图 6-14 为某电厂上煤系统的某转运站的剖面和平面布置。此转运站的功能如下：

（1）接受煤场来双路带式输送机的来煤。

（2）通过双路带式输送机向碎煤机室供煤。

其中，卸煤系统来煤带式输送机与供向上煤系统的带式输送机呈约 45°角，转运站内设有交叉。

3. 多进多出

图 6-15 和图 6-16 为某电厂圆形煤场进出口转运站的剖面和平面布置。此转运站的功能如下：

（1）接受来自卸煤系统单路带式输送机的来煤。

（2）向两个折返式圆形煤场带式输送机供煤。

（3）接受来自两个折返式煤场带式输送机的来煤。

（4）通过双路带式输送机向上煤系统供煤。

其中，卸煤系统来煤带式输送机与供向上煤系统的带式输送机平行，煤场带式输送机与这两者不平行也不垂直。

需要说明的是，图6-15和图6-16中有若干层未标识。这些层并非转运功能所必需，其中某些层是为了检修设备方便而设置的，另外一些层则是土建专业为了保持转运站的整体稳定性而增加的。

在本例中，转运站内设置有自顶层至底层的直通落煤管。如果不考虑此落煤管，则此转运站可分解为独立的两个转运站。因此在设计时，可先按照两个独立转运站做设计，之后再增加直通的落煤管，则可简化转运站的设计思路。这也是设计某些功能繁杂的转运站的思路。

如果卸煤系统为双路带式输送机，转运站布置稍复杂些，布置思路与本转运站相同。

4. 带式输送机中部驱动站

在带式输送机头部、尾部所处位置不宜布置驱动装置，或者头部采用伸缩装置等情况下，带式输送机宜采用中部驱动的方式。图6-17为某工程的一个中部驱动站布置情况。

5. 圆形转运站

当进出转运站的带式输送机角度相差较小（锐角）时，采用常规的多边形转运站有时会遇到土建专业的立柱设置较为困难的情况，此时宜采用圆形转运站。

图6-18为某工程圆形转运站的示例。圆形转运站在实际工程中应用不多。

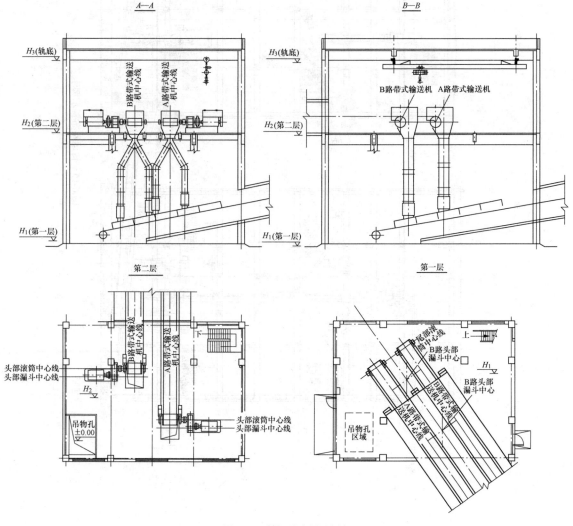

图6-14 转运站布置示例九

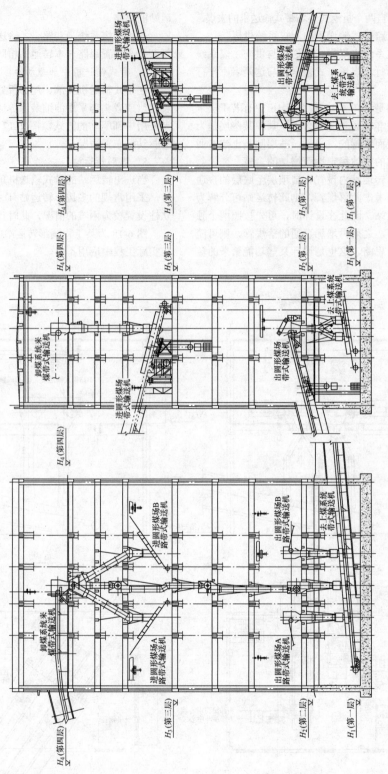

图 6-15　转运站布置示例十

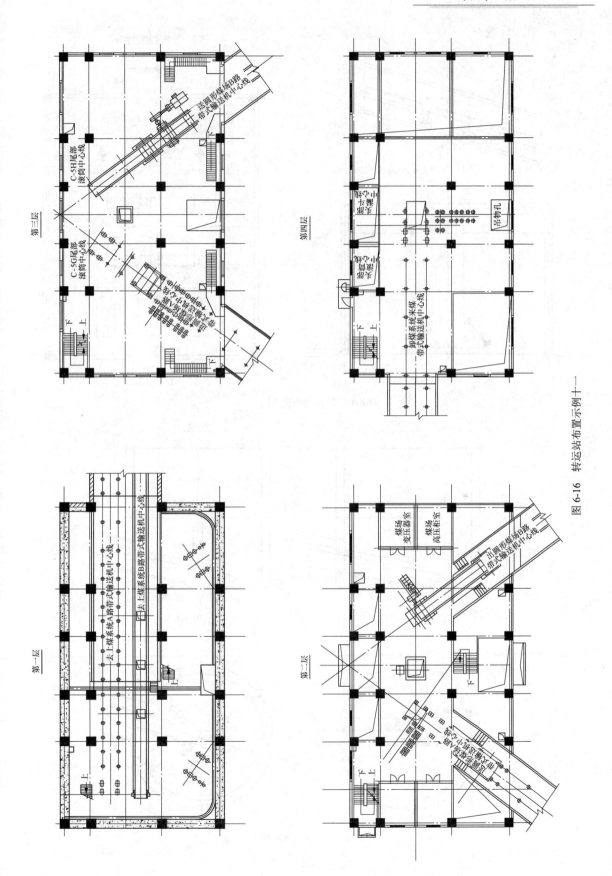

图 6-16 转运站布置示例十一

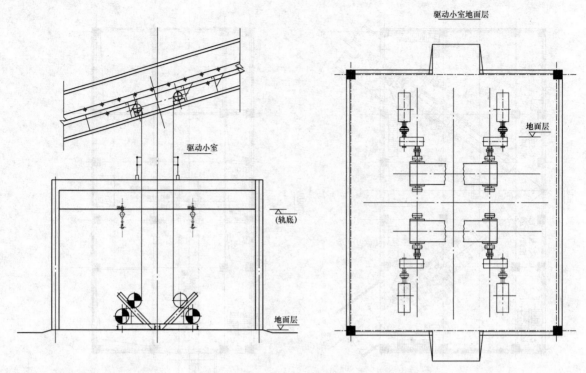

图 6-17　转运站布置示例十二

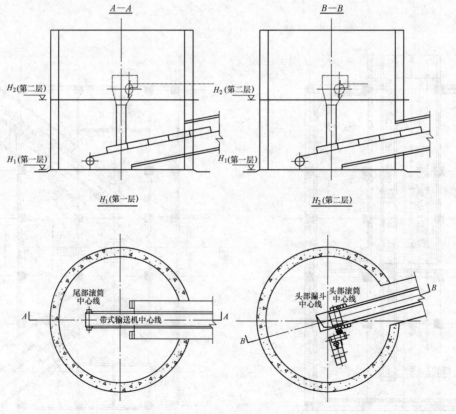

图 6-18　转运站布置示例十三

第五节 曲线落煤管与无动力抑尘技术

一、曲线落煤管

1. 含义、范围及设计理念

（1）含义。在煤流下落过程中，落煤管对煤流进行约束、导向，是控制煤流的设备。传统的落煤管截面以正方形居多，也有部分为长方形或圆形的，一般为等截面形式，落煤管在煤流方向上为直线；转弯采用弯头，除转弯的位置为折线外，弯头以外的其他部位也是直线。近些年应用日益广泛的曲线落煤管，其截面为一般多边形，有的为圆形，多为变截面，沿煤流方向上为曲线。

沿着煤流方向是直线还是曲线，是判别传统落煤管与曲线落煤管的直观标准。曲线落煤管因其在煤流速度控制、磨损控制、流向控制、诱导风控制等方面的优势而应用日益增多。

曲线落煤管是以曲线落煤管为主要设备的燃煤转运技术方案的简称。广义的曲线落煤管指的是曲线落煤管转运技术方案，狭义的曲线落煤管仅指落煤管本身。

（2）设计理念及效果。曲线落煤管的设计过程中，需要根据煤质资料、转运功能需求等输入资料建立初步的曲线落煤管三维模型，再利用计算机进行数值模拟，并利用模拟的中间结果对模型不断调整、优化，直至达到预期的效果。当最终模型生成后，生产车间依据模型制造曲线落煤管，并运至现场安装使用。

与传统落煤管相比，曲线落煤管特点主要体现在对煤流速度的控制上。在计算机数值模拟过程中，煤流的速度控制是模型优化的关键内容。在最理想的模拟结果中，煤流在通过落煤管的整个行程内的速度均控制在目标值以下，落煤管出口处的煤流速度与下级带式输送机的运行速度基本一致。由于煤流的速度得到控制，曲线落煤管受到的冲击下降、磨损显著减轻，伴随煤流在落煤管内产生的诱导风量也大幅下降。受到煤流的冲击小、磨损下降意味着曲线落煤管的寿命较长，而诱导风量下降意味着曲线落煤管有益于煤尘防治。

当采用了曲线落煤管、无动力抑尘等技术后，转运站内是否还需要设置除尘器等装置，需要请暖通专业根据暖通的设计规范确定。表6-7列出了运煤系统煤尘浓度的标准。其中，总尘指可进入整个呼吸道（鼻、烟和喉、胸腔支气管、细支气管和肺泡）的粉尘。呼尘指可进入肺泡的粉尘粒子。

表6-7	运煤系统煤尘浓度标准			（mg/m³）	
煤尘中游离二氧化硅含量	向室外排放允许浓度	工作场所时间加权平均容许浓度		工作场所短时间接触容许浓度	
		总尘	呼尘	总尘	呼尘
<10%	≤60	≤4	≤2.5	≤6	≤3.5
≥10%	≤60	≤1	≤2	≤0.7	≤1

注 除满足本表外，设计时还应满足当地环保部门标准。

（3）设计范围。按照曲线落煤管的设计理念，转运过程是从煤流离开上级带式输送机头部滚筒开始，至下级带式输送机导料槽出口的整个过程。实际设计中，有时曲线落煤管的设计范围不包括头部漏斗和导料槽，而仅仅设计曲线落煤管本身。

由于大部分曲线落煤管的模拟软件含有诱导风量的计算，因而有些工程中，曲线落煤管综合转运技术的设计范围中还纳入了抑尘、除尘等设施。其中，除尘器等设施宜与暖通专业协商确定。

在现阶段，由于各个制造商采用的建模及计算软件各不相同，而且还有部分内容属于商业秘密，因此建立曲线落煤管的三维模型、通过软件仿真计算优化模型等工作均属于曲线落煤管设备制造商的工作范围。

2. 曲线落煤管转运设施构成

如前所述，完整的曲线落煤管转运技术方案涉及的部件包括上级带式输送机头部漏斗（从曲线落煤管的角度可称为受煤斗，本节称之为头部漏斗）、转向分流装置（三通、四通等）、曲线落煤管本体、卸煤斗（曲线落煤管的出口段，有的厂家称之为给料匙、着带装置等）、下级带式输送机导料槽等。

一个典型的采用曲线落煤管转运技术的转运系统如图6-19所示。

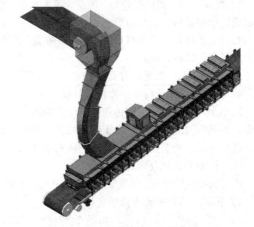

图6-19 曲线落煤管转运技术典型示例

（1）头部漏斗。如果采用曲线落煤管技术，上级带式输送机的头部漏斗宜由曲线落煤管的设计方统一设计，一般不采用常规典型设计。

头部漏斗作为曲线落煤管的入口段，其作用是采用尽量小的冲击角度收集并限制燃煤流，对煤流进行初步塑形，使燃煤流的运动方向逐渐改变为垂直。

（2）曲线落煤管。在设计过程中，中部曲线落煤管的几何形状由计算机模拟生成。在计算机模拟过程中，优化曲线落煤管的几何形状，主要从以下几方面考虑：

1）煤流在落煤管中集束流动。

2）煤流流动时内部平稳，尽量减少内部碰撞。

3）尽量减少煤流与落煤管壁的大角度碰撞。

4）控制煤流在落煤管中的速度。

除以上几项外，计算机模型中需要考虑的因素还有很多。各家制造商的模型中需要考虑的因素也不尽相同。

其中，控制煤流速度是曲线落煤管优化设计的重点。

（3）卸煤斗。曲线落煤管的卸煤斗也被称作卸煤匙、着带装置等，其作用是把落煤管中的煤流平稳的送入下级带式输送机的导料槽中。

经过优化设计，曲线落煤管的卸煤斗具有如下特点：

1）煤流落在下级带式输送机的中心。

2）煤流落向下级带式输送机时，速度与其运行速度相近、方向相同。

（4）导料槽。在曲线落煤管转运技术方案中，一个设计良好的导料槽通常具备如下功能：

1）密封性良好。

2）受煤段可稳定含煤尘气流、降低其速度。

3）中间段进一步降低气流速度，使煤尘沉降至带式输送机输送的煤流上。

4）出口段设置挡帘等对气流有阻尼作用的装置，减少含尘气流的逃逸。

3. 曲线落煤管的设计

（1）设计输入。曲线落煤管的设计输入条件主要有：

1）燃煤煤质，如粒度分布、密度、表面水分、黏性物质、摩擦系数、安息角等。

2）上、下级带式输送机规格参数，如带宽、带速、出力、槽角、结构、倾角等。

3）转运需求，如是否需要设置交叉、分流等。

4）拟选用落煤管材质，特别是衬板材质。

原则上，转运站的层高由曲线落煤管的模拟结果确定。在某些改造工程中，由于转运站的层高已经确定，此时转运站的层高等也是设计的输入条件。

（2）模型的优化及确定。

确定曲线落煤管的三维模型一般有以下几个步骤：

1）在设计软件中输入原始资料。

2）设定模型的目标值，如各个部位的煤流位置、速度、冲击角度等。

3）根据转运的需求先设定粗略模型。

4）根据模型计算转运过程中各个部位的参数。

5）计算上述模拟得出的参数与目标值的偏差。

6）分析偏差产生的原因。

7）调整模型减小偏差。

8）重复上面第4）步至第7）步，直至偏差可以接受。

9）确定模型，并输出模型相关参数。

（3）成果转化。

测试输送物料的特性和有关皮带和结构材料的动力学及流体力学参数，以确定物料特征及其在物料输送系统中的性能，在定义好各种皮带机和物料参数后确定物料卸载后的轨道。

图6-20为某采用曲线落煤管技术的转运站的示例。

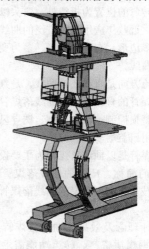

图6-20 优化结果示例

4. 设计注意事项

按目前实际情况，我国火力发电厂的燃料来源十分繁杂，实际燃煤煤质与设计煤种之间差距很大。按照设计煤种特性设计的曲线落煤管，在遇到煤流特性迥异的煤质时，其效果很难达到预期。

曲线落煤管设计及制造周期较长。如果在设计中确定采用曲线落煤管技术，宜尽早确定曲线落煤管的制造商，并与制造商配合设计。应用曲线落煤管技术时，转运站的层高等宜依据曲线落煤管模型的模拟结果确定。在缺乏制造商数据支撑的前期设计阶段，转运站的层高可按照传统落煤管的要求暂定。

二、无动力抑尘技术

转运站的煤尘治理分为抑尘、除尘和积尘清扫三个方面。

抑尘是从源头上抑制煤尘的生成。在运煤系统中，通过喷水、喷雾等方法增加煤表面的湿度，可有效抑制煤尘的产生。在转运过程中，利用缓冲设施、曲线落煤管等控制煤流速度，降低因煤流而产生的诱导风量，从而可有效抑制煤尘产生。

除尘的实质是集尘，即在煤尘形成后通过一定的手段对其进行收集处理，以防止煤尘扩散造成污染。在转运站中，运煤系统的除尘器一般安装在导料槽处。利用除尘器将导料槽内的大部分煤尘收集后处理，从而可有效减少从导料槽扩散至环境的含煤尘气流，从而有效减轻污染。

虽然采用了抑尘、除尘等多种措施，但运煤系统产生的煤尘仍有部分逃逸至环境中。在转运站内，从运煤设备内逃逸出来的部分煤尘会沉降到设备表面、地面等处。清扫这些已经沉降，且积聚在各处的煤尘就是积尘清扫。

可见，抑尘有主动治理煤尘的特点，是运煤专业在设备选型过程中需考虑的。

1. 无动力抑尘装置的工作原理

近些年，很多火力发电厂在燃煤输送系统中采用了无动力抑尘装置。由于诱导风的存在，导料槽内部近出口处呈正压状态，而在头部漏斗下方呈微负压状态。无动力抑尘装置的基本原理是利用了上述压差，在正压区与负压区之间设置平衡风管，建立了含煤尘空气的闭路回旋，从而实现降尘、除尘。无动力抑尘装置对导料槽的封闭性要求较高，一般与全封闭导料槽配合使用。为提高效率，有些无动力除尘装置还在出口处配置喷雾系统以进一步降尘。

按照无动力抑尘装置的抑尘机理，该装置建立的闭路回旋中，部分煤尘微粒因互相碰撞而积聚变大回落至煤流中；未能回落的含尘气流在导料槽减速，大部分沉降至煤流中，其余含尘气流可用喷雾装置控制。

2. 无动力抑尘装置的构成

无动力抑尘装置主要由全封闭导料槽、挡尘帘、后封堵装置、压力平衡系统等组成。图 6-21 为无动力抑尘装置示例。

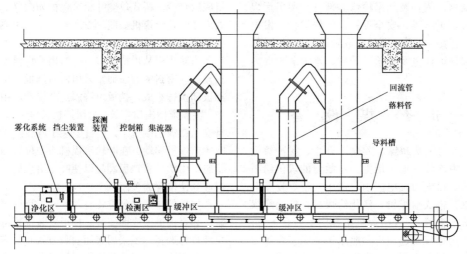

图 6-21 无动力抑尘装置示例

在无动力抑尘装置中，性能良好的封闭导料槽较为关键的设备。与常规导料槽相比，提升导料槽密封性能的主要措施有：

（1）改进导料槽前端和后端的密封形式，由典型设计的单道密封挡帘改为多道密封或迷宫式密封挡帘，增加诱导风阻，减小诱导风速，延长诱导风泄出行程，煤尘实现自然沉降，出口处粉尘泄出明显减少。

（2）改进导料槽两侧的密封结构，选用合适的密封条材料，使之与输送带实现紧密接触，确保密封性，同时又不至于对输送带造成损伤。

另外，适当扩大导料槽截面，在诱导风量不变的情况下可降低风速，从而可减少煤尘外泄。

3. 设计注意事项

设计无动力抑尘装置时需注意以下几点：

（1）无动力抑尘装置应根据物料特性、带式输送机带宽、带速、出力及落料点高度等进行选型。

（2）当燃用高挥发分的烟煤或褐煤时，应特别注意回流管的防积煤措施，以免积煤自燃。

（3）当燃煤湿度或黏性较大时，喷雾设施宜设置在导料槽外部。

（4）无动力抑尘装置的导料槽长度值和高度值均比普通导料槽大，设计时应结合制造商资料留出合理空间。

三、无动力抑尘与曲线落煤管结合应用

曲线落煤管技术和无动力抑尘技术结合使用时效果较好。

设计良好的曲线落煤管技术可降低煤流在落煤管中的速度，从而达到减轻冲击、减少诱导风量的效果。当与曲线落煤管配合使用时，无动力抑尘装置建立起来的闭路回旋中含尘气流速度较低，煤尘的沉降效果好。另外，采用曲线落煤管技术后，曲线落煤管内产生诱导风量小，封闭导料槽出口处的喷雾抑尘装置的使用效果也更好。

第七章

运煤辅助设施

运煤辅助设施是为满足提升运煤系统运行灵活性和可靠性、保护设备或设施的安全、提高系统运行效率、提升运行管理水平等需求设置的设备及相关建筑物，主要包括给煤，入厂、入炉煤的计量及采样，除铁，除杂物，清扫及起吊检修等部分，用于运煤系统的连续定量给煤、安全保护、检修维护、发电成本核算、数值分析等。本章选取辅助设施中给煤、除铁、除杂物、计量及校验、采样、水力清扫等内容进行编写。

第一节　给　煤　设　备

给煤设备用于从卸煤、贮煤、分流、缓冲等设施的给煤斗中连续、均匀地把一定数量的煤供给下方输送设备。在火力发电厂中，常用的给煤设备有叶轮给煤机、带式给煤机、活化给煤机、振动给煤机及环式给煤机等。环式给煤机主要用于筒仓下方，环式给煤机的计算及选型可参照本手册第三章第三节"筒仓"的相关内容。本章选取叶轮给煤机、带式给煤机、活化给煤机、振动给煤机进行编写。

一、设备工作原理及结构类型

1. 叶轮给煤机

叶轮给煤机沿纵向轨道前后行走同时通过拨煤叶轮的转动，将煤槽内的煤连续、均匀地拨到带式输送机上。叶轮给煤机的叶爪深入到煤槽内部的煤中，通过叶爪回转将煤从煤槽内刮出并落入其下的带式输送机上，由带式输送机将煤送入后续的系统中。为使煤槽均匀出料，在叶轮刮料的同时大车也要行走。

叶轮给煤机主要由拨煤机构、行走机构、支架、供电系统、抑尘系统等组成。叶轮给煤机按结构形式分为桥式和门式，叶轮给煤机行走轨道与带式输送机机架合并设置时称为桥式，轨道在地面单独设置时称为门式。按配煤形式分为单侧和双侧。在火力发电厂中，常用桥式单侧叶轮给煤机，门式及双侧桥式给煤机应用较少。桥式单侧叶轮给煤机如图 7-1 所示，桥式双侧叶轮给煤机如图 7-2 所示，门式单侧叶轮给煤机如图 7-3 所示。

为防止煤从煤槽出口自行溜出，煤槽出口设置密封设施。密封的方法通常采用密封挡板。密封挡板由挡板和挑杆组成，挡板可绕固定轴旋转，由若干组构成，覆盖煤槽出口全长，每组挡板长度一般为 1m，并排安装在煤槽侧壁上，挑杆安装于叶轮给煤机上，随叶轮给煤机移动。在叶轮给煤机所在位置挡板为开启状态，由挑杆将挡板翻起以便叶轮给煤机从煤槽内扒煤，其他位置为关闭状态。

挡板的典型安装位置有两种：①煤槽侧壁侧面安装；②煤槽侧壁底面安装。挡板安装位置可根据煤槽尺寸自行选择。当采用底面安装方式时，应考虑挡板支座对煤槽出口尺寸的影响，挡板典型安装位置如图 7-4 所示。

2. 带式给煤机

带式给煤机依靠输送带与煤的摩擦作用，将煤斗中的煤连续、均匀地给到受煤设备。带式给煤机分为单台固定式或移动式布置，串联对头固定或移动式布置。固定式布置适用于单一给煤点，移动式布置适用于多个给煤点。

带式给煤机主要由驱动装置、输送带、导料槽、头部滚筒、改向滚筒、下托辊、支架、头部漏斗、清扫装置及螺旋拉紧装置等组成；移动式带式给煤机以电动机-减速机作行走动力，设有行走装置、清轨装置、轨道及检修迁出装置等。

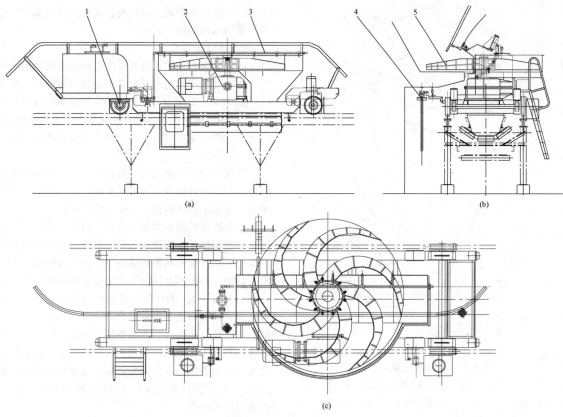

图 7-1 桥式单侧叶轮给煤机结构示意

（a）纵断图；（b）横断图；（c）平面图

1—行走装置；2—驱动装置；3—抑尘系统；4—供电系统；5—叶轮

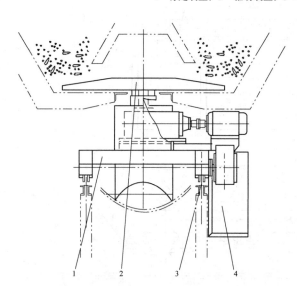

图 7-2 桥式双侧叶轮给煤机结构示意

1—机架；2—拨煤机构；3—行走机构；4—电控箱

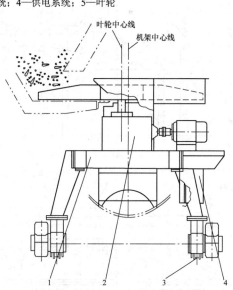

图 7-3 门式单侧叶轮给煤机结构示意

1—机架；2—拨煤机构；3—行走机构；4—电控箱

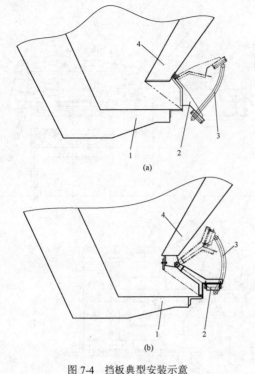

图 7-4　挡板典型安装示意

（a）侧面安装；（b）底面安装

1—煤槽承料平台；2—挡板；3—挑杆；4—煤槽侧壁

单台固定式带式给煤机及移动式串联对头布置带式给煤机结构如图 7-5 所示。

3. 活化给煤机

活化给煤机工作原理为激振电动机驱动拱形活化块，将电动机产生的水平振动传递到顶部物料，形成"活化"效果，振动力产生的扰动能量松动物料使其下落，物料通过两侧的曲线槽被传输到下部出口落料管。当电动机停止工作时，仓内物料自动锁死停止下滑，无须设置闸门。

活化给煤机的振动系统由振动电动机和振动弹簧组成。利用亚共振双质体振动原理，小功率电动机的激振力驱动主槽体而获取需要的线性振幅。

活化给煤机的出力调节方式有两种，分别为气控可变力轮调幅及变频调速。气控可变力轮调幅是在不改变电动机转速和频率的情况下，通过调整偏心块的位置调整电动机的激振力来改变设备的振幅，可使出料能力从最小到 100%的设计范围内无级调整。气控可变力轮调幅形式具有调节范围大、无共振、安全可靠、投资较高等特点。变频调速调节出力的方式是通过变频器来改变电动机的频率，进而改变电动机的转速来调整设备出力。为避免共振，变频范围较小，出力调节范围受限。变频调节出力方式具有调节范围小、投资较低等特点。

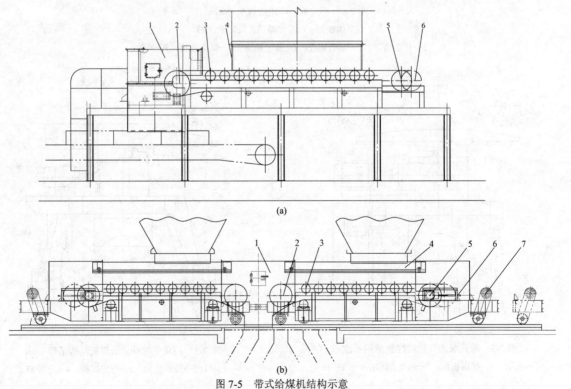

图 7-5　带式给煤机结构示意

（a）单台固定式；（b）移动式串联对头布置

1—头部漏斗；2—传动滚筒；3—承载滚筒；4—封闭导料槽；5—尾部滚筒；6—螺旋拉紧；7—移动机架

活化给煤机主要由本体（包括激振电动机、激振弹簧、活化块、曲线槽、壳体）、支撑弹簧、支架和接口法兰、入口落煤管及密封装置、出口落煤管及密封装置和电控系统等组成。活化给煤机结构示意如图7-6所示。

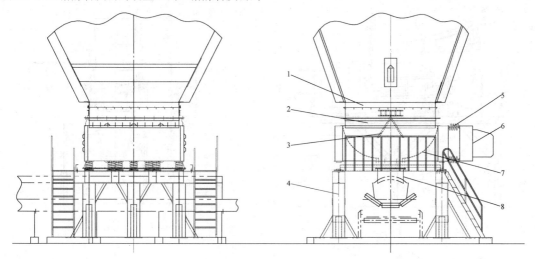

图 7-6 活化给煤机结构示意

1—接口法兰；2—入口落煤管及密封装置；3—活化块；4—支架；5—激振弹簧；6—激振电动机；

7—曲线槽；8—出口落煤管及密封装置

4. 振动给煤机

振动给煤机采用电动机作为激振源或激振源的动力源。当给料槽振动的加速度垂直分量大于重力加速度时，槽中的物料被抛起，并按照抛物线的轨迹向前跳跃运动，抛起和下落在瞬间完成。激振源的连续激振，使给料槽连续振动，槽中的物料连续向前跳跃，以达到给煤的目的。振动给煤机分为电动机参振和电动机不参振两种类型，安装形式有前吊后座、前座后吊、全座、全吊四种。溜槽闸门分为手动和电液两种。

电动机不参振：给煤机采用双电动机自同步分离技术；电动机与固定于给煤机上的激振器采用挠性连接，简化了激振装置，使其结构简单、可靠性高，由于电动机不参振，激振器不受激振力轴承大小、体积的限制，可大型化制造，给煤能力较大。

电动机参振：给煤机的激振器为一对带有偏心重块的振动电动机。给煤机工作时，两台振动电动机反向同步运行。由于电动机参振，激振装置较复杂，给煤能力较小，能耗较高。

振动给煤机由槽体、激振器、电动机、电动机支座、挠性连接、吊挂组件、闸门、密封罩等部件组成。振动给煤机结构示意如图7-7所示。

二、设备性能特点和技术参数

1. 叶轮给煤机

叶轮给煤机具备如下特点：①叶轮给煤机的拨煤机构能沿煤槽纵向往复行走拨煤，无空行程，也可定点给煤；②叶轮驱动采用无级变速，在额定的出力范围内根据需要任意调整出力；③行走轮带有轮组顶起装置，便于检修维护；④配置自动喷水（雾）降尘装置，降低环境粉尘浓度；⑤供电方式采用拖缆或滑触线；⑥控制方式采用拖缆或无线控制。

叶轮给煤机适应物料粒度不大于300mm，适应带宽为650～1600mm，常用出力范围100～1500t/h，最大出力达到2000t/h。

叶轮给煤机主要技术参数可参照表7-1。

2. 带式给煤机

（1）带式给煤机具有带速低、运行平稳、给煤连续均匀、给煤距离长、出力范围大、可移动、维修方便等优点。

（2）带式给煤机分为单台固定式（DGG）、移动式（DGY），可单台布置，也可两台串联对头布置，两台串联对头布置方式常用于单车翻车机煤斗下方。表7-2列出常用的单台固定式及两台对置移动式布置的带式输送机技术参数。

3. 活化给煤机

（1）活化给煤机具有给煤量大、不蓬煤、环保、安装高度低、易于维护等优点，但设备关键部件（如弹簧、激振电动机等）需采用进口产品，相对于带式给煤机、振动给煤机，活化给煤机投资较高。

（2）活化给煤机主要技术参数可参照表7-3。

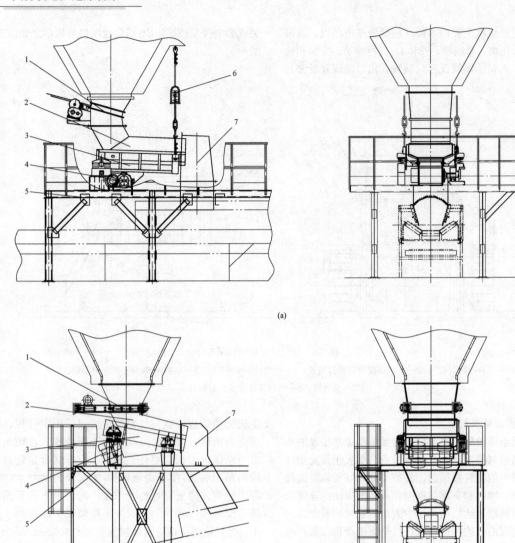

图 7-7 振动给煤机结构示意

（a）电动机不参振；（b）电动机参振

1—闸板门；2—密封罩；3—振动槽体；4—电动机及激振器；5—支撑平台；6—吊挂组件；7—出口落煤管

表 7-1 叶轮给煤机主要技术参数

型号	出力 (t/h)	拨煤机构			行车机构				最大分离件	
		叶轮直径 (mm)	电动机功率 (kW)	叶轮转速 (r/min)	电动机功率 (kW)	行车速度 (m/min)	轨道型号 (kg/m)	最大轮压 (t)	尺寸（长×宽×高） (m×m×m)	质量 (kg)
QYG-300	100～300	2680	15	1.9～5.8	2×2.2	2.1	18	3.2	5.5×1.9×0.45	1.5
QYG-600	200～600	2980	18.5	3.8～8.3	2×2.2	3.7	24	3.2	6×2.4×0.4	2.5
QYG-1000	300～1000	3000	22	3～10	2×2.2	3.7	24	3.2	7×2.5×0.45	3.1
QYG-1500	1000～1500	3000	30	4～12	2×2.2	3.7	24	3.2	7×2.6×0.7	3.9

表 7-2 带式给煤机技术参数

主要参数 型号	DGG-1200	DGY-1200	DGG-1400	DGY-1400	DGG-1600	DGY-1600
带宽（mm）	1200	1200	1400	1400	1600	1600
带速（m/s）	0～1.0	0～1.0	0～1.0	0～1.0	0～1.0	0～1.0
出力（t/h）	300	600	600	1200	850	1750
头尾滚筒中心距（mm）	5500	6000	5500	6000	5500	6000
电动机功率（kW）	22	2×22	30	2×30	37	2×37

表 7-3 活化给煤机技术参数

型号	给煤量（t/h）	最大入料粒度（mm）	入料斗开口尺寸（mm）	外形尺寸（长×宽×高）（mm×mm×mm）	本体质量（kg）	功率（kW）
××-400	400	230	1950×1950	3800×2500×1000	4000	6.2
××-600	600	250	2250×2250	4000×2800×1000	5500	6.2
××-750	750	300	2560×2560	4500×3000×1000	6800	9.33
××-900	900	300	2860×2860	5100×3300×1200	7700	9.33
××-1100	1100	300	3160×3160	5300×3600×1200	8600	9.33
××-1600	1600	350	3470×3470	5600×3900×1200	10000	9.33×2
××-2000	2000	350	3780×3780	6300×4400×1600	17000	9.33×2
××-2400	2400	350	4080×4080	6600×4600×1700	23000	9.33×2
××-2800	2800	380	4330×4330	7100×4900×2000	28000	9.33×2
××-3200	3200	380	4630×4630	7300×5300×2000	33000	14.92×2
××-3600	3600	380	4930×4930	7700×5500×2000	38000	14.92×2

注 ××为活化给煤机代号，未有明确标准，××因制造商不同而有所差异。

4. 振动给煤机

（1）振动给煤机优点为结构简单、体积小、布置灵活方便等，缺点为给煤不均匀，易黏堵，易漏粉。

（2）振动给煤机主要技术参数可参照表 7-4。

表 7-4 振动给煤机主要技术参数

型号	给料能力（t/h） 槽体安装角		电动机功率（kW）	振幅（双）（mm）	振动频率（Hz）
	0°	10°			
GZY-0510	60	100	2.2×2		
GZY-0815	100	160			
GZY-1015	130	260		8	16
GZY-1020	250	460	4.0×2		
GZY-1220	340	650			
GZY-1225	420	850			
GZY-1525	460	1100	7.5×2		
GZY-1530	550	1200			
GZY-1830	560	1300	7.5×2	8	16
GZY-2025	600	1500			

续表

型号	给料能力（t/h） 槽体安装角		电动机功率（kW）	振幅（双）（mm）	振动频率（Hz）
	0°	10°			
GZY-2225	700	1650	7.5×2	8	16
GZY-2525	850	1850			

三、设备选型

1. 选型依据

给煤设备的选型应根据安装位置、物料的特性（粒度、水分、黏度）及受煤设备（通常为带式输送机）的参数（带宽、带速、倾角）、使用环境（温度、湿度、粉尘、有无腐蚀性、海拔、有无防爆要求等）、给煤设备本身的特性，以及安装空间等确定。

2. 适用位置

（1）叶轮给煤机沿长度方向移动给煤，可安装在缝式煤槽（火车、汽车）、大型受煤斗及筒仓下方。

（2）带式给煤机可定点给煤，也可多点配煤。固定式带式给煤机可安装在地下煤斗、缓冲煤斗等下方；

移动式带式给煤机可布置在翻车机室、转运站。安装在单车翻车机下方时，通常采用串联对头布置，可实现向双路带式输送机交叉供煤。

（3）活化给煤机入料口大、不易堵煤，宜安装在平行输出的翻车机受煤斗、圆形煤场中心料斗、筒仓、地下煤斗下方。

（4）振动给煤机体积小、安装灵活，宜安装在地下煤斗、缓冲煤斗及小型筒仓下方。

3. 注意事项

（1）叶轮给煤机。

1）为了确保卸煤系统的安全可靠性，应在叶轮给煤机出力选择和台数的配置上考虑一定的裕度。缝式煤槽下部出口输出带式输送机为单路时，需要配备 2 台叶轮给煤机，每台最大出力为带式输送机额定出力的 1.2 倍；带式输送机为双路时，每路配备 1 台或 2 台叶轮给煤机，每台叶轮给煤机的最大出力为带式输送机额定出力的 1.2 倍或 0.6 倍。

2）当煤槽长度大于 100m 时，宜设置两台叶轮给煤机。当设置两台叶轮给煤机时，应同时工作，以使煤槽中的煤均匀排出。

（2）带式给煤机。

1）带式给煤机的给煤依靠输送带与煤斗间煤的摩擦作用，故带式给煤机的带速不宜过高，一般不大于 0.8m/s，否则输送带与煤之间容易产生相对滑动，可能导致不能给煤。

2）配备通长导料槽的带式给煤机，其料层高度计算值可取槽宽的 0.4 倍。导料槽高度应不小于煤最大粒度的 2 倍。

3）带式给煤机的输送带宜采用整体编织的合成纤维织物芯输送带。输送带上覆盖胶厚度不宜小于6mm，下覆盖胶厚度不宜小于 3mm。

4）带式给煤机阻力的计算，除考虑与带式输送机相同的各项阻力外，还应考虑由煤斗压力引起的阻力。

（3）活化给煤机。

1）活化给煤机选型应注意煤的最大粒度。

2）多台活化给煤机串联布置时，其下方输出带式输送机宜水平布置；若倾斜布置，倾角不宜过大。

（4）振动给煤机。

1）振动给煤机出力较大时，宜选用电动机不参振类型。

2）振动给煤机的额定出力宜为运煤系统额定出力的 1.1～1.2 倍。振动给煤机的出力应是可调的，不宜采用闸门调量方式。

3）振动给煤机承受仓压的大小不应超过设备许用压力。当安装在地下煤斗下方时，应在保证不蓬煤情况下尽量降低煤斗高度。

4）振动给煤机料槽至煤仓（煤斗）排料口的高度宜为排料口边长的 2 倍。当空间条件受限时，不应小于排料口边长。

5）振动给煤机与前后煤槽及密封罩之间应留有间隙。料槽长度方向间隙宜为 40～50mm，煤槽宽度方向间隙宜为 25mm。振动给煤机与煤仓（煤斗）连接宜采用法兰连接。振动给煤机入口处宜设插板门。

四、布置设计

1. 设计输入

（1）施工图总图已确定的运煤系统给煤设备的类型及安装位置。

（2）给煤机上方煤斗的相关资料。

（3）输出带式输送机的带宽、带面高度、托辊直径等。

（4）给煤机制造商提供的正式资料。

2. 专业间配合要求

叶轮给煤机、带式给煤机、活化给煤机及振动给煤机资料宜与所在建筑物（缝式煤槽、翻车机室、地下煤斗、筒仓）资料一并提出，应包括表 7-5 中的要求。

表 7-5　　　给煤设备专业配合要求

专业	配合要求			
	叶轮给煤机	带式给煤机	活化给煤机	振动给煤机
热机或除灰	无		用气量、压力、管径、运行方式等	无
电气	供电要求（滑线或拖缆）	供电要求		
土建	预埋件、基础、孔洞、荷载			
供水	供水位置、水量、水压、水质、管径、运行方式等	无		

3. 典型布置

（1）叶轮给煤机。火车缝式煤槽叶轮给煤机布置如图 7-8 所示。

（2）带式给煤机。翻车机室带式给煤机布置如图 7-9 所示。

（3）活化给煤机。翻车机室活化给煤机布置如图 7-10 所示。

（4）振动给煤机。地下煤斗振动给煤机布置如图 7-11 所示。

4. 设计注意事项

（1）叶轮给煤机。

1）叶轮给煤机悬挂电缆支架的布置应保证叶轮给煤机能进入检修跨。

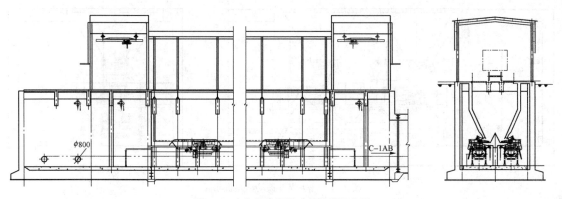

图 7-8 火车缝式煤槽叶轮给煤机布置

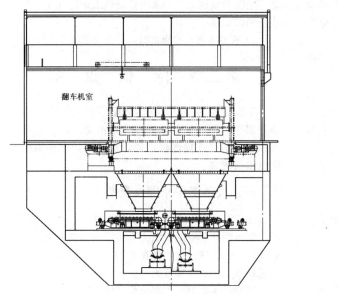

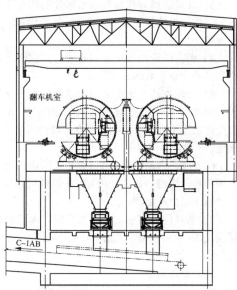

图 7-9 翻车机室带式给煤机布置

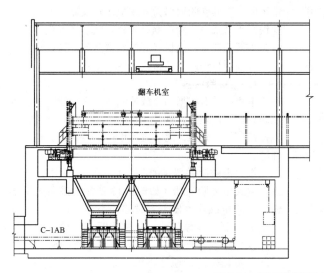

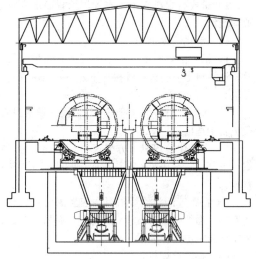

图 7-10 翻车机室活化给煤机布置

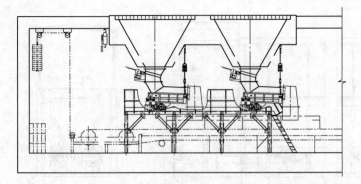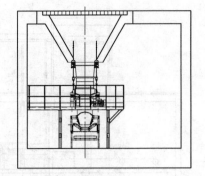

图 7-11　地下煤斗振动给煤机布置

2）叶轮给煤机轨道两端应设置安全尺及阻进器。

3）缝式煤槽卸煤装置地下部分的端头应有必要的叶轮给煤机检修场地，并设置叶轮给煤机的检修起吊设备。

4）两台叶轮给煤机并列布置时，它们之间的最小间隙不应小于 0.60m。

5）叶轮外端与槽壁之间和承台外缘与叶轮给煤机之间的水平间隙应按设备资料给定的尺寸确定。承台面伸出煤槽端壁下沿的长度应按煤种的最小安息角确定，一般不小于 1m。

6）在缝式煤槽下部出口和叶轮给煤机上方设置煤槽挡板，煤槽挡板的开闭与叶轮给煤机联锁动作，有效防止煤尘外溢。

7）当叶轮给煤机上自带水箱时，水箱容积至少能满足 3h 的供水量。地面上每隔 30m 设 1 个快速消防接头。

（2）带式给煤机。

1）带式给煤机宜配可调速装置，带式给煤机入口处宜设插板门。

2）带式给煤机宜水平布置，承载面下方宜选用改向滚筒。

（3）活化给煤机。

1）活化给煤机的入口落煤管上方宜采用接口法兰，法兰口上方与煤斗焊接，下方与入口落煤管螺栓连接。

2）入口、出口落煤管与本体之间应设密封装置，避免粉尘逸出。

3）当活化给煤机上方受煤斗高度较高时，宜在煤斗下部设置减压梁，减压梁应按制造商提供资料进行设计。

4）在布置活化给煤机时，应考虑对其进行检修的空间，激振体上方宜设置检修起吊装置，起吊荷载依据给煤机电动机质量而定。

（4）振动给煤机。

1）振动给煤机煤槽吊杆应按向上向外张开 10° 布

置，振动器吊杆应垂直吊挂。所有吊杆均应吊挂于有足够刚度的结构上。如果吊杆悬挂于钢煤斗上，则煤斗应局部加强。

2）在布置振动给煤机时，应考虑足够的检修空间。

第二节　除　铁　设　备

除铁设备的功能是在带式输送机运行中，将混杂在煤中的磁性铁件从煤中分离出来，防止损坏运煤系统中的带式输送机、碎煤机及锅炉制粉系统的磨煤机等设备。

一、设备工作原理及类型

除铁器的工作原理为铁磁性物体进入非均匀磁场时，物体两端所受的磁场力不相等而使物体向磁力大的一端移动。铁磁性物体在非均匀磁场内受到的吸力与磁场强度和磁场梯度的乘积成正比。

除铁设备按磁源类型分为电磁除铁器及永磁除铁器。电磁除铁器按弃铁方式分为人工弃铁和自动弃铁，常用的人工弃铁除铁器为盘式电磁除铁器，自动弃铁除铁器为带式电磁除铁器。永磁除铁器按弃铁方式可分为手摇式卸铁、翻板式卸铁及自动式卸铁，火力发电厂常采用自动卸铁的带式永磁除铁器。

1. 电磁除铁器

电磁除铁器根据闭合载流线圈可产生磁场的基本原理设计，由轭板、铁芯、励磁线圈绕组及导磁板、下托板等构成磁系，通入直流电产生磁性，断电后磁性消失。

带式电磁除铁器（如图 7-12 所示）采用自动卸铁，盘式电磁除铁器（如图 7-13 所示）采用人工弃铁。盘式电磁除铁器上方设移动小车，可按定期或定量的控制方式移动到指定位置断电弃铁，带式电磁除铁器在运行过程中通过卸铁皮带将铁磁性物体移动出磁场范围，通过物体重力及皮带离心力自动将物体抛入弃铁箱（斗）中。

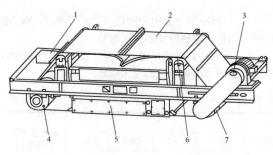

图 7-12 带式电磁除铁器

1—支架；2—卸铁皮带；3—减速电动机；4—主动滚筒；
5—磁系；6—托辊；7—从动滚筒

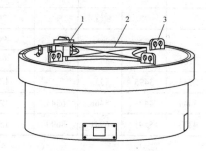

图 7-13 盘式电磁除铁器

1—接线盒；2—磁系；3—吊耳

电磁除铁器励磁线圈在通电过程中产生磁场的同时会产生热量，导致线圈过热，为了保证线圈的温升在合理的范围内，需采用有效的冷却方式带走热量。火力发电厂运煤系统电磁除铁器常用的冷却方式共有5类：自然冷却式、强迫风冷式、热管冷却式、水冷式、油冷式。各冷却方式特点见表7-6。

表 7-6　电磁除铁器常用冷却方式

序号	冷却方式	冷却原理	优点	缺点
1	自然冷却式	内部添加导热硅脂或柏油、酮酸树脂、环氧树脂等，外部可加焊散热翼片，仅通过自身面积进行散热，没有附加的冷却方式	密封和绝缘性能好、工作稳定、故障点少	体积较大，冷却效果较差，设备冷、热态温差大，冷、热态磁性能差距大
2	强迫风冷式	线圈外围有一套冷却系统，利用低噪声离心风机或轴流风机对电磁线圈进行强迫风冷	冷却线圈组较多，散热效果好，磁场大	不利于线圈内部散热，内外温差大；风口易进入水汽、灰尘、杂质等，长期堆积难清理
3	热管冷却式	利用高效热管（称为"热超导"）作为散热元件，导热系数比钢管高300多倍，在热管散热段安装了二次散热翼	传热性能好，且具备均匀温度的特性，可适用各种	热管的成本偏高，制作的工艺要求高，出现偏差可能影响散热性能

续表

序号	冷却方式	冷却原理	优点	缺点
3	热管冷却式	片，可扩大散热面积，利用气-液变相传热，无须外界动力源		恶劣环境
4	水冷式	励磁导线为中空，通过循环泵将去离子水在空心导线内循环，带走通电导线产生的热量	内部升温小，磁感应强度衰减幅度小	结构复杂，配备循环泵、散热器等辅助散热系统，不易安装自卸皮带，只有断电才能去除杂质
5	油冷式	励磁线圈全部浸泡在高压绝缘冷却油中，让线圈与油充分接触，所产生的热量能随时传导给冷却油，达到冷却目的	内部升温慢，散热均匀，磁感应强度衰减幅度小，适用环境广	体积大，占地大，对安装现场、空间、钢结构等要求非常高，成本大，导热油需要定期更换

2. 永磁除铁器

永磁除铁器依靠磁性材料（如磁性合金、陶瓷磁铁等）制成的永磁磁芯吸引铁磁性物体。带式永磁除铁器永磁磁芯吸起铁磁性物体后通过链条、链轮驱动皮带及其刮板实现自动卸铁。永磁除铁器由永磁磁芯、机架、卸铁皮带及主、从动滚筒、托辊、减速电动机等组成，其结构如图7-14所示。

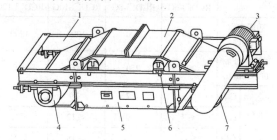

图 7-14 永磁带式除铁器

1—支架；2—卸铁皮带；3—减速电动机；4—从动滚筒；
5—永磁磁芯；6—托辊；7—主动滚筒

二、设备性能参数

1. 性能参数表

根据使用除铁器的带式输送机带宽及带速，结合输送量，来确定除铁器的性能。磁场强度等级应以可除去混杂在散状非磁性物料中质量为 0.1～25kg 的铁磁性物质来确定。除铁器的性能选型规范见表7-7。输送量低于表7-7中输送量的30%，可降低一级磁场强度，输送量高于表7-7中输送量的30%时，可增加一级磁场强度。表7-7中的输送量仅供参考。

2. 设备参数表

（1）电磁除铁器。

1) 基本性能参数表。电磁除铁器基本性能参数见表 7-8。

2) 典型设备参数表。典型设备参数表由设备制造商提供，供使用者参考。

a. 自然冷却盘式电磁除铁器。表 7-9 为 RCDB 自然冷却盘式电磁除铁器技术参数。

b. 自然冷却带式电磁除铁器。表 7-10 为 RCDD 自然冷却带式电磁除铁器技术参数。

表 7-7 除 铁 器 性 能 参 数

带速 (m/s)	带宽 B（mm）										磁场强度≥ (mT)
	500	650	800	1000	1200	1400	1600	1800	2000	2200	
	带式输送机最大输送量（m³/h）										
0.80	69	127	198	324							70
1.00	87	159	248	405	593	825					70
1.25	108	198	310	507	742	1032					70
1.60	139	254	397	649	951	1321					90
2.00	174	318	496	811	1188	1652	2186	2795	3470		90
2.50	217	397	620	1014	1486	2065	2733	3495	4338		120
3.15			781	1278	1872	2602	3444	4403	5466	6843	120
4.00				1622	2377	3304	4373	5591	6941	8690	150

注 磁场强度为额定悬挂高度处的磁场强度。

表 7-8 电磁除铁器基本性能参数

基本参数		型号								
		RCD□-6G	RCD□-8G	RCD□-10G	RCD□-12G	RCD□-14G	RCD□-16G	RCD□-18G	RCD□-20G	RCD□-22G
适用带宽（mm）		650	800	1000	1200	1400	1600	1800	2000	2200
额定悬挂高度（mm）		200	250	300	350	400	450	500	550	600
励磁功率（kW）	GⅠ	≤5	≤7	≤9	≤12	≤15	≤18	≤23	≤28	≤36
	GⅡ	≤7	≤9	≤12	≤16	≤20	≤25	≤30	≤37	≤45
	GⅢ	≤11	≤14	≤18	≤22	≤27	≤33	≤40	≤47	≤55
最小吸引高度（mm）	GⅠ	250	330	400	460	525	580	630	680	730
	GⅡ	280	365	440	500	565	620	680	720	770
	GⅢ	320	400	480	540	605	660	710	760	810

注 G 为电磁除铁器磁感应强度代号，普通型不标注。GⅠ表示热态磁感应强度为 90mT；GⅡ表示热态磁感应强度为 120mT；GⅢ表示热态磁感应强度为 150mT。

□表示弃铁及冷却方式，代表 A、B、C、D、E、F、G、H、J、K。A 为人工卸铁风冷式；B 为人工卸铁自然冷却式；C 为自动卸铁风冷式；D 为自动卸铁自然冷却式；E 为人工卸铁油冷式；F 为自动卸铁油冷式；G 为人工卸铁热管冷却式；H 为自动卸铁热管冷却式；J 为人工卸铁强迫油冷式；K 为自动卸铁强迫油冷式。

表 7-9 RCDB 自然冷却盘式电磁除铁器技术参数

型号		冷却方式	适用带宽（mm）	额定悬挂高度（mm）	励磁功率（kW）	额定高度处磁场强度（mT）	外形尺寸（mm×mm）	质量（kg）
RCDB-6□	普通	自然冷却	650	200	≤4.0	70	φ1110×574	810
	GⅠ				≤5.3	90	φ1190×621	1190
	GⅡ				≤8.0	120	φ1312×661	1730

续表

型号		冷却方式	适用带宽（mm）	额定悬挂高度（mm）	励磁功率（kW）	额定高度处磁场强度（mT）	外形尺寸（mm×mm）	质量（kg）
RCDB-8□	普通		800	250	≤6.0	70	φ1150×665	1145
	GⅠ				≤8.5	90	φ1312×661	1730
	GⅡ				≤11.0	120	φ1410×771	2415
RCDB-10□	普通		1000	300	≤8	70	φ1261×670	1555
	GⅠ				≤9.5	90	φ1410×773	2430
	GⅡ				≤17.0	120	φ1608×985	4005
RCDB-12□	普通	自然冷却	1200	350	≤9.5	70	φ1560×770	2605
	GⅠ				≤12.5	90	φ1560×892	3290
	GⅡ				≤22.0	120	φ1812×1095	5505
RCDB-14□	普通		1400	400	≤11	70	φ1560×892	3290
	GⅠ				≤19	90	φ1560×993	4305
	GⅡ				≤25.5	120	φ2050×1120	6975
RCDB-16□	普通		1600	450	—	70	φ1710×953	4290
	GⅠ				≤22.0	90	φ1910×1053	5880
	GⅡ				≤27.5	120	φ2110×1180	9055
	GⅢ				≤48.0	150	φ2325×1465	13380

表 7-10　　　　　　　　RCDD 自然冷却带式电磁除铁器技术参数

型号		冷却方式	适用带宽（mm）	额定悬挂高度（mm）	励磁功率（kW）	额定高度处磁场强度（mT）	外形尺寸（长×宽×高）（mm×mm×mm）	质量（kg）
RCDD-6□	普通		650	200	≤4.0	70	2500×1150×740	1255
	GⅠ				≤5.3	90	2570×1200×805	1645
	GⅡ				≤8.0	120	2850×1400×850	2375
RCDD-8□	普通		800	250	≤6.0	70	2560×1300×760	1660
	GⅠ				≤8.5	90	2510×1350×840	2215
	GⅡ				≤11.0	120	3190×1385×980	3095
RCDD-10□	普通		1000	300	≤8	700	2945×1500×815	2450
	GⅠ				≤9.5	90	3040×1525×920	3180
	GⅡ	自然冷却			≤17.0	120	3380×1675×1145	4635
RCDD-12□	普通		1200	350	≤9.5	70	3515×1780×870	3565
	GⅠ				≤12.5	90	3515×1715×1000	4220
	GⅡ				≤22.0	120	3815×1775×1190	6530
RCDD-14□	普通		1400	400	≤11	70	3515×1980×1000	4435
	GⅠ				≤19	90	3950×1965×1090	5975
	GⅡ				≤25.5	120	4310×1925×1290	7975
RCDD-16□	普通		1600	450	—	70	3825×2175×1085	6255
	GⅠ				≤22.0	90	4395×2120×1205	7945
	GⅡ				≤27.5	120	4435×2320×1420	10890

c. 油冷盘式电磁除铁器。表 7-11 为 RCDE 油冷盘式电磁除铁器技术参数。

d. 油冷带式电磁除铁器。表 7-12 为 RCDF 油冷带式电磁除铁器技术参数。

表 7-11 　　　　　　　　　　　　RCDE 油冷盘式电磁除铁器技术参数

型号		冷却方式	适用带宽（mm）	额定悬挂高度（mm）	励磁功率（kW）	额定高度处磁场强度（mT）	外形尺寸（长×宽×高）（mm×mm×mm）	质量（kg）
RCDE-8□	普通		800	250	≤4.3	70	1133×1050×460	1290
	G I				≤5.5	90	1310×1200×510	2270
	G II				≤7.2	120	1640×1730×630	3424
	GIII				≤9.5	150	1730×1850×810	3940
RCDE-10□	普通		1000	300	≤5.7	70	1333×1250×520	2130
	G I				≤7.5	90	1650×1820×760	2730
	G II				≤9.2	120	1740×1860×840	3510
	GIII				≤12.0	150	1900×1880×900	4150
RCDE-12□	普通		1200	350	≤7.0	70	1640×1850×740	2850
	G I				≤8.7	90	1650×1800×830	3140
	G II				≤12.0	120	1750×1940×930	4250
	GIII				≤18.5	150	2050×1890×1020	5860
RCDE-14□	普通		1400	400	≤8.8	70	1660×1860×830	3200
	G I				≤11.5	90	1670×1840×920	4100
	G II				≤15.5	120	2051×1915×1020	5500
	GIII				≤34.0	150	2110×1960×1120	7680
RCDE-16□	普通	油循环冷却	1600	450	≤10.5	70	1700×1860×920	4380
	G I				≤13.0	90	1830×1860×1000	5620
	G II				≤30.5	120	2000×1960×1120	7680
	GIII				≤42.8	150	2250×1980×1220	9200
RCDE-18□	普通		1800	500	≤13.0	70	1750×1890×990	5100
	G I				≤16.0	90	1860×1860×1080	7750
	G II				≤36.5	120	2100×2330×1210	8950
	GIII				≤50.5	150	2300×2000×1340	11800
RCDE-20□	普通		2000	550	≤15.8	70	1910×1880×1110	7850
	G I				≤32.5	90	1950×1890×1150	8900
	G II				≤42.0	120	2250×2040×1320	10600
	GIII				≤56.7	150	2450×2240×1430	14200
RCDE-22□	普通		2200	600	≤18.5	70	2050×1930×1190	9000
	G I				≤37.5	90	2050×2240×1240	10500
	G II				≤48.8	120	2300×2430×1210	13400
	GIII				≤66.0	150	2450×2590×1640	17900

表 7-12 RCDF 油冷带式电磁除铁器技术参数

型号		冷却方式	适用带宽（mm）	额定悬挂高度（mm）	励磁功率（kW）	额定高度处磁场强度（mT）	外形尺寸（长×宽×高）（mm×mm×mm）	质量（kg）
RCDF-8□	普通		800	250	≤4.3	70	2500×1133×460	1900
	GⅠ				≤5.5	90	2750×1400×590	2500
	GⅡ				≤7.2	120	3120×1890×680	3200
	GⅢ				≤9.5	150	3410×1960×780	4310
RCDF-10□	普通		1000	300	≤5.7	70	2800×1333×520	2800
	GⅠ				≤7.5	90	3240×2010×770	3960
	GⅡ				≤9.2	120	3570×2030×850	4760
	GⅢ				≤12.0	150	3630×2060×910	5560
RCDF-12□	普通		1200	350	≤7.0	70	3250×2030×790	4120
	GⅠ				≤8.7	90	3280×2070×840	4660
	GⅡ				≤12.0	120	3610×2140×940	5660
	GⅢ				≤18.5	150	3750×2170×1030	7180
RCDF-14□	普通	油循环冷却	1400	400	≤8.8	70	3280×2240×840	4860
	GⅠ				≤11.5	90	3370×2260×930	4100
	GⅡ				≤15.5	120	3700×2260×1030	7200
	GⅢ				≤34.0	150	3830×2360×1130	9860
RCDF-16□	普通		1600	450	≤10.5	70	3600×2430×930	6400
	GⅠ				≤13.0	90	3780×2440×1010	7200
	GⅡ				≤30.5	120	3870×2460×1130	9680
	GⅢ				≤42.8	150	4120×2480×1230	11650
RCDF-18□	普通		1800	500	≤13.0	70	3670×2740×1000	7250
	GⅠ				≤16.0	90	3870×2760×1090	11200
	GⅡ				≤36.5	120	4450×3130×1210	12500
	GⅢ				≤50.5	150	4540×2860×1340	14200
RCDF-20□	普通		2000	550	≤15.8	70	4250×2750×1100	11500
	GⅠ				≤32.5	90	4260×2920×1160	12150
	GⅡ				≤42.0	120	4570×2810×1130	14200
	GⅢ				≤56.7	150	4710×2980×1440	17200
RCDF-22□	普通		2200	600	≤18.5	70	4300×3100×1200	12500
	GⅠ				≤37.5	90	4460×3080×1250	13600
	GⅡ				≤48.8	120	4780×3130×1210	17650
	GⅢ				≤66.0	150	4890×3150×1650	22350

（2）永磁除铁器。

1）基本性能参数表。永磁除铁器基本性能参数见表 7-13。

2）典型设备参数表。典型设备参数表由设备制造厂提供，供使用者参考。RCY-C 带式永磁除铁器技术参数见表 7-14。

表 7-13　　　　　　　　　　　　永磁除铁器基本性能参数

基本参数		型号								
		RCY□-6G	RCY□-8G	RCY□-10G	RCY□-12G	RCY□-14G	RCY□-16G	RCY□-18G	RCY□-20G	RCY□-22G
适用带宽（mm）		650	800	1000	1200	1400	1600	1800	2000	2200
额定悬挂高度（mm）		200	250	300	350	400	450	500	550	600
最小吸引高度（mm）	GⅠ	250	330	400	460	525	580	630	680	730
	GⅡ	280	365	440	500	565	620	670	720	770
	GⅢ	320	400	480	540	605	660	710	760	810
磁感应强度（mT）	GⅠ	≥90								
	GⅡ	≥120								
	GⅢ	≥150								

表 7-14　　　　　　　　RCY-C 带式永磁除铁器技术参数

型号		适用带速（m/s）	适用带宽（mm）	额定悬挂高度（mm）	驱动电动机功率（kW）	额定高度处磁场强度（mT）	外形尺寸（长×宽×高）（mm×mm×mm）	质量（kg）
RCYD-65□	普通		650	200	1.5	70	2136×1060×760	768
	GⅠ				2.2	90	2136×1060×760	869
	GⅡ				2.2	120	2283×1060×760	1096
RCYD-80□	普通		800	250	2.2	70	2434×1254×760	1022
	GⅠ				3.0	90	2432×1254×810	1500
	GⅡ				3.0	120	2432×1254×810	1702
RCYD-100□	普通		1000	300	3.0	70	2726×1476×810	1920
	GⅠ	0～3.5			3.0	90	2726×1476×810	2130
	GⅡ				4.0	120	2726×1476×810	2510
RCYD-120□	普通		1200	350	4.0	70	2937×1733×873	2430
	GⅠ				4.0	90	2937×1733×873	2800
	GⅡ				5.5	120	2937×1733×873	3430
RCYD-140□	普通		1400	400	4.0	70	3085×1913×933	3100
	GⅠ				4.0	90	3210×1913×924	3800
	GⅡ				5.5	120	3210×1913×924	5800

三、设备选型

1. 选型依据

除铁器选型应考虑带式输送机带宽、带速、倾角、物料的性质、湿度、粒度、厚度，物料中的含铁量、铁磁物的粒度、性质，除铁要求、使用环境（温度、湿度、粉尘、有无腐蚀性、海拔、有无防爆要求等）、除铁器本身的特性，安装位置及空间尺寸等。

2. 选用原则

电厂内除铁器适用条件见表 7-15。

表 7-15　　　除 铁 器 适 用 条 件

使用环境				带式输送机参数		
海拔（m）	环境温度（℃）	相对湿度（温度为25℃）	其他	带宽（mm）	带速（m/s）	倾角（°）
≤2500	−25～50	≤90%	室内布置，无爆炸介质；无腐蚀性介质	≤2200	≤4	≤18

（1）电磁除铁器。电磁除铁器的特点为成本相对较低、易卸铁、操作方便，有冷热态磁性能差别，对绝缘强度和散热能力要求较高，有励磁能耗，需日常维护。

根据电磁除铁器以上特点，其选用原则为：①电磁除铁器适用于电厂运煤系统的前端、煤场出口、碎煤机室前后等位置；② 大型电磁除铁器宜选用散热能力较好的油冷冷却方式。

（2）永磁除铁器。永磁除铁器的特点为能耗低、维护量小、磁场稳定、成本较高、容易磁化下方的部件或人体、磁场易衰减、遇大铁件时卸铁困难、大型号永磁除铁器磁场强度高、梯度大、卸铁困难。

根据永磁除铁器以上特点，其选用原则为：①永磁除铁器适用于碎煤机室后，吸引体积较小的铁件；②不宜选用大型号永磁除铁器。永磁除铁器的适用范围为带宽不大于 1400mm，磁感应强度不大于120mT。

3．典型位置示例

运煤系统第一级除铁器宜选用带式除铁器，安装于带式输送机头部；最后一级除铁器宜选用盘式除铁器，安装于带式输送机中部。盘式及带式除铁器宜交替布置；为避免卸铁的瞬时漏铁，单路布置的带式输送机上宜选用带式除铁器。电厂除铁器典型位置如图7-15 所示。

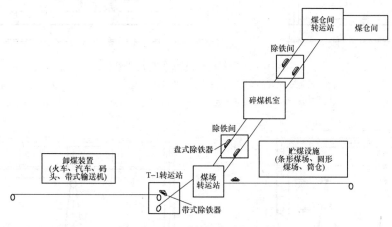

图 7-15 电厂除铁器典型位置示意

4．注意事项

（1）运煤系统前期设计时，确定除铁设备的安装级数；在初步设计时确定除铁设备的设备类型及具体安装位置。

（2）为了防止铁件对运煤系统设备的损坏，应在每路运煤系统中的前端、煤场带式输送机出口及碎煤机前后各装设一级除铁设备。

（3）对于除铁要求较高的场合，如要求悬挂高度大于额定悬挂高度时，应提高除铁器的规格或采用多级除铁。

（4）为提高除铁效果，运煤系统中除铁器可采用头部与中部的交替布置、带式与盘式交替布置。

四、布置设计

1．设计输入

（1）施工图总图已确定的运煤系统除铁器的类型及安装位置。

（2）除铁器的布置还应依据下列资料：

1）带式输送机的带宽、带面高度、托辊直径等。

2）除铁器制造商提供的正式资料。

2．设计控制尺寸

除铁器布置方式分为倾斜和水平两种，带式除铁器一般倾斜布置在带式输送机头部，或水平布置在带式输送机中部。盘式除铁器一般平行布置在带式输送机中部，带式输送机最大倾角应小于18°，双路布置的带式输送机，每路对应安装一台盘式除铁器，当一路运行时两台除铁器交替运行。下面以这两种典型布置为例，其余布置可参照设计。

（1）除铁间几何尺寸。

1）与转运站联合布置。布置在带式输送机头部的除铁器的几何空间在转运站布置时综合考虑，图7-16 示例出除铁器所需的最小空间，供转运站设计参考。

2）独立布置。

独立布置的除铁间几何尺寸可参照图 7-17。

（2）弃铁斗（管）尺寸。带式除铁器弃铁斗上口设计计算方法：宽度应不小于带式输送机带宽，长度原则上按弃铁皮带带速及悬挂高度和角度计算，为减少长度，方便使用，可在弃铁斗上口迎铁面增加挡板。常用弃铁斗尺寸可参考表 7-16，建议不小于表中所注尺寸。

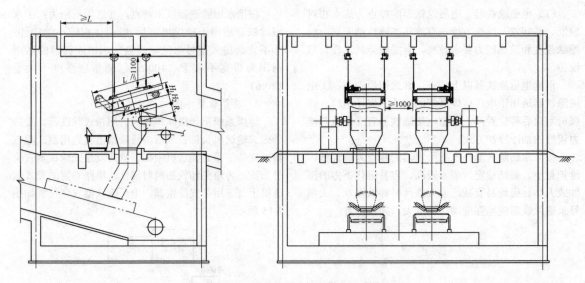

图 7-16 联合布置除铁器几何尺寸图

L—带式除铁器长度，mm；H_1—底面至吊耳的高度，mm；H_2—除铁器额定悬挂高度，mm；R—头部滚筒半径，mm；
α—带式除铁器倾角，其范围为 15°～30°；s—除铁器中心至头部滚筒中心距离，其范围为 +300～-200，mm

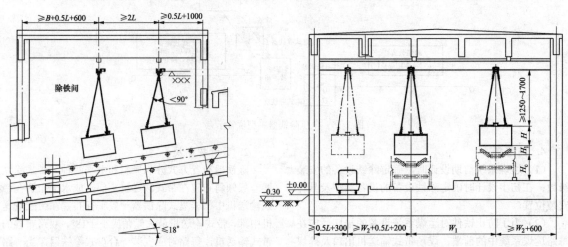

图 7-17 独立布置除铁间几何尺寸图

L—盘式除铁器直径，mm；B—带式输送机带宽，mm；H_c—带式输送机基础地面至输送带上表面的高度，mm；H_1—除铁器额定悬挂高度，mm；H—除铁器本体高度，mm；W_1—双路带式输送机中心距，mm；W_2—带式输送机对应栈桥或地道检修侧宽度，mm

注：尺寸 1250～1700mm 适用于带宽 800～2000mm，带宽较小者取较小值，最终高度以制造商提供数据为准；×××表示标高。

表 7-16　带式除铁器弃铁管及弃铁斗尺寸

带宽 B（mm）	800	1000	1200	1400
弃铁管边长（mm）	400	500	600	700
弃铁斗上口（长×宽）（mm×mm）	800×800	800×1000	800×1200	1000×1400
带宽 B（mm）	1600	1800	2000	2200
弃铁管边长（mm）	700	700	800	800
弃铁斗上口（长×宽）（mm×mm）	1000×1600	1000×1800	1200×2000	1200×2200

盘式除铁器弃铁斗尺寸应大于除铁器吸铁盘的尺寸。弃铁斗、弃铁管的尺寸可参考表 7-17。

表 7-17　盘式除铁器弃铁管及弃铁斗尺寸

带宽 B（mm）	800	1000	1200	1400
弃铁管边长（mm）	400	500	600	700
弃铁斗上口边长（mm）	800	1000	1200	1400
带宽 B（mm）	1600	1800	2000	2200
弃铁管边长（mm）	700	700	800	800
弃铁斗上口边长（mm）	1600	1800	2000	2200

3. 专业间配合要求

除铁设备资料宜与所在建筑物（转运站、除铁间）资料一并提出，应包括表 7-18 中的要求。

表 7-18　　　除铁设备专业配合要求

专业	配合要求
电气	供电要求（用电负荷的大小、位置、联锁要求）
土建	弃铁区域内设防护栏杆及开门；除铁间零米设通往室外的大门；预埋除铁器移动轨道，轨道端头设止挡器；弃铁斗（管）的预埋件及孔洞（如果有）
总图	弃铁堆放区（如果有）

4. 典型布置

（1）运煤系统前端。带式除铁器运煤系统前端布置示例如图 7-18 所示。

（2）带式输送机中部。盘式除铁器带式输送机中部布置示例如图 7-19 所示。

（3）碎煤机室后。盘式除铁器碎煤机室后布置示例如图 7-20 所示。

（4）煤场出口。除铁器煤场出口布置示例如图 7-21 所示。

5. 设计注意事项

（1）除铁器额定悬挂高度应满足物料通过的要求。

（2）除铁器的安装位置应便于除铁器的运行和吊装，便于除铁器的卸装和弃铁清除，便于轨道安装和固定。除铁器优选在输送机头部滚筒抛料顶点上空安装或接近传动滚筒的过渡托辊上方安装。

（3）当带式输送机头部设置带式除铁器时，除铁器两侧应满足运行通道要求；当带式输送机中部设置盘式除铁器时，除铁间宜与栈桥采光间合并布置。

（4）当除铁器布置于带式输送机中部时，还应符合以下要求：

1）当除铁间无法布置在采光间或除铁间高位布置时，除铁间应设置吊物孔，吊物孔尺寸应比除铁器最大水平尺寸大 0.5m 以上。除铁间宜设置落铁管或竖井将弃铁收集至地面弃铁箱，落铁管对水平面的倾角不宜小于 45°。

2）如受安装条件限制，除铁间内只能布置 1 根除铁器轨道时，两台除铁器可同轨布置，轨道荷载应按两台除铁器同时工作考虑。

3）当带式除铁器采用两个钢轨吊挂时，每个钢轨的荷载不宜小于除铁器自重的 70%。

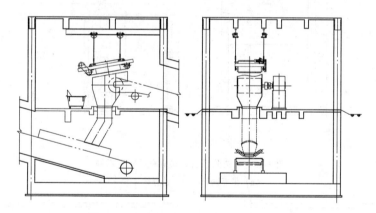

图 7-18　带式除铁器运煤系统前端布置示例

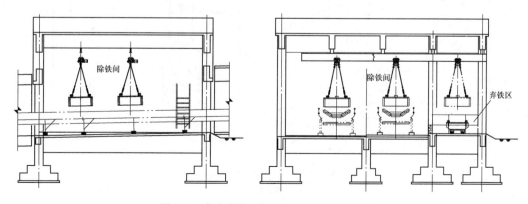

图 7-19　盘式除铁器带式输送机中部布置示例

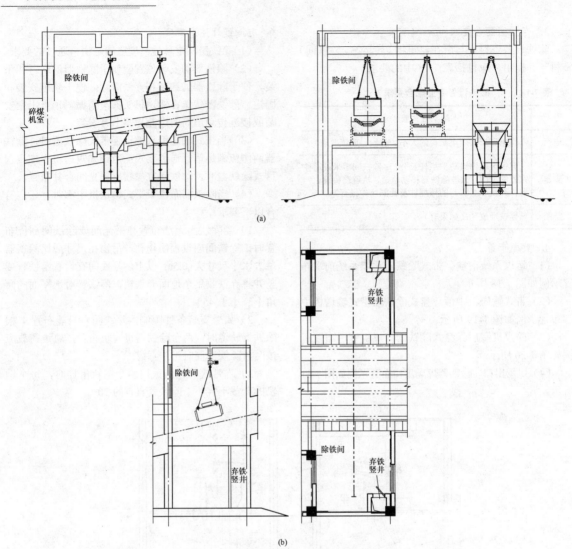

图 7-20　盘式除铁器碎煤机室后布置示例
（a）带弃铁管；（b）带弃铁竖井

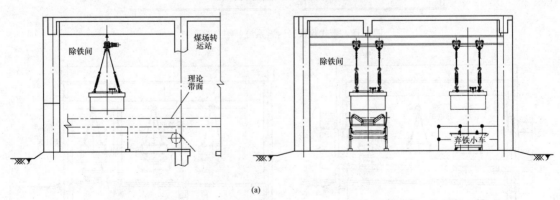

图 7-21　除铁器煤场出口布置示例（一）
（a）盘式除铁器

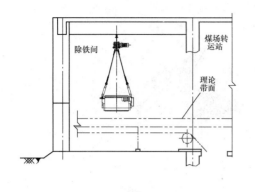
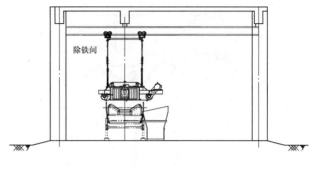

(b)

图 7-21　除铁器煤场出口布置示例（二）

（b）带式除铁器

4）除铁间两侧应有安装控制柜及弃铁箱的位置，控制柜应安装在电缆桥架侧。

（5）除铁间主要出入口应尽量布置于厂区道路一侧，卸铁点不宜正对门的位置；吊物孔位置便于设备安装检修，不占据人员进出主通道。除铁间门的尺寸应满足除铁器检修及弃铁车进出的要求。

（6）当转运站内除铁器未布置在零米时，宜设有将铁件送到地面的运送通道或起吊设施。

（7）除铁间净空和除铁器的布置应满足设备安装、运行、拆卸、检查、维修和清扫要求。运行通道净宽不应小于 1m，检修通道净宽不应小于 0.7m。

（8）带式除铁器传动轮周围应有防护罩，并有防止运行中的除铁器上铁物飞出伤人的措施。

（9）除铁器落铁处应设置安全防护措施及集铁箱。

（10）除铁器安装于带式输送机头部时，带式输送机头部滚筒应选用非磁性材料制作；除铁器中部布置时，防磁托辊数量应满足除铁器的运行要求，一般设置 3～4 组，距离除铁器中心较近的托辊宜比一般托辊高 15～30mm。

（11）除铁器轨道轨底标高至除铁器上部吊耳高度应满足吊挂要求，不宜超高 3000mm，一般控制在 1.5～2m。

第三节　除 杂 物 设 备

火力发电厂来煤中经常含有大块煤、冻煤、木块、绳子及袋子等，影响运煤系统设备及锅炉制粉系统的安全运行，为此，煤源为小型煤矿或燃煤种类较多的电厂，常配备除杂物设备。为防止大块煤或冻煤进入系统，卸煤装置下方设有煤箅，若来煤中含有较多大块煤或冻煤，一般在煤箅上方设置清箅破碎机或振动煤箅，关于清箅破碎机及振动煤箅的设计及选用见第二章卸煤设施。除杂物装置一般分为滚轴式和钩齿式。

一、设备工作原理及结构类型

1. 滚轴式除杂物装置

滚轴式除杂物装置由驱动单位、支架、主轴、筛片及落料管等组成。主轴上设有筛片，筛片为锯齿状，主轴带动筛片交叉往复运动，将留在筛片上的木块及其他杂物抛出至杂物斗，运至室外。设备结构示意如图 7-22 所示。

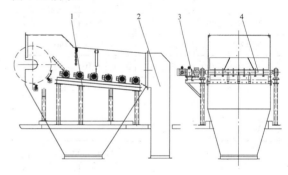

图 7-22　滚轴式除杂物装置结构示意

1—支架；2—杂物管；3—减速电动机；4—主轴筛片

2. 钩齿式除杂物装置

钩齿式除杂物装置由机架、钩齿分离装置、物料导流装置、自震清扫装置构成。钩齿分离装置是将成排的高韧性耐磨钩齿镶嵌在筒状驱动轴上，导流装置设在钩齿分离装置的上部用来规整煤流。当煤流通过物料导流装置后，煤流将在规整成扁平状后通过钩齿分离装置，旋转的钩齿便将煤流中的木块、石块、破布、麻绳、炮线等杂物钩出，并带到另一侧弃掉，自震清扫装置是通过转子在较小振幅下的微颤来达到将黏附在钩齿上的杂物及黏煤清除的装置。

设备结构示意如图 7-23 所示。

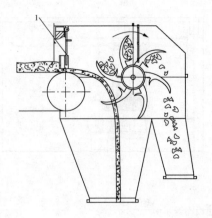 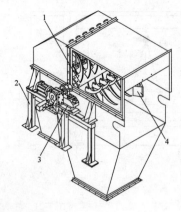

图 7-23　钩齿式除杂物装置结构示意

1—物流导流装置；2—机架；3—自震清扫装置；4—锯齿分离装置

二、设备参数

滚轴式及钩齿式除杂物装置参数可参照表 7-19 和表 7-20。

表 7-19　滚轴式除杂物装置参数

型号	适应带宽（mm）	出力（t/h）	轴数	设备外形尺寸（mm）			功率（kW）
				长	宽	高	
×××-1000	1000	600	4	2600	2350	2450	4×4
×××-1200	1200	1000	5	3000	2550	2450	5×3
×××-1400	1400	1500	6	3370	2750	2450	6×4

注　×××为滚轴式除杂物装置代号，未有明确标准，×××因制造商不同而有所差异。

表 7-20　钩齿式除杂物装置参数

产品型号	适应带宽（mm）	出力（t/h）	设备尺寸（mm）			功率（kW）
			长	宽	高	
×××-800	800	≤400	3410	1430	4250	4
×××-1000	1000	≤800	3410	1630	4250	5.5
×××-1200	1200	≤1200	3410	1830	4250	7.5
×××-1400	1400	≤2000	3410	2030	4450	9.2
×××-1600	1600	≤3000	3510	2230	4450	11
×××-1800	1800	≤4000	3510	2430	4450	15

注　×××为钩齿式除杂物装置代号，未有明确标准，×××因制造商不同而有所差异。

三、设备选型

1. 选型依据

（1）根据煤源（包括燃煤开采方式、矿点数量、煤矿属性）及运输方式（火车、汽车、码头、带式输送机）等判断来煤中杂物的种类及数量，确定是否选用除杂物装置。

（2）根据杂物种类及带式输送机的带宽、出力、带速确定除杂物装置的类型及型号。

2. 选用原则

（1）当来煤中木块、木条较多时，宜选用滚轴式除杂物装置。

（2）当来煤中木条、破布、麻绳、炮线较多时，宜选用钩齿式除杂物装置。

3. 典型位置示例

宜在卸煤装置后第一条带式输送机头部布置除杂物装置，若杂物较多，可在碎煤机室后带式输送机头部再安装一级除杂物装置。火力发电厂除杂物装置典型位置如图 7-24 所示。

4. 注意事项

转运站空间受限或老厂改造时宜选用钩齿式除杂物装置。

四、布置设计

1. 设计输入

（1）除杂物装置所安装的带式输送机的带宽、带速、出力、头部滚筒高度等参数。

（2）制造商提供的设备资料，包括除杂物装置出力、外形尺寸、筛下物粒度、筛面倾角、设备的功率等。

（3）除杂物装置的安装点及杂物排弃、集中放置点。

2. 设计控制尺寸

除杂物装置一般布置于转运站内，其所需空间按设备外形尺寸，运行通道不小于 1m，检修通道不小于 0.7m，上方留有至少 2.5m 的检修起吊空间。

3. 相关专业的设计要求

除杂物装置资料宜与所在建筑物资料一并提出，应包括表 7-21 中的要求。

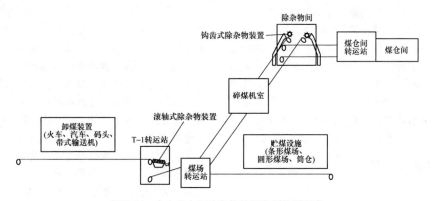

图 7-24 火力发电厂除杂物装置典型位置示意

表 7-21 除杂物装置专业配合要求

专业	配合要求
电气	供电要求（用电负荷的大小、位置、联锁要求）
土建	除杂物装置预埋件；弃料管的预埋件及孔洞
总图	杂物放置点（如果有）

4. 典型布置

滚轴式除杂物装置由于易卡阻、易将大块煤带出等缺点，目前已很少采用，火力发电厂安装除杂物装置大部分为钩齿式，钩齿式除杂物装置的典型布置如图 7-25 所示。

5. 设计注意事项

（1）除杂物装置宜安装在带式输送机头部，也可单独设层安装。

（2）除杂物装置宜布置于带式输送机系统的地面以上的建筑物内。

（3）当除杂物装置安装在带式输送机头部时，头部滚筒到楼板面应有足够的除杂物装置的安装空间，设计中应考虑设置专门的杂物收集设施及弃杂物通道，必要时还应考虑弃杂物箱的移动和起吊措施。

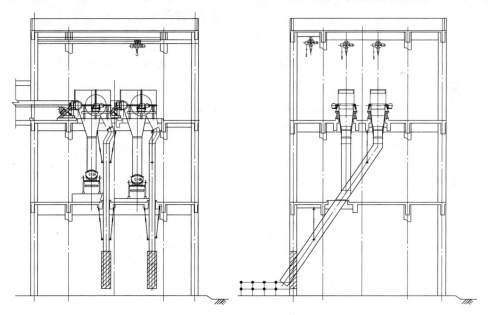

图 7-25 除杂物装置典型布置示例

（4）当除杂物装置安装点离地面较高及杂物量较大时，应设置弃料管和杂物收集设施。弃料管的管径宜根据杂物大小确定，弃料管的倾斜角度不宜小于 45°。杂物收集后能排弃至地面的固定设施中。

（5）除杂物装置与相关带式输送机及转运站内其他设备的检修、运行通道及检修场地应统一协调考虑。

（6）除杂物装置应与相应的带式输送机联锁，并配备堵煤报警信号。

第四节 计量及校验设备

运煤系统计量分为入厂煤计量和入炉煤计量。入厂煤计量结果是电厂对外商业结算的依据。根据来煤方式不同，入厂煤计量通常采用轨道衡、汽车衡、电子皮带秤等设备；入炉煤计量主要用于电厂内部核算耗煤量，采用电子皮带秤。轨道衡及汽车衡通常采用标准砝码进行校验，电子皮带秤采用实物校验装置或循环链码模拟实物校验装置进行校验。入厂煤计量设备校验由各地负责计量的检验部门执行，入炉煤计量设备校验一般由电厂燃料管理部门执行。

一、设备工作原理及结构类型

1. 轨道衡

轨道衡是一种用于称量铁路车辆装载的散状货物质量的大型衡器，安装在铁轨中的某一段上，当车辆车轮通过或停止在秤台上时，其车厢的质量就被记录下来，实现对火车车辆的称重。

目前，火力发电厂采用的轨道衡均为电子式，分为动态电子轨道衡和静态电子轨道衡。

（1）动态电子轨道衡。动态电子轨道衡安装于铁路入厂咽喉处，用于称量行驶中载重货车。称量时，列车以小于 15km/h 的速度通过承重台，自动判别车头和货车，利用支撑承重台的传感器，将货车载重转换成电信号并经放大器放大，然后由转换器变换成数字信号输入计算机，处理后即可显示出货车载重的多种数据，并可打印记录。不计量时允许列车以 30km/h 的速度通过。

动态电子轨道衡计量方式分为整车计量、转向架计量和轴计量三种。承重台有单台面、双台面、三台面等。动态电子轨道衡由承重台、称重传感器、称重显示器、计算机和打印机等组成。承重台是支承货物列车的平台；称重传感器将质量信号转变成便于测试的电信号；称重显示控制器包括信号放大、滤波、A/D 转换、显示、串行通信等模块，可将称重值存储并显示。称重显示控制器的称重信号传递到计算机上，便于远程监控和管理。单台面动态电子轨道衡结构如图 7-26 所示。

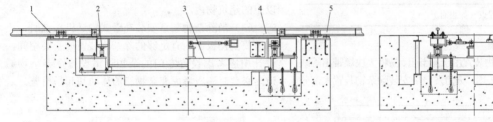

图 7-26 单台面动态电子轨道衡结构示意

1—引线轨；2—称重传感器；3—承重台；4—称重轨；5—引线轨

（2）静态电子轨道衡。当车体通过秤台时，秤台将力传递给力-电转换元件传感器，传感器受力变形输出一个与车体质量成正比的模拟信号，这些质量信号是经过专用仪表进行放大和 A/D 转换，变成数字信号，数字信号通过串行通信，送入计算机，计算机经分析和判别区分出有效的数据，显示正确记录数据。静态电子轨道衡为整车计量方式，称量部分为 13000mm 或 14000mm。

静态电子轨道衡一般由称量台面、传感器、电器仪表、计算机、打印机等组成。静态电子轨道衡结构如图 7-27 所示。

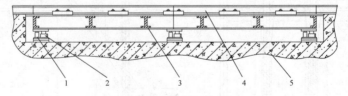

图 7-27 静态电子轨道衡结构示意

1—传感器；2—限位保护；3—秤体结构；4—称重轨；5—混凝土基础

2. 汽车衡

汽车衡是一种用于称量公路车辆装载的散状货物质量的大型衡器，安装在公路的某一段上，当车辆车轮通过或停止在秤台上时，其车厢的质量就被记录下来，实现对汽车的称重。

汽车衡为电子式，工作原理为载重汽车进入秤台，在物体重力作用下，使称重传感器弹性体产生形变，粘贴于弹性体上的应变计桥路阻抗失去平衡，输出与重量数值成比例的电信号，经传感器内部的放大器、A/D 转换器、微处理器等电子元件进行相应的数据处理，输出数字信号，各传感器数字信号经接线盒进入称重显示仪表直接显示出质量等数据。显示仪表与计算机、打印机连接，仪表可同时把质量信号输给计算机等设备，组成称重管理系统。

电子汽车衡按传感器输出信号分类可分为模拟式汽车衡和数字式汽车衡；按称量方式分为静态汽车衡和动态汽车衡；按安装方式可分为地上衡和地中衡；按秤台结构分为钢结构台面和混凝土台面；按使用环境状况可分为防爆电子汽车衡和非防爆电子汽车衡；按汽车衡的自动化程度可分为非自动汽车衡和自动汽车衡。随着企业管理水平的不断提高，无人值守的自动电子汽车衡应用越来越广泛。

适用于火力发电厂的汽车衡为静态电子衡，其基础为无基坑或浅基坑。汽车衡主要由称重传感器、称重显示器、秤台、基础组成。浅基坑静态电子汽车衡结构如图 7-28 所示。

图 7-28 浅基坑静态电子汽车衡结构示意
1—限位；2—秤台；3—传感器；4—连接器；
5—安装底板预埋件；6—基础

3. 电子皮带秤

电子皮带秤是在皮带输送机输送物料过程中对物料进行连续自动称重的一种计量设备，其特点是在不中断料流的情况下测量出带式输送机上物料的瞬时流量和累积量。

电子皮带秤工作原理为称重桥架上的称重传感器将检测到的输送带上的物料质量信号送入积算器，测速传感器将检测到的速度信号也送至积算器；积算器将接收到的质量及速度信号进行处理，得到物料的累积量及瞬时流量。

电子皮带秤主要由称重装置、测速装置、转换器和积算器四部分组成。其结构如图 7-29 所示。

4. 实物校验装置

实物校验装置是一种高精度静态电子秤，用于在线校准检定电子皮带秤。其工作原理为当带式输送机上的物料进入称重斗时，支撑称重斗的称重传感器产生与物料质量成正比的电信号，该输出信号进入以微处理器控制的称重显示仪表，称重显示仪表将信号进行放大、处理，显示出实际质量。将实物检测装置与电子皮带秤所显示的物料质量进行比较，从而达到校验电子皮带秤的目的。

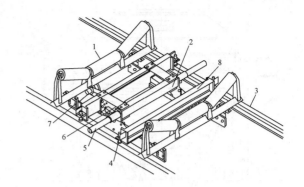

图 7-29 电子皮带秤结构示意
1—托辊组；2—称重装置；3—输送机支架；4—秤体固定螺栓；
5—标定杆；6—传感器；7—测速装置；8—横梁

实物校验装置由称重斗、称重传感器、标准砝码及提升机构、秤重仪表、电气控制系统、远程监控系统组成。实物校验装置结构如图 7-30 所示。

5. 循环链码模拟实物校验装置

循环链码模拟实物校验装置工作原理为通过电动推杆将循环链码圈压在输送带上，并随输送带平稳运转，当链码圈转动一圈时，作用在皮带秤上的质量就是链码圈的标准质量，当链码圈转动 N 圈时，循环链码专用仪表通过测速传感器的信号得出作用在输送带上的质量。皮带秤仪表显示的值应以循环链码仪表显示值为准进行调整，从而实现皮带秤的动态模拟校验。

循环链码圈由一定长度、一定质量的链码连接而成，并配置了相应的电动升降机构及必要的传感器和仪表。当检定和试验工作完成后，由电动装置将链码提升，使之离开输送带。

循环链码模拟实物校验装置由循环输送机、标准链码圈、升降系统、测速传感器、校验累计器、电控系统组成。其结构如图 7-31 所示。

二、设备性能参数

1. 参数含义

（1）准确度表示称量结果与被称量的（约定）真值之间的一致程度。不同衡器准确度等级不同。

（2）检定分度值（e）用于衡器分级和检定，以质量表示。

（3）检定分度数（n）为最大称量质量与检定分度值之比，即 $n = m_{max}/e$。

2. 性能参数表

（1）轨道衡。

1）动态轨道衡。动态轨道衡的性能参数分别见表 7-22 和表 7-23，设备技术参数可参考表 7-24。

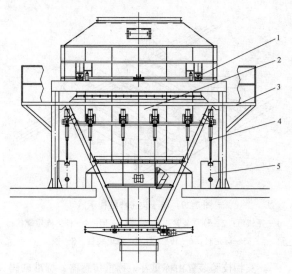

图 7-30 实物校验装置结构示意

1—称重传感器；2—称重斗；3—支撑平台；
4—砝码提升机；5—标准砝码

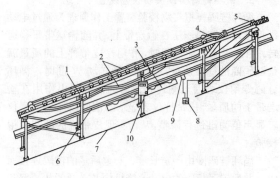

图 7-31 循环链码模拟实物校验装置结构示意

1—循环输送机；2—码块链条；3—皮带秤的秤架；4—称重
传感器；5—升降系统；6—输送带；7—地面；
8—检验累计器；9—位移传感器；10—电控箱

表 7-22 准确度等级、检定分度值和
检定分度数之间的关系

准确度等级	检定分度值 e (kg)	检定分度数 $n=m_{max}/e$	
		最小值	最大值
0.2	≤50	1000	5000
0.5	≤100	500	2500

表 7-23 动态称量的最大允许误差

准确度等级	以车辆及列车质量的百分数表示	
	首次（后续）检定	使用中检查
0.2	±0.10%	±0.10%
0.5	±0.25%	±0.25%

表 7-24 动态轨道衡技术参数

序号	项目		内　容
1	最大称量值		120t
2	显示分度值		50kg/100kg
3	准确度等级		0.2/0.5
4	承载台尺寸（长×宽）		13m×1.435m 14m×1.435m
5	传感器容量		50t/只×4
6	电源		200V±10%；50Hz±2%
7	环境	室内温度	−10～+40℃（显示器使用温度）
		室外温度	−40～+70℃
		相对湿度	10%～95%

2）静态轨道衡。静态轨道衡的性能参数见表 7-25，设备技术参数可参考表 7-26。

表 7-25 准确度等级、检定分度值和检定
分度数之间的关系（静态轨道衡）

准确度等级	检定分度值 e (g)	检定分度数 $n=m_{max}/e$	
		最小值	最大值
中准确度（Ⅲ）	5≤e	500	10000
普通准确度（Ⅲ）	5≤e	100	1000

表 7-26 静态轨道衡技术参数

序号	项目		内　容
1	最大称量值		100t
2	显示分度值		20kg/50kg
3	准确度等级		Ⅲ
4	承载台尺寸（长×宽）		13m×1.435m 14m×1.435m
5	传感器容量		50t/只×8
6	电源		200V（1±10%）；50Hz（1±2%）
7	环境	室内温度	−10～+40℃（显示器使用温度）
		室外温度	−40～+70℃
		相对湿度	10%～95%

（2）汽车衡。静态汽车衡性能参数见表 7-27，设备技术参数可参考表 7-28。

表 7-27 准确度等级、检定分度值和检定
分度数之间的关系（静态汽车衡）

准确度等级	检定分度值 e (g)	检定分度数 $n=m_{max}/e$	
		最小值	最大值
中准确度（Ⅲ）	0.1≤e≤2 5≤e	100 500	10000 10000
普通准确度（Ⅲ）	5≤e	100	1000

表 7-28　　　　　　　　　　　　　　　　　静态汽车衡常用选型（供参考）

参数/吨位	SCS-20	SCS-30	SCS-50	SCS-60	SCS-80	SCS-100	SCS-120	SCS-150	SCS-180
最大称量 m_{max}（t）	20	30	50	60	80	100	120	150	180
分度值 d（kg）	5	5/10	10/20	10/20	20	20/50	20/50	50	50
传感器容量（t）	10	20	20	20	20/30	30	30/50	30/50	30/50
传感器数量（个）	4	4/6	4/6/8	4/6/8	8	8/10	8/10	8	10
准确度等级	Ⅲ								
工作温度	0～+40℃　　-40～+70℃								
相对湿度	<95%								
台面尺寸（宽×长）（m×m）	优选规格								
3×7　3×8	▲	▲	▲						
3×9　3×10		▲	▲	▲					
3×12　3×14		▲	▲	▲	▲				
3×16　3.2×16			▲	▲	▲	▲	▲	▲	
3×18　3.2×18			▲	▲	▲	▲	▲	▲	
3.4×18　3.4×21						▲	▲	▲	▲
3.4×22/24						▲	▲	▲	▲

（3）电子皮带秤。电子皮带秤的准确度等级分为 0.5 级、1 级、2 级三个级别，其性能参数见表 7-29，设备技术参数可参考表 7-30。

（4）实物校验装置。实物校验装置设备技术参数可参考表 7-31。

（5）循环链码模拟实物校验装置。循环链码模拟实物校验装置技术参数可参考表 7-32。

表 7-29　　　自动称量的最大允许误差

准确度等级	累计载荷质量百分数	
	首次（后续）检定	使用中检查
0.5	±0.25%	±0.5%
1	±0.5%	±1.0%
2	±1.0%	±2.0%

表 7-30　　　电子皮带秤常用参数

带宽（mm）	带速范围（m/s）	流量范围（t/h）	称重单元外形尺寸（mm）		称重单元质量（kg）
			宽度	长度	
500	0.5～2.5	30～350	800	1000～1200	55
650	0.5～2.5	60～600	950	1000～1200	70
800	0.8～3.15	100～1000	1150	1000～1200	85
1000	0.8～4.0	150～1500	1350	1000～1200	105

续表

带宽（mm）	带速范围（m/s）	流量范围（t/h）	称重单元外形尺寸（mm）		称重单元质量（kg）
			宽度	长度	
1200	1.0～4.0	300～3000	1600	1000～1200	125
1400	1.0～4.0	400～3500	1800	1000～1200	145
1600	2.0～4.0	1000～4500	2060	1000～1200	185
1800	2.0～5.0	1500～6000	2280	1000～1200	230
2000	2.0～5.0	2000～8000	2480	1000～1200	280
2200	3.15～6.0	3500～10000	2800	1000～1200	340

表 7-31　　　实物校验装置常用参数

项　目	参　数
有效称量范围	5～100t
最小称量	50e（e 为检定分度值）
传感器综合精度	±0.03%
称重显示仪精度	±0.01%
标准砝码精度	5级
标准砝码规格	1t/只或2t/只（整体式）
过载能力	≤120%
系统综合精度	Ⅲ级

表 7-32　循环链码模拟实物校验装置常用参数

项　目	参　数
适用带宽	500～2200mm
测量范围	≤10000t/h
链码单位质量	5～150kg
链码圈精度	±0.05%
系统精度	±0.1%

校验链码长度可参考表 7-33 选择。

表 7-33　校验链码长度常用参数

称重托辊数	1	2		3	4
称量段长度（m）	<2.0	2.4	3.0	3.6	4.8
校验链码长度（m）	5.2	6.2		7.4	8.2

三、设备选型

1. 轨道衡

（1）轨道衡的类型及安装台数应考虑电厂铁路布置、管理要求等因素，最终依据初步设计审查意见确定。

（2）动态轨道衡适用于称量行驶中车辆，其效率较高，精度较低，宜安装于进厂铁路道岔前的直线段上，用于重、空车的计量，宜采用单台面布置。动态轨道衡一般由铁路设计单位负责。

（3）静态轨道衡适用于称量静止的车辆，其效率较低，精度较高。静态轨道衡一般安装于翻车机室前重车线及迁车台后的空车线上。静态轨道衡宜由电力设计单位负责。

2. 汽车衡

（1）汽车衡选型应考虑汽车车型、载重量，厂区道路布置等因素。

（2）汽车衡计量范围及型号应根据运煤汽车最大载重量选择，并考虑一定的超载量。

（3）汽车衡台数可参照式（7-1）计算。

$$N = \frac{Q_d K_b t_w}{60 t_2 G_Z} \qquad (7\text{-}1)$$

式中　N ——重、空汽车衡台数，台；

　　　Q_d ——锅炉日最大耗煤量，t/d；

　　　K_b ——来煤不均衡系数，可取 1.15～1.30；

　　　t_w ——每台秤称重一辆车所需时间，min，可取 1.5～3；

　　　t_2 ——日卸煤时间，h，可取 10～12；

　　　G_Z ——汽车平均载重量，t。

3. 电子皮带秤

（1）电子皮带秤选型应考虑带式输送机输送量、带宽、带速、倾角、精度要求等因素。

（2）电子皮带秤的计量精度按工程要求及入厂煤、入炉煤计量的不同要求确定。

（3）水路来煤的火力发电厂，入厂煤采用电子皮带秤计量（水路来煤商业结算采用水尺计量），电子皮带秤宜安装在陆域的第一条带式输送机上，采用循环链码模拟实物校验装置或实物校验装置进行校验。

（4）带式输送机来煤的火力发电厂，入厂煤采用电子皮带秤计量，用于商业结算，宜安装在入厂前的第一条带式输送机上。电子皮带秤宜选用计量精度高的四组托辊式或阵列式。电子皮带秤的最大计量能力应取带式输送机额定出力的 130%，采用实物校验装置进行校验。

（5）电厂厂内入炉煤宜采用电子皮带秤计量，一般选用四组托辊式。电子皮带秤宜安装在煤仓间前一级的带式输送机上。一般采用循环链码模拟实物校验装置或实物校验装置进行校验。

（6）电子皮带秤准确度等级为大于 0.5 级，动态累计误差不大于±0.25%。

4. 实物校验装置

（1）实物校验装置选型应考虑带式输送机输送量、带宽、带速、电子皮带秤精度要求等因素。

（2）按照检定规程的要求，检定用的标准物料量应不小于最小累计载荷 Σ_{min}。最小累计载荷 Σ_{min} 应不小于下列各值的最大者：①在最大流量下 1h 累积荷载的 2%；②在最大流量下皮带转动一圈获得的荷载；③对应表 7-34 中相应累计分度值数的荷载。

表 7-34　最小累计荷载的累计分度值数

准确度等级	累计分度值 d
0.5	800
1	400
2	200

（3）为保证实物校验装置的准确度，校验装置本身应配有自检砝码（即标准器），便于随时校验。检定用标准砝码的最小量值为 1t，或为最大称量值的 50%，两者中应取其大者，其余部分可用任何其他的恒定荷载来替代。标准砝码准确度为 MⅢ级。

（4）实物校验装置的称量方法有两种，一种是物料先经过皮带秤，后通过料斗秤进行称重；另一种是物料预先通过料斗秤进行称重，再经过皮带秤称量。根据布置需要确定称量方法。

两种方法的具体工作过程如下：

1）物料经过进料口进入料仓后，称重显示仪表输出质量显示，记录该显示质量作为校验皮带秤的参考质量，打开放料门，此标准物料将流向安装有电子皮带秤的下级输送带，用于校准电子皮带秤。

2）物料通过安装有电子皮带秤的输送带，先经过电子皮带秤称量，后将物料经过进料口送入料仓，称重显示仪表输出质量显示，记录该显示质量作为校验皮带秤的参考质量，再打开放料门，此物料将流向下级输送带。

当采用先称量再校验的方式时，宜采用滚筒给料方式，不宜采用犁式卸料器给料。

5. 循环链码模拟实物校验装置

（1）循环链码模拟实物校验装置选型应考虑带式输送机输送量、带宽、带速、倾角、电子皮带秤精度要求等因素。

（2）循环链码校验装置的标准质量码块圈的条数应根据带式输送机的带宽和出力确定。链码校验装置的工作长度应能覆盖电子皮带秤称重区域的前后两组托辊。

四、布置设计

1. 设计输入

（1）主要设计输入为审定的初步设计文件。

（2）计量及校验装置设计输入条件如下：

1）设备的计量量程、准确度、外形尺寸等。

2）设备及部件安装环境要求，安装的空间及高度、工作温度及湿度要求等。

3）安装位置和数量、控制室到安装点的距离及控制传输要求等。

4）采用汽车衡时还需年汽车来煤量、运煤车辆车型资料。

5）采用电子皮带秤时还需安装电子皮带秤的带式输送机的带宽、带速、出力、倾角及托辊槽角等参数。

2. 设计控制尺寸

本节只列出常用设备的设计控制尺寸，实物校验装置可根据具体工程布置情况及设备制造商资料确定。

（1）轨道衡。

1）动态轨道衡控制尺寸如图 7-32 所示。

2）静态轨道衡控制尺寸如图 7-33 所示。

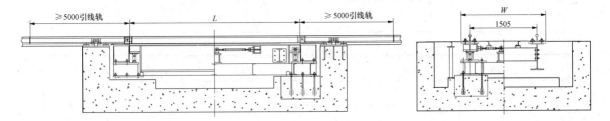

图 7-32 动态轨道衡控制尺寸图

L—称体长度，单台面为 3800mm；W—轨道衡称体宽度，mm

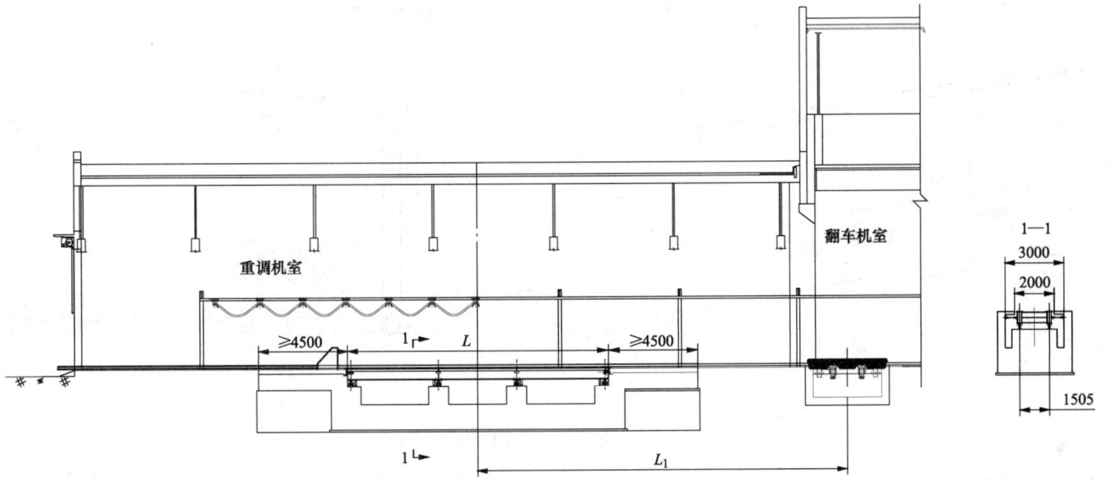

图 7-33 静态轨道衡控制尺寸图

L—称体长度，mm；L_1—轨道衡中心至夹轮器中心距离，mm

轨道衡中心至夹轮器中心距离 L_1 的计算式为

$$L_1=L_h-L_4+L/2 \tag{7-2}$$

式中 L_h ——单节车辆的总长度，建议按 C70 选取，mm；

L_4 ——车辆转向架中心至车钩的长度，建议按 C70 选取，mm。

（2）静态汽车衡控制尺寸如图 7-34 所示。

$$L_q \geqslant L+2\times（8000+2000） \tag{7-3}$$

式中 L_q——布置汽车衡所需道路直线段长度，
mm。

（3）电子皮带秤控制尺寸如图 7-35 所示。

（4）循环链码模拟实物校验装置控制尺寸如图 7-36 所示。

3. 专业间配合要求

轨道衡、汽车衡资料宜单独提出，电子皮带秤、循环链码模拟实物校验装置及实物校验装置宜与所在建筑物（栈桥、转运站）资料一并提出，应包括表 7-35 中的要求。

表 7-35   计量设备专业配合要求

专业	配合要求				
	轨道衡	汽车衡	电子皮带秤	循环链码模拟实物校验装置	实物校验装置
电气	供电及联锁要求				
土建	控制室、预埋件、基础、基坑、荷载		预埋件、基础、有载		预埋件、基础、孔洞、荷载
供水	基坑排水要求		无		

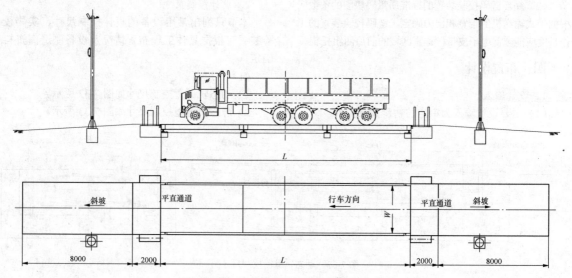

图 7-34 静态汽车衡控制尺寸图

L—称体长度，mm；W—称体宽度，mm

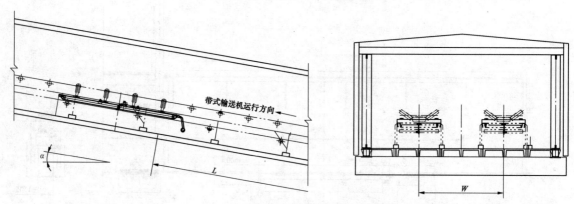

图 7-35 电子皮带秤控制尺寸图

L—电子皮带秤第一组称量托辊至最近扰动点（落料点、采样头）距离，≥8000mm；W—两路带式输送机中心线距离，详见第四章"带式输送机"，mm；α—带式输送机倾角，0°～18°

4. 典型布置

（1）轨道衡。

1）动态轨道衡。单台面动态轨道衡典型布置如图 7-37 所示。

2）静态轨道衡。静态轨道衡典型布置如图 7-38 所示。

（2）汽车衡。静态汽车衡典型布置如图 7-39 所示。

（3）电子皮带秤及循环链码模拟实物校验装置。电子皮带秤及循环链码模拟实物校验装置典型布置如图 7-40 所示。

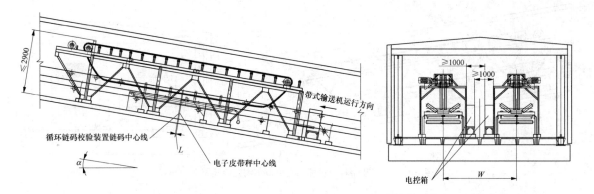

图 7-36　循环链码模拟实物校验装置控制尺寸图

L—循环链码模拟实物校验装置底圈链码中心至电子皮带秤中心距离，≤300mm；W—两路带式输送机中心线距离，
详见第四章"带式输送机"，mm；α—带式输送机倾角，0°～18°

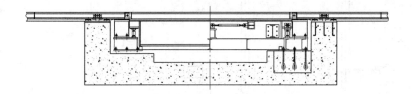

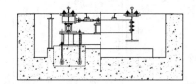

图 7-37　单台面动态轨道衡典型布置

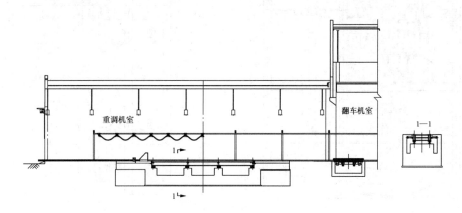

图 7-38　静态轨道衡典型布置

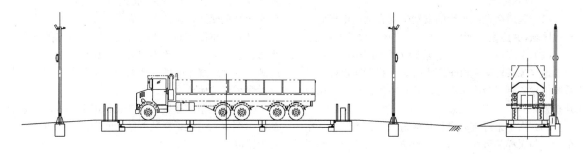

图 7-39　静态汽车衡典型布置

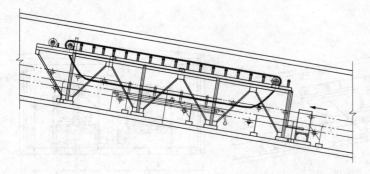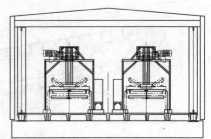

图 7-40　电子皮带秤及循环链码模拟实物校验装置典型布置

（4）实物校验装置。实物校验装置典型布置如图 7-41 所示。

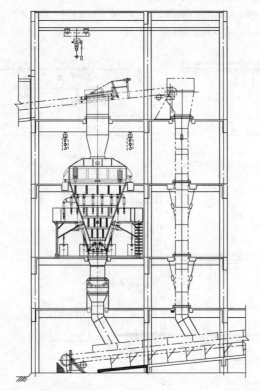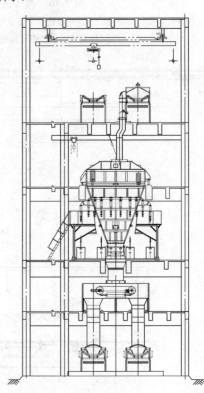

图 7-41　实物校验装置典型布置

5．设计注意事项

（1）轨道衡及汽车衡的安装位置宜远离电子磁场干扰区域，并应避免液体及腐蚀性气体对设备的侵蚀。

（2）工程设计中宜采用无基坑式的汽车衡，并根据当地气象条件确定汽车衡上方是否设置防雨棚。当系统中设置有多台汽车衡时，宜将重车衡、空车衡分开布置。

（3）汽车来煤宜先进行称量再采样。重车衡、空车衡应与采样装置协调布置。重车衡秤台中心宜与采样装置中心对齐，条件允许时二者之间的距离宜满足停放一辆车的长度要求。

（4）汽车衡的布置与道路规划、卸煤装置的位置

及作业方式有关。运煤车辆应遵循右行原则，重、空车流应避免交叉，保证车流顺畅。

（5）重车衡宜布置于电厂运煤道路入口处，空车衡布置于厂区运煤道路出口处，运煤道路的转弯半径应满足最大运煤车辆的转弯要求。总平面规划时宜考虑运煤车辆的停放区域。

（6）当汽车衡布置在采样装置正下方时，汽车衡基础与汽车入厂煤采样装置基础间应留出至少 1m 的安全距离。

（7）汽车衡控制室应有照明、采暖、上下水等相关设施。

（8）当汽车衡上方设置雨棚时，汽车车体最高点

至汽车衡雨棚下弦的距离不小于 0.6m。

（9）汽车衡应与汽车入厂煤采制样装置统一考虑进出车辆端安全道闸及进出信号灯。

（10）汽车衡功能配置的注意事项如下：

1）汽车衡入口、出口端应各安装一套朝向来车方向的红绿交通指示灯，以指挥车辆上衡秤重。

2）秤体前端和后端临界点应安装一套红外光电感应器，以防止正在称重车辆不完全上衡及其后车辆部分进入秤体现象发生，导致计量不准等弊端产生。

3）汽车衡秤体侧面位置应安装车号识别读卡系统，以显示车号、单位、司机、标准皮重等重要信息。

4）汽车衡出口端、方便司机看到的位置应安装大屏幕，以显示称重车辆的车号、重量等重要信息。

5）秤体出口端应安装智能道闸，当称重车辆计量完毕后道闸方可开启，允许车辆离开。

6）汽车衡计量装置宜配置语音提示系统，以指导司机向前、向后、计量完毕、离开等。

7）汽车衡秤体入口、出口端及中间宜配置摄像机及一套全景摄像机，以显示整个称重过程中的质量信息及图片信息。

8）汽车衡控制室之间的距离应满足重车、空车衡间信息传输要求。控制室内应布置值班室、司机休息室、洗手池及卫生间等；汽车衡管理计算机、打印机宜布置在值班室内。

（11）为保证计量的准确性，电子皮带秤及循环链码校验装置应满足设备的安装要求。当带式输送机上布置有较长的凹、凸弧及头部安装有伸缩装置时，应核实可安装皮带秤的带式输送机部分的有效长度，再确定皮带秤的具体安装位置。

（12）电子皮带秤宜布置于带式输送机物料稳定段，安装在带式输送机中间架上；循环链码校验装置应安装在电子皮带秤的正上方。

（13）在露天或半封闭的带式输送机栈桥上安装皮带秤时，在皮带秤前后 6~12m 的范围内宜采取封闭措施或加装避风雨设施，并应考虑安装循环链码校验装置所需的空间。

（14）安装电子皮带秤及循环链码校验装置的栈桥高度满足设备安装、检修要求，栈桥一般大于 3m。

（15）电子皮带秤循环链码校验装置宜设置单独的安装支架，设计布置时应避免其与带式输送机中间架或其他设备碰撞。

（16）电子皮带秤和循环链码校验装置应避开消防水幕喷淋范围。

第五节 采 样 设 备

采样设备是提取物料的某种特性，获得试样的机械装置。采样的目的为从一批物料中获得一个或多个试样，试样的试验结果能代表整批被采样物料。采样设备按功能分为入厂煤采制样装置、入炉煤采制样装置。入厂煤采制样装置用于对入厂煤进行采样，以检验煤的水分、灰分、发热量等煤质特性，作为对外商业结算的依据。入炉煤采制样装置用于对进入锅炉的燃煤进行采样，以检验煤的水分、灰分、发热量等项目，计算电厂运行的经济性及掌握设备的运行情况。

入厂煤采制样装置按来煤方式及安装形式分类如下：

（1）铁路来煤——火车采制样装置。火车采制样装置按采样设备的安装形式分为门式、Ⅱ形及桥式。

（2）公路来煤——汽车采制样装置。汽车采制样装置按采样设备的安装形式分为桥式、门式及悬臂式。

（3）水路来煤及带式输送机来煤——带式输送机采制样装置按采样安装的位置分为带式输送机中部及头部采样。

入炉煤采样一般采用带式输送机采制样装置，也可分为中部采样及头部采样。

一、设备工作原理及结构类型

1. 火车入厂煤采制样装置

火车入厂煤采制样装置的工作原理为采样头在随机任意位置提取全断面煤样，通过密闭式给料机送入破碎机，破碎后进行缩分，部分煤样进入集样器，其余煤样返回车厢。

火车入厂煤采制样装置的工作流程为当选定要采样的车厢后，采样系统设备自动启动运行，大车、小车行走至采样位置，螺旋钻自动下降进入车厢采样，此时下料闸门打开，当螺旋钻钻入煤层 400mm 以下时，下料闸门关闭存贮样品。钻取完样品螺旋钻提升到最高位后，下料闸门打开将料斗内的料卸入接料斗，单次采样完毕。料斗内样品进入初级给料机，由初级给料机均匀的将样品送入破碎机，破碎后的样品（一般为 6~13mm）进入二级给料机，由缩分器定时动作将样品取到集样器中；其余的煤样由余煤返回机构返回车厢。

火车入厂煤采制样装置主要由采样、给料、破碎、缩分、留样、弃料处理、电气控制等七个系统组成，主要包括大车行走机构、采样头及行走小车、除铁给料皮带机、破碎机、缩分器、集样器、余煤返回机构、电气控制设备等。

火车入厂煤采制样装置有门式、Ⅱ形、桥式三种形式，其设备结构如图 7-42 所示。

2. 汽车入厂煤采制样装置

汽车入厂煤采制样装置工作原理、工作流程及组成部分均与火车采制样装置相似。

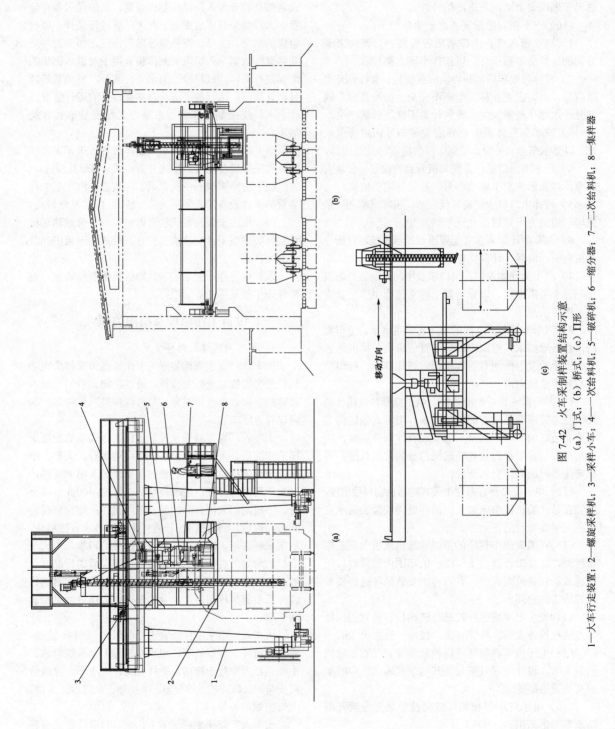

图 7-42　火车采制样装置结构示意
(a) 门式；(b) 桥式；(c) Ⅱ形

1—大车行走装置；2—螺旋采样机；3—采样小车；4——次给料机；5—一次破碎机；6—缩分器；7—二次给料机；8—集样器

汽车采制样装置分为悬臂式、桥式及门式三种形式，其结构示意如图 7-43 所示。

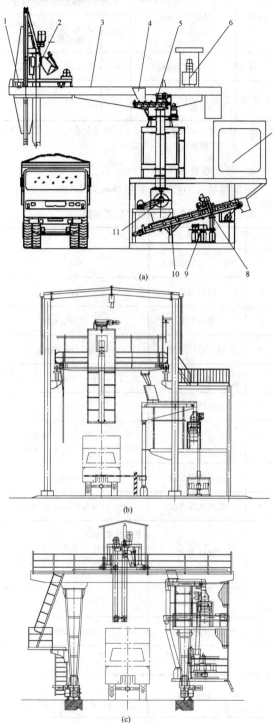

图 7-43　汽车采制样装置结构示意
(a) 悬臂式；(b) 桥式；(c) 门式
1—采样小车；2—采样头；3—主旋臂；4—接料斗；
5—初级给料机；6—液压系统；7—操作室；
8—缩分器；9—样品收集器；10—二级给料机

3. 带式输送机采制样装置

带式输送机采制样装置工作原理为采样机构按设定的时间或质量间隔从运动的带式输送机中部或头部取得一个完整横截面的样品，样品通过溜槽落入初级除铁皮带给煤机。初级除铁皮带给煤机将样品连续均匀地送入破碎机，破碎机将物料破碎到所要求的粒度（一般为 6～13mm），样品经破碎后送入缩分器，缩分器按设定的周期对样品进行缩分，最终样品被收集到防水、防尘的集样器中。余煤通过余煤返回机构（一般为斗式提升机或溜槽）返回到采样带式输送机或下游带式输送机。

带式输送机采制样装置按安装位置分为头部采制样装置及中部采制样装置，其结构如图 7-44 和图 7-45 所示。

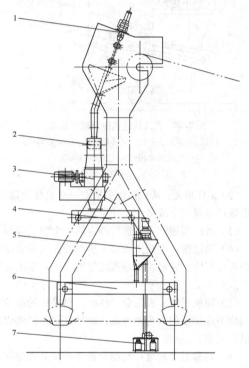

图 7-44　带式输送机头部采样装置
1—头部采样器；2—初级给料机；3—锤式破碎机；
4—二级给料机；5—缩分器；6—弃粉皮带机；7—样品收集器

带式输送机采制样装置主要由采样机、初级给料机、破碎机、二级给料机、缩分器、集样器、斗式提升机和电气控制系统等组成。

二、设备性能参数

1. 参数含义

（1）采样：从大量煤中采取具有代表性的一部分煤的过程。采样的基本要求是被采样批煤的所有颗粒都可能进入采样设备，每一个颗粒都有相等的概率被采入样品中。

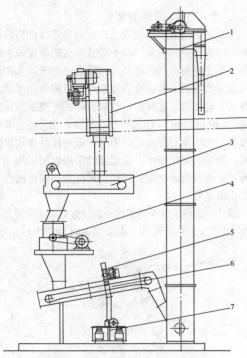

图 7-45 带式输送机中部采样装置

1—斗式提升机；2—中部采样机；3—初级给料机；
4—锤式破碎机；5—二级给料机；
6—缩分器；7—样品收集器

（2）采样单元：从一批煤中采取一个总样的煤量。一批煤可以是一个或多个采样单元。

（3）批：需进行整体性质测定的一个独立煤量。

（4）精密度：在规定条件下所得的独立试验结果间的符合程度。它经常用精密度指数（如两倍的标准差）来表示。

（5）随机采样：在采取子样时，对采样的部位和时间均不施加任何人为的意志，能使任何部位的煤都有机会采出。

（6）标称最大粒度：与筛上累计质量分数最接近（但不大于）5%的筛子相应的筛孔尺寸。

2. 性能参数表

采样精密度根据采样目的、样品类型和合同各方的要求确定。在没有协议精密度情况下可参考表 7-36 确定，相应精密度下每个采样单元的子样数目可参考表 7-37 确定。

表 7-36   煤炭采、制、化总精密度

煤炭品种	精密度（%）
精煤	$P_L = \pm 0.8 A_d$
其他煤	$P_L = \pm \dfrac{1}{10} A_d$，且 $\leq 1.6\%$

注 A_d 为空气干燥基灰分。

表 7-37   相应精密度下每个采样单元的子样数目

品种	精密度（%）	不同采样地点的子样数 n		
		煤流	火车、汽车和驳船	煤堆和轮船
精煤	$P_L = \pm 0.8 A_d$	16	22	22
其他煤	$P_L = \pm \dfrac{1}{10} A_d$，且 $\leq 1.6\%$	28	40	40

注   对于火车和汽车来煤，当子样数等于或少于一个采样单元的车厢数时，每一车厢应采取一个子样。

3. 技术参数表

采制样装置的技术参数可参考表 7-38～表 7-41。

表 7-38   火车门式采制样装置参数

序号	参数	数据
1	跨距（大车轨距）	6m
2	结构形式	门式
3	适应车型	C50～C70、C80
4	最大采样深度	距车厢底板 50mm
5	制样粒度	6～13mm
6	大车轨道型号	P50
7	供电方式	拖缆（行程不大于 45m）、安全滑线（行程不小于 45m）
8	适应来煤粒度	≤300mm
9	适应来煤水分	≤X%（X% 为实际来煤水分）
10	采样方式	按 GB/T 19494.1—2004《煤炭机械化采样 第 1 部分：采样方法》规定设计，全断面螺旋钻取式
11	采样时间	≤180s（三点）
12	采样筒外径	273mm/325mm
13	系统损失水分	≤1%
14	控制方式	IPC 上位机+PLC 自动/半自动/手动
15	大车运行	0～30m/s 变频调速
16	运行功率	2×4kW
17	小车运行	0～30m/s，变频调速

续表

序号	参数	数据
18	运行功率	1×3kW
19	全断面采样旋转角速度	279r/min
20	运行功率	15kW
21	升降方式	链轮链条+配重系统
22	升降功率	5.5kW
23	除铁方式	永磁/电磁除铁
24	破碎形式	环锤式
25	破碎功率	≥7.5kW
26	缩分形式	全断面旋转挂扫（切割）式
27	缩分比	1/10～1/100
28	样料收集形式	密封罐式/编织袋式/电子锁密码桶
29	容量	15/18/25L
30	余煤处理	直接返回车厢
31	控制方式	PLC/PLC+IPC
32	操作方式	就地：手动/自动 远程：自动

表 7-39　汽车入厂煤桥式采样参数

序号	参数	数据	
1	大车轨距（跨距）	6m/7m	
2	配套采样钢构厂房长度	18/20/24m	
3	结构形式	桥式	
4	适应车型	载重 20～100t 各类型汽车	
5	小车底面距离地面高度	汽车通过高度 4600mm	汽车通过高度 5000mm
6	采样机匹配轨顶标高	8000mm	8800mm
6.1	升降行程	3400mm	3800mm
6.2	最大采样深度	距车厢底板 50mm	
6.3	制样粒度	6～13mm	
7	大车轨道型号	P22（22kg/m）	
8	供电方式	拖缆	
9	适应来煤粒度	≤300mm	
10	适应来煤水分	≤X%（X%为实际来煤水分）	
11	采样方式	按 GB/T 19494.1—2004《煤炭机械化采样 第 1 部分：采样方法》规定设计，全断面螺旋钻取式	

续表

序号	参数	数据
12	采样时间	≤180s（三点）
13	采样筒外径	273mm/325mm
14	系统损失水分	≤1%
15	控制方式	IPC 上位机+PLC 自动/半自动/手动
16	大车运行	0～30m/s 变频调速
17	运行功率	2×1.5kW
18	小车运行	0～30m/s 变频调速
19	运行功率	1×2.2kW
20	全断面采样旋转角速度	279r/min
21	运行功率	15kW
22	升降方式	链轮链条+配重系统
23	升降功率	5.5kW
24	除铁方式	永磁/电磁除铁
25	破碎形式	环锤式
26	破碎功率	≥7.5 kW
27	缩分形式	全断面旋转挂扫（切割）式
28	缩分比	1/10～1/100
29	样料收集形式	密封罐式/编织袋式/电子锁密码桶
30	容量	15/18/25L
31	余煤处理	集中处理
32	控制方式	PLC/PLC+IPC
33	操作方式	就地：手动/自动 远程：自动

表 7-40　入厂煤带式输送机中部采样参数

序号	参数	数据			
1	适应皮带宽度	800mm	1000mm	1200mm	1400mm
2	采样开口宽度	≥450mm			
3	适应来煤粒度	≤150mm			
4	采样头功率	5.5kW	5.5kW	7.5kW	9.2～11kW
5	适应来煤水分	≤X%（X%为实际来煤水分）			
6	采样方式	按 GB/T 19494.1—2004《煤炭机械化采样 第 1 部分：采样方法》规定设计，全断面回旋刮扫式			

序号	参数	数据			
7	采样间隔时间	1～30min/次（可调）			
8	制样粒度	6～13mm			
9	每次采样量（采样头450）	30～50kg	40～60kg	50～70kg	60～80kg
10	系统损失水分	≤1%			
11	控制方式	IPC上位机+PLC 自动/半自动/手动			
12	除铁方式	永磁/电磁除铁			
13	初级破碎形式	环锤式			
14	初级破碎功率	≥15kW			
15	初级破碎能力	≥20t/h			
16	次级破碎形式	环锤式			
17	次级破碎功率	≥7.5kW			
18	次级破碎能力	≥5～8 t/h			
19	缩分形式	全断面旋转挂扫（切割）式			
20	缩分比	1/10～1/100			
21	样料收集形式	密封罐式/编织袋式/电子锁密码桶			
22	容量	15/18/25L			
23	余煤处理	返回原采样皮带			
24	控制方式	PLC/PLC+IPC			
25	操作方式	就地：手动/自动 远程：自动			

表 7-41 入炉煤带式输送机中部采样参数

序号	参数	数据			
1	设备类型	带式输送机中部采样			
2	适应皮带宽度	800mm	1000mm	1200mm	1400mm
3	采样开口宽度	≥150mm			
4	适应来煤粒度	≤50mm			
5	采样头功率	5.5kW	5.5kW	7.5kW	9.2～11kW
6	适应来煤水分	≤X%（X%为实际来煤水分）			
7	采样方式	全断面回旋刮扫式			
8	采样间隔时间	1～30min/次（可调）			
9	制样粒度	6～13mm			
10	每次采样量	10～15kg	15～20kg	20～25kg	25～30kg
11	系统损失水分	≤1%			
12	控制方式	IPC上位机+PLC 自动/半自动/手动			
13	除铁方式	永磁除铁 电磁除铁			

序号	参数	数据
14	破碎形式	环锤式
15	破碎功率	≥7.5kW
16	缩分形式	全断面旋转挂扫（切割）式
17	缩分比	1/10～1/100
18	样料收集形式	密封罐式/编织袋式/电子锁密码桶
19	容量	15/18/25L
20	余煤处理	返回原采样皮带
21	控制方式	PLC/PLC+IPC
22	操作方式	就地：手动/自动 远程：自动

三、设备选型

1. 火车入厂煤采制样装置

（1）当铁路来煤采用翻车机卸煤时，采制样装置宜采用门式、Π形、悬臂式三种形式，并布置于翻车机室前方的铁路线上。

（2）当铁路来煤采用缝式煤槽卸煤时，采制样装置宜采用桥式采制样装置，并布置于缝式煤槽卸煤装置重车线上方；当受设计条件限制缝式煤槽上不能设置时，也可采用门式或悬臂式铁路采制样装置，并布置于缝式煤槽前方的铁路线上。

（3）入厂煤采制样装置的采样时间应与翻车机系统的翻卸时间匹配，避免"压车"。当采用双车翻车机时，每台翻车机应对应设置两台采制样装置。

（4）门式入厂煤采制样装置的结构应满足铁路限界的要求。当铁路为电气化铁路时，入厂煤采制样装置应满足电气化铁路机车通过的要求。

2. 汽车入厂煤采制样装置

（1）汽车入厂煤采制样装置的台数应结合电厂的日最大进车量、日运行小时数、采制样、过衡、卸车时间等综合确定，且宜与重车汽车衡的台数相同。

（2）采制样装置的台数可参照式（7-4）计算：

$$N = \frac{Q_d K_b t_c}{60 t_2 G_z} \tag{7-4}$$

式中 N——采制样装置台数，台；

Q_d——锅炉日最大耗煤量，t/d；

K_b——来煤不均衡系数，可取 1.15～1.30；

t_c——每台采制样装置对一辆车采样所需时间，min，可取 3～8；

t_2——日卸煤时间，h，可取 10～12；

G_z——汽车平均载重量，t。

（3）公路来煤采制样装置分为悬臂式、桥式及门式三种形式。

（4）公路入厂煤采制样装置的布置应与厂区运煤

道路、汽车衡位置相协调。汽车来煤宜先进行称量再采样,采样装置中心宜与重车衡秤台中心对齐,条件允许时二者之间的距离宜满足停放一辆车的长度要求。

(5)汽车入厂煤采制样装置的采样范围应满足运煤汽车中最大车型的采样要求。

(6)对于大型车辆及加挂车,以及雨雪较多的地区宜选用桥式汽车入厂煤采制样装置,采制样装置宜设置防雨棚。

3. 带式输送机采制样装置

(1)带式输送机采制样装置适用于水路来煤采样、带式输送机来煤采样及入炉煤采样。

(2)带式输送机采制样装置根据使用功能不同及安装位置不同,安装于各带式输送机中部或头部位置,具体要求如下:

1)水路来煤的火力发电厂采制样装置宜安装在陆域的第一条带式输送机上。

2)带式输送机厂外来煤的发电厂采制样装置宜安装在厂外来煤的带式输送机上。

3)入炉煤采制样装置宜安装于破碎设施之后、原煤仓之前。

四、布置设计

1. 设计输入

(1)审定的初步设计文件。

(2)采制样装置的布置还应取得下列资料:

1)铁路卸煤机械作业方式,机车及车厢型号;重车铁路线的数量及间距;翻车机系统或铁路缝式煤槽卸煤装置其余设施的布置情况;铁路入厂煤采制样装置的安装位置。

2)汽车入厂煤采制样装置安装位置,汽车车型资料。

3)对应带式输送机的带宽、带速、出力、倾角、带高、带式输送机中心距及采制样装置安装位置等。

2. 设计控制尺寸

(1)火车入厂煤采制样装置。火车入厂煤采制样装置以门式较为常用,下面以门式采制样装置为例,其他采制样装置参照执行。其控制尺寸如图7-46所示。

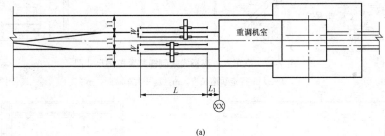

(a)

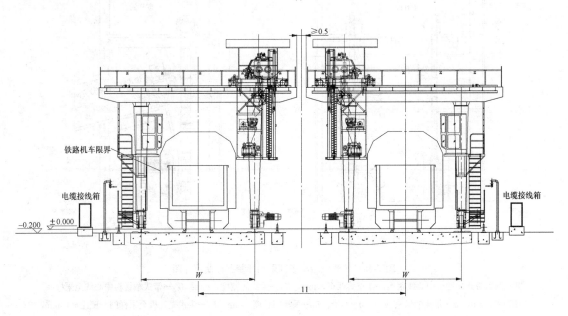

(b)

图7-46 火车入厂煤门式采制样装置控制尺寸图

(a)平面图;(b)断面图

L—大车行走轨道长度,m;*W*—大车轨距,m;*L*₁—采制样装置端头至重调机室距离,m,一般不小于5m

大车行走轨道长度 L 的计算式为

$$L \geqslant 2L_h + L_c + 2 \qquad (7-5)$$

式中　L_h——单节车辆长度，一般按 C70 选取，m；

　　　L_c——大车中心至止挡器端头的距离，m。

（2）汽车入厂煤采制样装置控制尺寸如图 7-47 所示。

大车行走轨道长度 L 的计算式为

$$L \geqslant 2L_h + L_c + 2 \qquad (7-6)$$

式中　L_h——单节车辆长度，一般按 60t 载重车辆选取，m；

　　　L_c——大车中心至止挡器端头的距离，m。

（3）带式输送机中部采制样装置控制尺寸如图 7-48 所示。

（4）带式输送机头部采制样装置控制尺寸如图 7-49 所示。

3.　专业间配合要求

火车采制样装置、汽车采制样装置、带式输送机中部采制样装置资料宜单独提出，带式输送机头部采制样装置宜与建筑物资料一并提出。采样设备专业配合要求可参照表 7-42。

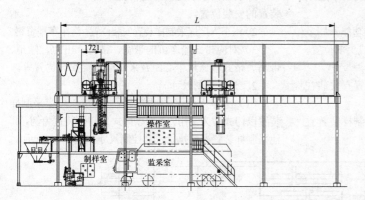
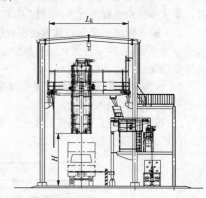

图 7-47　汽车入厂煤桥式采制样装置控制尺寸图

L—大车行走轨道长度，m；L_k—大车轨距，m

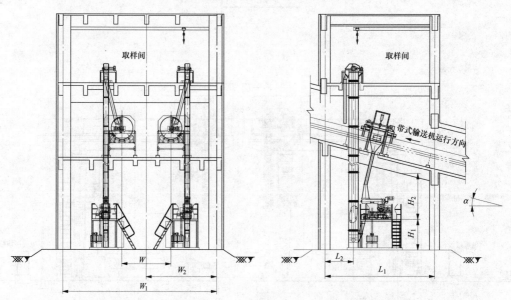

图 7-48　带式输送机中部采制样装置控制尺寸图

W—两路带式输送机中心线距离，详见第四章，mm；W_1—采样间宽度，mm；W_2—带式输送机中心线至采样间一侧距离，mm；α—带式输送机倾角，0°～18°；L_1—采样间长度，mm；L_2—斗式提升机至采样间一侧距离，mm，约为 1500～2000mm；H_1—检修平台至地面高度，mm；H_2—检修平台至梁底高度，mm，应不小于 1900mm

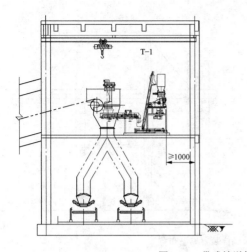
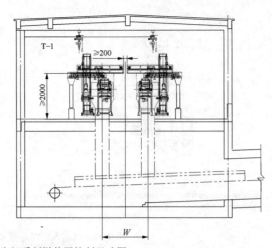

图 7-49 带式输送机头部采制样装置控制尺寸图

W—两路带式输送机中心线距离,详见第四章,mm

表 7-42 采样设备专业配合要求

专业	配合要求			
	火车采制样装置	汽车采制样装置	带式输送机中部采制样装置	带式输送机头部采制样装置
电气	供电及联锁要求			
土建	预埋件、轨道、基础、荷载	控制室、预埋件、基础、荷载	预埋件、基础、孔洞、荷载	
供水	排水要求		无	

4. 典型布置

(1) 火车入厂煤采制样装置,火车入厂煤门式采制样装置典型布置如图 7-50 所示。

(2) 汽车入厂煤采制样装置布置。

1) 悬臂式采制样装置典型布置如图 7-51 所示。

2) 桥式采制样装置典型布置如图 7-52 所示。

(3) 带式输送机采制样装置布置。

1) 中部采制样装置典型布置如图 7-53 所示。

2) 头部采制样装置典型布置如图 7-54 所示。

5. 设计注意事项

(1) 火车入厂煤采制样装置。

1) 火车入厂煤门式采制样装置轨道基础应避免与翻车机系统的重车调车机轨道基础干涉。

2) 火车入厂煤门式采制样装置轨道布置还应满足机车从重车线返回机车走行线的布置及安全要求。

3) 火车入厂煤采制样装置的地面大车行走轨道的长度应考虑以下因素:

a. 2～3 节车厢及每节车厢采 3 个子样点的距离。当采用单车翻车机时,其有效距离不宜小于 35m;采用双车翻车机时,其有效距离不宜小于 50m。

b. 锚定装置、止挡器和终端开关。

c. 安全尺的位置应保证终端开关动作后大车有不小于 1m 的滑行距离。

4) 铁路道岔与重车调车机之间的距离。

5) 入厂煤采制样装置与翻车机系统的重车调车机之间应有两次控制信号联锁。

6) 铁路缝式煤槽卸煤装置上设置桥式入厂煤采制样装置时,应设置上下司机室的爬梯及平台,两端设置检修间;当卸煤装置上方同时设置卸车机械及采制样装置时,检修间的大小应满足检修空间要求。

7) 铁路入厂煤采制样装置大、小车行走轨道应设置必要的接近开关、止挡器等,以保障设备的运行安全。

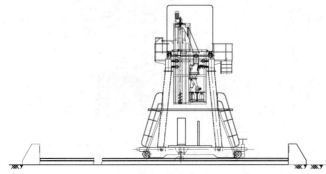
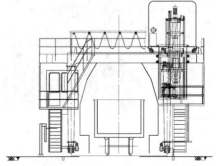

图 7-50 火车入厂煤门式采制样装置典型布置

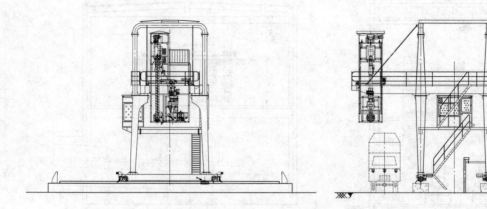

图 7-51　汽车入厂煤悬臂式采制样装置典型布置

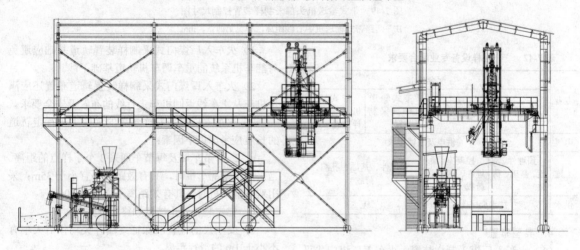

图 7-52　汽车入厂煤桥式采制样装置典型布置

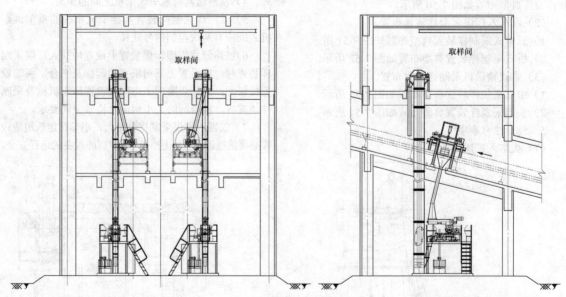

图 7-53　带式输送机中部采制样装置典型布置

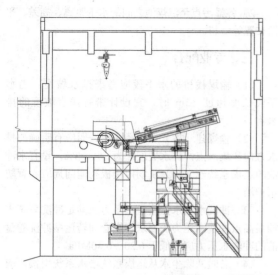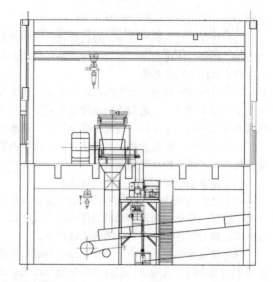

图 7-54 带式输送机头部采制样装置典型布置

8）入厂煤采制样装置上应设置运行状态的音响和灯光报警装置。

（2）汽车入厂煤采制样装置。

1）对公路入厂煤采制样装置、汽车衡、运煤道路、煤车排队等候区域等应协调布置，方便车流行进，提高采样、称重效率。

2）汽车入厂煤采制样装置上应设置运行状态的音响和灯光报警装置。

3）汽车入厂煤原则上先计量后采样，若先采样后计量，采制样装置应设置余煤返回车厢的装置。

（3）带式输送机采制样装置。

1）带式输送机中部入炉煤采样间应与除尘器、除铁器、驱动装置和拉紧装置等统一协调布置。

2）头部入炉煤采制样装置应与带式输送机头部漏斗合并设计，并提出合理的土建开孔，以利于设备安装及检修。

3）中部入炉煤采制样装置的安装位置应避免斗式提升机安装高度过高。

4）高位布置的转运站内安装带式输送机采制样装置时，转运站内应设置合理的吊物通道，以方便将样煤送到地面。

5）采样间宜为两层布置，总高度应能满足落煤管的倾斜角度要求，并能满足斗式提升机的布置和检修要求。落煤管及缩分器接料斗、落料斗及落料溜管宜采用不锈钢等摩擦系数小的材质制作，落煤倾角不得小于 65°。

6）带式输送机采制样装置的布置应满足设备运行、拆卸、维护和清扫要求。室内净空高度应大于2.5m，运行通道净宽不应小于 1m，检修通道净宽不应小于 0.7m。

7）带式输送机采制样装置采用螺旋给料机回料时，下部净空不应小于 2.2m；安装斗式提升机后，上部检修通道净宽不应小于 0.7m。

8）采样间设置的检修起吊设施，起重量应满足最大分离件的起重要求，起升高度满足起吊空间要求。设计中应核实最终的吊物孔中心是否在起吊设备的运行范围内。采样间与除铁间紧邻布置时，起吊设备的起重量应统筹考虑。采样间主要出入口应布置于厂区道路侧。吊装孔布置既要便于设备安装检修，又不应占据人员进出主通道。

第六节 水力清扫系统

一、设计要求

1. 运煤系统给水系统

（1）冲洗水给水点位置应根据运煤系统总体布置确定。运煤系统冲洗水宜分段接入运煤系统。

（2）运煤系统的翻车机室、缝式煤槽卸煤装置及转运站、栈桥、碎煤机室、煤仓间带式输送机地面等均应设置水冲洗给水系统。

（3）根据冲洗设备的冲洗范围，宜在运煤系统的栈桥及其他建（构）筑物的各层布置冲洗设备，保证冲洗水达到运煤系统的各个角落。栈桥内宜每隔约30m 设置 1 个冲洗卷盘，冲洗卷盘应设置在距离地面约 1m 的高度。

（4）给水管道支架及附件宜在《给水排水标准图集》中选用，应避免非标件的设计。

2. 运煤系统排污水系统

（1）运煤系统的建（构）筑物应设置清扫装置，

清扫方式宜采用水力清扫。

（2）运煤系统的翻车机室、缝式煤槽卸煤装置及转运站、栈桥、碎煤机室、煤仓间带式输送机地面等均应设置排污水回收系统。

（3）排污水应由地漏或明沟收入集水井。地漏和明沟上应设金属箅子，地漏下应连接排水立管。当从地漏到集水井的排水途径中有水平段母管时，排水角度不应小于 5%。地漏应靠近系统建（构）筑物内的梁、柱布置，便于排水管的安装。

（4）运煤系统排污水应排至沉煤池。

（5）运煤系统排水沟及集水井宜设置在建（构）筑物的底层；煤仓间带式输送机层排水沟宜设在标高较低侧；煤仓间排污水母管应考虑清洗措施。

（6）集水井容积不应小于 2m³，煤仓间底层集水井可根据煤仓间带式输送机层排水面积适当增大。集水井中应设澄清隔墙或隔板，井上安装立式排污泵。排污泵上方宜设置检修起吊用的吊钩。

（7）排污泵应与水位联锁启停，高水位启动排水，低水位停机。排污泵扬程应保证排污水送达沉煤池。排污泵应为无堵塞型液下式，在叶轮吸入端延伸处设有搅拌刀。

（8）寒冷地区的室外排水管道应埋在冻土层深度以下，当室外排水管无法满足埋深要求时，室外管道应采取保温及防腐措施。

（9）排污水管道支架及附件宜在《给水排水标准图集》中选用，应避免非标件的设计。

二、设计输入

（1）审定的初步设计文件及业主特殊要求。

（2）冲洗水管路的布置还应以下列资料为依据：

1）给水点及排污点位置、管径及水压、用水量等资料。

2）各排污点至沉煤池之间的水平距离、高差、平面布置等资料。

三、专业配合

（1）输煤栈桥的水平段应考虑排水坡度。当水平段长度超过 15m 时，宜设计带有排水坡度的排水沟。

（2）输煤建（构）筑物楼（地）面应有明确的排水方向和集水点，排水坡度应为 1%～3%。设有水冲洗的运煤系统建（构）筑物内楼板孔洞四周应设置防水护沿。

（3）冲洗水给水点接口点压力应满足冲洗系统末端最高点冲洗水压力的要求。煤仓间转运站冲洗卷盘前的冲洗水压力应不低于 0.20～0.40MPa。

（4）若暖通除尘水从运煤系统给水系统引接，应要求其提供除尘水量及水压要求。

四、布置与安装应注意的问题

（1）带式输送机头尾架、驱动装置架下部等不易清扫部位宜考虑合理的排水措施。

（2）冲洗水给水管的管径应根据水源点到最高供水点的高程、供水距离、管道的沿途阻力损失等参数计算确定。

（3）布置于栈桥或转运站内的冲洗水给水管道，不应与消防水管、暖气管道、电缆等干涉。

（4）布置于转运站和栈桥接口处的母管上应设置闸阀，冲洗设备之前的支管上应设控制阀门。如冲洗水给水管道和电缆桥架交叉布置时，给水管道应布置在电缆桥架下方。

（5）冲洗水给水管道的布置，不应影响运煤系统主体设备的安装、运行和检修。

（6）排污泵应设置就地控制箱和液位计。

第八章

运 煤 系 统 控 制

运煤系统控制的主要功能是利用计算机技术，对火力发电厂运煤系统工艺设备及辅助系统进行监测、控制和保护。运煤系统控制设计主要是根据运煤工艺特点对其进行合理控制，做到安全可靠、经济合理、技术先进、监测和控制方便，满足火力发电厂运煤系统的安全经济运行。运煤系统控制范围是从卸煤设备起至原煤斗入口止的运煤系统设备及有关的其他辅助系统。运煤系统控制方式有远方程序自动控制、远方联锁手动控制、远方解锁手动控制和现场设备就地无联锁手动控制。

运煤控制系统应按预定程序自动完成所有运煤设备的运行操作，控制流程有程序上煤、程序配煤、故障联停等。当运煤系统采用自动程序控制方式时，应按工艺联锁关系启停设备。常见的运煤系统程序控制操作界面如图 8-1 所示。

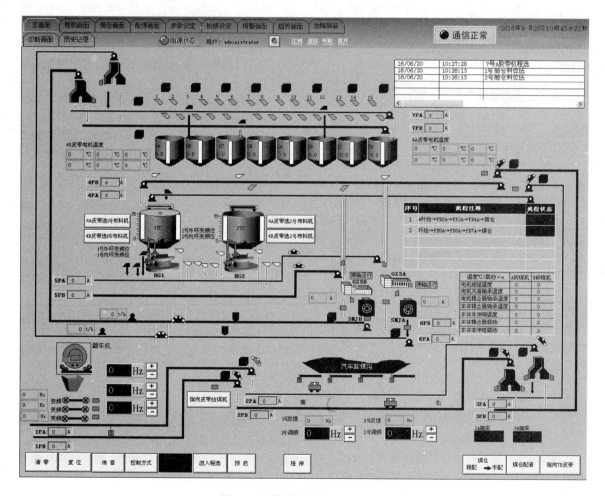

图 8-1　运煤系统程序控制操作界面

第一节 运煤系统控制要求

一、运煤系统主要运行方式

火力发电厂运煤系统工艺流程可归纳为卸煤设备至贮煤场、贮煤场至原煤仓和卸煤设备至原煤仓。

1. 卸煤设备至贮煤场

卸煤设备至贮煤场的流程通常称为卸煤流程，常规卸煤流程（如图 8-2 所示）指从进入电厂的运输工具卸煤设备（铁路来煤、公路来煤、水路来煤）起至贮煤场堆煤作业止的整个运煤工艺流程，即接卸以不同运输方式运进火力发电厂的燃煤，再通过给煤设备将卸煤设备卸下的煤按系统出力要求送至输送设备转运至贮煤场。常用的卸煤设备有翻车机、螺旋卸车机、抓斗起重机、卸船机等。常用的给煤设备种类繁多，有皮带给料机、振动给料机、叶轮给料机、活化给料机等。输送设备主要为带式输送机。贮煤设备主要为煤场斗轮堆取料机、圆形堆取料机、卸料车等，当煤场采用密闭式构筑物贮煤时，可直接由带式输送机落料至煤场，不设煤场机械。

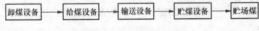

图 8-2　常规卸煤流程

2. 贮煤场至原煤仓

贮煤场至原煤仓的流程通常称为上煤流程，常规上煤流程（如图 8-3 所示）指从煤场给煤设备入口起至主厂房原煤仓入口止的整个运煤工艺流程，上煤流程完成煤的输送、筛分、破碎、配煤等作业要求，使进入原煤仓的煤的粒径满足锅炉燃烧的要求，整个流程中还设有辅助除铁、取样、计量等设施。上煤流程常用的给煤设备为煤场的取料设备，如斗轮堆取料机、圆形堆取料机、耙料机、振动给料机、活化给料机等。输送设备主要为带式输送机。筛分设备主要为各种类型筛子，破碎设备主要为各种类型碎煤机，配煤设备主要为卸料小车、犁式卸料器等设备。

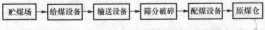

图 8-3　常规上煤流程

3. 卸煤设备至原煤仓

卸煤设备至原煤仓流程一般称为直上流程，常规直上流程（如图 8-4 所示）指从卸煤设备起至主厂房原煤仓入口止的整个运煤工艺流程。直上流程的作用是直接将煤从卸煤设备送至原煤仓，并使进

入原煤仓的煤的粒径满足锅炉燃烧的要求。直上流程减少了燃煤进出贮煤场中转的环节，简化了工艺流程。

为了满足运行要求，以上三种流程中带式输送机之间设有交叉或分支连接，其中交叉一般采用电动三通挡板实现，分支则采用犁式卸料器实现。

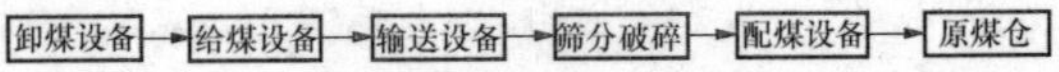

图 8-4　常规直上流程

二、运煤系统整体控制要求

运煤系统常规采用计算机程序控制，需设置"手控-解除-远控"切换、程序选择、全系统"程序启动""程序停机"和"紧急停机"等按钮，监控系统应具有数据采集、程序控制、显示、自诊断、自动报警、上位管理机的管理功能。纳入程序控制的所有设备的就地控制箱，应设有"就地-解除-远控"切换开关和紧急停机开关。带式输送机沿两侧设置不能自动复位的事故拉线紧急停机开关。

常规电厂运煤系统控制联锁条件要求如下：

（1）运煤系统启动按逆煤流方向，停机按顺煤流方向。

（2）当运行中的任何一台设备故障停机时，沿煤流方向本设备以前的所有设备同时停机，以后的所有设备按顺煤流方向停机。在每台带式输送机的两侧均设有事故拉绳开关，便于在任种工况下均能实现全系统紧急停机。

（3）所有联锁条件均可局部解除。

（4）电子皮带秤与带式输送机联锁，当带式输送机运行时，电子皮带秤计量，计量结果送至程控室打印。

（5）电动三通挡板只能在带式输送机停运状态下切换位置，并与前一路带式输送机联锁。电动三通挡板设有两个位置。

（6）落煤管上振打器在运行过程中，无论是否堵煤，每隔 15min 自动振打一次，并设就地操作，如有堵煤信号发出，立即停止来煤方向的带式输送机。

（7）每个原煤仓设置连续测定料位的信号，在通常情况下，要求从第一个原煤仓开始顺序配置至高煤位，如在配煤开始或配煤过程中出现低煤位信号，则优先配置低煤位原煤仓，信号消失后，再顺序配煤，当任一原煤仓出现高煤位信号时，能自动跳过给下一个原煤仓配煤，全部原煤仓配满后，按顺煤流方向停机。

（8）除铁器、筛碎设备与系统的带式输送机联锁，除本身发生故障停机外,其余设备故障均不联锁停机,只按正常程序延迟停机。

(9)双路带式输送机系统具有同时运行的条件。

(10)除铁器和对应的带式输送机同步运行。

(11)带式输送机制动器为常闭型。

三、运煤系统设备控制

1. 卸煤设备自动控制

常用的卸煤设备种类很多,有翻车机、螺旋卸车机、抓斗起重机、卸船机等。这些设备均包含较多的机械部件,运行过程复杂,又能自成一体,故一般是单独设置一套控制系统进行控制。

(1)翻车机控制系统。翻车机的部件组成很多,常规主要分为翻车机本体、重车调车机、迁车台、空车调车机、夹轮器、抑尘系统、安全止挡器等部件。翻车机单独设置一套控制系统进行控制,不进全厂运煤系统程控。

翻车机卸煤作业程序见第二章第一节"铁路来煤",为了完成翻车机整个卸煤流程,翻车机系统的各个组成部分即重车调车机、翻车机、迁车台、空车调车机、夹轮器、抑尘系统等,必须严格按控制方案动作。因此,翻车机系统各组成设备之间有着严格的联锁控制关系。这部分的联锁及控制由翻车机厂家根据翻车机系统的工艺运行要求设计并提供。同时翻车机还须与清算机或振动煤算设备设置联锁控制,重车调车机须与入厂取样设备设置联锁控制。

(2)螺旋卸车机控制系统。螺旋卸车机主要由机体、螺旋叶轮及传动机构、卷扬机构和行走机构组成。螺旋卸车机单独设置一套控制系统进行控制,不纳入全厂运煤系统程控。螺旋卸车机各个组成部分之间有着严格的联锁控制关系,这部分的联锁及控制由螺旋卸车机厂家根据螺旋卸车机系统的工艺运行要求设计并提供,同时螺旋卸车机还必须与清算机或振动煤算设备设置联锁控制。

抓斗起重机、卸船机均单独设置一套控制系统进行控制,不纳入全厂运煤系统程控,除设备自身内部自带控制系统外,其还需与其关联的落料斗或带式输送机联锁。

2. 贮煤设备自动控制

常用的贮煤设备种类很多,主要为斗轮堆取料机、圆形堆取料机、卸料车等。这些设备均包含较多的机械部件,运行过程复杂,又能自成一体,故一般是单独设置一套控制系统进行控制。

(1)斗轮堆取料机。斗轮堆取料机采用自身控制系统控制,并与运煤系统实现联锁和信息交换。斗轮堆取料机的控制对象有斗轮电机、悬臂带式输送机电机(可逆)、悬臂旋转电机(可逆)、悬臂俯仰电机(可逆)、行走电机(可逆)等。为了实现其自动控制还需装设检测传感器,一般应有斗轮机行走移动量检测、悬臂旋转角检测、悬臂俯仰角检测、堆料检测和悬臂与堆料的碰撞检测等。

斗轮堆取料机既可实现取料作业,又可实现堆料作业。堆料作业时只需控制悬臂带式输送机定点卸料,取料作业时需要操作人员确定斗轮机的初始位置,并进行行车移动量、悬臂俯仰移动量和行车最终位置数据设定,然后按流程进行自动取料作业。

堆、取料作业时均需考虑与输入、输出的带式输送机进行联锁。当设备出现故障时,按煤流方向,故障点上游设备应瞬时停机,故障点下游设备按正常停机。

(2)圆形堆取料机。圆形堆取料机与斗轮堆取料机类似,采用自身控制系统控制,并与运煤系统实现联锁和信息交换。其堆取料作业均需考虑与输入、输出的带式输送机进行联锁。当设备出现故障时,按煤流方向,故障点上游设备应瞬时停机,故障点下游设备按正常停机。

(3)卸料车。卸料车是串联在带式输送机上的设备,其自身带有控制系统,其卸料时除满足自身控制系统要求外,还需考虑与带式输送机进行联锁。当设备出现故障时,其串联的带式输送机应停机。

3. 输送设备和筛碎设备自动控制

输送设备和筛碎设备的自动控制主要是指带式输送机、滚轴筛、碎煤机、电动三通挡板等设备的自动控制。

(1)带式输送机的自动控制。大部分带式输送机是由一台电动机驱动的,它只有一个控制对象。有些长带式输送机需要多个电动机同时驱动,只要在电动机二次线回路中考虑了这些电动机的依次延时启动的要求后,仍然可作为一个控制对象去对待。对带式输送机的自动控制可从启动、停止、联锁、报警和信号几个方面去考虑。

1)启动。运煤系统的自动启动方式主要为逆煤流程序启动。逆煤流程序启动的主要启动条件是:①有自动启动信号;②本带式输送机被选入运行程序(简称"选中");③后面带式输送机已建立速度,并适当延时。

启动前还应对上煤设备进行巡视检查,检查的步骤为带式输送机头部及驱动装置温度、颜色、油位,带式输送机中部,带式输送机尾部,带式输送机拉紧装置,并检查落煤管、给料机、除铁器、除尘器、沿路信号及保护装置、电子皮带秤、犁式卸料器等相关联锁设备,同时启动就地预告警铃。启动信号未接通或响铃时间未到规定时间不应启动运煤设备。

按逆煤流方向，逐一启动各条带式输送机。带式输送机正常运行时，托辊转动灵活无异声，拉紧装置可靠，联锁制动准确，电动机电流和减速机声音正常，各部轴承温升正常，无跑偏、撒煤等异常现象。

2）停止。停止主要是指带式输送机在正常情况下的停机，无论采用什么样的启动方式，正常情况下的自动停机总是按照顺煤流方向进行。

自动停机的主要条件是：①有自动停止（系统运行的）信号；②前一级带式输送机速度消失，并经适当延时。

在前一级带式输送机带速消失后，本带式输送机不能立即停止运行，必须经过适当的延时，待带式输送机的余煤走尽方能停机。

正常情况下停机时，必须走空余煤，确保下次空载启动。所有煤仓上满煤后，系统就可正常停止，从卸煤系统开始按顺煤流方向逐级延时停机。

除铁器、除尘器和自动喷淋系统等附属设备应后于带式输送机停机。

带式输送机两侧均装有拉线开关，当带式输送机的全长任何处发生人身和设备损坏等紧急情况时，操作人员在带式输送机任何部位拉动拉线，均可使设备停运，待故障查明后再重新启动；而且当发出启动信号后，如果现场不允许启动，也可拉动开关制止启动。

跑偏开关主要用于防止带式输送机因过量跑偏而发生洒煤或损坏输送带和设备和故障。在带式输送机的头部和尾部两侧一般安装跑偏开关，跑偏开关一般设置两级开关量，轻微跑偏时报警，严重跑偏时立即停机。带式输送机发生重复跑偏时，延时 5s 停运本带式输送机，联锁停逆煤流方向上的设备。

3）联锁。由于煤是连续不断地从前一级带式输送机向后一级带式输送机输送的，所以在运行过程中，任意带式输送机的非正常停止运行，都应瞬时联锁停止故障带式输送机至煤源之间的相关带式输送机，这样的停机要求称为联锁停机。

带式输送机系统的联锁停机总是逆煤流方向的。在一般的设计中，具有逆煤流联锁停机的控制系统，总是在没有获得后面带式输送机速度信号时就无法启动前面的带式输送机。这样的联锁功能与顺煤流程序启动前逆煤流联锁处于解除状态，而任一带式输送机一旦建立速度后，就能自动投入对前一级带式输送机的联锁，这样在所有带式输送机启动后，全系统均具有逆煤流联锁停机的功能。

（2）滚轴筛/碎煤机的自动控制。虽然滚轴筛在结构和作用上与带式输送机完全不同，但它的自动控制流程几乎与带式输送机的一样。

当出现事故联锁停机时，滚轴筛/碎煤机不因后带有联锁停机信号而停机，该信号应绕过碎煤机而送到碎煤机前面一级的带式输送机中。这样，当碎煤机的前后带式输送机都因事故联锁被停止运行时，滚轴筛/碎煤机仍能维持运行状态。这是为了防止煤在滚轴筛/碎煤机中堆积造成下次启动困难。当滚轴筛/碎煤机本身因故障停机时，应向前面带式输送机发出联锁停机信号，防止大量的煤灌入滚轴筛/碎煤机或开通滚轴筛旁路。

当滚轴筛/碎煤机没有速度信号时，可用滚轴筛/碎煤机开关的辅助节点代替速度信号来反映滚轴筛/碎煤机是否投入运行。

（3）电动三通挡板的自动控制。电动三通挡板是运煤系统中改变运行方式的主要切换设备。一旦确定了运行方式，各电动三通挡板应有的位置也可相应确定，一般在系统自动启动前就实现自动切换控制。

大部分电动三通挡板都是双位置的切换设备，对应于落煤管下的 A 和 B 带式输送机，具有 A 通过位置和 B 通过位置。目前，电动三通挡板大多是用电动推杆作为驱动设备，控制电动三通挡板的 A 通过位置或 B 通过位置，实际上就是控制电动推杆的正转和反转。

当运煤系统自动控制的运行方式选定后，电动三通挡板上面和下面带式输送机的工作状态就确定了，带式输送机的选中信号作为电动三通挡板实现自动切换的主要依据。在发出切换合闸指令后，电动三通挡板如在规定的时间内不能到达要求的位置，应发出报警信号和闪光显示，此时不允许运煤系统按程序启动。

4. 配煤设备自动控制

运煤系统配煤控制主要实现顺序配煤、低料位优先配煤、自动跳过满仓、高料位仓、超高料位仓及检修仓等功能。常用的配煤设备以犁式卸料器为主，卸料小车配煤系统应用较少。

为了实现配煤系统的自动控制，除对犁式卸料器进行控制外，还需要对配煤带式输送机和配煤带式输送机前的电动三通挡板实行附加的控制，而它们仍应接受上煤系统的自动控制的全部指令。

（1）配煤自动控制的方式。原煤仓一般都设置双路带式输送机作为配煤用，每一个煤斗至少配置了 A、B 两路两台犁式卸料器，因此在实际运行中就有仅用单路犁式卸料器进行配煤和双路犁式卸料器循环配煤两种方式，相应的也就有两种不同的配煤自动控制方式。

1）单路循环自动配煤。这种配煤方式是指循环只在一路带式输送机上进行。循环的开始可以是第一只犁，也可以是最后一只犁。当开始的犁工作至满足一定要求后，便自动发出抬本犁信号，同时应发出落下一只犁的信号，如果下一犁不允许落下，则应去落再下一只犁，依次工作直到本路带式输送机上最后一只犁，又开始新的循环。这种配煤方式只与一路带式输送机上的各个犁有关，实现起来较容易。它适用于配煤带式输送机双侧同时运行的场合，但是当系统只允许单路配煤带式输送机运行时，这种方式不能保证煤斗尽可能地充满，若煤斗容量较大，则最好采用具有双路循环自动配煤的控制方式。

2）双路循环自动配煤。这种配煤方式除要有单侧循环自动配煤的全部功能外，还要增加下列功能：

a. 在单路循环一次完毕后，要求自动启动另一路的带式输送机，并开始进行另一路带式输送机上犁式卸料器的循环配煤。

b. 当另一路带式输送机启动成功后，要求自动切换配煤带式输送机前的三通挡板，使煤流向另一路带式输送机。

c. 如果挡板切换成功，则应待本路带式输送机上的煤流走后停止本路带式输送机。

d. 如果另一路带式输送机未能成功启动或三通挡板未能成功切换，要求能继续维持本路带式输送机的循环自动配煤过程。

上述四条要求对于两条配煤带式输送机是对等的，因此在运行中能实现相互间的来回切换。这种自动配煤方式可最大限度地提高煤斗的充满系数。

（2）自动配煤的主要功能。一个自动配煤的控制系统，必须具备一定的功能，其中有些功能是作为自动控制所必备的，有些功能是为了提高自动控制水平而设置的。这些主要功能可分为以下几种。

1）犁式卸料器自动切换。就是工作犁在满足配煤要求后自动抬犁，下一个煤斗的犁式卸料器自动落犁。根据所需满足的条件不同，又可分为几种不同的自动切换方式。

a. 定时自动切换。就是当工作煤斗进煤达到规定的时间后，进行自动切换。

定时自动切换可使每个煤斗在较短的时间内得到进煤的机会，从而使每个煤斗中的煤位尽可能的均匀上升。这对煤斗相对容量小而数量多的配煤系统比较适宜。

b. 定量自动切换。就是在工作煤斗进煤达到规定的数量后进行自动切换的方式。

定量自动切换与定时自动切换具有同样的优点和适用场合。由于定量更直接准确地反映了煤斗的进煤量，所以它比定时自动切换更为合理。但是这必须在煤斗中设有计量装置的条件下才能实现。

c. 满煤自动切换。这是当工作煤斗进煤直至满煤时才进行自动切换的方式。

满煤自动切换只需煤斗设有满煤信号即可实现，实现起来比较容易。但当煤斗数量较多时，后面的煤斗往往要等待很长时间才能得到进煤的机会。

满煤自动切换是配煤自动控制中最基本的功能，即使采取了定时或定量自动切换，还必须具有满煤自动切换。当煤斗将满时，如果还没有达到规定的进煤时间或数量之前煤斗已经满煤，此时必须进行切换，否则将造成煤的溢出。

2）自动跨越检修仓。对于正在检修的煤斗，是不允许进煤的。因此，自动配煤系统中应能设置和判别检修仓，并在自动配煤过程中能自动跨越检修仓而使检修仓的后一个煤斗进煤。

由于检修仓的出现具有随机性，因此对连续检修仓的自动跨越数目不应受到限制。而且对每一煤斗都应有设置成检修仓的功能。

3）尾仓设置功能。一般配煤带式输送机头部的最后一个煤斗称为自然尾仓，当自然尾仓要检修时，必须要求自然尾仓前面有一个煤斗犁式卸料器的犁刀长期落下，这个煤斗在此时当作尾仓看待，并使它具有尾仓应有的全部功能，如自动循环功能等，所以必须使全部煤斗或部分煤斗具有设置尾仓的功能。

4）自动判别犁式卸料器工作失灵。犁式卸料器工作失灵包括落犁失灵和抬犁失灵。通常犁式卸料器的落犁失灵出现较少，而且落犁失灵只影响到故障犁所对应煤斗的进煤，不影响其他部分的正常工作，所以可以不对落犁失灵进行自动判别和采取相应的自动措施。

然而抬犁过程是执行机构的重载工作状态，容易引起失灵。而且一个犁无法正常抬起时，必然造成后面所有的煤斗无法进煤，而煤将大量灌入抬犁失灵的煤斗造成溢煤，因此抬犁失灵会对配煤系统的运行带来严重的后果。一个完善的自动配煤系统应该能自动判别抬犁失灵并发出报警。当出现抬犁失灵时，可由运行人员立即采取措施（如将有抬犁失灵的煤斗设置成尾仓），让前面的煤斗维持自动运行。

5）满煤程序停机。当配煤结束，各煤斗都处于满煤状态时，就应进行程序停机，停止上煤系统的运行。

5. 辅助设备自动控制

在运煤系统中，常见的辅助设备有皮带给料机、叶轮给料机、活化给料机、振动给料机和环式给料机等，虽然这些设备的动作要求和自动控制流程完全不同，但作为给煤设备，他们通常是从运行系统的起始点（煤源点）出现的，因此给煤设备的控制必须结合其给煤和停止给煤的各种条件，防止在自动控制过程中造成非正常断煤和堆煤的现象。

（1）皮带给料机。皮带给料机是单电动机驱动的设备，它的动作比较简单，在自动控制中只需按条件对其实现合闸或分闸操作即可。

有时在一条带式输送机上配置了数台皮带给料机，在系统运行时又只需其中部分皮带给料机投入，因此必须设置皮带给料机的选择按钮或开关，以供决定运行方式时的选择，同时也作为运行过程中变更皮带给料机的手段。当带式输送机上只有一台皮带给料机时，则带式输送机被选入程序时皮带给料机也必被选中，因此可不单设选择按钮。

（2）叶轮给料机。叶轮给料机具有叶轮电动机和行走电动机两个控制对象，而且行走电动机又有对应于左行和右行的正、反转两个控制方向。

1）叶轮控制。叶轮给料机一旦叶轮选择便开始给煤，因此对叶轮的自动控制流程几乎与单向给料机一样，不再重复。

2）叶轮给料机必须在叶轮旋转后方能行走，对这一基本要求大多在行走电动机的二次线回路中实现。

在实际运行中，叶轮给料机并不一定是在缝隙煤槽的全长范围内往返行走，而通常是根据地下煤沟或筒仓存煤的情况要求在某一范围内往返行走。自动控制要实现这一要求时，可根据实际情况将缝隙煤槽全程分为若干个运行段，并在段的分界点上装设特殊的位置信号，以检测叶轮给料机的工作位置。

当同一条带式输送机上有两台叶轮给料机同时运行时，此时的自动控制不但要满足上述单个叶轮给料机控制要求，还要考虑两台叶轮给料机防碰撞所需的控制要求。

1）从卸煤设备至煤场。

（3）活化给料机。活化给料机是电动机驱动的设备，它的动作较简单，在自动控制中只需按条件对其实现合闸或分闸操作即可。

多台活化给料机运行时必须设置活化给料机的选择按钮或开关，以供决定运行方式时的选择，同时也作为运行过程中变更活化给料机的手段。

活化给料机出力调节可采用可变力轮或变频控制调节，可变力轮主要是通过压缩空气改变可变力轮来调节活化给料机出力，可实现无级调节；变频调节有调节范围限制，需根据出力调节范围确定。

（4）振动给料机。振动给料机与活化给料机类似，在自动控制中只需按条件对其实现合闸或分闸操作即可，其处理调节只能采用变频控制调节。

（5）环式给料机。环式给料机自带控制系统，在自动控制中按系统要求进行控制操作即可。其主要通过变频器调节犁煤车、给煤车的运行速度以调整设备出力。

运煤系统中设有一些附属设备，如除大块器、电子皮带秤、采样装置、除铁器等，这些辅助设备的投入与停止仅与相关带式输送机联锁，除本身发生故障停机外，其余设备故障不联锁停机，按正常程序延时停机，这些设备的联锁控制均在运煤系统程控二次回路中实现。

第二节　运煤系统典型工艺流程图

一、铁路来煤系统

某工程采用铁路来煤，卸煤系统采用翻车机卸煤，煤场采用斗轮堆取料机条形煤场，煤场采用折返式布置，煤场后设有两座混煤筒仓，筒仓采用旁路设置，上煤系统设有一级筛分一级破碎，煤仓间采用犁式卸料器卸料。运煤系统运行方式如下：

1）从卸煤设备至煤场。

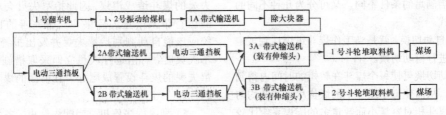

2）从卸煤设备至筒仓。

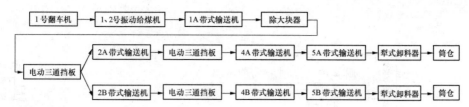

3）从煤场至筒仓。

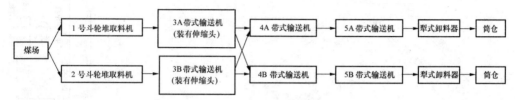

4）从筒仓至原煤仓。

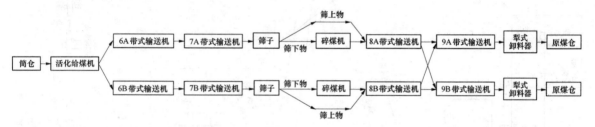

5）从煤场至原煤仓。

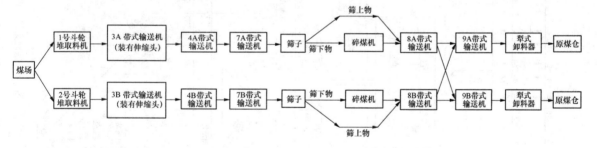

6）从卸煤设备至原煤仓。

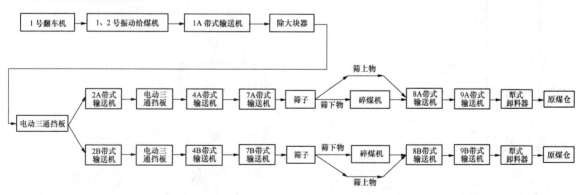

完整的运煤系统工艺流程如图 8-5 所示。

二、水路来煤系统

某工程采用水路来煤，卸煤系统采用卸船机卸煤，煤场采用圆形堆取料机圆形煤场，煤场采用封闭布置，上煤系统设有一级筛分一级破碎，煤仓间采用犁式卸料器卸料。运煤系统运行方式如下：

1）从卸煤设备至煤场。

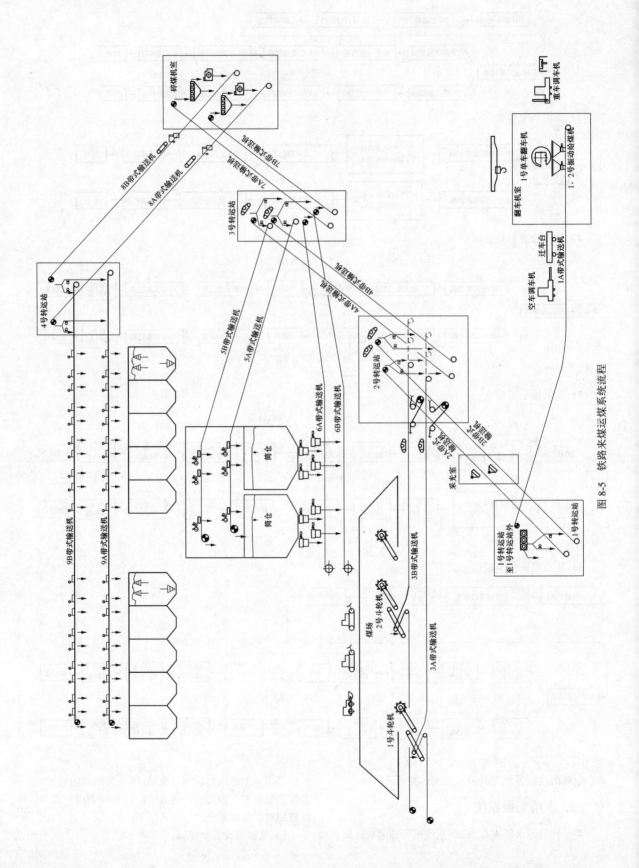

图 8-5 铁路来煤运煤系统流程

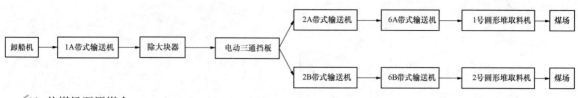

2) 从煤场至原煤仓。

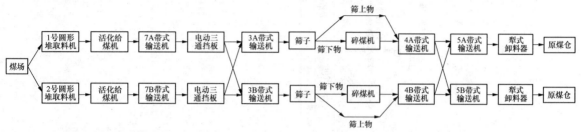

3) 从卸煤设备至原煤仓。

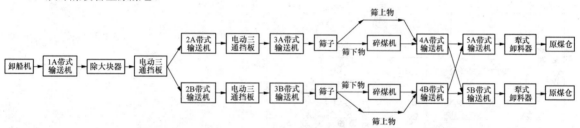

完整的水路来煤运煤系统流程如图 8-6 所示。

三、汽车来煤系统

某工程采用汽车来煤，卸煤系统采用汽车卸煤沟卸煤，煤场采用斗轮堆取料机条形煤场，煤场采用折返式布置，上煤系统设有一级筛分一级破碎，煤仓间采用犁式卸料器卸料。运煤系统运行方式如下：

1) 从卸煤设备至煤场。

2) 从煤场至原煤仓。

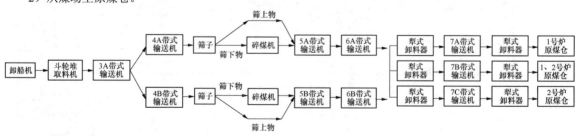

3) 从卸煤设备至原煤仓。

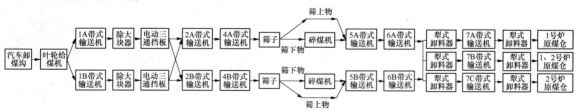

完整的汽车来煤运煤系统流程如图 8-7 所示。

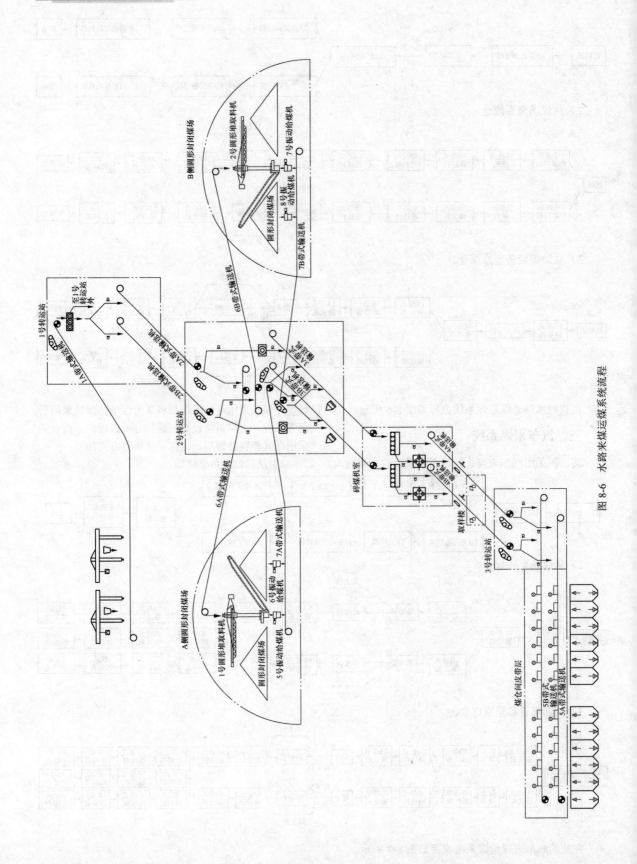

图 8-6 水路来煤运煤系统流程

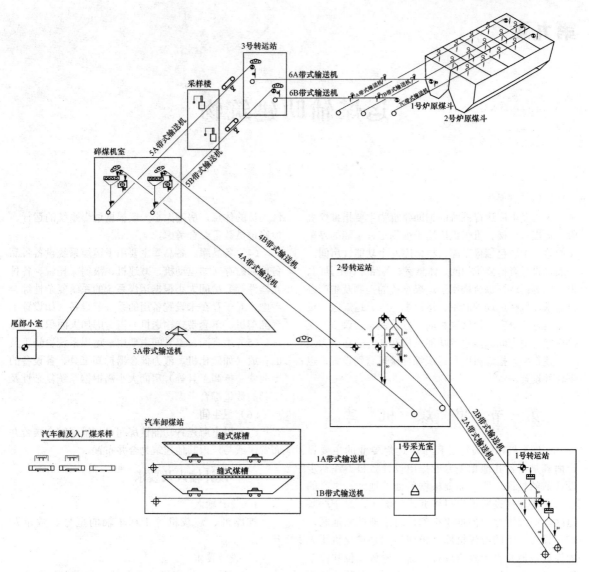

图 8-7　汽车来煤运煤系统流程

第九章

运煤辅助建筑物

火力发电厂运煤系统的辅助建筑物主要指推煤机库、运煤综合楼。推煤机库用于煤场工程车辆的停车及检修，主要包括停车库、检修库两个功能性房间，一般也设置有检修维护间、休息室、备品库、工具间、卫生间等；运煤综合楼用于运煤系统的控制及生产办公需求，包括运煤控制室、运煤配电间、运煤电子设备间运行值班室、检修维护间、办公室、会议室、交接班室、卫生间、浴室等功能性房间。一般在火力发电厂建设中，推煤机库和运煤综合楼可分别设置，也可合并设置。

第一节　推　煤　机　库

在推煤机库的设计过程中，运煤专业的主要设计内容是向各其他相关专业提出设计资料。在初步设计前的设计阶段，需要根据所处的地区、生产的要求确定如何设置推煤机库并确定大小，对于严寒地区，应设置专用的推煤机库，对于非严寒地区，可不设置专用的推煤机库，但应该规划推煤机露天的停放场地并设置检修库位，露天停放车位和停车棚可设置在运煤栈桥下，检修库位可与其他建筑物联合布置。在施工图阶段，运煤专业应向其他各个相关专业提供推煤机库的详细设计要求。推煤机库一般包括以下功能性房间：

（1）停车库、检修库。停车库、检修库主要用于推煤机及装载机等工程车辆的停车、检修，检修库内一般需设置检修地坑以方便检修，房间大小应根据所选机型的大小尺寸确定，停车库的位数应根据车辆台数确定。

（2）检修维护间。检修维护包括检修工作间、学习和休息室、班长室、材料仓库、更衣室等面积。检修工作间主要用于运煤系统设备部件的检修（如电动机、减速机、滚筒、托辊等），检修工作间上方应设置检修起吊，房间大小一般根据运煤系统的系统复杂性综合考虑。

（3）休息室。休息室主要用于运煤系统运行及检修人员的休息，房间大小一般根据运煤系统的运行、检修定员数量综合考虑。

（4）备品库。备品库主要用于运煤系统设备备品备件的贮存（如电动机、减速机、滚筒、托辊、各种元器件等），房间大小根据运煤系统的系统复杂性综合考虑，对于存在未设置备用的系统或设备（如设置单套翻车机、单套带式输送机）需考虑加大面积。

（5）工具间。工具间主要用于运煤系统检修工具的存放（如硫化机、液力偶合器拆卸工具、各设备的专业安装拆卸工具等），房间大小需根据系统复杂性及工具的数量综合考虑。

（6）卫生间。

（7）以上所述各功能性房间可与输煤综合楼合并布置，或与厂内其他建筑物合并布置。

一、设计输入及要求

1. 设计输入

推煤机、装载机等工程车辆的型号、数量及尺寸。

2. 设计要求

（1）推煤机等煤场工程车辆用于煤场的压实及整理等辅助作业时，台数应根据生产要求确定，推煤机、装载机的选型参见第三章第五节"煤场辅助机械"。

（2）推煤机库宜设停机库、检修库、检修间、工具间、备品间、休息室和卫生间。推煤机库的库位数应根据推煤机的数量确定。检修位可兼作停车位。检修间、工具间、备品间、休息室和卫生间的设置应与运煤综合楼的设计一并考虑。

（3）对于大中型火力发电厂，推煤机库建筑面积可参考表9-1。

表9-1　　　　推煤机库建筑面积　　　（m²）

序号	名称	面积
1	停车库、检修库	50～55
2	检修间	55

续表

序号	名称	面积
3	休息室	30
4	备品库	30～45
5	卫生间	15
6	工具间	15

注 1. 停车库和检修库的面积应根据机型确定。

2. 备品库含油库面积。当每月耗油量大于 3t 时，油库应单独设置。

（4）停机库和检修库尺寸应与所选用的推煤机尺寸相适应。

推煤机停车位大小的计算方法：

1）推煤机库位长度大于推煤机长度，加 3～4m。

2）推煤机库位宽度大于推煤机长度，加 1.5～2m。

3）对于检修库位应取大值。

（5）推煤机检修库和相邻的检修间应设起吊设备。起重设备应考虑推煤机上最大需检修部件的质量，一般采用 5t 的电动起吊设备，计算起吊高度时，最大起吊部件下限应该与推煤机有不小于 0.3m 的净空。

（6）推煤机库及检修间内应设置检修电源箱。

（7）推煤机检修库位内可设置油污收集池，用于油污的收集。

3. 相关专业的设计要求

（1）推煤机库应设在靠近煤场，且对环境影响较小的地方，开门方向宜临近道路。

（2）推煤机库前应铺设高标号混凝土地面，并向外放坡，混凝土地面宽度宜为 7～8m。

（3）库内应铺设混凝地面。检修库应设长 3m，宽 0.80～1.20m，深 1.20m 的地坑，坑两侧应铺设宽 0.80m 的钢板，板面与地面相平。

4. 提出资料内容

推煤机库设计提出资料名称及内容见表 9-2。

表 9-2　　推煤机库设计提出
资料名称及内容

序号	设计阶段	提出资料名称及内容	接收专业
1	初步设计阶段前	运煤系统建构筑物（推煤机库面积）	总图、电气、建筑、结构
2	施工图阶段	推煤机库设计要求	总图、电气、建筑、暖通、消防

二、典型布置

设 2 个停车位和 1 个检修位的推煤机库布置方案如图 9-1 所示。

第二节　运煤综合楼

运煤综合楼为运煤系统的辅助建筑物，主要用于运煤系统的控制及生产办公需求，在运煤综合楼的设计过程中，运煤专业的主要设计内容是接收各专业对运煤综合楼的面积要求进行归口，也需要向各其他相关专业提出设计资料。运煤综合楼一般包括以下功能性房间：

（1）运煤控制室。运煤系统采用计算机程序控制，控制地点设置在运煤控制室内，运煤控制室可设置在运煤综合楼，也可根据电厂的运行管理模式设置在全厂辅控室。在运煤综合楼设计中，是否设置及其大小根据电气二次专业提资要求确定。布置的主要设备有操作员工作站、工业电视系统监视器、火灾报警系统区域盘等。

（2）运煤配电间。运煤配电间主要为运煤系统各个设备配送电能，设有中压进线（可有少量出线）、配电变压器和低压配电装置。在运煤综合楼设计中，是否设置及其大小根据电气一次专业提资要求确定。

（3）运煤电子设备间。运煤电子设备间是安装除值班人员监视、控制直接需要的监控装置外的电子（电气）设备（包括计算机、控制保护机柜及相关电源配供装置等）的房间。在运煤综合楼设计中，是否设置及其大小根据电气二次专业提资要求确定。运煤电子设备间布置的设备有控制主机柜、主站 I/O 柜、网络设备、电源柜、工业电视系统主机柜等。

（4）运行值班室。运煤值班室主要用于运煤系统运行人员的休息，房间大小一般根据运煤系统的运行定员数量考虑。

（5）检修维护间。检修维护间包括检修工作间、学习和休息室、班长室、材料仓库、更衣室等面积。如在推煤机库内设置检修维护间，运煤综合楼内不需设置。

（6）工具间。主要用于运煤系统检修工具的存放（如硫化机、液力偶合器拆卸工具、各设备的专业安装拆卸工具等），房间大小需根据系统复杂性及工具的数量综合考虑。若在推煤机库内设置，则运煤综合楼内不需设置。

（7）办公室、会议室、交接班室。主要用于满足运煤系统运行工作人员办公需求。

（8）浴室。按照运煤最大班人数考虑，面积指标为 0.9m²/人。

（9）卫生间。

一、设计要求

1. 设计输入

各专业对运煤综合楼内面积要求。

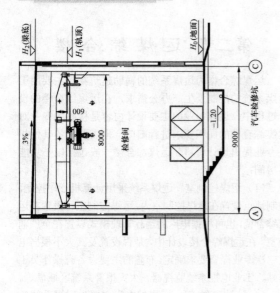

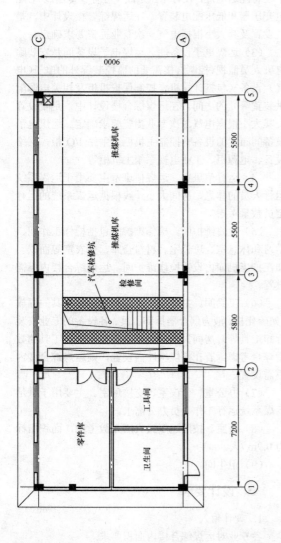

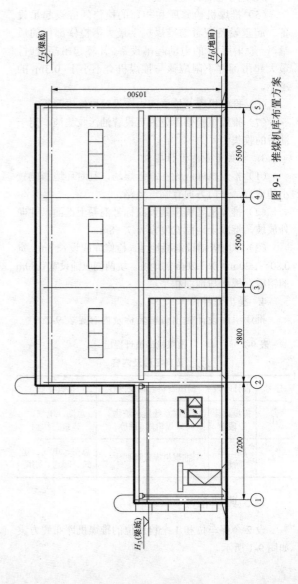

图 9-1 推煤机库布置方案

2. 设计要求

（1）运煤综合楼宜按定员、功能、配电室的大小、运煤系统控制方式等因素设计。

（2）煤的分析、制样、热计量等不宜布置在运煤综合楼内。

（3）运煤综合楼宜将运煤配电间、运煤电子设备间、运煤控制室、运行值班室等集中布置。运煤综合楼宜为两层布置。运煤综合楼一楼主要布置运煤配电间、工具间、浴室、更衣室等，二楼主要配置电气控制室、运煤电子设备间、会议室、运行办公室、交接班室等。

（4）运煤配电间、运煤电子设备间、运煤控制室的层高和面积由电气专业确定。

（5）运煤综合楼宜布置在运煤系统负荷中心，具体布置宜根据工程实际适当调整。

（6）运煤综合楼可与推煤机库合并布置。

3. 对外专业的设计要求

（1）运煤综合楼应设置在运煤负荷中心或运煤动力中心配电装置附近，使控制电缆最短。

（2）运煤控制室和运煤电子设备间应避开强电磁场、强振动源和强噪声源的干扰。

（3）运煤控制室的面积大小与运煤系统控制方式有关，运煤控制室应按照火力发电厂运煤系统规划容量设计，适当留有扩展余地，并保证运行值班人员的活动空间，运煤控制室面积宜不大于 $70m^2$，房间净高宜不小于 $3\sim3.3m$。

（4）运煤控制室地面宜采用防滑地面砖或水磨石地面，运煤电子设备间宜采用防滑地面或防静电活动地板。

（5）建筑应考虑防尘、防潮、防噪声、防静电的措施，并符合防火标准要求。

（6）运煤控制室和运煤电子设备间应设置空气调节装置，温度宜控制在 $18\sim28℃$ 范围内，温度变化率不得大于 $5℃/h$，相对湿度宜为 $45\%\sim75\%$，任何情况下无凝露。

（7）对于大中型火力发电厂，燃料办公、检修维护间建筑面积可参考表9-3和表9-4。

表9-3　　办公建筑面积

电厂规划容量（MW）	100~200	200~500	400~800	600~1400	1200~2400
单机容量（MW）	50	100~125	200	300~350	600
机组台数（台）	2~4	2~4	2~4	2~4	2~4
办公面积（m²）	40	60	75	100	100

表9-4　　检修维护间建筑面积

电厂规划容量（MW）	100~200	200~500	400~800	600~1400	1200~2400
单机容量（MW）	50	100~125	200	300~350	600
机组台数（台）	2~4	2~4	2~4	2~4	2~4
办公面积（m²）	280~300	290~350	320~470	370~560	370~560

注　检修维护间建筑面积应包括检修工作间、学习和休息室、班长室、材料仓库、更衣室等面积。

4. 接收、提出资料内容

运煤综合楼设计接收、提出资料名称及内容见表9-5和表9-6。

表9-5　　运煤综合楼设计接收资料名称及内容

设计阶段	接收资料名称及内容	提出专业
各阶段	运煤综合楼面积要求	电气一次、二次

表9-6　　运煤综合楼设计提出资料名称及内容

序号	设计阶段	提出资料名称及内容	接收专业
1	初步设计阶段前	运煤系统建构筑物	总图、电气、建筑、结构
2	施工图阶段	运煤综合楼设计要求	总图、电气、建筑、暖通、消防

二、典型布置

1. 单独布置运煤综合楼布置案例

运煤综合楼配置配电间、控制室、运煤办公室、工具间、检修间、浴室及卫生间等功能性房间；配电间及工具间布置在一楼，控制室布置在二楼，其他各办公室根据运行人员的需求分布在两层楼的其他位置。案例布置如图9-2所示。

2. 与推煤机库合并运煤综合楼布置案例

运煤综合楼包括了推煤机库、配电间、控制室、运煤办公室、值班室、检修间、浴室及卫生间等功能性房间；配电间布置在一楼，控制室布置在二楼，其他各办公室根据运行人员的需求分布在两层楼的其他位置。案例布置如图9-3所示。

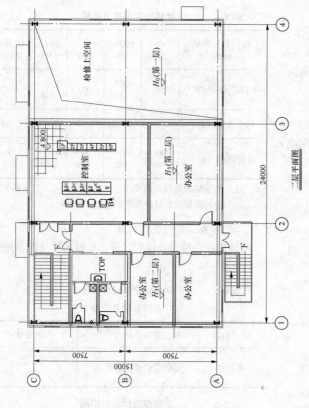

一层平面图

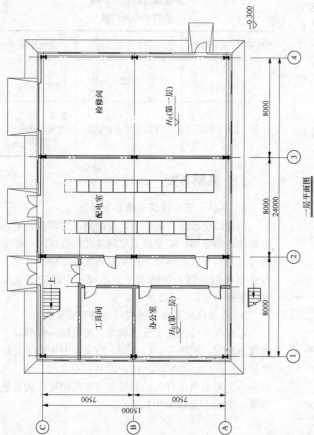

一层平面图

剖面图

图 9-2　单独布置运煤综合楼布置案例

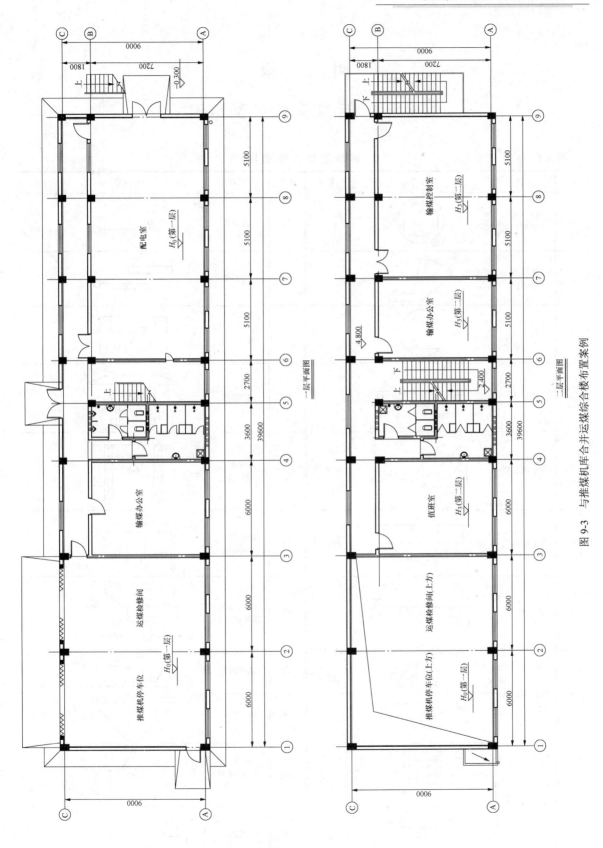

图 9-3 与推煤机库合并运煤综合楼布置案例

附　录

附录A　运煤系统典型图例

表 A-1　　　　　　　　　　　卸煤设施典型图例

序号	名称	图形符号	备注	序号	名称	图形符号	备注
1	O形转子式翻车机			10	轨道衡		
2	侧倾式翻车机			11	汽车衡		
3	C形转子式翻车机			12	火车入厂煤取样装置		
4	迁车台			13	装卸桥		
5	重车调车机		侧臂式	14	门式抓斗起重机		
6	空车调车机		侧臂式	15	桥式抓斗卸船机		
7	振动煤箅			16	固定旋转抓斗卸船机		
8	螺旋卸车机		双排螺旋 / 单排螺旋	17	缝式煤槽		
				18	地下煤斗		
9	链斗卸车机		双排链斗 / 单排链斗	19	自卸汽车		
				20	货船		

表 A-2   给料和煤场设施典型图例

序号	名称	图形符号	备注	序号	名称	图形符号	备注
1	叶轮给料机		立面	9	管式斗轮堆取料机		
			平面		臂式斗轮堆料机		轨道式
2	振动给煤机				管式斗轮取料机		
3	单向给料机			10	斗式提升机		
4	双向给料机			11	门式斗轮堆取料机		正立面
5	移动给料机						侧立面
6	螺旋给料机			12	圆形堆取料机		
7	筒仓环式给煤机			13	推土机		
8	活化给料机			14	装载机		

表 A-3   上 煤 设 施 典 型 图 例

序号	名称	图形符号	备注	序号	名称	图形符号	备注
1	带式输送机			4	气垫带式输送机		
2	伸缩式带式输送机			5	刮板输送机		
3	管状带式输送机			6	驱动滚筒		

序号	名称	图形符号	备注	序号	名称	图形符号	备注
7	缓冲滚筒			14	三工位头部伸缩装置		
8	改向滚筒			15	承载或回程托辊		
9	电动三通分煤器			16	缓冲托辊		
10	电动推杆			17	过渡托辊		
11	电动犁式卸料器			18	上调心托辊		
12	卸料车			19	下调心托辊		
				20	螺旋托辊		
13	二工位头部伸缩装置			21	无磁托辊		用于带式电磁除铁器

表 A-4　　　　筛 碎 设 施 典 型 图 例

序号	名称	图形符号	备注	序号	名称	图形符号	备注
1	滚轴筛			5	反击式破碎机		
2	振动筛			6	锤式破碎机		
3	固定筛			7	环式破碎机		
4	滚筒筛			8	双辊破碎机		

表 A-5　　　　　　　　　　　　　　　　运煤辅助设施典型图例

序号	名称	图形符号	备注	序号	名称	图形符号	备注
1	除杂物装置			7	循环链码校验装置		
2	除细木器			8	入厂煤取样装置		
3	带式除铁器			9	入炉煤中部取样装置		
4	盘式除铁器			10	入炉煤头部取样装置		
5	电子皮带秤			11	振打器		
6	皮带秤实物校验装置						

表 A-6　　　　　　　　　　　　　　　　运煤安全保护系统典型图例

序号	名称	图形符号	备注	序号	名称	图形符号	备注
1	速度检测装置		监视输送带速度	7	纵向撕裂开关		
2	防跑偏装置			8	音响信号		
3	皮带打滑信号			9	拉紧装置超限信号		监视拉紧装置重锤位置
4	事故拉线开关			10	灯光信号		
5	堵煤信号			11	高煤位信号		
6	断煤信号			12	低煤位信号		

序号	名称	图形符号	备注	序号	名称	图形符号	备注
13	行程开关			16	金属探测器		
14	可燃气体探测器			17	煤流信号		
15	温度探测器			18	振打装置		

附录 B　常见煤的特性参数

表 B-1 煤炭分类

分类方式	类别	特　点
按加工方法	原煤	从煤矿中开采出来的未经选煤和加工的煤炭产品
	精煤	经分选（干选或湿选）加工生产出来的符合品质要求的煤
	粒级煤	通过分选或筛选加工生产的粒度下限在 6mm 以上的煤炭产品
	洗选煤	指原煤经过洗选和筛选加工后，除去矸石硫分等杂质，并按不同煤种、灰分、发热量和粒度分类若干品种等级的煤
	低质煤	灰分很高的煤炭产品
按用途	动力煤	适用于锅炉燃烧，产生热力的煤。电厂对煤种的适用范围较广，它既可设计成燃用高挥发分的褐煤，也可设计成燃用低挥发分的无烟煤
	冶金煤	适用于冶金工业的煤，主要是炼焦用煤。除炼焦煤外，还分为动力燃料用的动力煤，化工行业原料用的无烟煤，钢铁行业高炉喷吹用的喷吹煤。炼焦煤主要包括贫瘦煤、瘦煤、焦煤、1/3 焦煤、肥煤、气煤、气肥煤七种
	化工用煤	化工用煤一般指化工厂用来做原料的煤炭。原料煤一般使用无烟煤、烟煤、褐煤等煤种
按煤化程度	无烟煤（俗称白煤或红煤）	煤化程度高的煤。氧含量和挥发分低、密度大、硬度大、燃点高、发热量高、无黏结性，燃烧时多不冒烟
		无烟块煤主要应用是化肥（氮肥、合成氨）、陶瓷、制造锻造等行业；无烟粉煤主要应用在冶金行业用于高炉喷吹（高炉喷吹煤主要包括无烟煤、贫煤、瘦煤和气煤）
	烟煤（柴煤）	煤化程度低于无烟煤而高于褐煤的煤。其特点是挥发分产率范围宽，单独炼焦时从不结焦到强结焦均有，燃烧时有烟（贫煤、贫瘦煤、瘦煤、焦煤、肥煤、1/3 焦煤、气肥煤、气煤、1/2 中黏煤、弱黏煤、不黏煤、长焰煤）。 大多数烟煤有黏性，燃烧时易结渣。大部分烟煤具有黏结性，燃烧时火焰高而有烟，故名烟煤。烟煤贮量丰富、用途广泛，可作为炼焦、动力、气化用煤
	褐煤	煤化程度低的煤。外观多呈褐色，光泽暗淡，含有较高的内在水分和不同数量的腐殖质（褐煤一号，褐煤二号）。 褐煤水分大（15%～60%），挥发成分高（>37%），空气中易风化碎裂，燃点低、发热量低，不易储存和运输

表 B-2 运煤系统煤炭常用的基本指标[●]

序号	指标	符号	定　义	作　用
1	水分	M	煤炭中含有的水分	煤的水分对其加工利用、贸易、运输和储存都有很大的影响。一般来说，水分高会影响煤的质量，水分高的煤难以破碎。此外，发电用煤的全水分（M_t）增高不仅会降低其收到基低位发热量，而且还会影响其可磨性。除褐煤外，一般发电用煤的水分以不超过 15% 为宜，且以不超过 10% 最好
2	挥发分	V	煤炭燃烧中可挥发成分（一般指燃烧的快慢，燃点的高低）	煤炭变质程度越高，挥发分就越低。 在燃烧中，用来确定锅炉的型号；同时更是汽化和液化的重要指标。干燥无灰基挥发分（V_{daf}）是煤炭分类的重要指标之一。 我国的大部分火力发电厂用煤以烟煤为主，因此对供电厂用煤的挥发分（V_{daf}）要求一般应在 10% 以上，其中以 V_{daf} 大于 20% 的较好，V_{daf} 大于 30%～36% 的则更易于燃烧。至于燃用褐煤的一些电厂（其中不少为坑口电厂）的挥发分一般都在 40% 以上

[●] 煤的颗粒组成、密度、流动性、冻结性、机械强度、对接触物的磨损性和自燃等特性对运煤系统设计很重要。影响上述特性的指标主要是煤的水分、挥发分、发热量、哈氏可磨性指数和着火点（自燃特性）等。

序号	指标	符号	定义	作用
3	发热量	Q	单位质量的煤完全燃烧所发出的热量，它是确定煤炭质量用途的重要指标	煤的发热量与煤的变质程度有很大关系，一般是随变质程度的加深而增高，如褐煤的发热量较低，烟煤中的焦煤和肥煤发热量最高，焦煤以后随着变质程度加深而略有降低。 煤的发热量也是煤按发热量计价的基础指标。煤作为动力燃料，主要是利用煤的发热量，发热量愈高，其经济价值愈大。同时发热量也是计算热平衡、热效率和煤耗的依据，以及锅炉设计的参数。 用户购煤时首先考虑的是发热量的高低，能否符合燃煤设备对发热量的要求，在动力煤的计价中也以发热量作为结算依据
4	着火点		在有氧化剂存在的情况下，把煤按一定升温速度加热到煤开始点燃的温度	煤的着火点高低主要与煤化程度有关。煤化程度低的煤挥发分高，煤着火点低（即容易着火），煤化程度高的煤挥发分低，着火点高。从不同煤化程度的煤来看，以泥炭的着火点最低，泥炭虽不是煤，但也属可燃矿产，其次是褐煤和烟煤，无烟煤的着火点最高
5	标准煤			能源的种类很多，所含的热量也各不相同，为便于相互对比和在总量上进行研究，我国将每公斤含热 7000kcal（29306kJ）的定为标准煤，也称标煤

表 B-3　煤的常见指标特性参数

煤种		水分（%）	V_{daf}（%）	发热量（kJ/kg）	着火点（℃）
无烟煤	Ⅰ类	<10	5～10	15000～21000	
	Ⅱ类	<10	<5	>21000	550～700
	Ⅲ类	<10	5～10	>21000	
贫煤		<10	10～20	≥18800	
烟煤		7～15	>10	27100～37200	400～550
褐煤		15～60	>37	8400～27100	250～450
煤矸石		—	—	2800～11000	—

表 B-4　物料的常见特性参数

物料名称	松散密度（×10³kg/m³）	安息角（°）运动	安息角（°）静止
无烟煤（干）	0.7～1.0	27～30	27～45
无烟煤（粉）	0.84～0.89	—	37～45
烟煤（块）	0.8	30	35～45
烟煤（粉）	0.4～0.7	—	37～45
褐煤	0.6～0.8	30	35～45
粉煤、精煤、中煤、尾煤	0.6～0.85		45
原煤	0.85～1.0		50
泥煤	0.29～0.5	40	45
泥煤（湿）	0.55～0.65	—	45
焦炭	0.5～0.7	35	50
焦炭（粉粒状）	0.4～0.56	—	30～45
铁矿石、岩石、石灰石（块度均匀）	1.6	—	35
破碎的石灰石（大块）（小块）	1.6～2.0 1.2～1.5	—	38

附录 C　常用运煤设备荷载系数

序号	设备名称	动力系数	超载系数	序号	设备名称	动力系数	超载系数
1	转子式翻车机	1.5	1.2	19	取样器	1.6	1.2
2	侧倾式翻车机	1.5	1.2	20	电磁振动给煤机	2	1.2
3	螺旋卸车机	1.3	1.2	21	叶轮给煤机	1.2	1.2
4	链斗卸车机	1.5	1.2	22	机械式皮带秤	1.2	1.25
5	桥式抓斗卸船机	1.5	1.2	23	圆柱齿轮减速器	1.25	1.2
6	门式抓斗起重机和装卸桥	1.1	1.2	24	电动葫芦	1.5	1.4
7	斗轮堆取料机	1.2	1.2	25	手动单轨小车	1.0	1.25
8	斗式提升机	1.5	1.2	26	电动桥式起重机	1.2	1.2
9	带式输送机	1.25	中部 1.4 其余 1.2	27	悬挂式电磁分离器	1.0	1.2
10	电动卸料机	1.25	1.2	28	电磁滚筒	1.25	1.2
11	固定筛	1.25	1.2	29	落煤管	1.25	1.5
12	振动筛	5	1.5	30	运煤列车，对于行车部分		
13	滚轴筛	1.5	1.5		钢梁（跨度 6m）铺枕木	1.8	1.2
14	单层共振筛	3	1.5		钢梁（跨度 6m）铺道渣	1.6	1.2
15	双层共振筛	2	1.5		混凝土梁（跨度 6m）	1.4	1.2
16	双齿辊式破碎机	3	1.2	31	汽车		
17	锤式破碎机	6	1.2		钢梁（跨度 6m）	1.55	1.3
18	反击式破碎机	5	1.2		混凝土梁（跨度 6m）	1.3	1.3

注　表中数据是根据多个制造商产品样本综合列出的典型数据，供参考。施工图设计时应以制造商数据为准。如果制造商提供数据与本附录所列数据相差较大时，建议提醒制造商核算。

主要量的符号及其计量单位

量 的 名 称	符号	计量单位	量 的 名 称	符号	计量单位
面积	S	m^2	耗煤量，生产率，出力	Q	t/h，m^3/h
长度	L	m	贮煤量	Q	t
宽度	W	m，mm	每米长度输送带质量	q_B	kg/m
直径	D	m	每米长度输送物料质量	q_G	kg/m
体积	V	m^3	半径	r，R	m
带宽	B	mm	带速	v	m/s
力	F	N	效率	η	
力矩，扭矩	M	N·m	密度	ρ	kg/m^3
功率	P	kW	时间	t	s
重力	G	N	转速	n	r/min
质量	m	kg			

参 考 文 献

［1］北京起重运输机械设计研究院，武汉丰凡科技开发有限责任公司．DT Ⅱ（A）型带式输送机设计手册．2版．北京：冶金工业出版社，2013．

［2］唐敬麟．破碎与筛分机械设计选用手册．北京：化学工业出版社，2004．

［3］宋伟纲．散装物料带式输送机设计．沈阳：东北大学出版社，2000．

［4］中国华电工程（集团）有限公司，上海发电设备成套设计研究院．大型火电设备手册　输煤系统设备．北京：中国电力出版社，2009．